Berthold Heinrich (Hrsg.)

Mechatronik

Aus dem Programm Automatisierungstechnik

Speicherprogrammierbare Steuerungen in der Praxis
von W. Braun

Regelungstechnik für Ingenieure
von M. Reuter und S. Zacher

Kaspers/Küfner Messen – Steuern – Regeln
von B. Heinrich (Hrsg.), B. Berling, W. Thrun und W. Vogt

Automatisieren mit SPS Theorie und Praxis
von G. Wellenreuther und D. Zastrow

Automatisieren mit SPS Übersicht und Übungsaufgaben
von G. Wellenreuther und D. Zastrow

Steuerungstechnik mit SPS
von G. Wellenreuther und D. Zastrow

Bussysteme in der Automatisierungs- und Prozesstechnik
herausgegeben von G. Schnell

Automatisierungstechnik kompakt
herausgegeben von S. Zacher

Berthold Heinrich (Hrsg.)
Peter Döring
Lutz Klüber
Stefan Nolte
Rolf Simon

Mechatronik

Grundlagen und Komponenten

Mit 398 Abbildungen und 34 Tabellen

Viewegs Fachbücher der Technik

Bibliografische Information der Deutschen Bibliothek
Die Deutsche Bibliothek verzeichnet diese Publikation in der Deutschen Nationalbibliographie; detaillierte bibliografische Daten sind im Internet über <http://dnb.ddb.de> abrufbar.

1. Auflage September 2004

Der Vieweg Verlag ist ein Unternehmen von Springer Science+Business Media.
www.vieweg.de

Umschlaggestaltung: Ulrike Weigel, www.CorporateDesignGroup.de
Technische Redaktion: Hartmut Kühn von Burgsdorf und Andreas Meißner, Wiesbaden

Gedruckt auf säurefreiem und chlorfrei gebleichtem Papier

ISBN 978-3-528-03957-8 ISBN 978-3-663-05745-1 (eBook)
DOI 10.1007/978-3-663-05745-1

Vorwort

Dieses Lehrbuch richtet sich an Studierende an Fachschulen für Technik und an Fachhochschulen sowie an alle technisch Interessierten.

Als Lernträger wurde ein Transportsystem gewählt, anhand dessen als große Klammer dieses Buches die Aspekte der Systemanalyse, der Systemsynthese und der Inbetriebnahme vorgestellt werden. Es wurde auf den Einsatz höherer Mathematik bewusst verzichtet, da sie für den Adressatenkreis nicht immer zur Verfügung steht. Abstrakte Zusammenhänge werden mit relativ einfachen Mitteln allgemeinverständlich und anschaulich dargestellt.

Im Kapitel zur *Systemanalyse* werden ausgehend von dem konkreten Transportproblem die Phasen einer Systemanalyse vorgestellt. Der systemische Ansatz ist typisch für die mechatronische Denkweise und wurde deshalb an den Anfang gestellt. Dadurch lassen sich die weiteren Kapitel zielorientiert integrieren.

Das Kapitel *Funktionseinheiten der Mechanik* gibt einen Überblick über die wichtigsten Funktionseinheiten im Maschinenbau. Dabei steht nicht die Berechnung von Maschinenelementen wie Wellen, Zahnrädern oder Lagern im Vordergrund, sondern die Auswahl von Funktionseinheiten und deren Verbindung zu Gesamtsystemen auf Grund ihrer speziellen Eigenschaften. Die wichtigsten technischen Eigenschaften und Größen werden beschrieben, um ein technisch funktionsfähiges und kostengünstiges mechanisches Gesamtsystem entwerfen oder ein bestehendes System reparieren zu können. Dabei werden auch Umweltschutz- und Arbeitssicherheitsaspekte berücksichtigt.

Im Kapitel *Funktionseinheiten der Elektronik* werden zunächst Sensoren vorgestellt, die in mechatronischen Systemen die verschiedenen nichtelektrischen Größen zur Steuerung, Regelung bzw. Überwachung erfassen und in elektrische Größen umwandeln. Da Sensoren häufig nur sehr kleine Spannungs- bzw. Stromwerte liefern, die nicht ausreichend genau ausgewertet werden können, werden Verstärkerschaltungen benötigt. Aktoren schließlich sind die Stellglieder, welche die aufgabenmäßig zu erledigende Aktion durchführen.

Mithilfe von speicherprogrammierbaren Steuerungen sind erst komplexe mechatronische Systeme zu installieren und flexibel zu steuern. Die Beispiele werden durchgängig an der *Simatic S7* von Siemens mit der Programmiersoftware *STEP 7* realisiert, da sich diese Kombination zur Zeit als Standard zeigt. Die Darstellung ist aber so allgemein gehalten, dass eine Codierung in einer anderen Software auch möglich ist.

Bussysteme bilden heute einen wichtigen Part bei der Kommunikation zwischen den einzelnen Teilkomponenten eines mechatronischen Systems. Nach einer theoretischen Einführung werden die wichtigsten Feldbussysteme vorgestellt.

Die Robotertechnik ist ein Teil der Automatisierungstechnik. Infolge der steigenden Automatisierung der Betriebe wurde es nötig, flexible Bewegungsautomaten zu entwickeln, welche die häufig monotonen, gefährlichen oder besonders schnellen Bewegungen dem Menschen abnehmen. Nach einer Vorstellung von Robotersystemen werden Programmiertechniken und Überlegungen zum Planen eines Fertigungsablaufs dargestellt.

Im Kapitel *Regelungstechnik* werden Regelkreis und Regelkreisglieder analysiert und Möglichkeiten zur Beschreibung ihres Verhaltens behandelt. Damit lassen sich dann Aussagen über das Verhalten beim Zusammenwirken machen und Einstellregeln herleiten. Abgeschlossen wird dieser Teil mit einem Beispiel zur Regelung mit einer SPS.

Nach diesen grundlegenden Kapiteln wird die *Systemsynthese* durchgeführt, die eine mögliche Lösung für das in Kapitel 1 vorgestellte Problem liefert. Unabhängig von der konkreten Problemstellung werden aber auch Synthesestrategien behandelt.

Abgerundet wird das Buch durch ein Kapitel, in dem einige Punkte der Inbetriebnahme behandelt werden. Da die Inbetriebnahme einer Anlage sehr von der konkreten Situation abhängig ist, werden hier im Wesentlichen allgemeine Aspekte aufgegriffen.

Die Benutzung der englischen Fachsprache wird für moderne Technologien immer wichtiger. Wir haben versucht, dem Leser dafür Hilfestellungen zu geben. Einmal findet man unter jeder nummerierten Überschrift die englische Übersetzung. Dies ist für Leser gedacht, die in englischsprachiger Literatur weiter recherchieren wollen.

Für Leser, die z. B. aus einem Firmenkatalog oder aus dem Internet einen englischen Begriff aus dem Bereich der Mechatronik gefunden haben, ist ein Glossar aufgenommen, in dem zu wichtigen englischsprachigen Begriffen eine deutsche Übersetzung gegeben wird. Da der Sprachgebrauch in beiden Sprachen oft unterschiedlich ist, wurden dort, wo es uns sinnvoll erschien, auch Doppelnennungen aufgenommen.

Die Idee war dabei, dass der Leser die deutsche Übersetzung im Glossar nachschlägt. Zu vielen Begriffen findet er dann im Sachwortverzeichnis einen Verweis auf die Fundstelle im Buch.

Besonders bedanken möchte ich mich bei den Mitarbeitern des Vieweg Verlags, Herrn Kühn von Burgsdorff und Herrn Zipsner für die immer engagierte Hilfe.

Für die Bearbeitung des englischen Glossars danken wir Frau Imke Zander M.A., Wiesbaden und Herrn Professor Dr. Ariacutty Jayendran, Witten.

Herne, August 2004 *Berthold Heinrich*

Inhaltsverzeichnis

1 Systemanalyse ... 1

1.1 Definition von Systemen ... 1
1.1.1 Ein mechatronisches System ... 1
1.1.2 Eigenschaften mechatronischer Systeme ... 2
1.1.3 Vereinfachte Systemdarstellung als „black-box“ ... 3
1.2 Komponenten von Systemen ... 4
1.2.1 System und Teilsystem ... 4
1.2.2 Darstellung von Systemstrukturen ... 6
1.3 Stoff, Energie und Information ... 8
1.3.1 Beschreibung von Stoffströmen ... 8
1.3.2 Beschreibung von Energieströmen ... 9
1.3.3 Beschreibung von Informationsströmen ... 12

2 Funktionseinheiten in der Mechanik ... 13

2.1 Der Baukasten ... 13
2.2 Trag- und Stützeinheiten ... 16
2.3 Lager- und Führungseinheiten ... 18
2.3.1 Gleitlager ... 18
2.3.2 Wälzlager ... 25
2.3.3 Linearführungen ... 34
2.4 Energieübertragungseinheiten ... 35
2.4.1 Kupplungen ... 36
2.4.2 Getriebe ... 41
2.5 Verbindungseinheiten ... 51
2.5.1 Verbindungsarten ... 51
2.5.2 Befestigungsschrauben ... 53
2.5.3 Elemente zum Verbinden von Wellen und Naben ... 65
2.6 Antriebseinheiten ... 70
2.7 Umweltschutz- und Arbeitssicherheitseinrichtungen ... 73

3 Funktionseinheiten Elektronik ... 76

3.1 Sensoren ... 76
3.1.1 Allgemeines zu Sensoren ... 76
3.1.2 Kenngrößen von Sensoren ... 77
3.1.3 Sensoren zur Temperaturerfassung ... 79
3.1.4 Sensoren zur Weg- und Winkelmessung ... 83
3.1.5 Sensoren zur Kraft- und Druckmessung ... 87
3.1.6 Näherungssensoren ... 88
3.1.7 Optische Sensoren ... 90
3.2 Verstärkerschaltungen ... 92
3.2.1 Bipolare Transistoren ... 92
3.2.2 Feldeffekttransistoren (FET) ... 94

3.2.3 Schaltverstärker ... 94
3.2.4 Anwendungen ... 96
3.2.5 Analoge Verstärker ... 97
3.2.6 Operationsverstärker ... 101
3.3 Aktoren ... 112
3.3.1 Allgemeines ... 112
3.3.2 Induktionsmaschinen ... 113
3.3.3 Grundlagen der Steuerungstechnik ... 125
3.3.4 Antriebe mit festen Drehzahlen ... 134
3.3.5 Antriebe mit variablen Drehzahlen ... 138
3.3.6 Auswahl, Dimensionierung und Schutz elektrischer Maschinen ... 156
3.3.7 Auswahl des Frequenzumrichters ... 166
3.3.8 Projektierungsablauf ... 169
3.3.9 Elektromagnetische Verträglichkeit (EMV) ... 170
3.3.10 Störmechanismen bei Frequenzumrichtern ... 174
3.3.11 Vorschriften, Richtlinien, EN-Normen ... 176

4 Speicherprogrammierbare Steuerungen (SPS) ... 183
4.1 Aufgabenstellung: Abfüllanlage ... 184
4.2 Zustandsdiagramm ... 184
4.3 Hardwarekonfiguration ... 186
4.4 SPS Programmierung ... 187
4.4.1 Schrittkettenprogrammierung mit der SPS ... 192
4.4.2 Analogwertverarbeitung in der SPS-Technik ... 201

5 Bussysteme ... 206
5.1 Die fünf Hierarchieebenen in der Automatisierung ... 207
5.2 Feldbussysteme ... 207
5.3 Das ISO/OSI Schichtenmodell ... 208
5.4 Netz-Zugriffs-Steuerung ... 209
5.4.1 Verfahrensgruppen ... 209
5.4.2 Die wichtigsten Feldbussysteme ... 210

6 Robotik ... 214
6.1 Arten der Roboter-Kinematik ... 215
6.2 Das System Roboter ... 217
6.3 Greifer ... 218
6.4 Freiheitsgrade ... 221
6.5 Programmierung von Robotersystemen ... 222
6.6 Programmiertechniken ... 225
6.7 Planen und Programmieren eines Fertigungsablaufes ... 226

7 Regelung ... 232
7.1 Grundbegriffe ... 232
7.2 Beschreibung des Verhaltens von Regelkreisgliedern ... 233
7.3 Regelstrecken ... 237
7.4 Regler ... 245

7.5 Zusammenwirken zwischen Regler und Strecke ... 259
7.5.1 Beurteilungskriterien ... 260
7.5.2 Regelung mit stetigen Reglern ... 262
7.5.3 Regelung mit Zweipunktreglern ... 269
7.5.4 Regelung mit einer SPS ... 271

8 Systemsynthese ... 272

8.1 Methodische Synthese eines mechatronischen Systems ... 272
8.2 Analyse der Aufgabenstellung ... 274
8.3 Konzipieren ... 276
8.4 Bewerten ... 276
8.5 Mögliches Konzept ... 277
8.5.1 Umwandeln einer Energieform in mechanische Energie ... 277
8.5.2 Transportieren von Stückgütern ... 282
8.5.3 Ändern der Transportrichtung und der Transportgeschwindigkeit ... 282
8.5.4 Verarbeiten von Informationen ... 282

9 Inbetriebnahme ... 283

9.1 Einleitung ... 283
9.2 Grundlagen der Mess- und Prüftechnik ... 283
9.3 Elektrische Messtechnik ... 287
9.3.1 Spannungsmessung ... 287
9.3.2 Strommessung ... 288
9.3.3 Widerstandsmessung ... 289
9.3.4 Messen mit dem Oszilloskop ... 290
9.4 Inbetriebnahme des Bandlaufwerks aus Kapitel 1 ... 295
9.4.1 Teilkomponenten ... 295
9.4.2 Teillastbetrieb ... 296
9.4.3 Volllastbetrieb ... 296
9.5 Inbetriebnahmeunterlagen ... 296

Glossar ... 298

Literaturverzeichnis ... 310

Sachwortverzeichnis ... 311

1 Systemanalyse

System analysis

1.1 Definition von Systemen

Definition of systems

1.1.1 Ein mechatronisches System

A mechatronic system

Der Einstieg in die Welt mechatronischer Systeme erfolgt an dieser Stelle über ein praktisches Beispiel, auf das in den Kapiteln des Buches Bezug genommen wird. Weitere Beispiele für mechatronische Systeme finden sich im Kapitel 4.

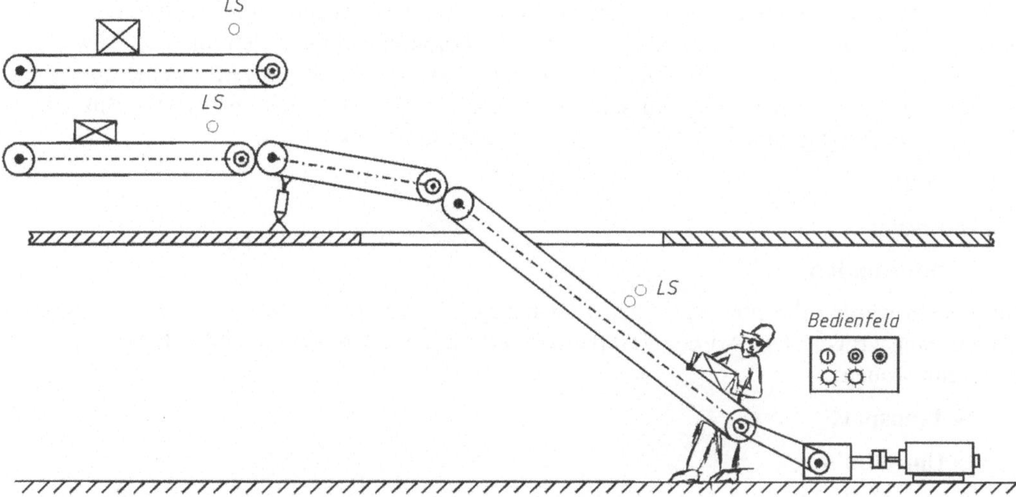

Bild 1-1 Transportförderband als schematische Darstellung

Die in Bild 1-1 gezeigte schematische Anlage transportiert Kisten aus einem Lager im Untergeschoss in das Erdgeschoss einer Frabrikationshalle und sortiert die Stapelboxen nach der Bauhöhe. Ein Mitarbeiter startet die Anlage über das Bedienfeld. Die Stapelbox fährt mit dem Band an zwei Lichtschranken vorbei, mit der die Bauhöhe der Box im Vorbeifahren ermittelt wird. Im weiteren Verlauf der Fahrt schwenkt die bewegliche Weiche je nach Baugröße auf das obere oder das untere Transportband. Wenn die Box das richtige Band erreicht hat, meldet eine Lichtschranke den korrekten Vollzug des Vorganges und schaltet die Signalleuchte „Bereit" auf Freigabe.

Die Steuerung erfolgt über ein Bedienfeld. Dabei kann der Vorgang nur gestartet werden, wenn die Signalleuchte „Bereit" leuchtet. Mit der Stopp-Taste kann der Bediener den Vorgang des Sortierens und Transportierens vorübergehend unterbrechen. Eine Not-Aus Betätigung unterbricht den kompletten Ablauf und schaltet die Anlage aus.

1.1.2 Eigenschaften mechatronischer Systeme

Characteristics of mechatronic systems

Ein mechatronisches System definiert sich über eine Anzahl von Eigenschaften. Diese Eigenschaften sollen am Beispiel der Förderbandanlage erläutert werden:

Systeme erfüllen Funktionen

Jede technische Anlage, Maschine und jedes Gerät, das eine Aufgabe erfüllt, ist ein System. Die Förderbandanlage stellt ein mechatronisches System dar, welches die Aufgabe erfüllt Pakete zu transportieren. Der Begriff Aufgabe wird in der Mechatronik als Funktion bezeichnet und ist die Eigenschaft einer technischen Anordnung, die es zu einem System macht. Die Pakete der Förderbandanlage lassen sich allgemein als Stoff bezeichnen. Die Hauptfunktion des Systems ist der Transport von Stoffen (Pakete). Die Umwandlung der elektrischen Energie in mechanische Energie im Teilsystem Elektromotor ist eine von vielen Teilfunktionen des Gesamtsystems, ohne die das System seine Hauptfunktion, den Stofftransport, nicht erfüllen könnte.

Eingabe, Verarbeitung und Ausgabe

Alle Systeme haben gemeinsam, dass sie über eine Eingabe, Ausgabe und Verarbeitung (EVA-Prinzip) verfügen. Ein technisches System wie die Förderbandanlage steht in Wechselwirkung mit seiner Umwelt. Um die Funktion der Anlage, Pakete zu transportieren sicher zu stellen, müssen der Anlage Energie (elektrisch), Stoff (Pakete) und Informationen (An / Aus) zugeführt und wieder abgeführt werden. Ein- und Ausgangsgrößen sind:

- **Stoff**
- **Energie**
- **Information**

Im System werden die physikalischen Eingangsgrößen verarbeitet und verlassen das System als Ausgangsgrößen. Die Art der Verarbeitung erfolgt bei allen Systemen durch die folgenden Hauptfunktionen:

- **Transport**
- **Umwandlung**
- **Formung**

Dabei kann sich die Form der Energie, des Stoffes und der Information durch die Verarbeitung im System verändern. Zum Beispiel wird die elektrische Energie, die dem Elektromotor zugeführt wird, in potentielle Energie der angehobenen Pakete und Wärmeenergie durch Reibung und Verluste im Motor umgewandelt. Grundsätzlich gilt jedoch, dass die zugeführten Stoffe, Energien und Informationen das System wieder verlassen müssen. Dabei kann es zu zeitlichen Verzögerungen durch Speicherungen und Verarbeitungszeiten kommen. Die Einteilung der Systeme orientiert sich an der physikalischen Größe (Stoff, Energie, Information) deren Verarbeitung im Vordergrund steht:

- **Stoff verarbeitendes System**
- **Energie verarbeitendes System**
- **Informationen verarbeitendes System**

Die Hauptfunktion der Förderbandanlage ist es, den Stoff „Pakete“ zu transportieren. Es handelt sich also um ein Stoff verarbeitendes System.

Systeme sind von ihrer Umgebung abgegrenzt

Der Transportbandanlage muss von außen elektrische Energie zugeführt werden, damit die Gesamtfunktion – Transportieren von Paketen – erfüllt werden kann. Damit man das Kraftwerk zur Erzeugung der elektrischen Energie nicht in die Systembetrachtung mit einbeziehen muss, wird um die Förderbandanlage eine Systemgrenze gezogen, die einen Bilanzierungsraum der zugeführten Stoffe, Energien und Informationen darstellt. Zieht man die Systemgrenze um das Teilsystem Elektromotor der Förderbandanlage, ist die Hauptfunktion des Systems Elektromotor die Umwandlung elektrischer in mechanische Energie. Die Festlegung der Systemgrenze ist somit ein wesentliches Kriterium zur Analyse und Fehlersuchstrategie von Systemen. Die genannten Gründe machen eine Aufteilung in Haupt- und Peripheriesysteme sinnvoll. Die Abgrenzung des Systems mit seinen Teilsystemen ist vom betrieblichen Auftrag abhängig.

1.1.3 Vereinfachte Systemdarstellung als „black-box"

Simplified presentation of systems as „black-box"

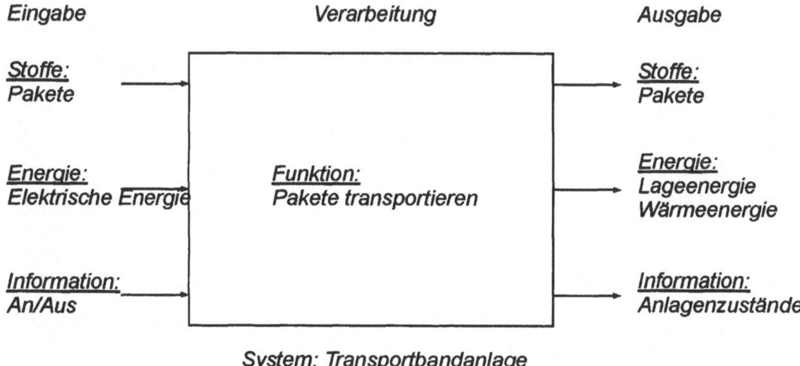

Bild 1-2 Darstellung der Transportbandanlage als „black-box"

Systeme können stark vereinfacht als „black-box" (schwarze Kiste) dargestellt werden. Die Systemgrenze wird dabei als Rechteck symbolisiert, der mit der Gesamtfunktion des Systems bezeichnet ist. Unter dem Rechteck steht die Bezeichnung des Gesamtsystems. Die Bezeichnung black-box ist sinnvoll, da die Teilsysteme und Prozesse im Inneren des Systems nicht dargestellt werden. In den Systemgrenzen findet die Verarbeitung der Eingangsgrößen Stoff, Energie und Informationen statt, die von der linken Seite des Systems eingeleitet werden. Auf der rechten Seite verlassen Stoff, Energie und Informationen die Systemgrenzen. Im Beispiel Transportbandanlage bleibt der Stoff Pakete durch die Verarbeitung unverändert. Die elektrische Energie wandelt sich in potentielle Energie der angehobenen Kisten und in Wärmeenergie, die durch Reibung und Umwandlungsverluste im Elektromotor erzeugt werden, um. Die Information An/Aus wird durch das System verarbeitet. Informationen über den Zustand der Anlage verlassen das System.

Die Darstellung eines Systems als „black-box" dient der Analyse der in das System eintretenden und austretenden physikalischen Größen. Dabei ist es wichtig, die Ein- und Ausgangsgrößen genau zu definieren und durch Zahlenwert und Einheit zu beschreiben, um eine Bilanzierung des Systems vornehmen zu können. Die Darstellung ist nur dann schlüssig, wenn eine Bilanzierung der eintretenden Stoffe, Energien und Informationen den austretenden Stoffen, Energien und Informationen entsprechen. Die Bilanzierung liefert häufig erste Hinweise auf Fehlerquellen im System.

1.2 Komponenten von Systemen

Components of systems

1.2.1 System und Teilsystem

Systems and subsystems

Das Wort System hat die Bedeutung „geordnetes Ganzes". Daraus wird deutlich, dass ein System aus verschiedenen Komponenten oder besser Teilsystemen besteht, die miteinander und zu ihrer Umwelt in Beziehung stehen.

Nach DIN 40150 kann ein System in Teilsysteme aufgegliedert werden:

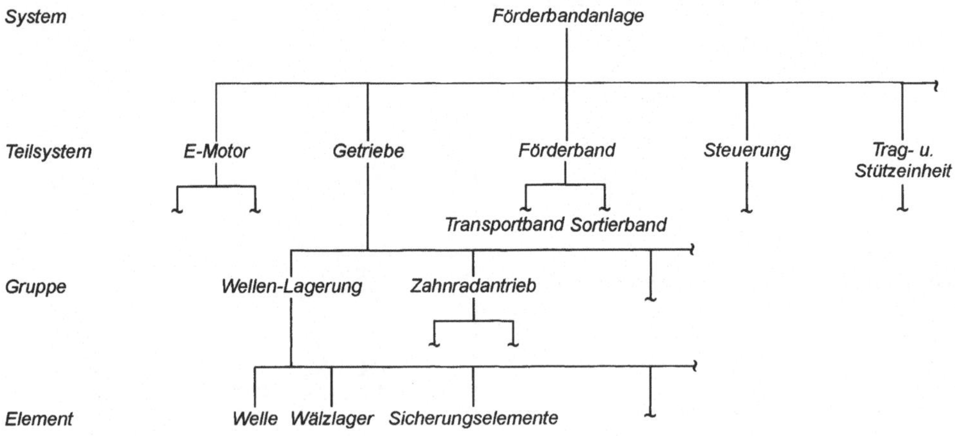

Bild 1-3 Strukturierung von Systemen in Teilsysteme nach DIN 40150 am Beispiel der Transportbandanlage

Teilsysteme

Teilsysteme des Gesamtsystems Förderbandanlage sind die Teilsysteme Motor, Getriebe, Steuerung, Förderband ... und weitere. Jedes dieser Teilsysteme hat innerhalb des Gesamtsystems eine oder mehrere Teilfunktionen, ohne welche die Gesamtfunktion nicht aufrechterhalten werden kann. Teilsysteme, die eine Teilfunktion erfüllen, werden in der Literatur auch als funktionale Einrichtungen bezeichnet und sind auch alleine verwendbar.

Gruppe

Teilsysteme können wiederum in einzelne (Bau-)Gruppen unterteilt werden. Diese Gruppen sind jedoch nicht isoliert, sondern nur in Verbindung mit anderen Gruppen zu verwenden. So enthält zum Beispiel das System Förderbandanlage das Teilsystem Getriebe mit der Teilfunktion Drehzahl, Drehmoment, Drehsinn und Bewegungsart zu wandeln. Eine Art von Baugruppen im Getriebe sind Wellenlagerungen, welche die Aufgabe haben, mechanische Energie weiterzuleiten. Isoliert sind die Wellenlagerungen nicht zu verwenden. Baugruppen erfüllen Grundfunktionen, aus deren Summe die Funktion des Teilsystems resultiert. Teilsysteme und Gruppen werden als Funktionseinheiten bezeichnet.

Tabelle 1-1 Übersicht von Grundfunktionen (Auswahl)

Grundfunktion	Beispiel aus der Mechanik	Beispiel aus der Elektrotechnik
Leiten und Transportieren		
Umformen, Wandeln, Übersetzen		
Verbinden, Fügen		
Teilen, Trennen		
Speichern		

Elemente

Die Baugruppen bestehen aus Elementen, die nicht mehr in andere Einheiten zerlegt werden können. Die Baugruppe Lagerung enthält die Elemente Welle, Wälzlager und Sicherungselemente.

1.2.2 Darstellung von Systemstrukturen

Presentation of system structures

Für die Analyse technischer Systeme ist die Darstellung als „black-box" (siehe Kapitel 1.1.3) nicht ausreichend, da der innere Aufbau des Systems nicht untersucht wurde. Die Darstellung der Strukturen der Verarbeitungsebene in ihren Systemgrenzen ist Gegenstand der Funktionsstruktur, die hier wiederum am Beispiel der Förderbandanlage erläutert werden soll.

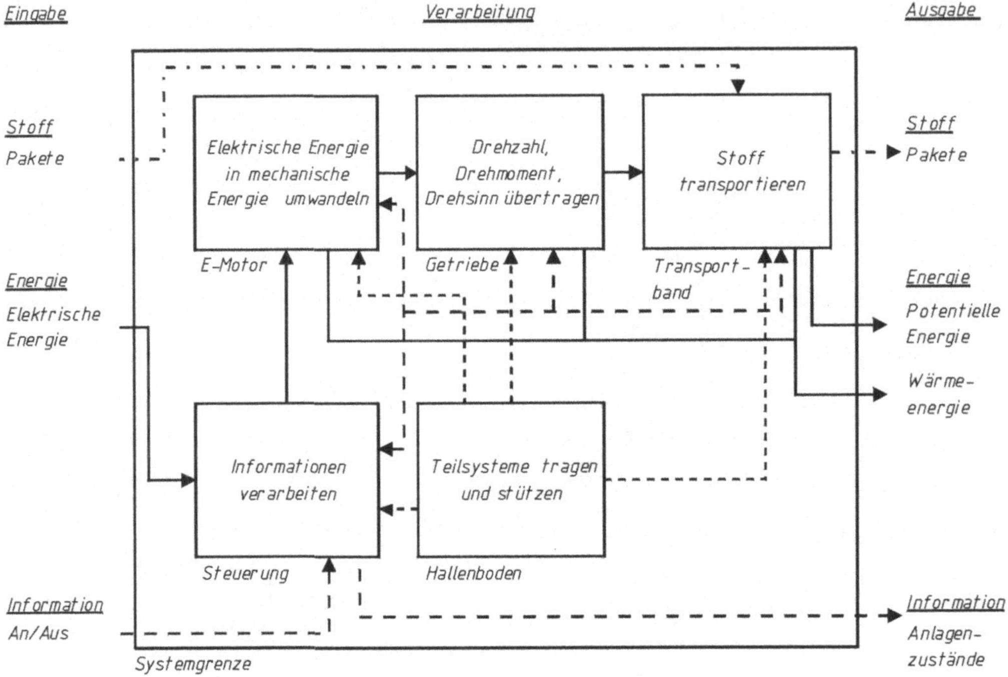

Bild 1-4 Darstellung der Förderbandanlage als Funktionsstruktur

Um eine „black-box" zu einer Funktionsstruktur zu erweitern, wird das Gesamtsystem in Funktionseinheiten (Teilsysteme bzw. Gruppen) unterteilt. Die einzelnen Funktionseinheiten werden als Rechtecke (Teilsystemgrenzen) dargestellt, in denen die Teil- bzw. Grundfunktion beschrieben ist. Unter dem Rechteck steht die Bezeichnung der Baugruppe.

In der Funktionsstruktur in Bild 1-4 sind die Funktionseinheiten der Förderbandanlage dargestellt. Bei der Unterteilung helfen die baulichen Einheiten der Maschine. Die Eingangsgrößen können an Hand der Stoff-, Energie- und Informationsströme durch das System verfolgt werden. Durch die Funktionen der Teilsysteme findet eine Verarbeitung statt, welche die Form von Stoff, Energie und Information verändern können, oder eine Verzweigung ermöglichen.

Exemplarisch soll hier der Energiefluss durch das System beschrieben werden. Die der Transportbandanlage zugeführte Energie wird z. B. über einen Schütz, der von der Steuerung geschaltet wird, dem Elektromotor zugeführt. Dort wird die elektrische Energie zum größten Teil in mechanische Energie umgewandelt. Über eine Kupplung wird die mechanische Energie dem

Getriebe zugeleitet. Im Getriebe kann die Drehzahl, das Drehmoment, die Richtung und der Drehsinn so geändert werden, dass das Förderband seine Transportaufgabe bewältigen kann. Beim Anheben der Pakete wird die mechanische Energie in potentielle Energie der Pakete umgewandelt und verlässt mit den Paketen die Anlage. Ein geringer Teil der zugeführten Energie wird in Motor, Getriebe und Bandanlage in Wärmeenergie umgewandelt und verlässt das System.

Die Funktionseinheiten der dargestellten Funktionsstruktur in Bild 1-4 lassen sich weiter in Gruppen unterteilen und darstellen. Dabei ist von Interesse, welches Teilsystem hinsichtlich einer Fehleranalyse oder Optimierung näher betrachtet werden soll. Die Systemgrenzen sind dann nur um ein Teilsystem zu ziehen, alle Baugruppen darzustellen und eine Funktionsstruktur des Teilsystems zu betrachten.

Exemplarisch soll an dieser Stelle das Teilsystem Steuerung (Bild 1-5) näher betrachtet werden. Das Teilsystem kann in Funktionseinheiten unterteilt werden, die einen genaueren Einblick in die Informationsverarbeitung ermöglichen.

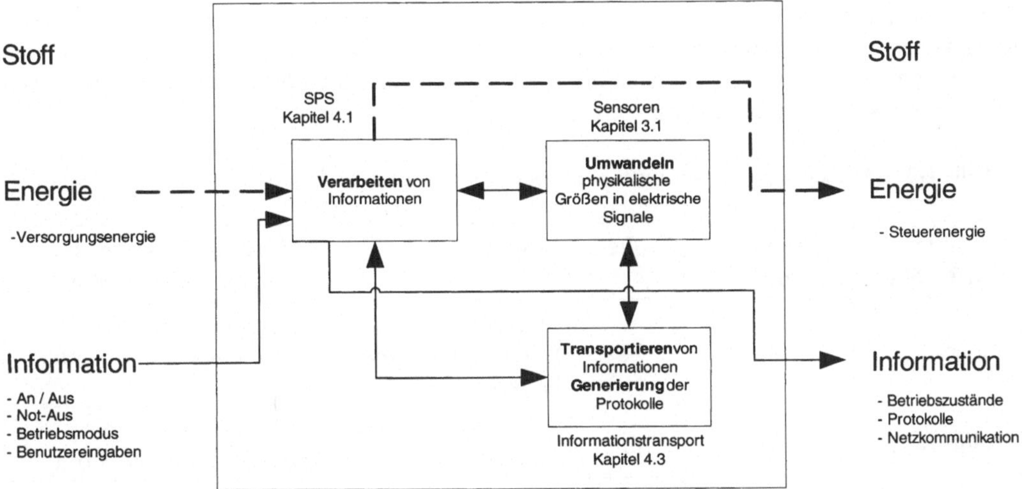

Bild 1-5 Systemtechnische Betrachtung der SPS-Anlage

Am Beispiel der Transportanlage soll der Informationsfluss durch das System vereinfacht dargestellt werden. Das Bedienpersonal setzt die Anlage durch die Startinformationen in Betrieb. Für die Informationsverarbeitung soll an dieser Stelle eine SPS (siehe Kap. 4) eingesetzt werden. Die SPS liest die Systemzustände und Startinformationen über die Sensoren ein, wertet sie aus und steuert darüber das System. Durch die Informationen der unteren Lichtschrankenkombination, (siehe Bild 1-1) unterscheidet die SPS zwischen kleinen und großen Stapelboxen. Der Hydraulikzylinder wird entsprechend der Information in die obere bzw. untere Position gefahren. Die Fertigmeldung des Sortiervorgangs erfolgt über die oberen Lichtschranken. Durch eine zeitliche Überprüfung des Vorgangs können Fehlfunktionen erkannt werden. Neben der Hauptfunktion der Steuerung übernimmt die SPS die Funktion der Visualisierung und Kommunikation über die Grenzen des Teilsystems hinaus.

1.3 Stoff, Energie und Information

Materials, energy and information

1.3.1 Beschreibung von Stoffströmen

Description of the flow of materials

Zustandformen von Stoffen

Stoffe werden häufig nach ihrem Aggregatzustand fest, flüssig oder gasförmig eingeteilt. In der Technik hat sich jedoch auch eine Einteilung nach formlosen Gütern wie Pulver, Granulat, Schüttgut und geometrisch bestimmten Gütern wie Halbzeugen oder Baugruppen etabliert.

Stoffumsetzung

Maschinen mit der Hauptfunktion der Stoffumsetzung werden auch als Arbeitsmaschinen bezeichnet. In Systemen zur Stoffumsetzung werden Stoffe transportiert, geformt und gewandelt (siehe 1.1.2). Dabei ist es notwendig, diese drei Funktionen durch physikalische Gesetzmäßigkeiten zu beschreiben, um die Stoffumsetzung durch das System zu verfolgen und eine Bilanzierung vornehmen zu können. Für die Beschreibung der Menge eines Stoffes stehen folgende physikalische Größen zur Verfügung:

Tabelle 1-2 Physikalische Größen zur Beschreibung der Menge eines Stoffes

Physikalische Größe	Formelbuchstaben	Einheit	Beschreibung	Zustandsform der beschreibenden Stoffe
Masse	m	kg	Stoffeigenschaft, auf welche die Erdanziehungskraft wirkt	Formlose und geometrisch bestimmte Stoffe
Volumen	V	m^3	Rauminhalt einer Stoffmenge	Formlose und geometrisch bestimmte Stoffe
Stoffmenge	n	mol	1 mol = Anzahl der Teilchen die in 12 g Kohlenstoff C_{12} enthalten sind ($6{,}022 \cdot 10^{23}$ Teilchen)	Stoffe die in genauen Verhältnissen miteinander reagieren müssen
Anzahl	N	1	Anzahl von gleichen Einheiten	Stückiges Gut wie Pakete, Baueinheiten, ...

Die verschiedenen Größen zur Beschreibung der Stoffmenge sind ineinander umrechenbar. Von besonderer Bedeutung ist dabei der Zusammenhang zwischen Masse und Volumen eines Stoffes, der als Dichte (Tabellenwert) bezeichnet wird:

$$\rho = \frac{m}{V}$$

Stofftransport

Stoffe können kontinuierlich (stetig) oder diskontinuierlich (unstetig) durch ein System geleitet werden. Stetige Fördersysteme transportieren Stoffe mit gleich bleibender Geschwindigkeit.

$$v = \frac{s}{t}$$

Pneumatische Förderer und Becherwerke sind solche stetigen Förderer.

Unstetige Fördersysteme wie z. B. Lastkraftwagen, Gabelstapler, Kräne oder die Beispielanlage Förderbandanlage transportieren Stoffe in nicht konstanten Zeitabständen.

Stoffströme

Um einen Stofftransport durch ein System zu beschreiben ist die Angabe der Menge eines Stoffes nicht ausreichend. Durch den Bezug einer transportierten Stoffmenge auf eine Zeiteinheit erhält man einen Stoffstrom. Unter Verwendung der in Tabelle 1-2 beschriebenen Größen können folgende Stoffströme beschrieben werden:

Tabelle 1-3 Physikalische Größen zur Beschreibung eines Stoffstroms

Physikalische Größe	Formelbuchstaben	Einheit	Berechnungsformel	Anwendungsbeispiel
Massenstrom	$\dot{m}$	$\frac{\text{kg}}{\text{s}}$	$\dot{m} = \frac{m}{t}$	Formlose Stoffe wie z. B. Schüttgüter auf einem Transportband
Volumenstrom	$\dot{V}$	$\frac{\text{m}^3}{\text{s}}$	$\dot{V} = \frac{V}{t} = A \cdot v$	Fluide in Rohrleitungen
Molstrom	$\dot{n}$	$\frac{\text{mol}}{\text{s}}$	$\dot{n} = \frac{n}{t}$	Stoffe, die in einem chemischen Reaktor miteinander reagieren sollen
Anzahl je Zeiteinheit	$\dot{N}$	$\frac{1}{\text{s}}$	$\dot{N} = \frac{N}{t}$	Stückiges Gut wie Pakete, Baueinheiten, ...

Für unser Beispiel Transportbandanlage bietet es sich an, den Stoffstrom als Anzahl N der Pakete je Zeiteinheit t zu betrachten. Haben die Pakete jedoch eine unterschiedliche Masse m_n die z.B. für die Beladung von LKWs von Bedeutung ist, ist es sinnvoller den Massenstrom $\dot{m}$ für den Zeitraum t zu bestimmen.

1.3.2 Beschreibung von Energieströmen

Description of the energy flow

Arbeit

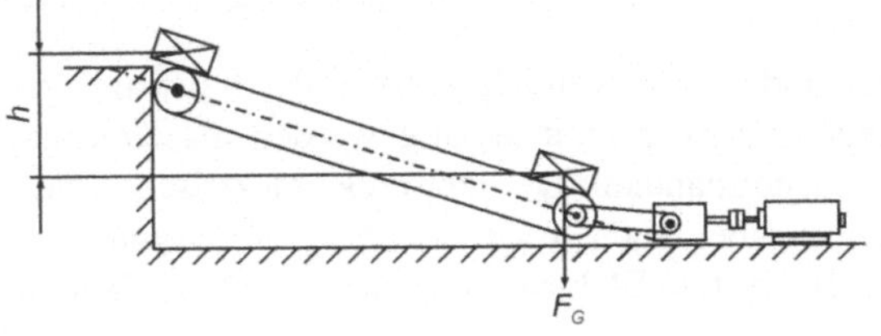

Bild 1-6
Hubarbeit an der Transportbandanlage

Um in dem Beispielsystem Transportbandanlage Pakete aus dem Keller in das Erdgeschoss zu transportieren, muss mechanische Arbeit W verrichtet werden, die sich aus dem Produkt aus der Kraft F und dem Weg s errechnet.

$$W = F \cdot s$$

Dabei ist darauf zu achten, dass nur die Komponente vom Weg s in die Berechnung eingeht, die in die gleiche Richtung wie die Kraft F wirkt. Für das Heben der Pakete ergibt sich die Hubarbeit zu:

$$W_{\mathrm{H}} = F_{\mathrm{G}} \cdot h$$

Da die Gewichtskraft F_{G} zum Erdmittelpunkt zeigt, kann nur die vertikale Komponente h des Förderbands als Strecke angesetzt werden.

Energie

Energie ist gespeicherte Arbeit, die in einer Vielzahl verschiedener Formen auftritt:

Tabelle 1-4 Energieformen

Energieform	Formel-buchstaben	Einheit	Berechnungs-formel	Beispiel
Potentielle Energie (Lageenergie)	W_{pot}	Nm	$W_{\mathrm{pot}} = F_{\mathrm{G}} \cdot h$	Gespeicherte Hubarbeit eines angehobenen Körpers wie z. B. Pakete, die auf der Wirklinie der Gewichtskraft F_{G} um die Höhe h angehoben werden.
Kinetische Energie (Bewegungsenergie)	W_{kin}	Nm	$W_{\mathrm{kin}} = \frac{1}{2} \cdot m \cdot v^2$	Bewegungsenergie eines bewegten Körpers wie z. B. der Rotor eines E-Motors.
Wärmeenergie	h	J	$h = m \cdot c \cdot \vartheta$	Energie, die in der Bewegung der Atome gespeichert ist, z. B. in den Brenngasen eines Verbrennungsmotors.
Elektrische Energie	W_{elek}	Ws	$W_{\mathrm{elek}} = P \cdot t = U \cdot I \cdot t$	Energie aufgrund von Ladungsunterschieden.
Chemische Energie	Q	J	$Q = V \cdot H_{\mathrm{iB}}$	Chemische Stoffe reagieren mit anderen Stoffen und geben dabei Wärmeenergie frei.

Die verschiedenen Energieformen können ineinander umgewandelt werden. Auch die angegebenen Einheiten sind austauschbar. Maschinen zur Energieumsetzung werden als Kraftmaschinen bezeichnet. Dem Elektromotor der Transportbandanlage fließt dabei elektrische Energie zu, die in Bewegungsenergie (Nutzenergie) aber auch Wärmeenergie (Verlustenergie) umgewandelt wird. Die Energiebilanz für das Teilsystem Elektromotor muss ergeben, dass die

Summe der zugeführten Energien der Summe der abgeführten Energien entspricht. Für die Umwandlung von Energie gilt der Energieerhaltungssatz:

> Energie wird nicht erzeugt oder vernichtet, sondern kann nur von einer Energieform in andere Energieformen umgewandelt werden.

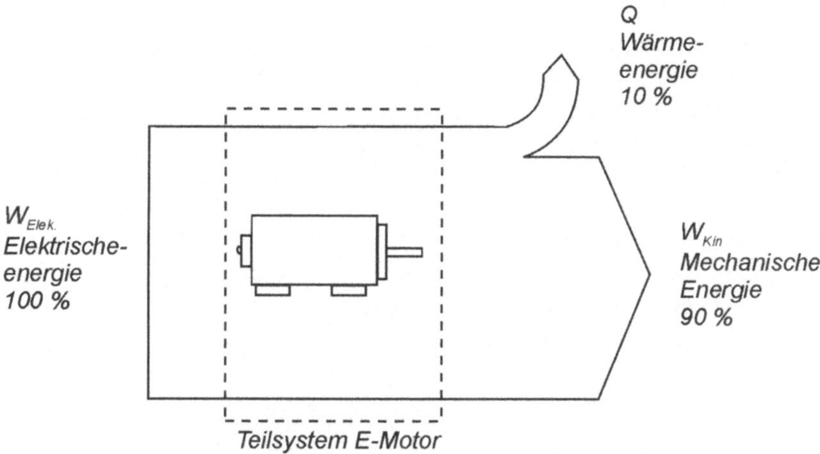

Bild 1-7 Energiebilanz am Teilsystem Elektromotor

Leistung

Die Leistung P einer Maschine gibt an, welche Arbeit bzw. Energiemenge in einer Zeiteinheit t umgesetzt wird. Die Einheit der Leistung ist das Watt W.

$$P = \frac{W}{t} = F \cdot \frac{s}{t} = F \cdot v$$

Auf dem Typenschild des Elektromotors der Förderbandanlage ist die Nenn-Leistung angegeben. Diese Antriebsleistung muss der Summe der Hubleistung der Pakete und der Leistung für Verluste durch Reibung und den Umwandlungsverlusten im Motor entsprechen. Die Angabe der aufgenommenen elektrischen Energie würde keinen Sinn machen, da diese nichts darüber aussagt, in welcher Zeit die Energie umgesetzt wird.

Wirkungsgrad

Alle Energiewandlungsmaschinen (Kraftmaschinen) können nur einen Teil der zugeführten Leistung P_{Zu} in nutzbare Leistung P_{Nutz} umwandeln. Ein Teil der zugeführten Leistung wird in Energieformen umgewandelt, die nicht erwünscht sind und werden als Verluste bezeichnet. Das Verhältnis der nutzbaren Leistung zur zugeführten Leistung wird als Wirkungsgrad η bezeichnet. Der Gesamtwirkungsgrad eines Systems ist das Produkt der Wirkungsgrade der Teilsysteme.

$$\eta = \frac{P_{Nutz}}{P_{Zu}} \qquad \eta_{ges} = \eta_1 \cdot \eta_2 \cdot \ldots \cdot \eta_n$$

1.3.3 Beschreibung von Informationsströmen

Description of the flow of information

Jede Anlage benötigt zu ihrer Steuerung Informationen. Diese Informationen können unterschiedlich aufgebaut sein und werden als Signale bezeichnet.

Analoge Signale

Wird die Temperaturveränderung in einem Produktionsraum mit einem Flüssigkeitsthermometer gemessen, so steigt oder fällt die Temperatur stetig, also stufenlos über die Zeit *t*. Die angezeigte Temperatur kann jeden beliebigen Zwischenwert annehmen.

Signale, die jeden beliebigen Zwischenwert einnehmen können, deren Änderung stetig, also stufenlos ist, werden als **analoge Signale** beschrieben

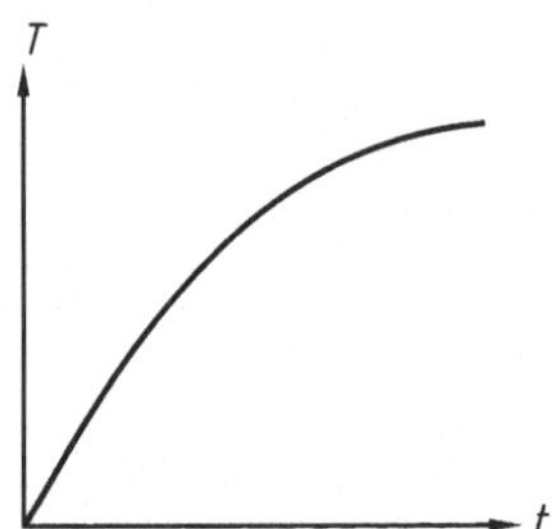

Bild 1-8 Analoges Signal eines Thermometers

Digitale Signale

Ein analoges Signal kann in ein **digitales Signal** umgewandelt werden. Viele Informationsverarbeitungssysteme können nur digitale Signale verarbeiten, so dass eine Umwandlung notwendig ist. Dabei wird das analoge Signal in eine endliche Anzahl von Wertebereichen aufgeteilt, denen Ziffern zugeordnet werden. Diese Stufung des Signals wird als **Quantelung** bezeichnet.

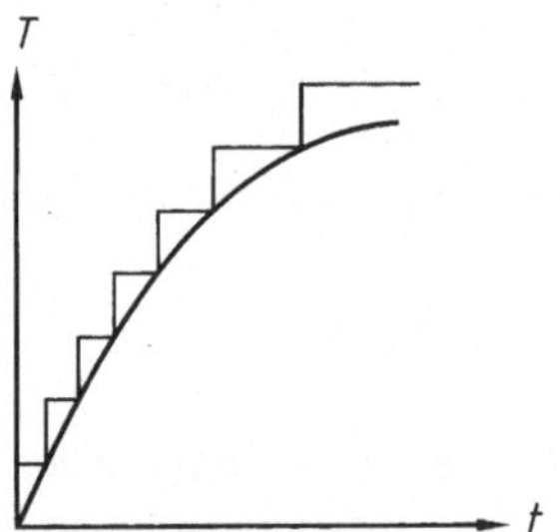

Bild 1-9 Umwandlung eines analogen in ein digitales Signal

Binäre Signale

Binäre Signale sind digitale Signale, die nur zwei unterschiedliche Zustände annehmen können. Dabei stehen nur die Ziffern 1 und 0, sowie die Basis 2 zur Verfügung. Binäre Signale können somit nur Zustände wie An/Aus, Schließer geschlossen/Schließer geöffnet, Spannung liegt an/Spannung liegt nicht an beschreiben. Der Zustand 1 wird häufig mit ‚high', der Zustand 0 häufig mit ‚low' bezeichnet. Das Binärsystem wird auch als Dualsystem bezeichnet. Für eine bessere Eindeutigkeit werden den Zuständen 1 und 0 Spannungsbereiche zugeordnet (siehe Bild 1-10).

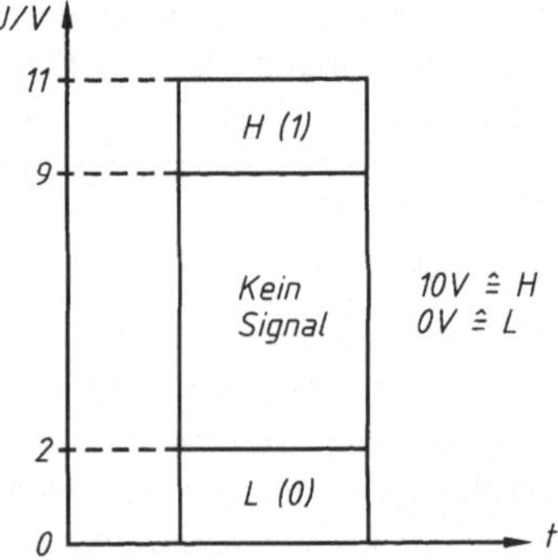

Bild 1-10 Spannungsbereiche für die eindeutige Zuordnung der Zustände High (1) und Low (0)

2 Funktionseinheiten in der Mechanik

Functional units in mechanics

2.1 Der Baukasten

Constructional units

Analysiert man eine Vielzahl mechatronischer Systeme fällt auf, dass bei der Zerlegung von Gesamtsystemen immer wieder die gleichen mechanischen Teilsysteme und Baugruppen verbaut worden sind. Diese werden wie in Kapitel 1 beschrieben als Funktionseinheiten bezeichnet.

Der Umkehrschluss lässt die Aussage zu, dass Gesamtsysteme durch die Synthese von Funktionseinheiten zusammengesetzt werden können. Als praktischer Einstieg wird uns in diesem Kapitel die mechanischen Funktionseinheiten eines Personenwagens dienen. Im Automobilbau werden zum Beispiel immer die gleichen Funktionseinheiten wie Motor, Getriebe, Differenzial, Gemischaufbereitung usw. verwendet. Die verschiedenen Modelle des Herstellers unterscheiden sich nur darin, dass die Funktionseinheiten Karosserie, Motor, Getriebe, Differential etc. variieren und daher immer wieder neu aufeinander abgestimmt werden müssen. Die spezielle Fahrzeugvariante entspricht dadurch den Anforderungen des Kunden. Dieser Sachverhalt ist als Variantenkonstruktion bekannt. Ein bekanntes, funktionsfähiges System wird dabei einer variierten Aufgabenstellung angepasst.

Dieses Kapitel gibt einen Überblick über die wichtigsten Funktionseinheiten im Maschinenbau. Dabei steht nicht die Berechnung von Maschinenelementen wie Wellen, Zahnrädern oder Lagern im Vordergrund, sondern die Auswahl von Funktionseinheiten und deren Verbindung zu Gesamtsystemen auf Grund ihrer speziellen Eigenschaften. Die wichtigsten technischen Eigenschaften und Größen werden beschrieben, um ein technisch funktionsfähiges und kostengünstiges mechanisches Gesamtsystem zu entwerfen oder ein bestehendes System reparieren oder instandhalten zu können.

Der Mechatroniker arbeitet also mit einem Baukasten von Funktionseinheiten die aufeinander abgestimmt werden müssen. Bild 2-1 zeigt die Funktionseinheiten eines Personenwagens. Im Folgenden werden Teilsysteme und Baugruppen zu Funktionseinheiten zusammengefasst, die gemeinsame Funktion wird definiert und am Beispiel des Personenwagens exemplarisch erläutert.

Bild 2-1
Funktionseinheiten eines Personenwagens

Trag- und Stützeinheiten

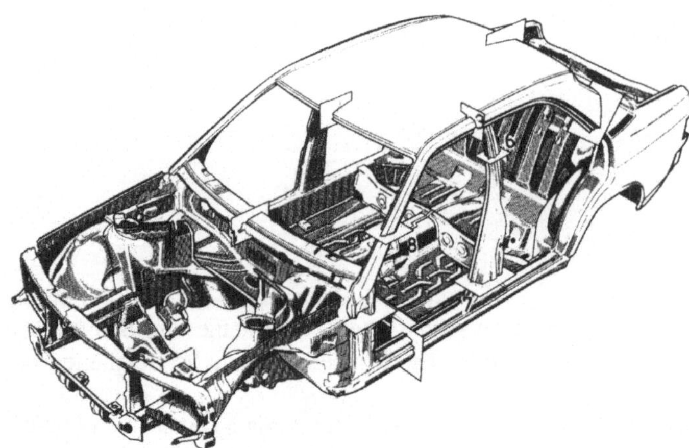

Bild 2-2 Selbsttragende Karosserie

Die Trag- und Stützeinheit bildet das mechanische Skelett das die mechanischen Funktionseinheiten in einem mechanischen Gesamtsystem trägt. Kräfte werden aufgenommen und unzulässige Verformungen verhindert. Durch die Auswahl der Konstruktion und der verwendeten Materialien werden auftretende Schwingungen nach Möglichkeit gedämpft. Im aufgeführten Beispiel PKW verbindet eine selbsttragende Karosserie die mechanischen Funktionseinheiten zu dem Gesamtsystem PKW. Das Teilsystem Getriebe verwendet ein Gussgehäuse als tragende Einheit.

Lager- und Führungseinheiten

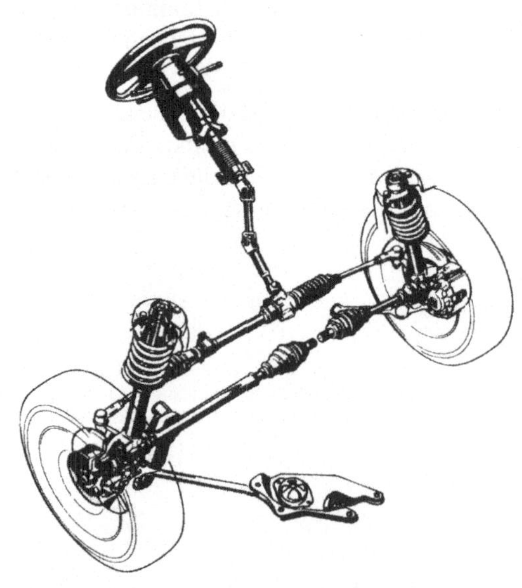

Bild 2-3 Radlagerung

Lager und Führungen realisieren radiale und axiale Bewegungen und nehmen Kräfte auf. Die auftretende Reibung soll dabei gering gehalten werden. Die Vorderräder eines heckgetriebenen PKW sind über Wälzlager auf einer still stehenden Achse gelagert. Durch die Wälzlager wird die Radialbewegung der Räder geführt und die Reibung gering gehalten. Motor und Getriebe enthalten eine Vielzahl von Lagern die Wellen positionieren und führen.

Antriebseinheiten

Antriebseinheiten (Arbeitsmaschinen) wandeln eine zur Verfügung gestellte Energieform in mechanische Energie um. Die häufigsten Formen der Antriebseinheiten sind elektrische Motoren und Verbrennungsmotoren. Axiale Bewegungen werden häufig mit pneumatischen oder hydraulischen Zylindern realisiert.
Der Verbrennungsmotor des PKW wandelt die chemisch gebundene Energie im Treibstoff in mechanische Energie an der Kurbelwelle um.

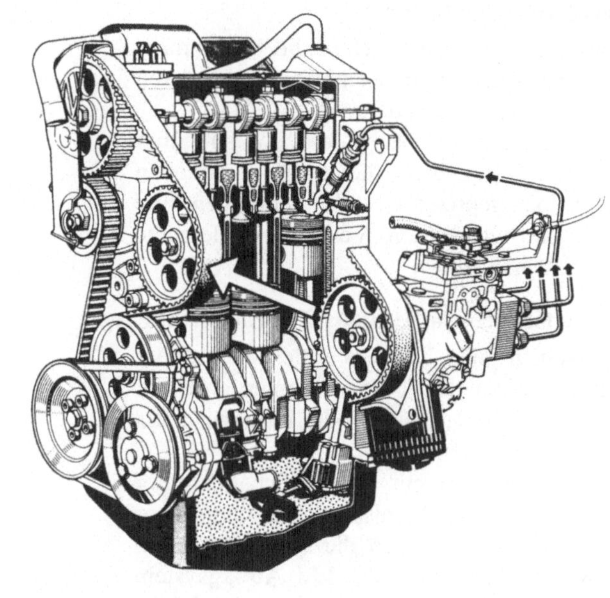

Bild 2-4 Verbrennungsmotor

Energieübertragungseinheiten

Die von einer Arbeitsmaschine bereitgestellte Energie muss so umgeformt werden, dass sie ohne hohe Verluste in die gewünschte Nutzenergie umgewandelt werden kann. Durch Energieübertragungseinheiten können Drehzahl, Drehsinn und Drehmoment geändert werden. Spezielle Energieübertragungseinheiten können den Energiefluss zwischen Funktionseinheiten herstellen bzw. unterbrechen.

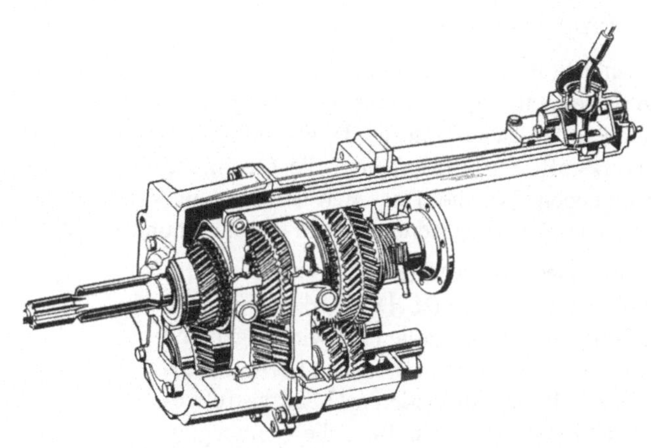

Bild 2-5 Mehrstufengetriebe

Das Getriebe des PKW ändert Drehzahl und Drehmoment zwischen der Eingangs- und Ausgangswelle. Je nachdem welche Gangstufe gewählt wurde ändert sich das Übersetzungsverhältnis. Beim Einlegen des Rückwärtsganges kehrt sich der Drehsinn um. Weitere Energieübertragungseinheiten sind das Differenzial und die Gelenkwelle zwischen Getriebe und Differenzial. Eine schaltbare Kupplung zwischen Motor und Getriebe kann den Energiefluss bei Bedarf unterbrechen.

Verbindungseinheiten

Verbindungselemente stellen die Verbindung zwischen den Funktionseinheiten bzw. deren Maschinenelementen dar.
Gelenkwelle und Getriebe des PKW sind über Flansche verbunden, die durch Schrauben aneinander gepresst werden. Schrauben sind eines der wichtigsten Verbindungselemente des Maschinenbaus.

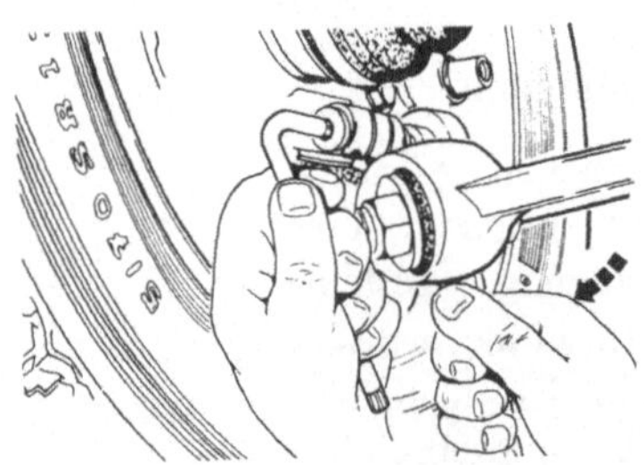

Bild 2-6 Schraubenverbindung

Umweltschutz- und Arbeitssicherheitseinheiten

Emissionen eines Systems sollen nach Möglichkeit vermieden oder minimiert werden. Die Sicherheit der Nutzer oder Bediener muss sichergestellt sein.
Das Abgassystem mit seinem Schalldämpfer minimiert die Schallemission. Ein Katalysator oder Russfilter reduziert die Belastung durch giftige Abgasbestandteile. Ein Airbagsystem schützt den Fahrer im Falle eines Aufpralls gegen ein Hindernis.

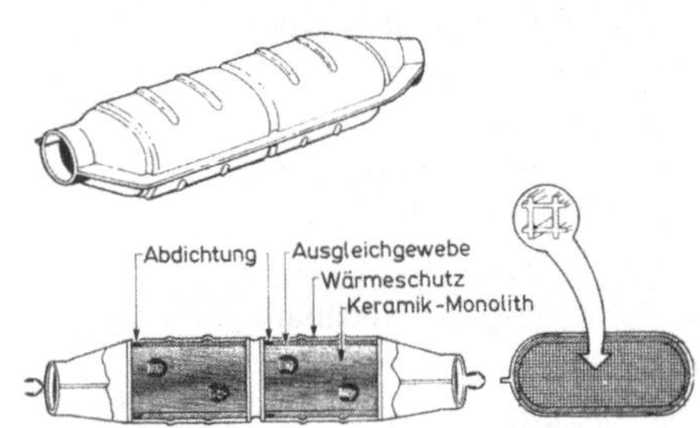

Bild 2-7 Katalysator eines Ottomotors

2.2 Trag- und Stützeinheiten

Props and supports

Trag- und Stützeinheiten bilden die zentrale Baugruppe zur Aufnahme der Teilsysteme eines jeden mechatronischen Systems. Die im System erzeugten Kräfte müssen ohne unzulässige Verformungen der Bauteile in die Trag- und Stützeinheit eingeleitet werden können. Die Auswahl des Werkstoffs, die Massen und die Geometrie beeinflussen das Auftreten nicht erwünschter Schwingungen. Welche Trag- und Stützeinheit Verwendung findet, ist in erster Linie von der Funktion des Gesamtsystems und den damit verbundenen Anforderungen abhängig.

Maschinengestelle werden häufig für Werkzeugmaschinen eingesetzt. Durch die geforderte hohe Fertigungsqualität sollen Schwingungen und Verformungen vermieden werden. Diese Forderungen erfüllen im Besonderen Gusskonstruktionen aus Eisen-Gusswerkstoffen, die Schwingungen dämpfendes Graphit eingelagert haben, eine große Masse aufweisen und nur bei größeren Stückzahlen (Gießformen) wirtschaftlich sind. Auch Schweißkonstruktionen aus Stahlblechen sind möglich. Sie eignen sich auch für wirtschaftliche Kleinserien oder Einzelfertigungen, da die Kosten für Gießmodelle entfallen. Durch ihr geringeres Gewicht erzeugen sie in Verbindung mit nicht Schwingungen dämpfenden Werkstoffen größere Schwingungen.

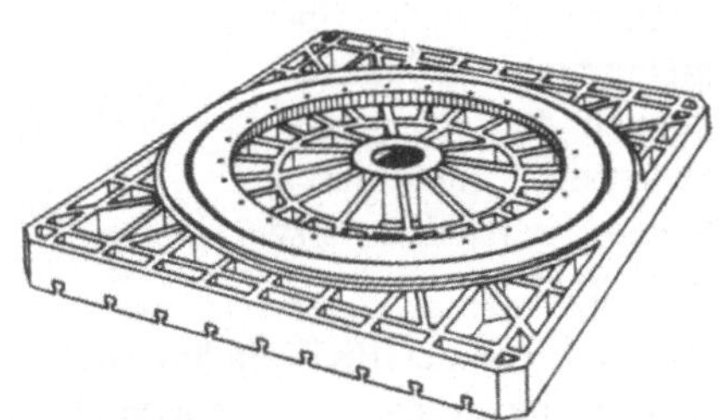

Bild 2-8 Drehtisch eines Waagerecht-Bohr- und Fräswerkes (Unteransicht, Wotan-Werke, Düsseldorf)

Traggerüste bilden ein Fachwerkgerüst aus meist genormten Halbzeugen. In das Gerüst werden die Teilsysteme eingehängt und miteinander verbunden. In der Verfahrenstechnik werden z. B. Behälter in Traggerüste eingesetzt, die durch Rohrleitungen miteinander verbunden werden. Gitterrohrrahmen finden im Automobilrennsport auf Grund ihrer Gewichtsersparnis Verwendung. Teilsysteme des Fahrzeugs wie Motor, Getriebe, Radaufhängungen werden in den Rahmen eingehängt und miteinander zu einem Gesamtsystem verbunden. Auch Leiterrahmen wie sie bei LKW-Fahrgestellen eingesetzt werden, können als zweidimensionale Fachwerke verstanden werden.

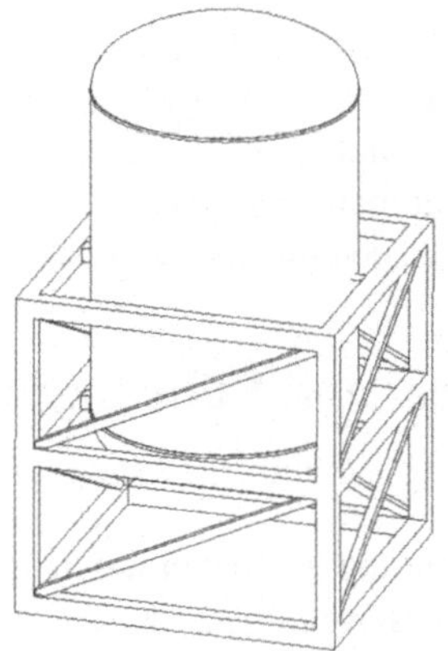

Bild 2-9 Traggerüst einer verfahrenstechnischen Anlage

Plattformrahmen sind biegesteife Montageflächen für Systeme deren Komponenten auf einer Ebene angeordnet sind. Pumpen, die an Motoren angeflanscht sind müssen fluchtende Wellen aufweisen, um eine optimale Leistungsübertragung zu gewährleisten. Hier bietet sich die Montage auf einer Ebene an, die hinsichtlich ihrer Positionierung in weiten Bereichen variabel ist.

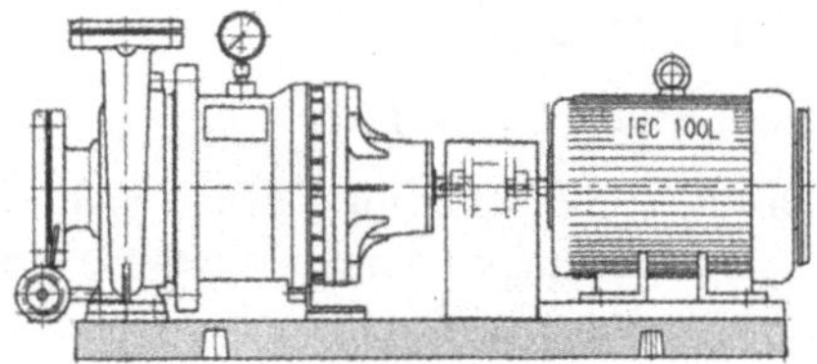

Bild 2-10 Plattformrahmen einer Pumpengruppe

Selbsttragende Gehäuse verbinden die Funktion des Tragens und Stützens mit der Funktion, einen Arbeitsbereich gegen die Umwelt abzuschirmen. Der Motorblock eines Verbrennungsmotors nimmt die auftretenden Lagerkräfte auf und begrenzt die Wirkung des Öls auf den für die Funktion des Motors notwendigen Bereich. Eine selbsttragende PKW-Karosserie trägt und stützt die Funktionseinheiten eines PKW und schirmt die Insassen zusätzlich gegen Außeneinflüsse wie Regen, Wind, Geräusche etc. ab.

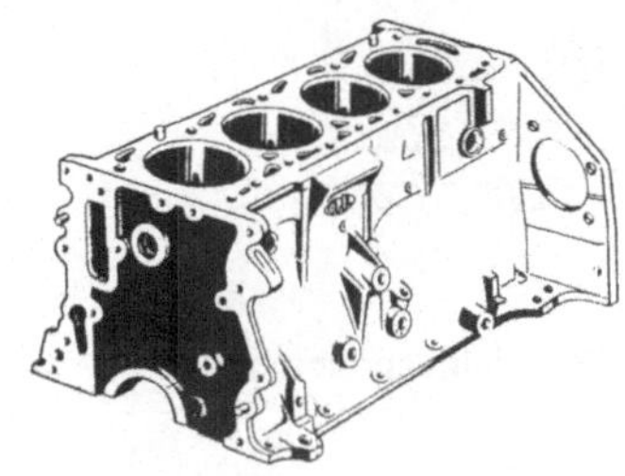

Bild 2-11 Selbsttragendes Gehäuse eines Motorblocks

Häufig werden verschiedene Bauformen von Trag- und Stützeinheiten kombiniert, um den Anforderungen an das Gesamtsystem zu entsprechen. Solche Anforderungen können sein:

- Gewicht
- Biegesteifigkeit
- Flexibilität bei den Aufnahmepunkten zur Befestigung von Teilsystemen
- Vermeiden von Schwingungen
- Montage auf einer Ebene
- Flächen bzw. Raumbedarf
- Zugänglichkeit der Teilsysteme
- Abschirmung von der Umgebung.

Das Transportförderband aus dem Kapitel 1 sollte vorzugsweise auf einem Plattformrahmen montiert werden, da sich die Teilsysteme Motor, Getriebe und Energieübertragungseinheit auf einer Ebene befinden. Als Plattformrahmen kann hier auch der Hallenboden verwendet werden. Das Förderband mit seinen Förder- und Antriebsrollen ist über ein Traggestell aus Halbzeugprofilen kostengünstig zu erstellen.

2.3 Lager- und Führungseinheiten

Bearing assemblies and guideways

Lager und Führungseinheiten nehmen Kräfte auf und führen Bauelemente oder Baugruppen in vorgesehenen Bewegungsabläufen. Sie können durch ihre tragenden und stützenden Eigenschaften auch den Trag- und Stützeinheiten zugerechnet werden. Auf Grund ihrer großen Bedeutung sollen die Lager- und Führungseinheiten aber separat behandelt werden.

2.3.1 Gleitlager

Plain bearing

Bei einer Gleitlagerung bewegt sich ein Wellenzapfen (1) in einer Lagerbuchse (2) bzw. in Lagerschalen, die in einem Gehäuse eingebaut sind (Bild 2-12). Dabei tritt zwischen dem Wellenzapfen und der Lagerbuchse Gleitreibung auf.

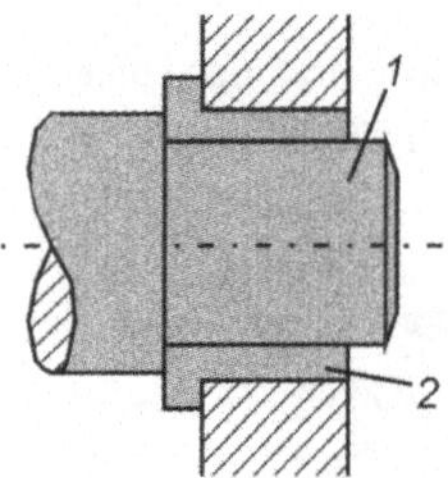

Bild 2-12 Gleitlagerelemente

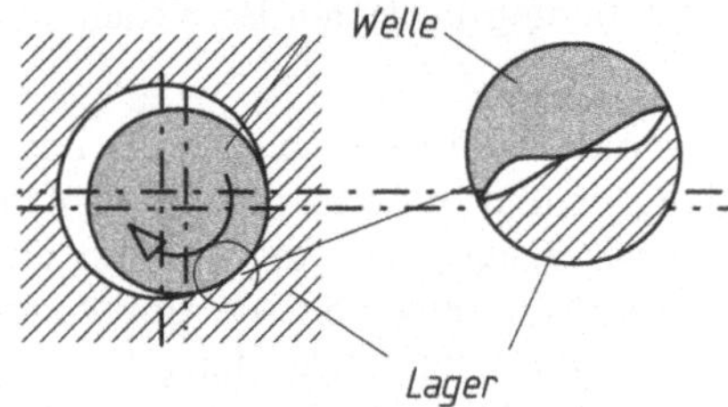

Bild 2-13 Trockenreibung

Trockenreibung

Die Oberflächen der Gleitpartner weisen mikroskopische Unebenheiten auf, die sich ineinander verhaken (Bild 2-13).Werden die beiden Flächen gegeneinander verschoben, hebt sich der Wellenzapfen aus der Verhakung und es kommt zum Einebnen der Oberflächenunebenheiten durch Abscherung der Oberflächenprofilspitzen. Dies geschieht besonders beim Einlaufen der Lager. Dieser Reibmechanismus kann durch hohe Oberflächengüte und günstige Werkstoffpaarung reduziert werden. Der Verschleiß wird von hohen Temperaturen durch die auftretende Reibung begleitet, die so groß werden können, dass es zum Schmelzen des Lagerbuchsenwerkstoffs kommen kann.

Die entstehende Wärme wird durch Wärmeleitung an benachbarte Bauteile und Wärmeübergang in die Umgebungsluft abgeleitet. Die Betriebstemperatur sollte 60 bis 80 °C nicht überschreiten. In ungünstigen Fällen kommt es zum „Fressen“ des Lagers, was einen Totalausfall der Lagerung und damit der Maschine zur Folge hat. Bei der beschriebenen Trockenreibung sind die Reibzahlen und auftretenden Verschleißmechanismen besonders hoch.

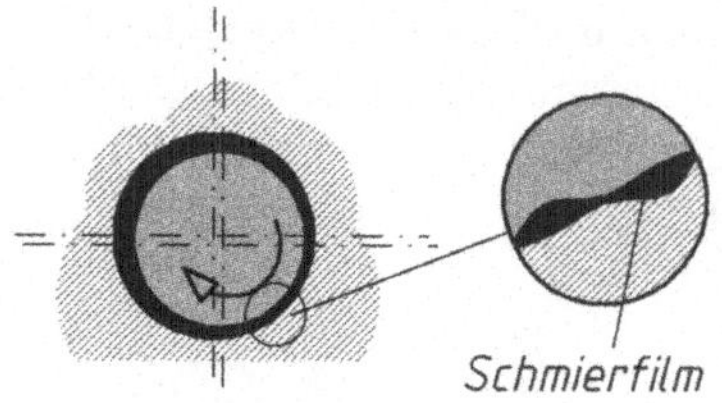

Bild 2-14 Flüssigkeitsreibung

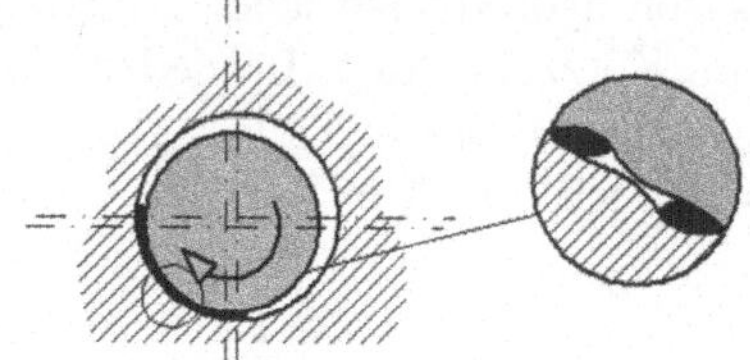

Bild 2-15 Mischreibung

Flüssigkeitsreibung

Durch die Zugabe eines Schmiermittels baut sich im Betrieb zwischen Wellenzapfen und Lagerbuchse ein Flüssigkeitsfilm auf, der die Reibzahl erheblich reduziert (Bild 2-14). Die Spitzen des Oberflächenprofils werden durch den Schmierfilm von einander getrennt. Die entstehende Reibung findet nicht mehr durch den Bauteilkontakt statt, sondern als vergleichsweise geringe Flüssigkeitsreibung im Schmiermittel. Das Schmiermittel übernimmt zusätzlich die Aufgabe, die geringe Reibungswärme abzuführen. Ein Gleitlager im Zustand der Flüssigkeitsreibung arbeitet verschleißfrei.

Mischreibung

Besteht zwischen den gleitenden Flächen kein zusammenhängender Flüssigkeitsfilm treten Trockenreibung und Flüssigkeitsreibung gemeinsam auf (Bild 2-15).

Hydrodynamische Schmierung

Der für die Flüssigkeitsreibung erforderliche Schmierfilm kann durch die Bewegung zwischen Wellenzapfen und Lagerbuchse selbsttätig aufgebaut werden. Beim Stillstand der Lagerung liegen Zapfen und Lagerbuchse unmittelbar aufeinander. Beim Anlaufen der Maschine kommt es so zu Trocken- oder Mischreibung wie sie in der Stribeck-Kurve (Bild 2-18) dargestellt ist. Bei höheren Drehzahlen wird der Schmierstoff durch den Wellenzapfen mitgerissen und in den sicherförmigen Spalt zwischen Welle und Lager gepresst (Bild 2-17). In dem Spalt baut sich ein Druck auf, der im Bereich des geringsten Abstands s_{min} am größten ist und die Welle vom Lager abhebt. Dieser Übergang zwischen Misch- und Flüssigkeitsreibung wird als Ausklinken bezeichnet und findet bei der Übergangsdrehzahl $n_{ü}$ statt. In diesem Bereich dürfen keine Schmiernuten platziert werden, da diese den Druckaufbau stören würden. Es entsteht ein umlaufender Schmierfilm, der einen direkten Kontakt der Bauteile vermeidet.

Voraussetzung zum Erreichen einer hydrodynamischen Schmierung sind:

- Ausreichendes Spiel zwischen Wellenzapfen und Lagerbuchse zum Realisieren eines sichelförmigen Spalts
- Erreichen einer mindest erforderlichen Drehzahl zum Aufbau des hydrodynamischen Drucks
- Geeignete Viskosität des Schmiermittels.

Um die Welle an mehreren Stellen abzustützen, kommen Mehrflächenlager (MF-Lager) zum Einsatz bei denen die Lagerbuchse mehrere sichelförmige Verengungen mit der Welle bildet. Dabei ist von großem Vorteil, dass sich die Welle durch die mehrfache Abstützung selbst zentriert (Bild 2-16).

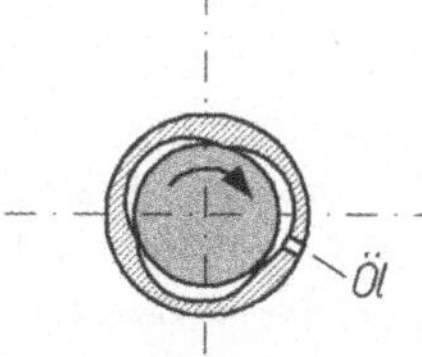

Bild 2-16 Mehrflächenlager in Dreiflächenausführung

Der Einsatz von hydrodynamischen Lagern ist bei Maschinen im Dauerbetrieb sinnvoller als für solche im Kurzzeitbetrieb. Bei jedem An- und Herunterfahren der Maschine werden die Reibungszustände Misch- und Flüssigkeitsreibung durchlaufen wie es in der Stribeck-Kurve (Bild 2-18) deutlich wird. Der Verschleiß der Lagerung tritt dabei bei der Mischreibung auf.

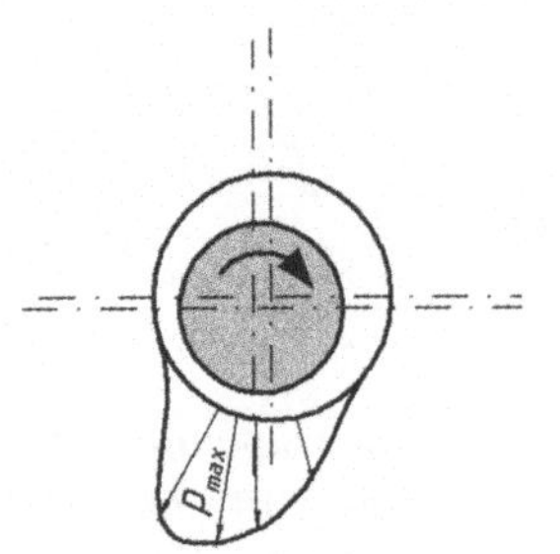

Bild 2-17
Druckverteilung bei hydrodynamischer Schmierung

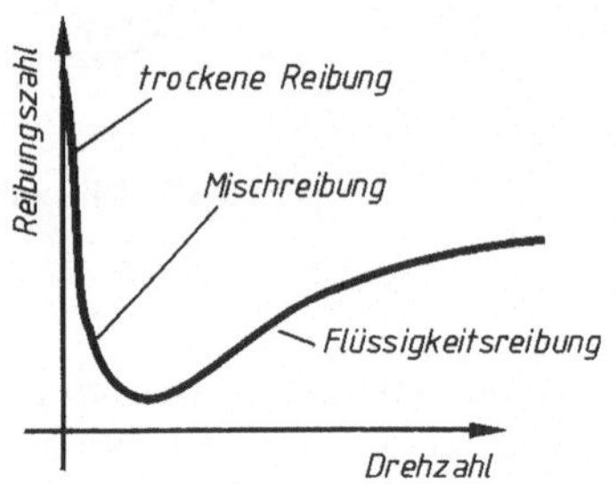

Bild 2-18
Abhängigkeit des Reibzustands von der Drehzahl (Stribeck-Kurve)

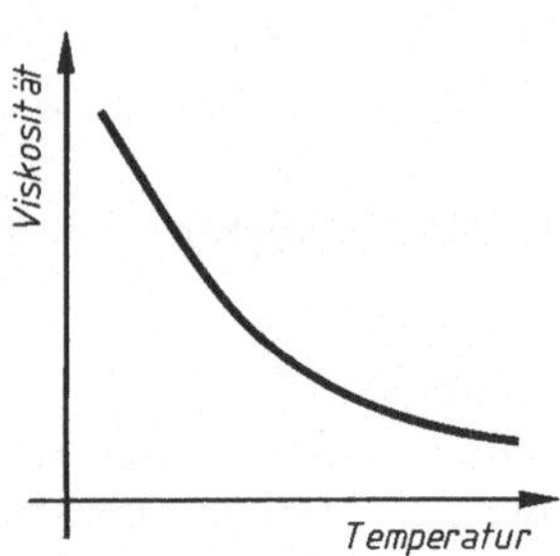

Bild 2-19
Abhängigkeit zwischen Viskosität und Schmiermitteltemperatur

Hydrostatische Schmierung

Um auch Lager mit geringer Drehzahl im Bereich der Flüssigkeitsreibung betreiben zu können werden hydrostatische Lager eingesetzt. Dabei wird Schmiermittel mit Überdruck durch eine Pumpe zwischen Lagerschale und Wellenzapfen gepresst. Der Wellenzapfen hebt sich durch den Schmiermitteldruck von der Lagerschale ab, ohne dass die Welle eine Drehbewegung ausführt. Die verschleißintensive Mischreibung wird dadurch umgangen. Bei besonders großen Lagern ist eine Ausführung als Segmentlager möglich, bei dem nur Ausschnitte des Wellenumfangs (Segmente) durch hydrostatische Lager abgestützt werden.

Für einen verschleißfreien Betrieb sind zu beachten:

- Der Schmiermitteldruck muss sich vor dem Anlaufen der Welle aufgebaut haben.
- Beim Absinken des Öldrucks unter ein Minimum muss der Betrieb gestoppt werden.
- Bei der Außerbetriebnahme der Maschine muss der Öldruck bis zum Stillstand der Welle aufrecht gehalten werden.

Aus den genannten Gründen, ist der Einsatz einer programmierbaren Steuerung (siehe Kapitel 4) für das Anfahren, den Betrieb und das Herunterfahren der Maschine sinnvoll, um Schäden durch menschliches Versagen zu vermeiden.

Schmiermittel

Das Schmiermittel hat die Aufgabe, die Reibung zu minimieren, Wärme abzuführen und Korrosion der Maschinenelemente zu vermeiden. Die Auswahl des Schmiermittels orientiert sich an der Größe ihrer Viskosität und der Gleitgeschwindigkeit zwischen Wellenzapfen und Lager. Die Viskosität beschreibt die innere Reibung einer Flüssigkeit, die beim Verschieben von benachbarten Flüssigkeitsteilchen auftritt. Sie kann auch als Zähflüssigkeit bezeichnet werden. Ein Schmierfett hat damit eine höhere Viskosität als ein Motorenöl.

Die Viskosität sinkt mit steigender Temperatur (Bild 2-19). Je kleiner die Gleitgeschwindigkeit und um so größer die Lagerkräfte sind, umso höher muss die Viskosität des Schmierstoffs sein. Dies ist z. B. bei Kugelköpfen oder Spindelantrieben der Fall, die mit Fett geschmiert werden. Schmierstoffe geringer Viskosität verwendet man bei Lagerungen mit großem Lagerspiel, hoher Oberflächengüte und großer Wärmeableitung wie sie in den Kurbelwellenlagern von PKW-Motoren notwendig sind. Als Schmiermittel können flüssige Stoffe wie Mineralöle, pastöse Stoffe wie Schmierfette oder feste Stoffe wie Graphit oder Molybdänsulfid Verwendung finden.

Der Schmierstoff ist ein wichtiges Konstruktionselement, welches genau auf seinen Einsatz abgestimmt sein muss, um einen zuverlässigen Betrieb zu gewährleisten. Die in den Wartungs- und Bedienungsanleitungen eines mechatronischen Systems vorgeschriebenen Schmierstoffe dürfen nicht durch Schmierstoffe anderer Zusammensetzung oder anderer technischer Eigenschaften ersetzt werden.

Schmiereinrichtungen

Damit ein Gleitlager nicht durch übermäßigen Verschleiß ausfällt, muss eine ausreichende Menge Schmiermittel zwischen den gleitenden Flächen vorhanden sein. Da in den meisten Fällen während des Betriebs ein Verlust an Schmiermittel stattfindet, muss dieses kontinuierlich, manuell oder automatisch ergänzt werden. Dazu werden Bohrungen oder Löcher in die Lagerbuchse eingearbeitet, die in achsparallelen Schmiernuten münden und den Schmierstoff über die gesamte Lagerbreite verteilen. Die Schmiernut wird nicht über die gesamte Lagerbreite mit gleichem Querschnitt ausgeführt. Um das seitliche Abfließen des Schmierstoffs zu reduzieren verengt sich der Querschnitt der Schmiernut zu den Rändern des Lagers. Das komplette Schließen der seitlichen Abläufe wird vermieden, um Schmutzpartikel und Abrieb aus der Lagerstelle zu entfernen. Die Schmiernuten müssen außerhalb der Druckzone des Lagers angeordnet sein, um den Druckaufbau im Schmiermittelspalt nicht zu stören. Vorteilhaft ist der Unterdruckbereich hinter der engsten Schmierspaltstelle. Schmiernuten werden immer im feststehenden Maschinenteil der Lagerung angeordnet.

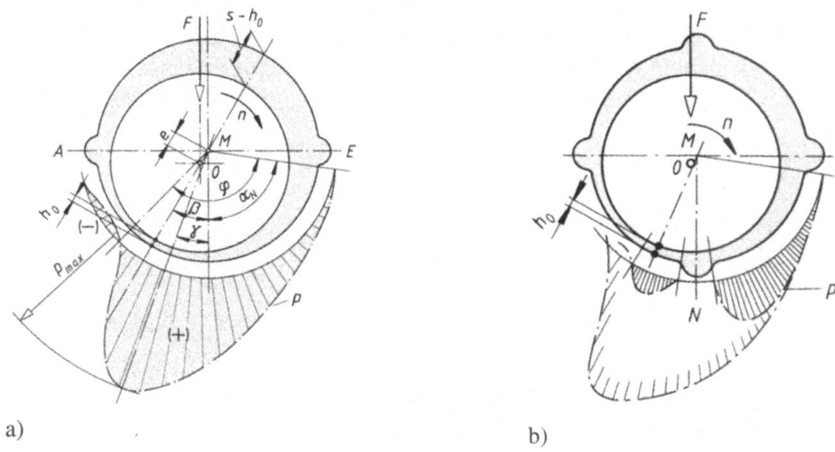

Bild 2-20 a) Richtige und
b) falsche Ausführung und Anordnung von Schmiernuten

Die Zuführung des Öls kann als Ölhandschmierung erfolgen, wobei mit einer Ölkanne Schmierlöcher im Lagergehäuse mit Öl gefüllt werden. Selbständige Öler sind auf dem Lagergehäuse aufgeschraubte Ölbehälter, die kontinuierlich Öltropfen in das Gleitlager zuführen (Bild 2-21a). Auf Grund der aufwendigen Wartung werden diese Schmiereinrichtungen immer weniger verwendet.

Bei der Tauchschmierung (2-21b) tauchen Welle und Lager in ein Ölbad ein, was jedoch mit großen Reibungsverlusten verbunden ist. Alternativ dazu kann das Öl auch durch exzentrisch umlaufende Schmierringe oder Schleuderscheiben, die in das Ölbad eintauchen, der Lagerstelle zugeführt werden. Das Öl wird dabei hoch geschleudert, aufgefangen und den Zuführungskanälen zugeleitet.

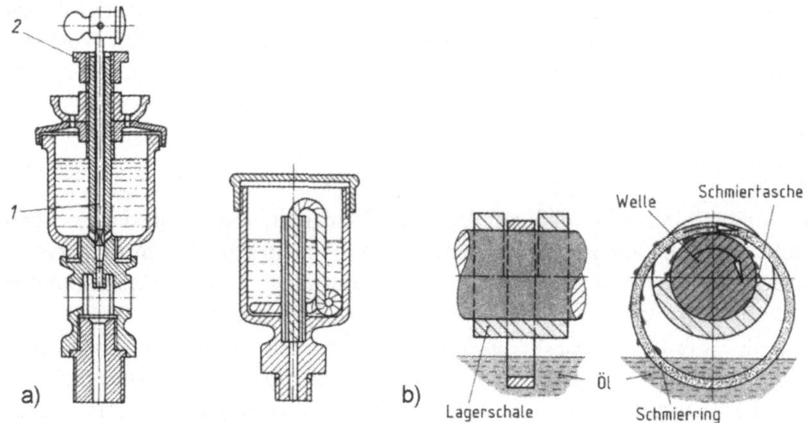

Bild 2-21 a) Öler auf Lagergehäuse
b) Tauchschmierung durch Schleuderscheibe

Die Öl-Umlaufschmierung wird bei besonders stark beanspruchten Lagern wie z. B. in PKW-Motoren angewendet. Dabei fördert eine Pumpe Öl (4) aus einem Vorratstank (2) über einen Filter (5) zu den verschiedenen Lagerstellen (1) des Systems. Der von der Pumpe erzeugte Schmiermitteldruck wird an den Lagerstellen auf Umgebungsdruck abgebaut und das Schmiermittel fließt über Ablaufkanäle in den Vorratstank zurück. Ein Druckbegrenzungsventil (6) lässt Schmierstoff direkt aus dem Druckteil in den Vorratstank ablaufen, wenn der eingestellte Druck überschritten wird.

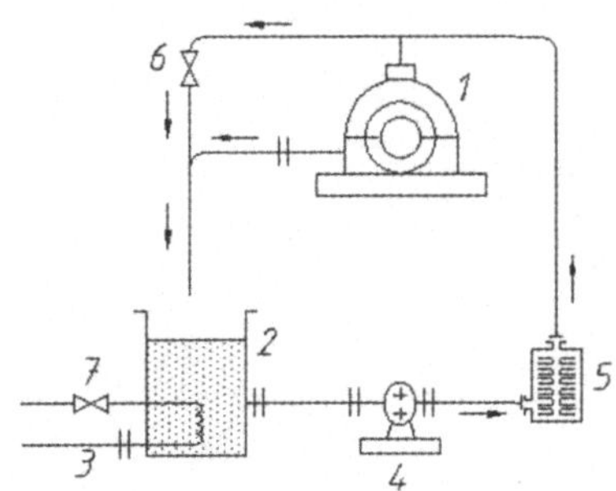

Bild 2-22
Öl-Umlaufschmierung

Durch Einbau eines Kühlers (3) kann dem Schmiermittel zusätzlich Wärme entzogen werden. Der Betriebszustand einer Öl-Umlaufschmierung lässt sich über den Druck (Manometer) und Temperatur (Thermometer) beurteilen. Wird das System mit konstanter Belastung in Betrieb genommen, stellt sich nach einer Zeit eine konstante Öltemperatur und ein konstanter Öldruck ein. Die Viskosität sinkt mit steigender Öltemperatur. Mit Hilfe eines technischen Datenblatts kann der Öltemperatur eine Viskosität zugeordnet werden. Der Öldruck ist von der Drehzahl der Pumpe und der Viskosität des Öls abhängig. Für jeden Belastungszustand der Anlage stellt sich bei fehlerfreiem Betrieb nach einer gewissen Zeit eine zugehörige Öltemperatur und ein Öldruck ein. Verschleißt ein Lager, verursacht das eine höhere Öltemperatur durch erhöhte Reibung und ein größer werdendes Lagerspiel. Dadurch sinkt der Öldruck ab, was wiederum die Tragfähigkeit der Lager herabsenkt. Es kommt zu Mischreibung durch den örtlichen Kontakt von Wellenzapfen und Lager. Der Verschleiß schreitet dadurch zügig bis zur Zerstörung des Lagers fort. Öltemperatur und Öldruck sollten daher kontrolliert werden, um Verschleiß frühzeitig zu erkennen.

Da Fett eine sehr viel größere Viskosität als Öl aufweist, werden hier andere Schmiereinrichtungen, Bild 2-23, als bei Ölschmierung eingesetzt. Bei der Handschmierung wird Fett über eine Schmierpresse durch Schmiernippel oder Staufferbüchsen an die Lagerstelle gepresst. Die Handschmierung z. B. im Rahmen einer vorbeugenden Instandhaltung ist arbeits- und kostenintensiv und sollte daher auf ein Minimum reduziert werden. Eine selbsttätige Schmierung erfolgt durch Fettbüchsen, in denen ein federbelasteter Kolben das Fett in die Lagerstelle presst. Bei einem Schmierstoffdepot handelt es sich um eine einmalige Füllung der Lagerstelle mit Fett, die nicht mehr erneuert oder ergänzt wird. Diese meist gering belasteten Gleitlager werden als wartungsfrei bezeichnet.

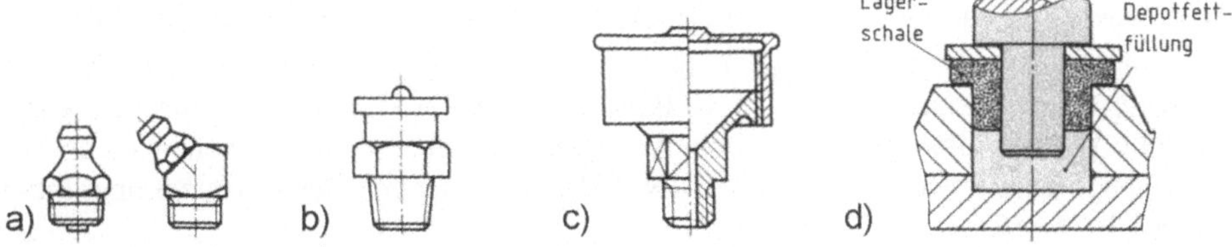

Bild 2-23 Handschmierung durch
a) Schmiernippel c) Staufferbüchse
b) Fettbüchse d) Schmiermitteldepot

Lagerwerkstoffe

Die Anforderungen an die Werkstoffe von Lagerbuchsen bzw. Lagerschalen sind umfangreich und zum Teil widersprüchlich:

- Gute Gleiteigenschaften: Beim Kontakt zwischen Welle und Lagerbuchse soll nur geringe Reibkräfte entstehen.
- Hoher Verschleißwiderstand: Geringer Abrieb des Lagerwerkstoffs
- Gute Notlaufeigenschaften: Bei fehlendem Schmierstoff, bleibt die Lagerung für einen Zeitraum funktionsfähig, ohne dass es zur Zerstörung des Lagers kommt
- Hohe Belastbarkeit: Die auftretenden Spannungen durch die Lagerbeanspruchung überschreiten nicht die zulässigen Spannungen der Lagerwerkstoffe.
- Gute mechanische Belastbarkeit: Unzulässige Verformung oder Bruch müssen vermieden werden. Das Material soll anpassungsfähig sein. Das heißt, dass die Lagerschale sich durch elastisch-plastische Verformung oder Verschleiß der Beanspruchung anpasst, ohne dass das Gleitverhalten negativ beeinflusst wird.
- Gute Wärmeleitfähigkeit: Entstehende Wärme wird über die Lagerbuchse an angrenzende Bauteile weitergeleitet.
- Korrosionsbeständigkeit: Der Lagerwerkstoff wird nicht durch Schmiermittel, Wellenwerkstoff oder Substanzen der Lagerumgebung zerstört.
- Hoher Verschweißwiderstand: Geringe Neigung der Werkstoffe von Welle und Lager miteinander zu verschweißen.
- Wärmedehnung der Buchse sollte der Wärmedehnung der Welle entsprechen, damit sich das Spiel der Lagerung während des Betriebs nicht verändert.

Die Oberfläche des Lagerzapfens sollte 3- bis 5-mal so hart sein wie die Härte der Lagerschalen bzw. Lagerbuchse. Dadurch wird bei einem Versagen der Lagerung das hochwertigere Maschinenelement geschont und der Verlust der preisgünstigeren Lagerschalen bzw. Lagerbuchse in Kauf genommen. Um hochwertige Oberflächen fertigen zu können, sind besonders harte Stähle mit feinkörnigem Gefüge geeignet.
Gute Lagerwerkstoffe weisen ein Gefüge aus harten Tragkristallen zur Aufnahme der Kräfte und einer weichen Grundmasse zum Realisieren guter Gleit- und Notlaufeigenschaften auf. Als Lagerwerkstoffe werden überwiegend NE-Legierungen mit den Bestandteilen Kupfer, Blei, Zinn und Zink verwendet. Es kommen auch Gusseisen, Sintermetall und diverse Kunststoffe zum Einsatz.

Eisen in Form von Grauguss mit eingelagertem Lamellengraphit hat im Gegensatz zu gehärteten oder nitrierten Stählen bessere Notlaufeigenschaften. Sintermetalle auf Eisenbasis bestehen aus einem gepressten und angeschmolzenen Pulver, dass eine hochporöse Struktur aufweist, die mit Schmierstoff getränkt werden kann. Sie weisen sehr gute Notlaufeigenschaften und geringe Wärmedehnung auf, sind jedoch empfindlich gegen hohe Gleitgeschwindigkeiten.
Kupfer kommt mit einem Anteil von mehr als 50 % in Buntmetalllegierungen zum Einsatz. Die Kupferlegierungen Bronze (Cu + Sn), Rotguss (Cu + Sn + Zn) und Messing (Cu + Zn) haben eine hohe Wärmeleitfähigkeit, eine hohe Festigkeit und gute technologische Eigenschaften. Bronze, Rotguss und Messing sind in DIN 1718 beschrieben. Die Einsatztemperaturen liegen bei 150 bis 250 °C.
Zink wird mit Aluminium oder Kupfer legiert und zeichnet sich durch gute Gleiteigenschaften und geringe Kosten aus. Die mit Zinklegierungen ausgestatteten Lagerungen sind meist von untergeordneter Bedeutung. Die Einsatztemperatur ist auf ca. 100 °C begrenzt.
Zinn wird mit Blei, Kupfer und Antimon legiert. Zinnlegierung haben sehr gute Gleiteigenschaften, sind aber so weich, dass Stützkörper eingesetzt werden müssen um die Tragfähigkeit zu erhöhen. Auf geometrische Änderungen regiert der Werkstoff sehr flexibel. Abriebteilchen werden ohne Folgeschäden im Lagerwerkstoff eingebettet. Einsatztemperaturen von 80 °C bei Zinn-Legierungen bis 300 °C bei Zinn Knetlegierungen sind möglich.
Blei-Legierung können die NE-Metalle Kupfer, Zinn, Zink u. a. enthalten. Blei hat eine besonders gute Schmierfähigkeit, passt sich Änderungen der Lagergeometrie gut an und neigt zu schnellem Verschleiß. Auf Grund des geringen Schmelzpunktes sollte die Lagertemperatur nicht mehr als 80 °C betragen.

Die Kanten der Lagerstellen sind auf Grund der elastischen Verformung der Welle (Kantenpressung) besonders belastet. Gusseisen, Sintermetalle, Knetbronzen und Sondermessing sind empfindlich gegen erhöhte Kantenpressung. Blei- und Zinnlegierung sowie Gusseisen und Sintermetalle sind empfindlich gegen Stöße. Kupferlegierung neigen bei Ölmangel zu erhöhtem Verschleiß. Besonders gute Notlaufeigenschaften sind bei Blei-Zinnlegierungen und Sintermetallen zu beobachten. Blei-Zinnlegierungen, Rotguss, Guss- und Bleibronzen passen sich durch erhöhten Abrieb an den Kanten den geometrischen Gegebenheiten an.
Die Gruppe der nicht metallischen Werkstoffe wird durch die Kunststoffe dominiert. Die guten Gleit- und Notlaufeigenschaften stehen dabei den Nachteilen einer sehr großen Wärmeausdehnung, einer schlechten Wärmeleitung und der Neigung zum Kriechen unter Belastung gegenüber. Zum Einsatz kommen thermoplastische und duroplastische Kunststoffe, deren Auswahl sich an den Betriebsbedingungen orientiert. Kunstkohle ist ein keramischer Werkstoff, der die Wärme besser leitet als Kunststoff, bei Temperaturen bis zu 400 °C eingesetzt werden kann und durch Zusätze von Metallen oder Kunststoffen seine sonst schlechten Gleiteigenschaften verbessern kann. Als Schmierstoff ist Wasser zu verwenden, da sich bei Ölschmierung in Verbindung mit dem Abrieb Klümpchen bilden.

2.3.2 Wälzlager

Roller bearings

Wälzlager, wie auch Gleitlager, haben die Aufgabe Wellen und Achsen zu stützen und zu führen. Die bei der Kraftübertragung entstehende Reibung soll so gering wie möglich sein. Bei Wälzlagern wird die Relativbewegung zwischen dem feststehenden und umlaufenden Maschinenteil nicht durch aufeinander gleitende Flächen realisiert, sondern durch sich auf Laufbahnen abrollende Wälzkörper (Bild 2-24). Die dabei auftretende Rollreibung ist erheblich geringer als Gleitreibung. Durch den Einsatz von Wälzlagern kann somit das Anlaufmoment und der Leistungsverlust durch Reibung im Vergleich zu Gleitlagern erheblich reduziert werden.

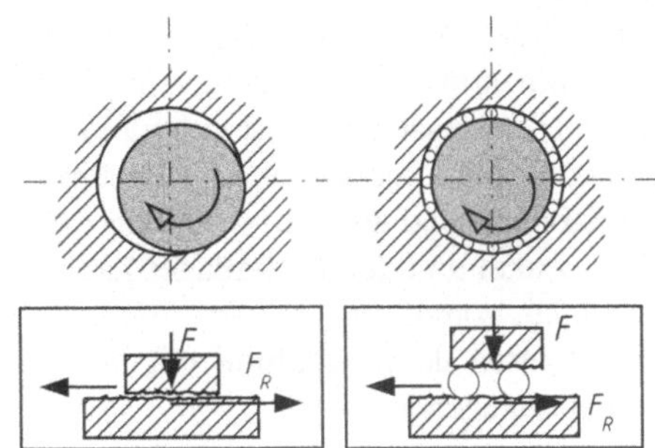

Bild 2-24 Reibungsmechanismen bei Gleit- und Rollreibung

Aufbau von Wälzlagern

Wälzlager können nach ihrer Hauptbelastungsrichtung in Radial- und Axiallager unterschieden werden. Zwischen dem Außen- (1) und Innenring (2) (Rollbahnelemente) eines Radiallagers rollen die Wälzkörper (3) ab (Bild 2-25a). Bei Axiallagern, die nur axiale Kräfte aufnehmen werden die Rollbahnelemente je nach Kraft übertragendem Bauteil als Wellenscheibe (1) oder Gehäusescheibe (2) bezeichnet (Bild 2-25b). Je nachdem wie sich axiale und radiale Kräfte verteilen, werden verschiedene Formen von Wälzkörpern wie Kugeln, Zylinder, Kegel, Tonnen oder Nadeln (Bild 2-25c) mit entsprechenden Rollbahnelementen kombiniert. Die Wälzkörper werden über einen Käfig (4) gleichmäßig über den Umfang angeordnet, wodurch ein Aneinanderreiben der Wälzkörper vermieden wird und der Innen- und Außenring zentriert werden. Da die Wälzkörper über Linien- oder Punktflächen große Kräfte übertragen, werden für die Rollbahnelemente und Wälzkörper gehärtete und geschliffene Wälzlagerstähle verwendet.

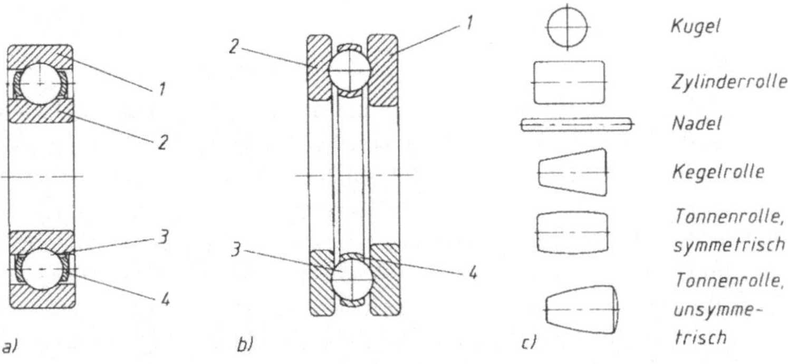

Bild 2-25 Aufbau von Wälzlagern a) Radiallager b) Axiallager c) Wälzkörperformen

Kraftübertragung

Die Grundbauformen der Lager unterscheiden sich durch die Form der Wälzkörper in Kugellager, Zylinderrollenlager, Kegelrollenlager, Tonnenlager und Nadellager. Die Kraftübertragung findet auf der Wirkungslinie vom Gehäuse, über den Außenring, auf den Wälzkörper und über den Innenring auf die Welle oder Achse statt (Bild 2-26a). Die unterschiedliche Form der Wälzkörper verursacht in Verbindung mit den Rollbahnen unterschiedliche Geometrien bei der Übertragung der Lagerkräfte. Die Berührungspunkte bzw. Berührungslinien des Wälzkörpers auf dem Innen- und Außenring bilden die Drucklinie, die mit der Senkrechten (Radialebene) den Lastwinkel α bildet. Radiallager haben einen Druckwinkel von 0 bis 45°; Axiallager einen Druckwinkel von 45 bis 90°. Der Abstand a zwischen Lagerkante und dem Druckmittelpunkt 0 (Schnittpunkt der Drucklinie mit der Wälzlagerachse) ist in den Wälzlagerkatalogen der Hersteller angegeben.

Wird das Lager durch radiale und axiale Kräfte belastet, gibt der Lastwinkel β die Richtung der Resultierenden an (Bild 2-26b). Um eine äußere Kraft optimal über die Wälzkörper zu übertragen, sollte der Lastwinkel β nicht wesentlich vom Druckwinkel α abweichen. Es ist zu beachten, dass sich über eine Änderung des Lastwinkels β die Berührungsflächen zwischen dem Wälzkörper und den Ringen verschieben können. Dadurch kann sich der Druckwinkel α in gewissen Grenzen der Belastungsrichtung anpassen, wie es z. B. bei Rillenkugellagern der Fall ist.

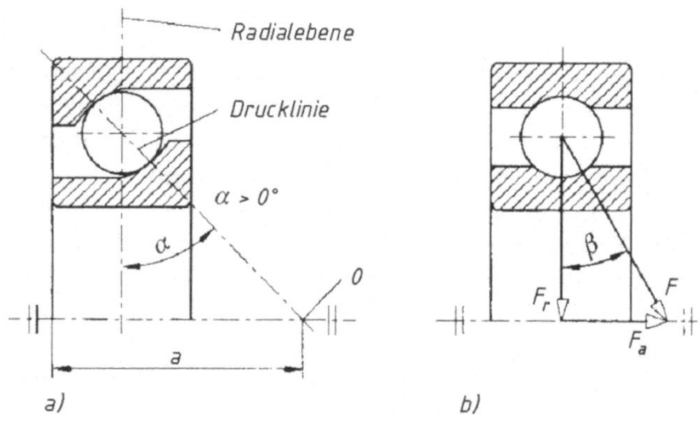

Bild 2-26 a) Druckwinkel α und b) Lastwinkel β an Radiallagern

Abhängig davon, welcher der Wälzlagerringe sich in Bezug auf die Belastungskraft dreht oder still steht, spricht man von **Punkt- oder Umfangslast**. Überträgt bei einer Umdrehung jeder Berührungspunkt eines Lagerrings für kurze Zeit die Belastungskraft, spricht man von Umfangslast. Wird immer nur ein Punkt eines Lagerrings der höchsten Belastung ausgesetzt, bezeichnet man das als Punktlast. Bei der Lagerung einer Getriebewelle läuft z. B. der Innenring mit der Wellendrehzahl um und der Außenring steht im Gehäuse still. Geht man davon aus, dass die von der Getriebewelle über das Lager in das Gehäuse übertragene Kraft aus einer konstanten Richtung angreift, hat der Innenring Umfangslast und der Außenring Punktlast. Ist die angreifende Belastungskraft einer Lagerung jedoch umlaufend, wie es bei einer Riemenscheibe auf einer stehenden Achse der Fall ist, steht der Innenring still (Punktlast) und der Außenring läuft um (Umfangslast).

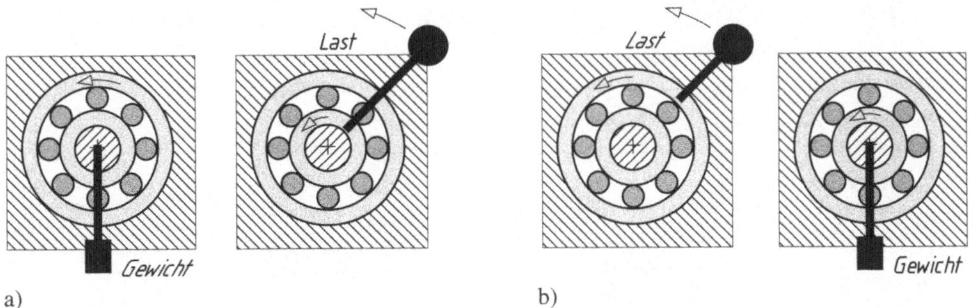

Bild 2-27 Punkt- und Umfangslast bei unterschiedlichen umlaufenden Bauteilen und Lastrichtungen
a) Innenring Punktlast b) Innenring Umfangslast

Punkt- oder Umfangslast sind das entscheidende Auswahlkriterium bei der Festlegung der Passungen zwischen Innenring und Welle bzw. Achse und Außenring und Gehäuse. Die Ringe des Lagers dürfen auf der Welle und im Gehäuse nicht wandern. Ringe mit Umfangslast erhalten mit zunehmenden Stößen und Lagergröße enge Übergangspassungen bis leichte Presspassungen (z. B. j6, k6, m6, n6, M7, N7, P7). Ringe mit Punktlast erhalten eine enge Spiel- bis weite Übergangspassung (z. B. g6, h6, G7, H7, J7), weil Ringe mit Punktlast weniger zum Verrutschen neigen. Daraus ergibt sich die Einbauregel:

> Der Ring mit Umfangslast muss gegen Verschieben gesichert sein, der Ring mit Punktlast kann lose aber auch fest sein.

Richtlinien für die Gestaltung der Wellen- und Gehäusetoleranzen sind in DIN 5425 festgeschrieben oder aus Wälzlagerkatalogen zu entnehmen. Die gewählten Toleranzen haben großen Einfluss auf die Montage und Demontage der Lagerungen wie sie in entsprechenden Abschnitt dieses Kapitels beschrieben werden.

Lagerbauarten

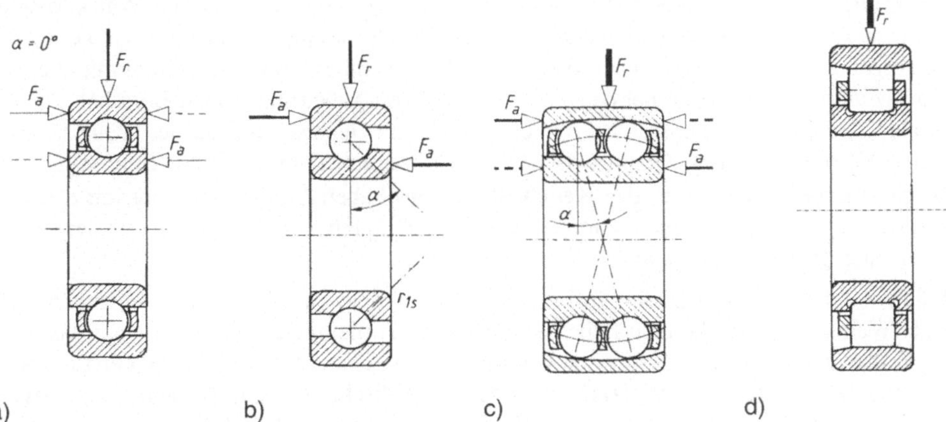

Bild 2-28a-d Wälzlagerbauarten: a) Rillenkugellager b) Schrägkugellager
c) Pendelkugellager d) Zylinderrollenlager

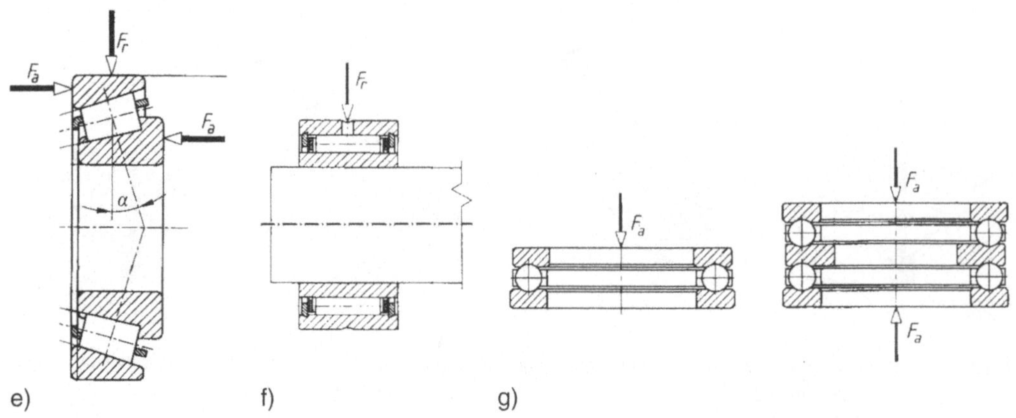

Bild 2-28e-g Wälzlagerbauarten: e) Kegelrollenlager f) Nadellager g) einseitig und zweiseitiges Axial-Rillenkugellager

Rillenkugellager nach DIN 625 sind vielseitig einsetzbar, preiswert und die am häufigsten eingesetzte Wälzlagerbauform. Da sich die Kugeln in die tiefen Laufrillen schmiegen können Radial- und Axialkräfte in beide Richtungen übertragen werden.

Schrägkugellager nach DIN 628 können im Vergleich zu Rillenkugellagern auf Grund ihres Druckwinkels von 40° und der größeren Anzahl an Kugeln größere Axialkräfte in Richtung der höheren Schulter aufnehmen. Radiale Lagerkräfte erzeugen auf Grund des Druckwinkels α axiale Reaktionskräfte. **Zweireihige Schrägkugellager** entsprechen zwei spiegelbildlich angeordneten einreihigen Schrägkugellagern deren Drucklinien ein O bilden (O-Anordnung). Diese Lager sind beidseitig axial hoch belastbar.

Pendelkugellager nach DIN 630 sind zweireihige Kugellager. Die Laufbahn des Außenrings ist als Hohlkugelsegment geformt. Dadurch kann ein Fluchtungsfehler oder eine starke Durchbiegung der Welle von bis zu 4° ausgeglichen werden. Radiale und beidseitig axiale Belastungen sind möglich.

Zylinderrollenlager nach DIN 5412 sind radial hoch belastbar da zwischen Wälzkörper und Laufbahnen Linienberührung vorhanden ist. Axiale Kräfte können nicht oder nur gering über Borde aufgenommen werden. Je nach Bauart, werden der Innen- bzw. Außenring mit oder ohne Bord ausgeführt. Bei Bauarten bei denen der Innen- bzw. Außenring keinen Bord hat, kann das Lager als Loslager verwendet werden, obwohl es axial im Gehäuse und auf der Welle fixiert ist. Die axiale Verschiebung findet dann zwischen Wälzkörper und dem Ring ohne Bord statt.
Die kegelförmigen Wälzkörper des **Kegelrollenlagers** haben Linienberührung mit den Laufflächen der Lagerringe. Die leicht zur Wellenachse gekippten Wälzkörper können neben Radialkräften auch große einseitige axiale Kräfte aufnehmen.

Nadellager entsprechen in ihrem Aufbau Zylinderrollenlagern mit dünnen, schlanken Zylindern als Wälzkörper. Sie können hohe radiale Kräfte aufnehmen und haben einen besonders geringen Platzbedarf. Durch Weglassen des Innen- bzw. des Außenrings kann der Platzbedarf weiter reduziert werden. Die Wälzkörper laufen dann direkt auf dem Wellenzapfen bzw. der Gehäusebohrung. Es besteht dann die Gefahr der Zerstörung des Wellenzapfens bzw. des Lagergehäuses, wenn das Lager verschlissen ist.

Das einreihige **Tonnenlager** eignet sich auf Grund der Linienberührung der Wälzkörper für große, stoßartig auftretende Radialkräfte und kleine Axialkräfte. Durch die Hohlkugelform des Außenrings können Wellenfluchtungsfehler oder Durchbiegungen bis zu 4° ausgeglichen werden.

Pendelrollenlager bestehen aus zwei symmetrischen Reihen von Tonnenlagern die höchsten radialen und axialen Beanspruchungen genügen. Die Winkeleinstellbarkeit liegt je nach Belastung bei 0,5 bis 2°.

Einseitig wirkende Axialrillenkugellager bestehen aus einer Wellen- und einer Gehäusescheibe in deren Rillen Kugeln laufen. Diese Lagerbauform nimmt hohe Axialkräfte nur in einer Richtung auf. **Zweiseitig wirkende Axiallager** bestehen aus zwei Wellen- und zwei Gehäusescheiben und nehmen hohe axiale Kräfte in beiden Richtungen auf.

Normung und Bezeichnung

Um Wälzlager ohne großen Aufwand austauschen zu können, sind die Einbaumaße nach DIN 616 genormt und die Hauptabmessungen in Normblättern festgeschrieben. Von entscheidender Bedeutung für den Einbau oder Austausch eines Lager sind die äußern Abmessungen: Lagerbohrung d (=Wellendurchmesser), Außendurchmesser D und die Lagerbreite B. Nach DIN 616 sind jedem Bohrungsdurchmesser d verschiedene Außendurchmesser D und mehrere Breitenmaße B (Bauhöhe H bei Axiallagern) zugeordnet. Die Abstufung erfolgt über eine Zahl mit zwei Ziffern die als Maßreihe bezeichnet wird. Die erste Ziffer gibt die Breitenreihe (Bauhöhe bei Axiallagern) an. Die zweite Zahl bezeichnet die Durchmesserreihe. Lager mit gleicher Bohrung und Maßreihe haben die gleichen äußeren Abmessungen, die über Normblätter zu ermitteln sind.

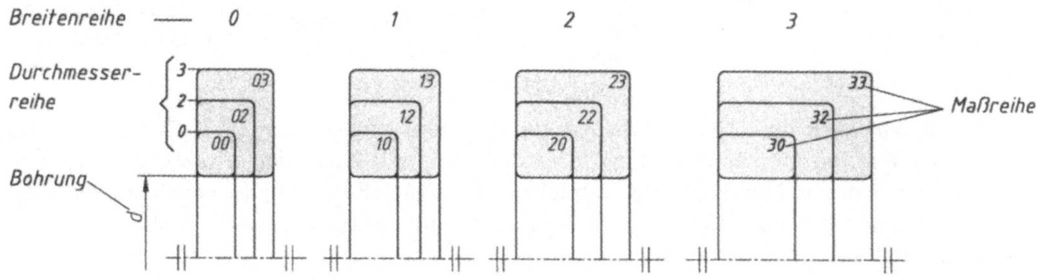

Bild 2-29 Maßreihen von Radiallagern

Der Maßreihe ist, bei der Kurzbezeichnung eines Wälzlagers nach DIN 623, ein Kurzzeichen für die Lagerart vorangestellt und eine Bohrungskennzahl BKZ nachgestellt. Die Bohrungskennzahlen 00, 01, 02, 03 entsprechen den Bohrungsdurchmessern d = 10, 12, 15 und 17 mm. Für Durchmesser von 20 bis 400 mm ergibt sich die BKZ aus d/5. Bis d = 40 mm wird der BKZ eine Null vorangestellt (z. B. BKZ = 8 => d = 40 mm).

Benennung	Identifizierung						
	Norm-Nr.	Merkmale-Gruppen der Kurzzeichen					
Bsp.: Pendelrollenlager	Bsp.: DIN 635	Vorsetzzeichen	Basiszeichen				Nachsetzzeichen
		• Einzelteile • Werkstoffe	Lagerreihe			Lagerbohrung	• Innere Konstruktion • Äußere Form • Käfigausführung • Genauigkeit • Lagerluft • Abdichtung • Wärmebehandlung • u.a.
			Lagerart	Maßreihe			
				Breiten-/ Höhenreihe	Durchmesserreihe		
			2	2	3	16	

Bild 2-30 Aufbau für die Kurzbezeichnung von Wälzlagern

Vorsetzzeichen kennzeichnen besonders ausgeführte Lagerbauteile wie die Käfige oder Ringe. Nachsetzzeichen machen zusätzliche Angaben über Konstruktion, Abdichtung oder Lagerluft (= Lagerspiel zwischen Wälzkörpern und Ringen). Die Bauart eines Lagers wird als Kurzzeichen in Form von Zahlen oder Buchstaben angegeben. Die zusammengesetzten Kurzzeichen für Lagerart und Maßreihe werden als Lagerreihe bezeichnet. Lagerreihe und Lagerbohrung BKZ ergeben das Basiszeichen.

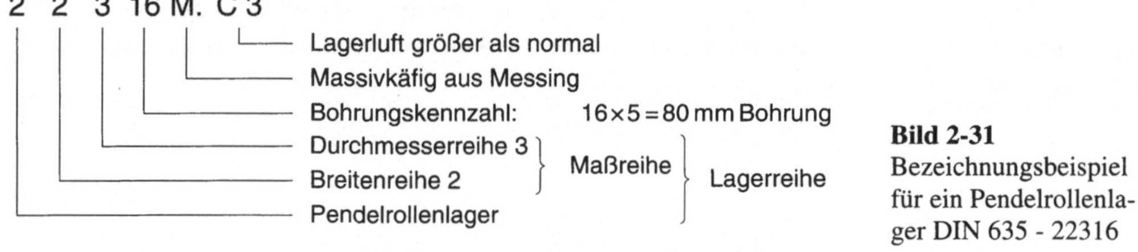

Bild 2-31 Bezeichnungsbeispiel für ein Pendelrollenlager DIN 635 - 22316

Wird ein Wälzlager durch den Mechatroniker eingebaut bzw. ersetzt, ist es für die einwandfreie Funktion von größter Bedeutung, dass das montierte Lager der angegebenen Normbezeichnung entspricht. Nur dann ist gewährleistet, dass die äußeren Abmessungen und die Tragfähigkeit des Lagers die Anforderungen erfüllen. Beim Austausch kann die Bezeichnung dem ausgebauten Lager entnommen werden.

Lageranordnungen

Die bevorzugte, statisch bestimmte Lagerung mit zwei Auflagern der technischen Mechanik, kann als Fest-Loslagerung bzw. als Stützlagerung ausgeführt werden. Stützlagerungen können in schwimmende und angestellte Lagerungen unterschieden werden.

Bei einer **Fest-Loslagerung** (Bild 2-32) sind der Innen- und Außenring des Festlagers auf der Welle und im Gehäuse z. B. mit Sprengringen gegen axiales Verschieben gesichert. Neben den auftretenden Radialkräften muss das Festlager alle axialen Kräfte der Lagerung aufnehmen. Auf Grund von Wärmeausdehnungen und Fertigungstoleranzen muss das Loslager eine axiale Verschiebung ermöglichen. Ein Verspannen der Lagerung beim Einbau oder im Betrieb würde zu zusätzlichen Lagerkräften führen, welche die Lebensdauer der Wälzlagerung stark herabsetzen würde. Meist wird der Innenring auf der Welle fixiert und der Außenring durch eine leichte Spiel- oder Übergangspassung axial verschiebbar gestaltet. Das Verschieben ist auch zwischen den Wälzkörpern und einem Ring möglich, wie es z. B. Zylinderrollenlager der Bauform N und NU der Fall ist.

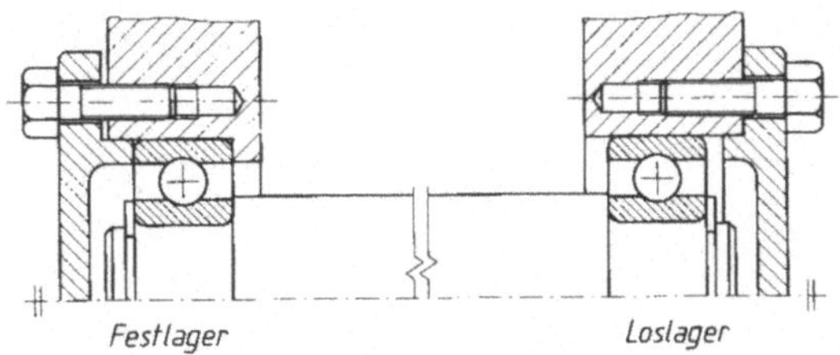

Bild 2-32
Fest-Loslagerung

Bei einer **Stützlagerung** teilen sich die Radialkräfte wie bei der Fest-Loslagerung auf beide Lager auf. Jedes der Lager nimmt Axialkräfte nur aus einer Richtung auf. Stützlagerungen können in schwimmende und angestellte Lagerungen unterschieden werden. Die **schwimmende Lagerung** (Bild 2-33) wird eingesetzt, wenn ein geringfügiges axiales Verschieben der Welle toleriert und eine kostengünstige Konstruktion angestrebt wird. Durch die Kombination einer spiegelbildlich angeordneten axialen Sicherung des Außenrings durch das Gehäuse und des Innenrings durch einen Wellenabsatz entsteht ein Lagerspiel S, welches Wärmedehnungen und Fertigungstoleranzen kompensiert. Bei axialen Kräften wird je nach Beanspruchungsrichtung nur eines der beiden Lager belastet.

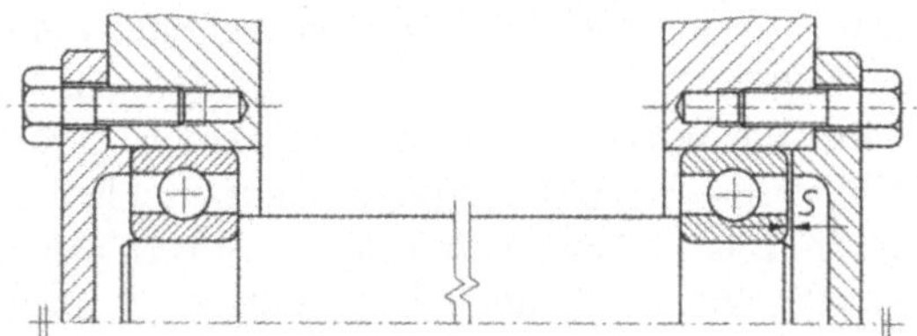

Bild 2-33
Schwimmende Lagerung

Bei einer **angestellten Lagerung** (Bild 2-34) werden zwei Schrägkugellager oder Kegelrollenlager mit einem ausgeprägten Druckwinkel α spiegelbildlich angeordnet. Durch eine Mutter oder einen Gewindering wird das axiale Spiel bzw. die Vorspannung der Lagerung angestellt. Die Anstellung erfolgt je nachdem, ob sich die Drucklinien der Lager auf oder außerhalb der Wellenmitte treffen, in X- oder O-Anordnung. Bei der O-Anordnung ergeben sich größere Stützabstände A als bei der X-Anordnung. Wärmedehnung reduziert das Lagerspiel einer X-Anordnung und erhöht es bei einer O-Anordnung.

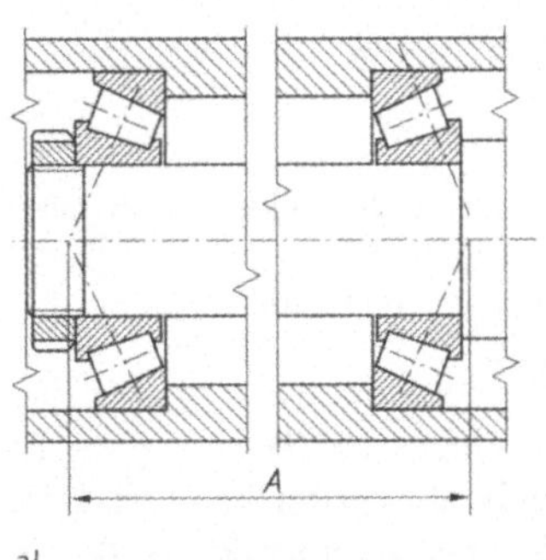

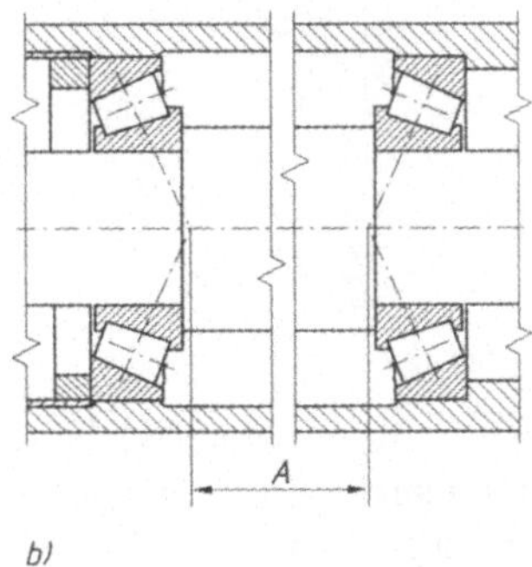

Bild 2-34
Angestellte Lagerung in
a) O-Anordnung
b) X-Anordnung

Montage, Demontage und Wartung

Bei der **Montage** von zerlegbaren Lagern werden die Ringe und die Wälzkörper mit, bzw. ohne Käfig einzeln auf die Welle und in das Gehäuse gefügt. Die Montage eines selbsthaltenden Lagers soll exemplarisch an einem Rillenkugellager eines Getriebes erläutert werden (Bild 2-35).

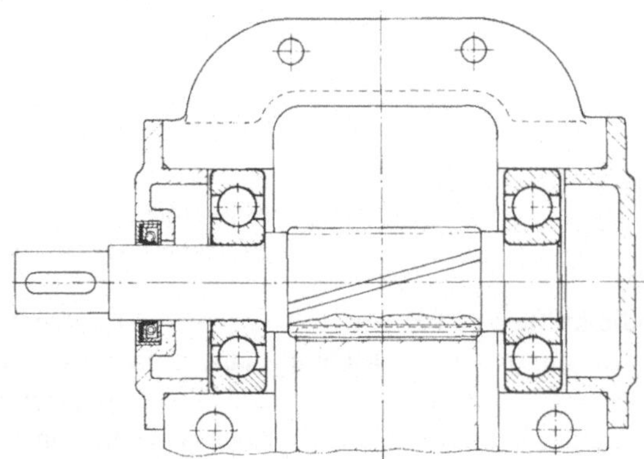

Bild 2-35
Montagebeispiel Getriebelager

In einem ersten Schritt ist zu prüfen, an welchem Ring Umfanglast und an welchem Punktlast anliegt. Da die Kraft auf die Welle aus einer konstanten Richtung über die Zahnräder eingeleitet wird, liegt am Innenring Umfangslast und am Außenring Punktlast an. Daraus folgt, dass Innenring und Welle eine engere Passung (enge Übergangspassung bis leichte Presspassung) aufweisen als Außenring und Gehäusebohrung (lose Übergangspassung bis leichte Spielpassung). Die engere Passung, hier zwischen Innenring und Welle, wird auf Grund größerer Montagekräfte wenn möglich immer als erstes montiert. Dabei darf die Fügekraft nur an dem Ring angreifen, dessen Passfläche gefügt wird. Fügekräfte dürfen nicht über die Wälzkörper übertragen werden, da die auftretenden Stöße das Lager zerstören würden. Ein Verkanten der Lagerringe ist auszuschließen, um die Lebensdauer des Lagers nicht herab zu setzen. Das Verkanten der Ringe wird vermieden, wenn das Montagewerkzeug die Fügekraft gleichmäßig über den Umfang verteilt überträgt. Dazu haben sich besonders hydraulische Montagewerkzeuge bewährt, welche die Kraft gleichmäßig ohne Stöße übertragen. Größere Wälzlager können alternativ in einem Ölbad oder durch elektrische Induktion auf ca. 80°C erwärmt werden und anschließend mit sehr geringen Montagekräften auf die gekühlte Welle aufgezogen werden. Das Getriebelager wird mit Hilfe einer Schlagbüchse mit Rohransatz (Bild 2-36a) oder einem Rohrstück in Verbindung mit einer hydraulischen Presse über den Innenring auf die Welle aufgetrieben.

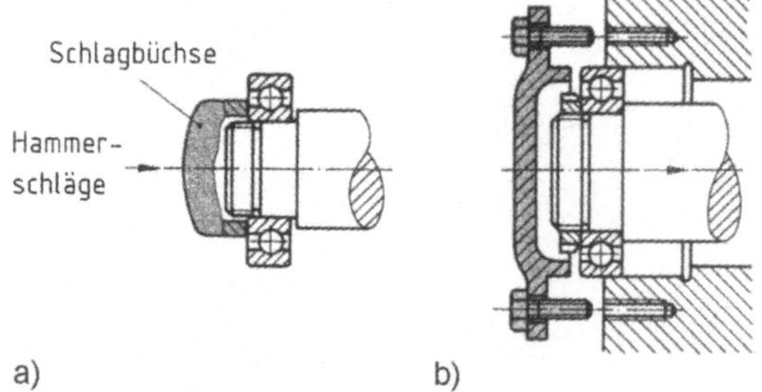

Bild 2-36
a) Montage eines Rillenkugellagers auf Wellenzapfen
b) Einbau einer Welle mit Lager in Gehäuse

Die Lager-Wellen-Baugruppe wird anschließend in das Gehäuse eingesetzt (Bild 2-36b). Die aufzubringenden Montagekräfte sind teilweise so gering, dass Handkräfte ausreichend sind. Das Lager kann durch den Gehäusedeckel oder eine Schlagkappe mit Rohransatz über den Außenring in das Gehäuse eingebaut werden. Auch eine Erwärmung der Gehäusepassfläche durch elektrische Induktion und Abkühlung des Lagerrings ist möglich. Nach der Montage wird das Lager durch Fühlen und Abhören geprüft. Beim langsamen Durchdrehen von Hand können Geräusche und Vibrationen wie Schlagen bei Rollbahnbeschädigungen, Kratzen bei Rollbahnverschmutzungen und Pfeifen bei zu geringer Lagerluft oder unzureichender Schmierung auftreten. Da Wälzlager nur eine begrenzte Lebensdauer haben oder wegen Funktionsstörungen ersetzt werden müssen, gehört die **Demontage** von Wälzlagern zu den häufigen Aufgaben von Mechatronikern. Auch hier ist große Sorgfalt notwendig, wenn das ausgebaute Lager wieder verwendet werden soll. Bei der Demontage beginnt man mit der loseren Passung, da dort geringe Kräfte zum Trennen notwendig sind. Die Welle wird mit dem Lager aus dem Gehäuse entfernt. Über mechanische oder hydraulische Abziehvorrichtungen (Bild 2-37) wird nun das Lager über dem Innenring mit der engeren Passung von der Welle abgezogen. Dabei gilt ähnlich wie bei der Montage, dass die Demontagekraft auf den Ring übertragen wird, dessen Passfläche demontiert wird. Auch hier muss unbedingt vermieden werden, dass Demontagekräfte über die Wälzkörper geleitet werden.

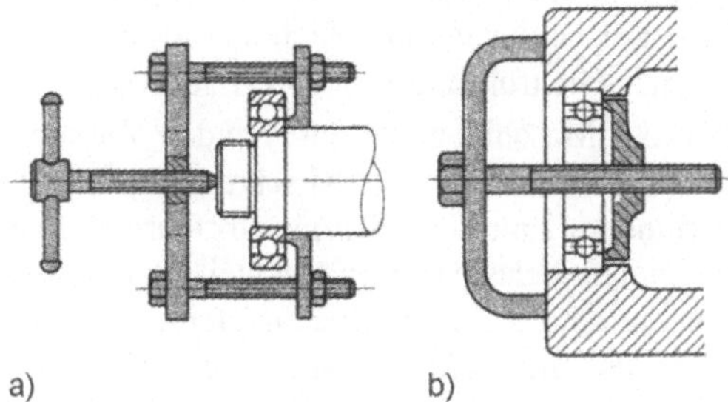

Bild 2-37
Demontage von Wälzlager über
a) Abziehvorrichtung
b) Abziehbügel mit Spindel und Tellerscheibe

Zusammenfassend sollen noch einmal die wichtigsten Arbeitsregeln für die Montage und Demontage von Wälzlagern zusammengefasst werden:

- Die Fügekraft greift immer an dem Ring an dessen Passfläche gefügt werden soll. Die Fügekraft darf nie über die Wälzkörper geleitet werden.
- Die Richtige Reihenfolge beim Einbau ist zu beachten. Der Ring mit der strammeren Passung ist als erstes aufzuziehen.
- Das Wälzlager erst kurz vor dem Fügen aus der Verpackung nehmen um es vor Verschmutzung, Korrosion oder mechanischen Beschädigungen zu schützen.
- Bei preisgünstigen Lagern sind vorzugsweise, alle Lager der demontierten Welle auszutauschen.
- Das Verkanten beim Ansetzen und Fügen der Ringe ist unbedingt zu vermeiden. Werkzeuge müssen die Fügekraft gleichmäßig und zentrisch auf die Ringe übertragen.
- Arbeitsplatz, Werkzeuge und die Lager müssen frei von Verschmutzungen sein.
- Passflächen vor der Montage leicht einfetten um die Montagekräfte gering zu halten.
- Die Ringe dürfen nicht punktuell z. B. durch Hammerschläge belastet werden.
- Nach der Montage sind Lagerlauf und Lagerspiel zu prüfen.

Schmierstoffe können die geringe in Wälzlagern auftretende Reibung noch weiter verringern. Eine zu geringe Schmierstoffmenge ist dabei weniger kritisch als eine zu hohe, die durch innere Reibung im Schmiermittel erhöhte Temperaturen zur Folge hat. Die Art der Schmierung richtet sich nach den Betriebsbedingungen wie Lagerbelastung, Lagertemperatur und Drehzahl. Wälzlagerfett wird bei kleinen und mittleren Drehzahlen eingesetzt und wird nur bei Revisionen oder Demontagen gewechselt. Fett hat durch seine hohe Viskosität den Vorteil das Lager gegen Schmutz und Feuchtigkeit abzudichten. Wartungsfreie Lager werden als abgedichtete Lager mit einer Fettfüllung angeboten, die für die Lebensdauer ausreichend sind.
Die Ölschmierung wird bei hohen Drehzahlen eingesetzt und wenn andere Bauteile wie Zahnräder auch eine Ölschmierung benötigen. Die Aufnahme des Öls erfolgt über das Eintauchen des Lagers in ein Ölbad, eine Ölumlaufschmierung (siehe Kapitel 2.3.1) oder Ölnebelschmierung.

2.3.3 Linearführungen

Linear guideways

Linearführungen tragen und führen Maschinenteile wie z. B. Schlitten und Bearbeitungstische von Werkzeugmaschinen auf geradlinigen, axialen Führungsbahnen. Die Bewegung darf nur in die gewünschte Richtung erfolgen. Auch das Abheben des geführten Maschinenteils muss durch die Führung selbst oder durch zusätzliche Sicherungselemente gewährleistet sein. Da jede Führung einem Verschleiß unterliegt, sollte das Spiel der Führung nachstellbar gestaltet werden. Bei geschlossenen Führungen sind die Führungsflächen so ausgeführt, dass Formschluss besteht und dadurch die Bewegung nur in der vorgesehenen Bahn erfolgen kann. Bei offener Führung wird die Bewegung des Maschinenteils durch die tragende Fläche nur in einer Richtung festgelegt. Je nach der Art der auftretenden Reibung unterscheidet man Gleitführungen und Wälzführungen.

Bei **Gleitführungen** bewegen sich die Gleitflächen der Maschinenteile aufeinander. Zwischen den geschliffenen, meist gehärteten und geschmierten Gleitflächen tritt Mischreibung auf, die einen Verschleiß der Flächen nicht vollkommen verhindern kann. Der Schmierstoffverbrauch ist relativ hoch. Gleitführungen sind leicht herzustellen und gut belastbar. Von Nachteil ist, dass zum Überwinden der Haftreibung größere Kräfte notwendig sind als beim Gleiten. Beim Übergang zwischen Haft- und Gleitreibung kommt es auf Grund des Stick-Slip Effekts zu ruckartigen Bewegungen. Nach der Geometrie der Führung unterscheidet man folgende Gleitlagerbauformen:

Flachführungen (Bild 2-38a) sind einfach herzustellen und werden für große Auflagekräfte verwendet. Schließleisten verhindern das Abheben der Führung, über Stellleisten wird das Spiel der Führung eingestellt. **Schwalbenschwanzführungen** (Bild 2-38b) sind für mittelgroße Maschinen gut geeignet und haben eine geringe Bauhöhe die übereinander angeordnete Führungen wie bei Werkzeugmaschinen ermöglicht. Die Grundform des Trapezes verhindert ein Abheben der Führung. **V- und Dachführungen** (Bild 2-38c/d) werden häufig bei kombinierten Führungen eingesetzt, bei denen Trag- und Führungsflächen durch separate Führungen realisiert werden. Die Führungen zum Tragen der Hauptbelastung werden häufig als Flachführung ausgeführt, die Bewegungsbahn wird durch V- oder Dachführungen erreicht. **Zylindrische Führungen** (Bild 2-38e) müssen durch eine zusätzliche Linearführung gegen Verdrehen gesichert werden.

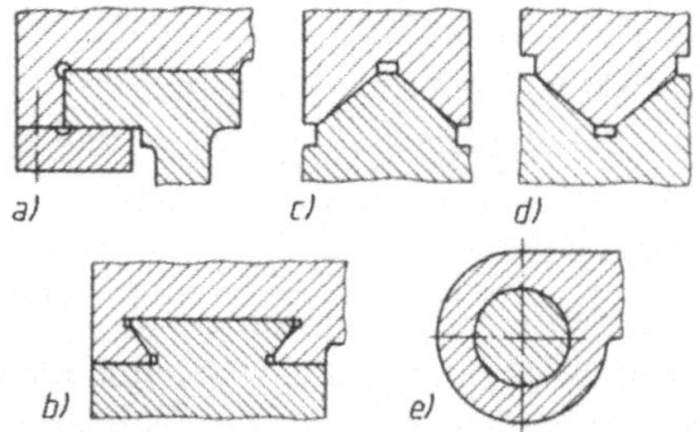

Bild 2-38
Gleitführungen
a) Flachführung
b) Schwalbenschwanzführung
c) Dachführung
d) V-Führung
e) Zylinderführung

Bei **Linearwälzführungen** rollen auf den Laufflächen von profilierten oder zylindrischen Schienen Wälzkörper ab, welche die Reibung stark herabsetzten und somit geringe Verschiebekräfte ermöglichen. Wälzführungen arbeiten spielfrei, haben einen geringen Schmiermittelverbrauch und geringen Verschleiß. Der unerwünschte Stick-Slip-Effekt tritt nicht auf. Aus den niedrigen Verschiebekräften resultieren niedrige Anlaufmomente der Antriebe. Dabei können hohe Verschiebegeschwindigkeiten realisiert werden. Die Führungen sind ähnlich der Wälzlager als komplette Baueinheiten austauschbar. Bei den Wälzkörperführungen unterscheidet man umlaufende Wälzkörper (Bild 2-39a) und nicht umlaufende Wälzkörper (Bild 2-39b).

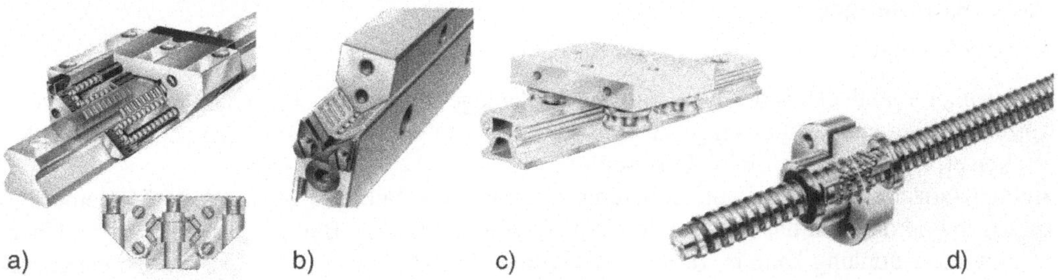

Bild 2-39 Linearwälzführungen a) Rollenumlaufeinheit b) Flachkäfigführung c) Laufrollenführung d) Kugelgewindetrieb

Entsprechende Hersteller bieten eine Vielzahl verschiedener Schienenprofile mit Führungseinheiten an, die Zylinder (Rolleneinheiten) oder Kugeln (Kugeleinheiten) als Wälzkörper enthalten. Bei der Auswahl müssen die auftretenden Kräfte, Drehmomente, Beschleunigungen, Geschwindigkeiten und Betriebstemperaturen berücksichtigt werden. Die Führungen können mit Schmiermitteleinheiten, Schmiermittelabstreifern, Klemm- und Bremselementen ausgerüstet werden. Bei Laufrollenführungen (Bild 2-39c) rollen nicht eine Vielzahl von Wälzkörpern, sondern nur wenige Rollen auf einer Profilschiene ab. Die Rollen sind dabei mit Achsen auf einer Aufnahmeplatte befestigt. Kugelgewindetriebe sind Bewegungsschrauben, bei denen das Gewindespindelprofil als Kugellagerlaufbahn ausgeführt ist. Die Mutter ist mit Kugeln gefüllt, die über Bohrungen im Kreis geführt werden. Kugelgewindetriebe können axiale Bewegungen und Kräfte spielfrei und ohne Stick-Slip-Effekt übertragen.

2.4 Energieübertragungseinheiten

Energy transfer units

Die von der Antriebseinheit zur Verfügung gestellte Energie muss zur Arbeitseinheit weitergeleitet werden. Dabei werden zum Teil größere Distanzen überbrückt und die Antriebsenergie konditioniert. Darunter versteht man die Änderung von Drehsinn, Drehfrequenz, Drehmoment und Bewegungsform. Der Energiefluss kann auch zwischen den Funktionseinheiten durch spezielle Energieübertragungseinheiten unterbrochen werden. Die bei Übertragung und Konditionierung der Energie auftretenden Verluste sind möglichst gering zu halten.

In Bild 2-40 ist die Antriebsstation eines Bandförderers, wie sie in Kapitel 1.1 (Bild 1-1) beschrieben worden ist, dargestellt.

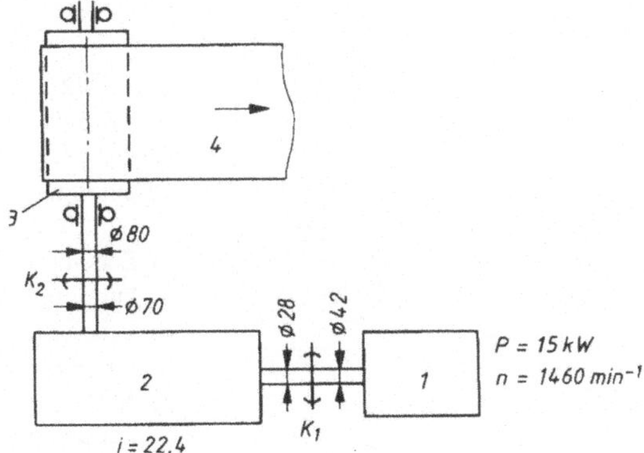

Bild 2-40
Antriebsstation eines Bandförderers
1) Antriebsmotor,
2) Winkelgetriebe,
3) Antriebstrommel,
4) Förderband, K_1, K_2 Kupplungen

2.4.1 Kupplungen

Clutches

Elektromotor und Getriebe der Transportbandanlage sind über eine Kupplung miteinander verbunden, welche die Leistung bzw. das Drehmoment überträgt. Die Verbindung der beiden Wellen erfolgt über Kraft- bzw. Formschluss.
Beim Kraftschluss werden auf Kupplungselemente Normalkräfte übertragen, die Reibkräfte erzeugen und dadurch das anliegende Drehmoment übertragen. Beim Anfahren oder bei Überlastung der Kupplung kann es zu Schlupf kommen (Relativbewegung zwischen den gekuppelten Wellen), der einen wirkungsvollen Schutz vor Überlastung bietet.
Formschluss zwischen den Kupplungselementen wird über Formelemente wie Zähne, Schraubenbolzen oder Klauen erzeugt. Dabei kann kein Schlupf auftreten. Im Überlastungsfall werden Maschinenelemente zerstört.
Neben der Übertragung von Leistung und Drehmoment können Kupplungen je nach Bauart auch Verlagerungen der Wellen ausgleichen.

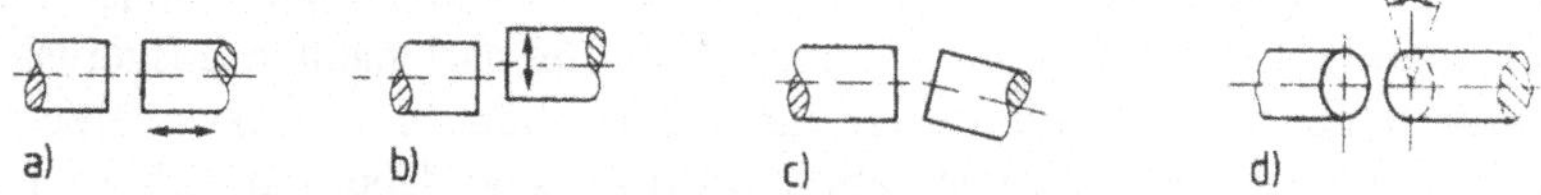

Bild 2-41 Verlagerung von Wellenenden
a) Axialverlagerung c) Winkelverlagerung
b) Querverlagerung d) Drehwinkelverlagerung

Nichtschaltbare Kupplungen

Nichtschaltbare Kupplungen verbinden Wellenenden starr oder beweglich bzw. elastisch. Bewegliche oder elastische Kupplungen lassen im Gegensatz zu starren Kupplungen Relativbewegungen zwischen den Kupplungselementen zu, um Stöße zu mildern und/oder Wellenverlagerungen auszugleichen. Eine zeitliche Unterbrechung des Kraftflusses ist nicht möglich.

Bei **starren nichtschaltbaren Kupplungen** werden die Wellen starr miteinander verbunden. Fehler hinsichtlich der Lage der Wellen, wie Längs-, Quer- und Winkelverlagerung können nicht kompensiert werden. Die Wellen und Lager müssen daher genau fluchten, um große Lagerkräfte zu vermeiden, die zu einer verminderten Lebensdauer führen. Auch Schwingungen und Stöße zwischen Antriebs- und Abtriebsseite der Funktionseinheiten werden durch starre Kupplungen ohne Dämpfung weitergeleitet. In Bild 2-42 sind verschiedene Bauformen starrer Kupplungen aufgeführt.

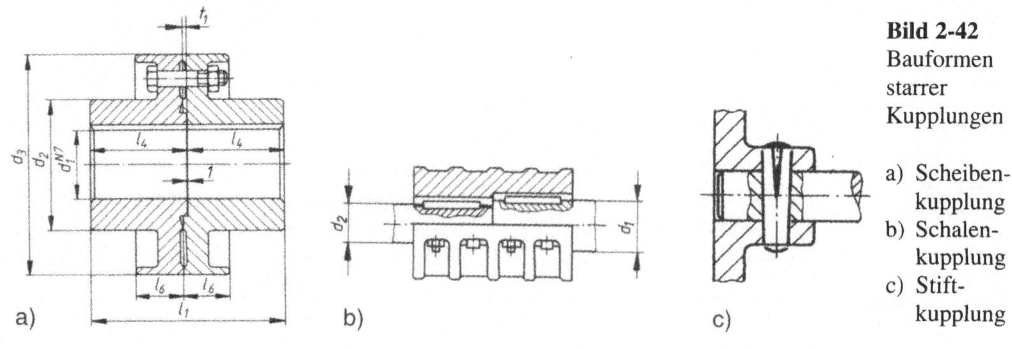

Bild 2-42 Bauformen starrer Kupplungen
a) Scheibenkupplung
b) Schalenkupplung
c) Stiftkupplung

Scheibenkupplungen (Bild 2-42a) bestehen aus zwei Kupplungsflanschen auf je einer Welle, die durch Passfedern gegen Verdrehen auf der Welle gesichert sind. Durch Schrauben werden die Scheiben der Kupplungsflansche aneinandergepresst. Die entstehenden Reibkräfte zwischen den Scheiben übertragen große Leistungen und Drehmomente. Tritt Schlupf zwischen den Scheiben auf, kommt es zum Formschluss durch die Schrauben.

Schalenkupplungen (Bild 2-42b) bestehen aus zwei Schalen, welche die beiden genau fluchtenden Wellenenden überdecken. Die Schalen werden miteinander verschraubt und dadurch auf die Welle gepresst. Die entstehenden Reibkräfte zwischen den Schalen und den Wellenenden übertragen Leistung und Drehmoment durch Kraftschluss.

Bei einer **Stiftkupplung** (Bild 2-42c) handelt es sich um eine formschlüssige Verbindung, die auf Abscherung belastet wird. Die zu übertragenden Drehmomente sind gering.

Ausgleichskupplungen erlauben Relativbewegungen der Kupplungselemente zueinander. Diese werden bei starren Kupplungselementen durch Führungen erreicht. Elastische Kupplungen verfügen über elastische Gummielemente oder Federn, die sich unter Belastung verformen.

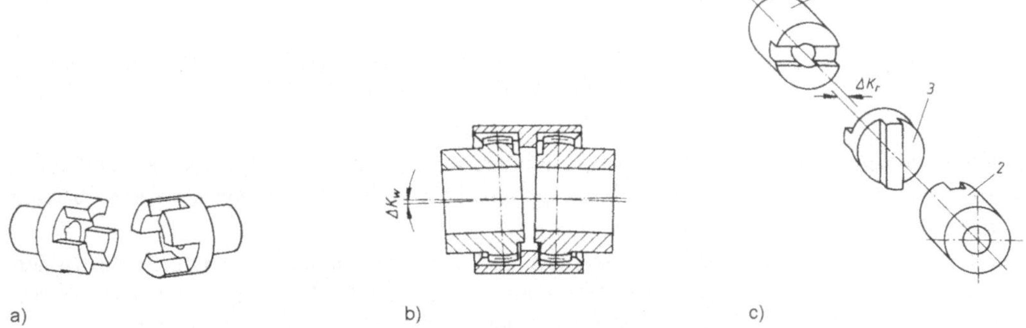

Bild 2-43 Starre Ausgleichskupplungen a) Klauenkupplung b) Zahnkupplung c) Kreuzscheibenkupplung

Klauenkupplungen (Bild 2-43a) haben drei oder mehr Klauen, die spielfrei ineinander greifen, um die Leistung formschlüssig zu übertragen. Bei der Montage ist an den Stirnseiten der Klauen ein ausreichender Luftspalt vorzusehen, um eine axiale Ausdehnung der Wellen aufzunehmen. Die Klauen sind regelmäßig zu schmieren um ein Festfressen zu vermeiden.

Zahnkupplungen (Bild 2-43b) verfügen über eine Innenverzahnung in einem Nabengehäuse der ersten Welle und einer Außenverzahnung auf der zweiten Welle, die formschlüssig ineinander greifen. Wird die Außenverzahnung abgerundet ausgeführt, können neben dem axialen Verschieben der Wellen auch kleinere Winkelverlagerungen ausgeglichen werden.

Kreuzscheibenkupplungen (Bild 2-43c) bestehen aus einer Scheibe, die auf den beiden Stirnseiten um 90° Grad versetzte Federn aufweist. Auf den Wellenenden sind Scheiben mit Nuten montiert, die in die Federnscheibe eingreifen. Die Führungen müssen reichlich geschmiert werden und ermöglichen den Ausgleich von Querverlagerungen der Wellen.
Stöße und Schwingungen werden von starren Kupplungen ohne nennenswerte Dämpfung übertragen und führen zu einer stark reduzierten Lebensdauer der Funktionseinheiten, insbesondere bei den Bauelementen durch die der Kraftfluss geleitet wird.

Elastische Kupplungen kommen zur Anwendung, wenn Drehmomente stark schwanken und/oder stoßartig auftreten. Bei stoßartig auftretenden Kräften verformen sich die elastischen

Gummielemente oder Federn und nehmen dadurch mechanische Energie auf. Reduziert sich eine stoßartige Belastung auf eine Grundbelastung, geben die elastischen Elemente die gespeicherte Energie wieder ab, wodurch Belastungsspitzen eingeebnet werden. Die Kupplungshälften der Antriebs- und Abtriebsseite werden durch die elastischen Elemente schwingungstechnisch weitgehend entkoppelt, wodurch eine höhere Laufruhe und Lebensdauer erreicht wird.

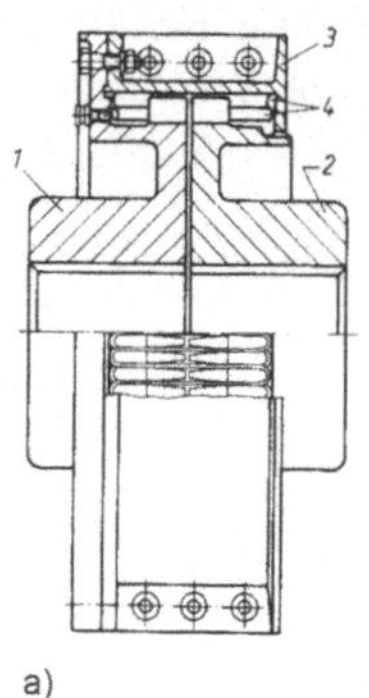

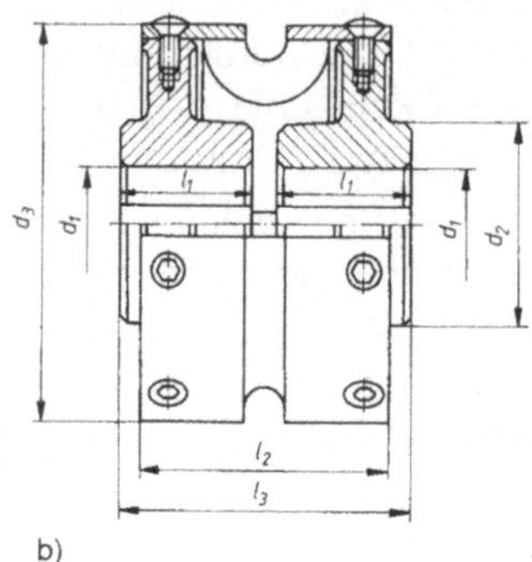

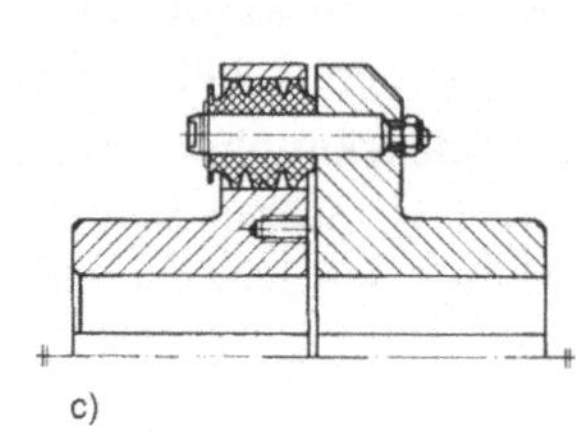

Bild 2-44 Bauformen elastischer Kupplungen a) Schlangenfederkupplung b) Wulstkupplung c) elastische Bolzenkupplung

Schlangenfederkupplungen (Bild 2-44a) enthalten schlangenförmig gewickelte Federelemente, die in Nuten auf dem Umfang beider Kupplungshälften eingelassen werden und stoßartige Drehmomentschwankungen kompensieren.

Bei der **Wulstkupplung** (Bild 2-44b) werden die Kupplungsscheiben durch einen elastischen Reifen miteinander verbunden. Dieses hochelastische Element erlaubt die Kompensation von Längs-, Quer- und Winkelverlagerungen. Schwingungen werden wirkungsvoll gedämpft.

Auf einer Scheibe der **elastischen Bolzenkupplung** (Bild 2-44c) sind Bolzen montiert, die mit Gummihülsen versehen sind und in die Bohrungen der zweiten Kupplungsscheibe eingreifen, wodurch das Drehmoment übertragen wird.

Es ist zu beachten, dass die elastischen Elemente einer Kupplung besonderem Verschleiß unterliegen und deshalb im Rahmen der vorbeugenden Instandhaltung geprüft und gegebenenfalls ausgetauscht werden müssen.

Schaltbare Kupplungen

Schaltbare Kupplungen verbinden und trennen Wellen im Stillstand oder während des Betriebs. Das bedeutet, dass die Übertragung von Energie zwischen zwei Funktionseinheiten unterbrochen oder hergestellt wird. Die Verbindung der Antriebs- mit der Abtriebsseite kann formschlüssig über Zähne oder Klauen erfolgen die ineinander greifen. Kraftschluss wird am häufigsten durch Reibung erzeugt, kann aber auch auf elektrischen, magnetischen oder hydrodynamischen Kräften basieren. Der Schaltvorgang kann manuell durch Schalthebel und Schaltgabeln erfolgen. Es werden jedoch auch elektrische, hydraulische oder pneumatische Antriebe verwendet, um den Kuppelvorgang mit geringen manuellen Kräften, schnell und exakt auszuführen. Der ausrückbare Kupplungsteil wird in der Regel auf der Abtriebsseite der Kupplung ausgeführt, damit sich der Ausrückmechanismus bei getrennter Stellung in Ruhe befindet.

Formschlüssige schaltbare Kupplungen übertragen große Drehmomente über Formelemente wie Klauen, Zähne oder Bolzen ohne Schlupf. Damit die Formelemente ineinander einrücken bzw. ausrücken können, müssen die beiden Kupplungshälften still stehen oder sich mit gleicher Drehfrequenz drehen.

Kraftschlüssige schaltbare Kupplungen basieren in der Regel auf dem Prinzip aneinander gepresster Reibflächen (Reibkupplung), die Leistung und Drehmoment übertragen. Über schaltbare Reibungskupplungen wird ein unbelasteter Anlauf von Antriebsmaschinen ermöglicht. Je nachdem, ob die Reibflächen geölt sind oder nicht, unterscheidet man Nass- und Trockenkupplungen. Nasskupplungen haben als Reibpaarungen meist Stahl/Stahl oder Stahl/ Sinterbronze, Trockenkupplungen Stahl in Kombination mit einem Reibbelag. Ein Schalten dieser Kupplungen ist auch während des Betriebs unter Last und bei unterschiedlichen Drehfrequenzen möglich. Die Betätigung kann mechanisch, elektromagnetisch, hydraulisch oder pneumatisch erfolgen. Je nach Anzahl und Form der Reibflächen unterscheidet man Einflächen-, Mehrflächen-, Scheiben-, Kegel-, Zylinder- und Lamellenkupplungen.

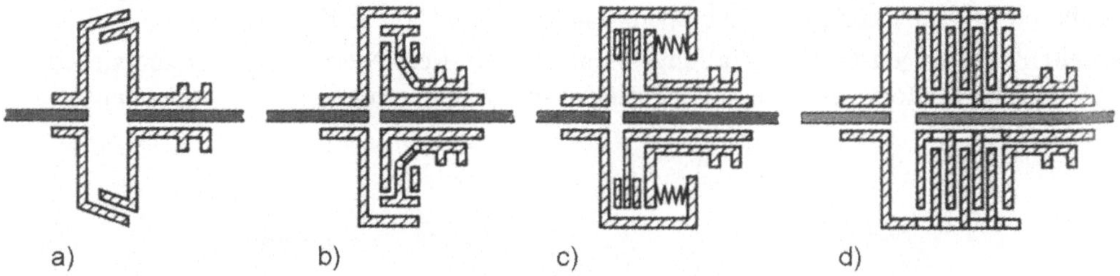

Bild 2-45 Aufbau kraftschlüssiger, schaltbarer Kupplungen
a) Kegelkupplung
b) Zylinderkupplung
c) Scheibenkupplung
d) Lamellenkupplung

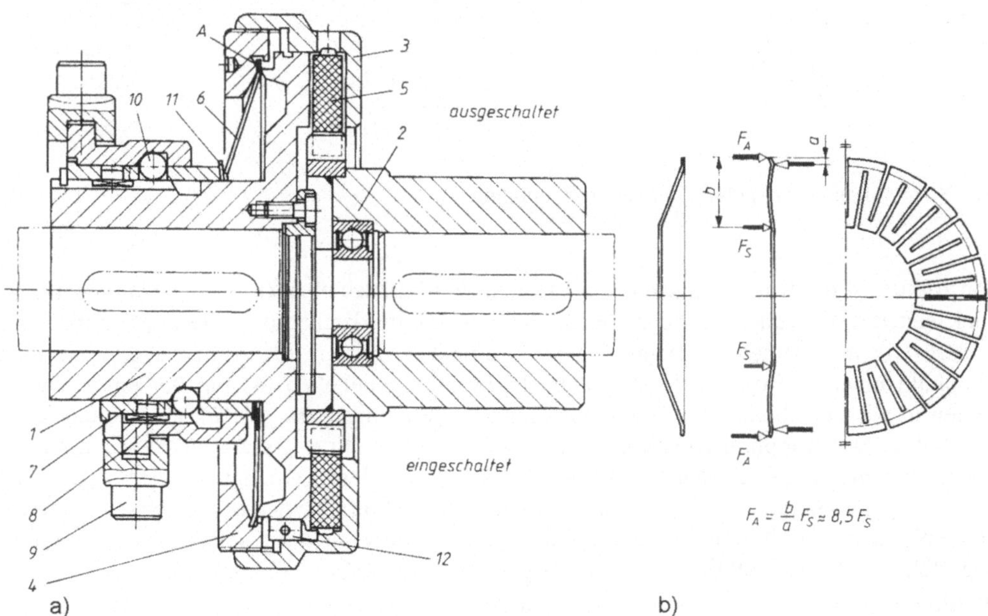

Bild 2-46 Mechanisch betätigte Zweiflächen- (Einscheiben-) Kupplung mit Rastung
a) Kupplung in ausgekuppeltem (oben) und eingekuppelten (unten) Zustand
b) Anpressfeder mit auftreten den Kräften

Die Funktion einer **Scheibenkupplung** soll am Beispiel einer Einscheibenkupplung mit zwei Reibflächen (Bild 2-46) erläutert werden. Auf der Antriebswelle (rechts) ist eine Nabe (2) befestigt, die über eine Verzahnung das Drehmoment auf die Reibscheibe (5) überträgt. Auf der Abtriebswelle ist eine Kupplungsnabe (1) mit der zweiten Reibfläche befestigt. Beim Einkuppeln wird eine Baugruppe bestehend aus Kupplungsring (3) und Einstellring (4) durch die Anpressfeder (6) nach links gedrückt. Der Reibbelag (5) wird zwischen Kupplungsring (3) und Kupplungsnabe (1) gepresst, wodurch der Kraftschluss erfolgt. Die mechanische Betätigung erfolgt über einen Schaltring (9), der in eine Schaltmuffe (8) eingreift und über eine Schaltbuchse (7) und die Tellerfeder (11) die Anpressfeder (6) spannt oder entlastet. Ein- und ausgekuppelter Zustand der Kupplung werden über eine Kugel (10) arretiert. Zweiflächenkupplungen haben im Gegensatz zu Lamellenkupplungen ein kleineres Leerlaufmoment. Die Reibungswärme kann besser gespeichert und abführt werden. Nachteilig sind größere Bauformen und höhere Kosten.

Lamellenkupplungen (Bild 2-47a) sind Mehrscheiben-Reib-Nasskupplungen die sich durch ihre kompakte Bauform, eine lange Lebensdauer und einen geringen Preis auszeichnen.

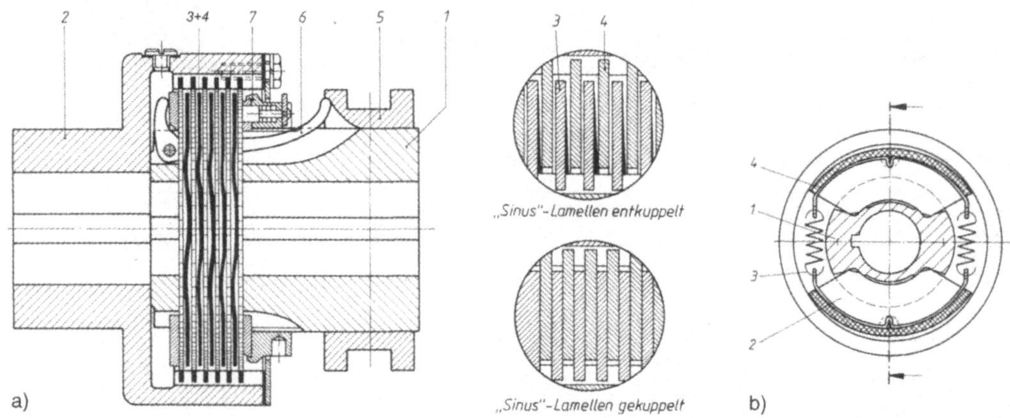

Bild 2-47 a) Lamellenkupplung b) Fliehkraftkupplung

Konstruktiv ist die Kupplung aus einer Vielzahl von Reibscheiben (Lamellen) aufgebaut. Mit jeder weiteren Reibscheibe wird die Reibfläche und somit das übertragbare Drehmoment vergrößert. Die Innenlamellen (3) mit Innenverzahnung greifen in die Außenverzahnung eines Innenmitnehmers (1) der ersten Kupplungshälfte. Außenlamellen (4) mit Außenverzahnung greifen in die Verzahnung des Außenmitnehmers (Kupplungsgehäuse) (2) der zweiten Kupplungshälfte. Der Kupplungsvorgang wird über eine Schaltmuffe (5) ausgelöst, welche die im Innenmitnehmer angeordneten Winkelhebel (6) betätigt. Die Lamellen werden aufeinander gepresst und es kommt zum Kraftschluss. Die Anpresskraft kann mechanisch, pneumatisch oder elektrodynamisch aufgebracht werden. Über die Einstellmutter (7) kann das Drehmoment eingestellt und Verschleiß der Kupplung ausgeglichen werden.

Fliehkraftkupplungen (Bild 2-47 b) sind auf der Antriebsseite mit radial beweglichen Massen ausgestattet. Mit steigender Drehzahl steigen die Fliehkräfte quadratisch an, welche die erforderlichen Anpresskräfte zum Erzeugen des Kraftschlusses mit der Abtriebsseite erzeugen. Drehzahlbetätigte Kupplungen werden als Anlaufkupplungen von Maschinen oder Fahrzeugen verwendet, die ein hohes Anlaufmoment erfordern.

2.4.2 Getriebe

Drives

Getriebe übertragen Energie von Antriebsmaschinen an Arbeitsmaschinen und können mechanische Energie hinsichtlich folgender Größen konditionieren:

- Drehfrequenz
- Drehrichtung
- Drehmoment
- Bewegungsform

Je nachdem, welche Größen durch den Einsatz eines Getriebes verändert werden sollen und welche konstruktiven Anforderungen gestellt werden, kommen die verschiedenen Getriebegrundbauformen wie Zugmittel-, Zahnrad-, Räder-, Kurbel-, Kurven- und hydraulisches Getriebe zum Einsatz. Die Kraftübertragung basiert entweder auf Kraft- oder Formschluss.

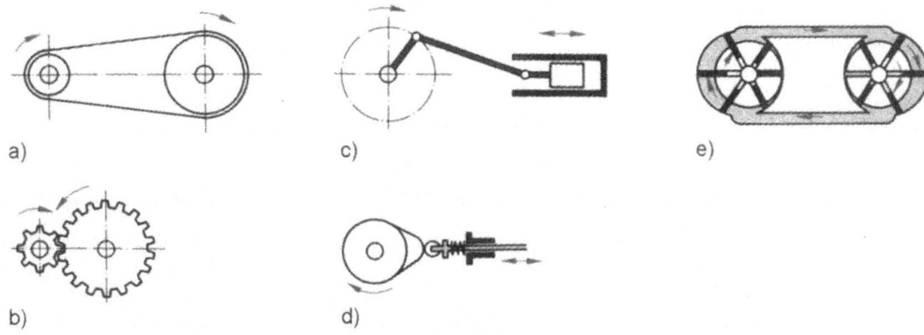

Bild 2-48 Getriebegrundbauformen
a) Zugmittelgetriebe
b) Zahnradgetriebe
c) Kurbelgetriebe
d) Kurvengetriebe
e) hydraulisches Getriebe

Zugmittelgetriebe sind Rädergetriebe, dessen Räder über ein Zugmittel in Form eines Riemens oder einer Kette miteinander verbunden sind. Die Kraftübertragung zwischen den Rädern und dem Zugmittel kann über Formschluss (Zahnriemen, Ketten) oder Kraftschluss (Flach-, Keilriemen) erfolgen.

Eine der häufigsten Getriebebauformen ist das **Zahnradgetriebe**, das z. B. in Werkzeugmaschinen und Kraftfahrzeugen zum Einsatz kommt. Die formschlüssige Übertragung der Antriebsenergie ist meist mit einer Umkehrung der Drehrichtung und einer Änderung der Drehfrequenz verbunden.

Kurbelgetriebe formen eine gleichförmige Drehbewegung in gradlinige oder oszillierende Bewegung um. Dies ist z. B. bei der Kraftübertragung in einem PKW-Motor der Fall, bei dem die geradlinige Auf- und Abbewegung des Kolbens über das Pleuel und die Kurbelwelle in eine Drehbewegung umgesetzt wird.

Kurvengetriebe setzten gleichförmige Drehbewegung in eine Bewegung um, die von der Form der Kurve abhängig ist. Die Form der Kurve und die Drehzahl bestimmen dabei Amplitude und Frequenz der Axialbewegung. Ventilsteuerungen von Verbrennungsmaschinen stellen eine häufige Anwendung dieser Getriebeart dar.
Mechanische Energie kann auch durch einen Volumenstrom eines unter Druck stehenden Fluids transportiert werden. **Hydraulische Getriebe** können durch unterschiedliche Volumina

und Arbeitsflächen der Zylinderräume bzw. Zellenkammern der Antriebs- und Abtriebsseite Drehfrequenzen und Drehmomente ändern.

Welches Getriebe für eine konkrete Problemstellung eingesetzt wird, ist im Besonderen davon abhängig, in welcher Weise die Antriebsenergie konditioniert werden soll. Weitere Auswahlkriterien sind Betriebssicherheit, Anschaffungs- und Betriebskosten, Lebensdauer und Baugröße.

Berechnungsgrundlagen

Die bei Getrieben angestrebte Änderung der Drehfrequenz des treibenden zum getriebenen Rad wird durch das Übersetzungsverhältnis i ausgedrückt. Dabei geht man davon aus, dass die Umfangsgeschwindigkeit v beider Räder gleich ist.

$$v_1 = v_2$$

$$d_1 \cdot \pi \cdot n_1 = d_2 \cdot \pi \cdot n_2$$

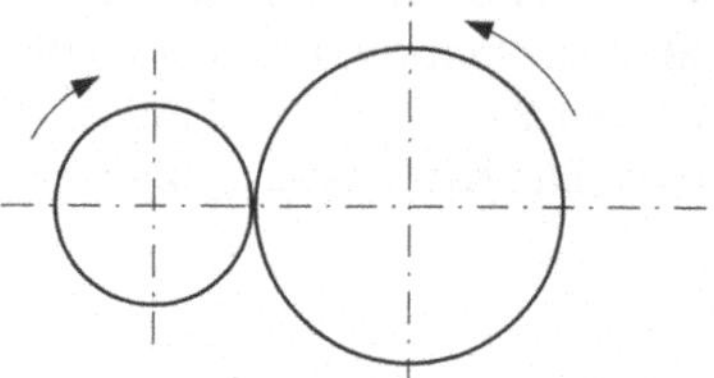

Bild 2-49 Einfache Übersetzung

Wird π aus der Gleichung heraus gekürzt und umgestellt, erhält man das Übersetzungsverhältnis i. Drehfrequenz und Scheibendurchmesser sind beim Übersetzungsverhältnis umgekehrt proportional.

$$i = \frac{n_1}{n_2} = \frac{d_2}{d_1}$$

Soll die Drehfrequenz der getriebenen Welle weiter verändert werden, ordnet man ein drittes Rad an, welches ein viertes Rad auf einer dritten Welle antreibt. Das Gesamtübersetzungsverhältnis dieser Mehrfachübersetzung errechnet sich aus dem Quotienten der Drehzahl des ersten treibenden Rades zur Drehzahl des letzten getriebenen Rades. Das Gesamtübersetzungsverhältnis kann auch über das Produkt der Einzelübersetzungen errechnet werden.

$$i_{ges} = \frac{n_A}{n_E}$$

$$i_{ges} = i_1 \cdot i_2 \cdot i_3$$

$$i_{ges} = \frac{n_1 \cdot n_3 \cdot n_5 \cdot \ldots}{n_2 \cdot n_4 \cdot n_6 \cdot \ldots}$$

$$i_{ges} = \frac{d_2 \cdot d_4 \cdot \ldots}{d_1 \cdot d_3 \cdot \ldots}$$

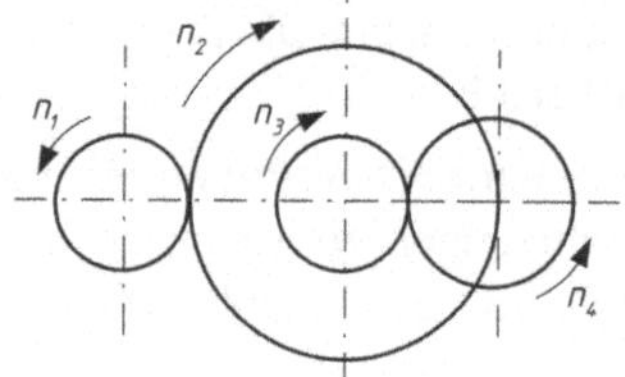

Bild 2-50 Mehrfache Übersetzung

Neben der Drehfrequenz ist das Drehmoment eine wichtige mechanische Größe, die durch den Einsatz von Getrieben verändert werden kann. Das Drehmoment an einem Rad errechnet sich aus dem Produkt aus Umfangskraft F und dem Radius r.

$$M = F \cdot r$$

An jeder Welle des Getriebes müssen die Drehmomente die im Uhrzeigersinn (rechtsdrehende Momente) wirken genau so groß sein, wie die Drehmomente, die im Gegenuhrzeigersinn (linksdrehende Momente) angreifen.

$$M_1 = M_2$$
$$F_1 \cdot r_1 = F_2 \cdot r_2$$

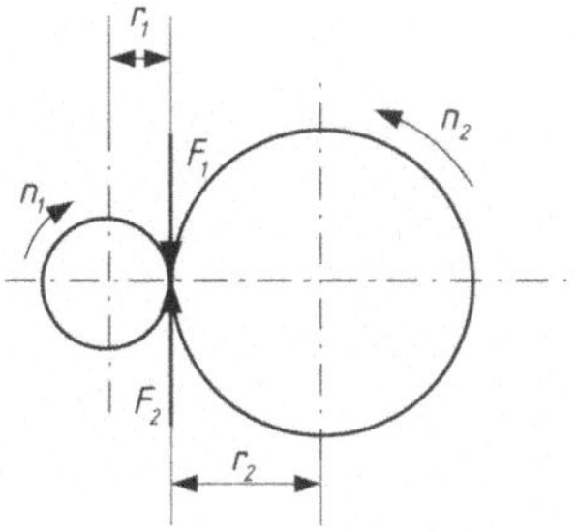

Bild 2-51 Momentengleichgewicht an einer Getriebewelle

Eine einfache Möglichkeit, das Drehmoment an der treibenden bzw. getriebenen Welle zu berechnen, ist über die Leistung P möglich. Dabei setzt man in die Grundformel der mechanischen Leistung P die Umfangsgeschwindigkeit v ein.

$$P = \frac{F \cdot s}{t} = F \cdot v$$
$$P = F \cdot 2 \cdot r \cdot \pi \cdot n$$
$$P = M \cdot 2 \cdot \pi \cdot n$$
$$M = \frac{P}{2 \cdot \pi \cdot n}$$

Es ist zu beachten, dass die abgegebene Leistung P_{ab} auf Grund von Reibung kleiner als die zugeführte Leistung P_{zu} ist. Beide Leistungen stehen über den Wirkungsgrad miteinander in Beziehung.

$$\eta = \frac{P_{ab}}{P_{zu}}$$

Zugmittelgetriebe

Riementriebe übertragen mechanische Leistung zwischen meist achsparallelen Wellen. Die Kraftübertragung zwischen Riemen und Riemenscheiben erfolgt kraftschlüssig (Reibschluss). Riementriebe rutschen bei Überlastungen durch (Schlupf), wodurch Antriebs- und Arbeitsmaschine gegen Beschädigungen geschützt werden. Der durch den Kraftschluss resultierende Schlupf tritt auch bei normaler Belastung auf und ist die Ursache dafür, dass kraftschlüssige Riementriebe nicht für mechanische Steuerungen wie z. B. Ventiltriebe verwendet werden. Durch das elastische Verhalten der Riemen werden Stöße aufgenommen und Schwingungen nicht auf die Arbeitsmaschine übertragen. **Flachriemen** laufen auf balligen Riemenscheiben, können große Achsabstände überwinden und sind sehr laufruhig. Nachteilig wirken sich die hohen Lagerbelastungen, ein hoher Schlupf von bis zu 2 % und geringe übertragbare Leistungen aus. **Keilriemen** weisen einen trapezförmigen Querschnitt auf der mit seinen Flanken in keilförmig ausgearbeitete Riemenscheiben eingreift. Auf Grund der Keilwirkung werden hohe Normalkräfte zwischen den Reibflächen erzeugt. Mit steigender Belastung zieht sich der Keilriemen immer mehr in die Riemenscheibe hinein. Die übertragbaren Kräfte sind bei gleichen Abmessungen ca. dreimal so groß wie bei Flachriemen. Durch mehrrillige Riemenscheiben lassen sich größere Drehmomente übertragen. Nachteilig sind die geringen Achsabstände, die durch Keilriemen überbrückt werden können. Überwiegend kommen Schmalkeilriemen nach DIN 7753 der Riemenprofile SPZ, SPA, SPB und SPC in genormten Längen zum Einsatz.

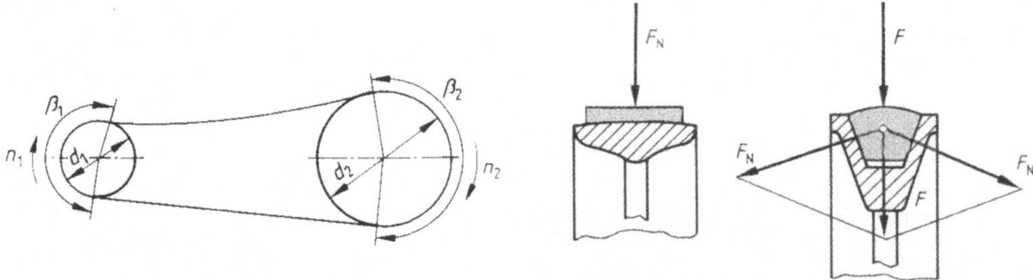

Bild 2-52 Einfacher Riementrieb

Bild 2-53 Kräfte beim Flach- und Keilriemen

Flach- und Keilriemen müssen bei der Montage vorgespannt werden, um eine ausreichend große Normalkraft auf die Reibflächen zu übertragen. Die Vorspannung kann durch die Elastizität des Riemens, einer Spannrolle, dem Eigengewicht des Riemens oder dem Verschieben der Lagerung einer Riemenscheibe realisiert werden. Auf Grund der fehlenden Keilwirkung müssen Flachriemen stärker als Keilriemen vorgespannt werden, was zu größeren Lagerbelastungen führt. Eine zu geringe Riemenspannung führt zum Durchrutschen, eine zu große Riemenspannung zu vorzeitigem Verschleiß.

Kettengetriebe übertragen mechanische Energie durch Kettenräder die formschlüssig in eine Kette als Zugmittel eingreifen. Durch den Formschluss ist ein Schlupf ausgeschlossen, womit z. B. Ventiltriebssteuerungen angetrieben werden können. Durch Kettengetriebe können hohe Leistungen und Übersetzungsverhältnisse (maximal i = 1:15) bei kleinen Breitenabmessungen realisiert werden. Das Übersetzungsverhältnis i wird über die Teilkreisdurchmesser d der Kettenräder berechnet, der durch die Berührungspunkte zwischen Kette und Kettenrad gebildet wird. Größere Achsabstände können überbrückt werden. Da die Ketten unelastisch aufgebaut sind und sich im Betrieb verlängern, sind Kettenspannvorrichtungen vorzusehen. Ketten neigen bei fehlender Schmierung zu zügigem Verschleiß und starken Laufgeräuschen. Die Wartung ist daher aufwendig. Bei der Montage sollte auf achsparallele Wellen geachtet werden. Stoßbelastungen bzw. wechselnde Drehmomente sind aus Verschleißgründen zu vermeiden.

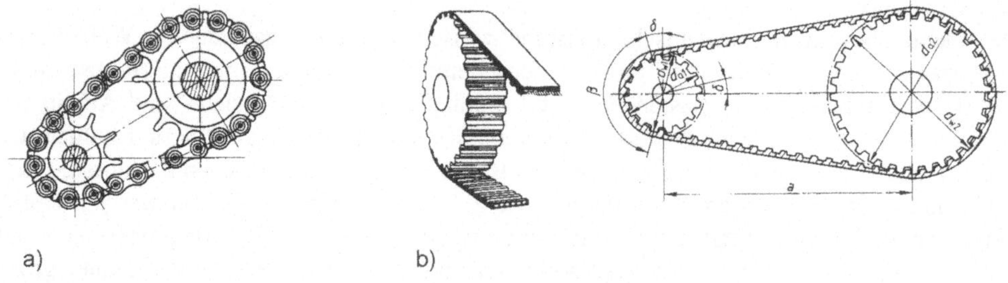

Bild 2-54 Geometrie beim a) Kettengetriebe und b) Zahnriemengetriebe

Zahnriementriebe vereinigen die Vorteile des kraftschlüssigen Riementriebs mit denen des formschlüssigen Kettentriebs. Dabei greifen die Zähne des elastischen Zahnriemens formschlüssig in die Zahnlücken der Riemenscheibe ein. Ein Schlupf ist dadurch ausgeschlossen. Das angestrebte Drehzahlverhältnis der An- und Abtriebsseite kann ohne Abweichungen realisiert werden, wodurch auch ein Einsatz für mechanische Steuerungen möglich ist. Durch die elastischen Eigenschaften des Zahnriemens ist wie beim einfachen Riementrieb ein laufruhiger, vibrationsarmer, stoßfreier Lauf gewährleistet. Zahnriemen sind nach DIN 7721 genormt und sind für Leistungen bis 100 kW und Riemengeschwindigkeiten von bis zu 80 m/s geeignet.

Zahnradgetriebe sind die am häufigsten eingesetzten Getriebe und übertragen mechanische Leistung formschlüssig und ohne Schlupf. Die Leistung kann hinsichtlich der Drehfrequenz, dem Drehmoment und dem Drehsinn konditioniert werden. Der Wellenabstand ist dabei vergleichsweise gering.

Für die Berechnung von Zahnradgetrieben muss die **Zahnradgeometrie** bekannt sein. Greifen zwei unterschiedlich große Zahnräder ineinander, berühren sich die Zähne an den Teilkreisdurchmessern d_1 und d_2, wo auch die Kraftübertragung stattfindet. Bei der Berechnung von Übersetzungsverhältnissen sind die Teilkreisdurchmesser zu verwenden. Der Abstand zwischen zwei Zähnen auf dem Teilkreisumfang U wird als Zahnteilung p in mm beschrieben. Der Teilkreisumfang U kann somit auch als Produkt aus der Zähnezahl z und der Teilung p beschrieben werden.

$$U = d \cdot \pi$$

$$U = z \cdot p$$

$$d \cdot \pi = z \cdot p$$

$$d = \frac{z \cdot p}{\pi}$$

Das Übersetzungsverhältnis für Zahnradgetriebe kann über die Drehzahlen n, den Teilkreisdurchmesser d oder durch die Zähnezahl z ausgedrückt werden.

$$i = \frac{n_1}{n_2} = \frac{d_2}{d_1} = \frac{z_2}{z_1}$$

Das Maß für den Teilkreisdurchmesser d und den Achsabstand a wird dann nur eine ganze Zahl, wenn die Teilung p ein Vielfaches der Zahl π ist. Die Herstellung und Vermessung des Getriebes vereinfacht sich dadurch erheblich. Der Quotient aus der Teilung p und der Zahl π ist der Modul m in mm. Der Modul m zweier ineinander greifender Zahnräder muss immer gleich sein und ist Grundlage der Geometrie der Verzahnung. Der Teilkreisdurchmesser kann somit auch über das Produkt aus Modul m und Zähnezahl z errechnet werden. Der Achsabstand a lässt sich über die Teilkreisdurchmesser errechnen. Über die Messung des Kopfkreises d_a und die Anzahl der Zähne, lässt sich der Modul und damit alle wichtigen geometrische Kenngrößen bestimmen. Tabelle 2-1 stellt die wichtigsten geometrischen Größen und ihre Berechnung zusammen.

Die **Zahnflanken** müssen so geformt sein, dass die Übertragung der Bewegung von einem auf das andere Zahnrad stoßfrei und kontinuierlich erfolgt. Die sich berührenden Zahnflanken müssen daher aufeinander abrollen und nicht aufeinander gleiten, was Verschleiß verursachen würde. Bei der Evolventenverzahnung werden die Zahnflanken durch Evolventen (lat. Abwicklungslinien) gebildet. Eine Evolventenkurve entsteht, wenn man das Ende einer Schnur von einem Zylinder abwickelt. Die Evolventenverzahnung ist auf Grund der einfachen Herstellung mit geradflankigen Schneidwerkzeugen im Maschinenbau weit verbreitet.

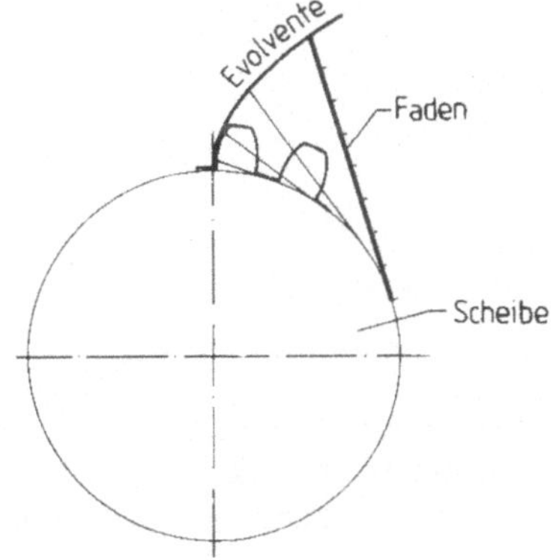

Bild 2-55 Entstehen einer Evolvente

Tabelle 2-1 Zahnradabmessungen

Geometrische Größe	Zeichen/Formel
Modul	m
Teilung	$p = m \cdot \pi$
Zähnezahl	z
Teilkreisdurchmesser	$d = z \cdot m$
Achsabstand	$a = \frac{d_1}{2} + \frac{d_2}{2}$
Zahnkopfhöhe	$h_a = m$
Zahnfußhöhe	$h_f = 1{,}167 \cdot m$
Zahnhöhe	$h = h_a + h_f$
Zahnbreite	b
Kopfkreisdurchmesser	$d_a = d + 2m$
Fußkreisdurchmesser	$d_f = d - 2h_f$

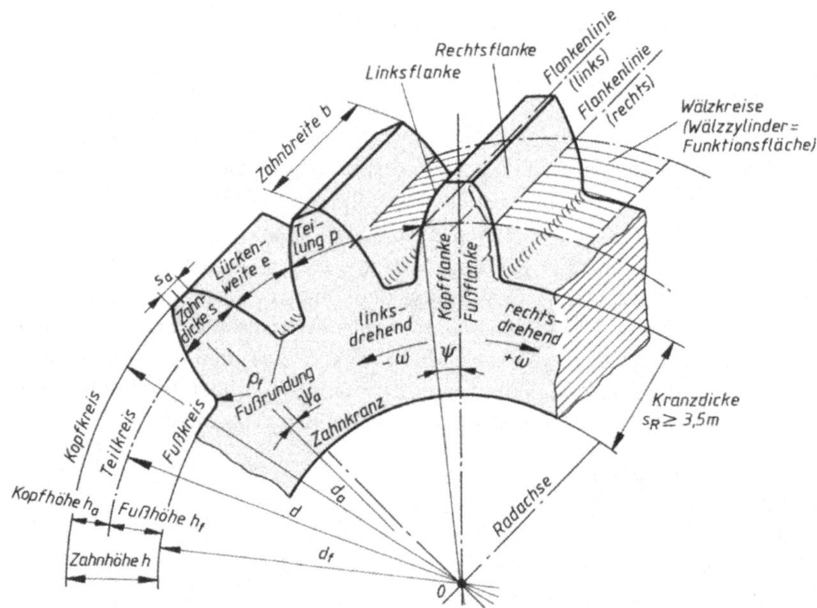

Bild 2-56 Zahnradgeometrie

Die Kurve einer Zykloidenverzahnung (lat. Radlinie) entsteht durch einen Punkt auf einem Kreis der auf einem anderen Kreis abrollt. Zykloidenverzahnungen werden bei Präzisionsgetrieben in der Feinmechanik und bei Zahnradpumpen und Uhren angewendet.

Bauarten von Zahnradgetrieben

Je nach Lage der Wellen zueinander, unterscheidet man verschiedene Grundformen von Zahnradgetrieben.

Tabelle 2-2 Grundformen von Zahnradgetrieben

Getriebebauart	**Stirnradgetriebe**	**Kegelradgetriebe**	**Schraubenräder-, Zahnstangen-, Schneckengetriebe**
Anordnung der Wellen			
Darstellung			

Stirnradgetriebe übertragen Drehmomente zwischen achsparallelen Wellen. Je nach der Ausrichtung der Zähne zur Drehachse spricht man von Geradverzahnung oder Schrägverzahnung.

Geradverzahnungen sind für geringere Umfangsgeschwindigkeiten und für Schaltgetriebe mit Schieberädern geeignet. Sie haben einen hohen Wirkungsgrad und neigen durch die großen Berührungsflächen zu geringem Verschleiß. Geradverzahnte Getriebe neigen zu erheblicher Geräuschentwicklung und sind empfindlich gegen Formfehler der Zahnflanken.

Schrägverzahnung bilden mit der Welle einen Winkel α ungleich 0°. Bei zwei sich im Eingriff befindlichen Zahnrädern, hat das eine Rad eine rechts steigende, das andere eine links steigende Verzahnung. Schrägstirnräder laufen erheblich laufruhiger als Geradstirnräder, da sich immer mehrere Zähne im Eingriff befinden. Weitere Vorteile sind die Eignung für hohe Drehzahlen und die geringere Empfindlichkeit gegen Zahnformfehler. Nachteilig wirkt sich die Kraftzerlegung der Umfangskraft an den Zahnflanken aus. Die erzeugte Axialkraft belastet die Lager, erhöht die Reibung und reduziert somit den Wirkungsgrad. Bei Doppelschrägverzahnungen und Pfeilverzahnungen heben sich die gegeneinander gerichteten Axialkräfte gegenseitig auf. Stirnradgetriebe können auch mit einer Innenverzahnung ausgeführt werden. Vorteilhaft sind dabei die kleinen Bauabmessungen und der gleiche Drehsinn der Räder.

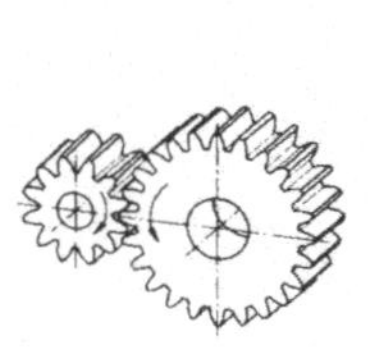

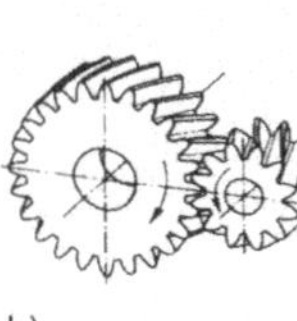

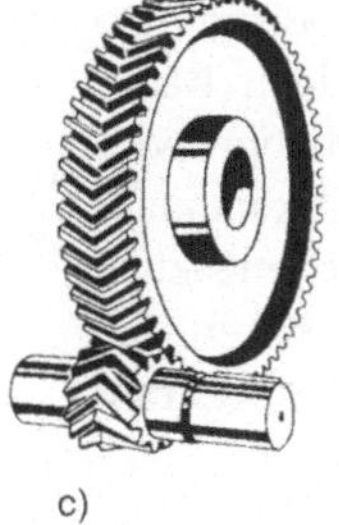

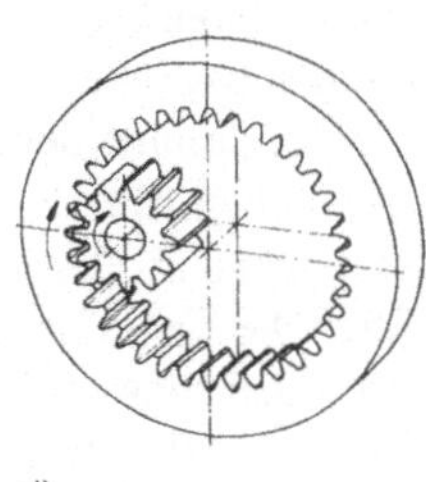

Bild 2-57 Stirnradgetriebe
a) Geradverzahnung
b) Schrägverzahnung
c) Doppelschrägverzahnung
d) Innenverzahnung

Kegelradgetriebe

Die Wellen eines Kegelradgetriebes schneiden sich in einem Punkt auf einer Ebene. Das führt dazu, dass mindestens eine Getriebewelle fliegend gelagert werden muss. Dadurch werden große Biegemomente erzeugt, welche besonders das Lager in Nähe des Kegelrades erheblich belasten. Die Grundform der Zahnräder bilden Kegelstümpfe auf deren Mantelflächen sich bei Geradverzahnungen Zähne befinden, die sich zum Wellenschnittpunkt hin verjüngen. Auch Schräg-, Bogen- und Spiralverzahnungen sind gebräuchlich. Die Geometrie der Zahnradpaare erfordert einen genauen Einbau unter Einhaltung eines bestimmten axialen Spiels, um Klemmungen und erhöhten Verschleiß zu vermeiden. Häufig arbeitet man mit Distanzscheiben die so lange abgeschliffen werden, bis sich ein optimales Axialspiel einstellt. Über das Bestreichen der Zahnflanken des einen Rades mit Farbe entsteht nach dem Drehen auf den Zahnflanken des sich im Eingriff befindlichen Rades ein Tragbild. Dieser Abdruck zeigt, wie groß die Flächen zur Übertragung der auftretenden Kräfte sind.

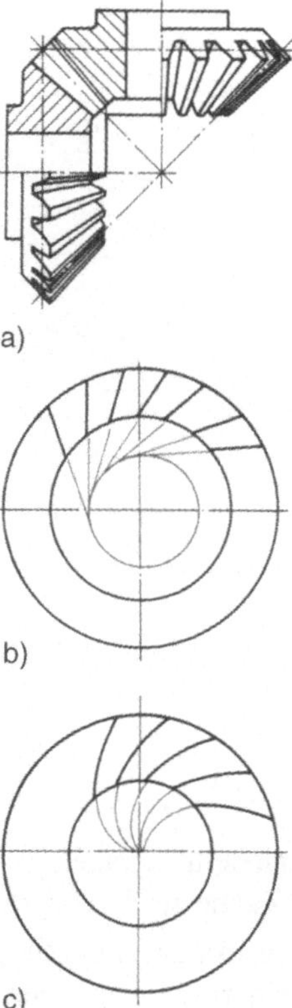

Bild 2-58 Kegelpaar mit
a) Geradverzahnung,
b) Schrägverzahnung,
c) Bogenverzahnung

Schraubenradgetriebe

Beim Schraubenradgetriebe schneiden sich die Zahnradwellen auf zwei nicht parallelen Ebenen, wobei der Kreuzungswinkel meist 90° beträgt. Die Zahnräder der schräg verzahnten Stirnräder winden sich schraubenförmig um die Zahnradmantelflächen. Die Steigung der beiden Zahnräder ist dabei gleichgerichtet. Der Schrägungswinkel der beiden Räder sollte gleich sein und in Summe dem Kreuzungswinkel der Wellen entsprechen. Durch die, sich ineinander schraubende Bewegung der Räder entstehen hohe Reibungskräfte. Die Zahnflanken berühren sich nur punktförmig, was den Einsatz des Schraubenradgetriebes nur für kleine Kräfte sinnvoll macht.

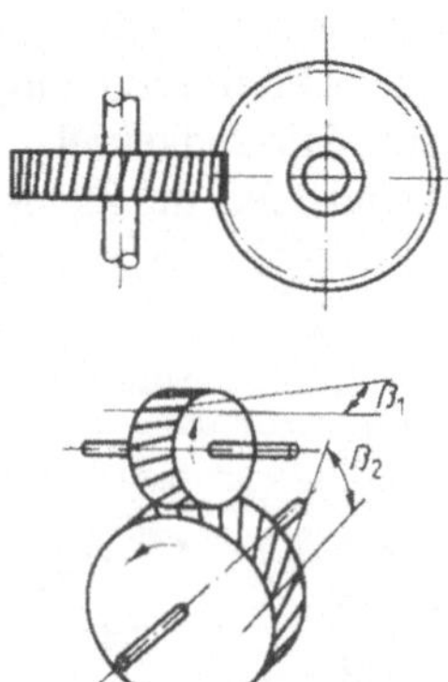

Bild 2-59 Schraubenradgetriebe

Schneckengetriebe

Ein Schneckenradgetriebe ist ein spezielles Schraubenradgetriebe, bei dem der Schrägungswinkel des einen Zahnrades (Schnecke) so groß gewählt wurde, dass nur ein Zahn auf dem Zahnradmantel umläuft. Das zweite Zahnrad (Schneckenrad) erhält einen sehr kleinen Schrägungswinkel. Dadurch wird bei einem Schneckengetriebe mit einer einfachen Übersetzung ein großes Übersetzungsverhältnis von bis zu 1 : 100 ermöglicht. Die Schnecke kann ein- oder mehrgängig ausgeführt werden und große Leistungen übertragen. Durch die Wahl eines kleinen Steigungswinkels der Schnecke kommt es auf Grund von Reibkräften zur Selbsthemmung. Dabei ist die Übertragung der Bewegung nur von der Schnecke zum Schneckenrad möglich und nicht umgekehrt. Sicherheitstechnische Aspekte können daher die Wahl dieser Getriebebauart zusätzlich interessant machen.

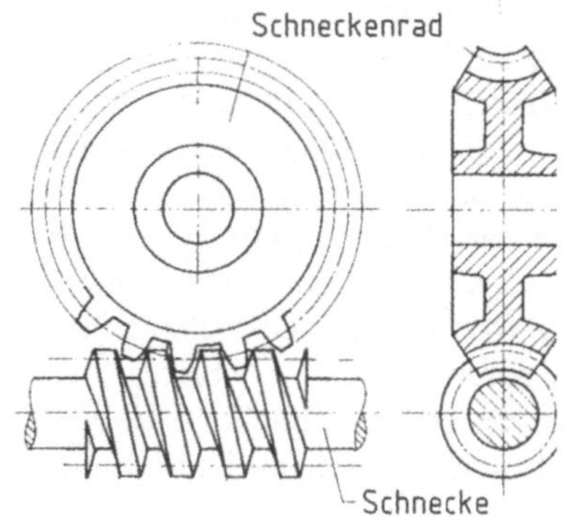

Bild 2-60 Schneckengetriebe

Zahnstangengetriebe

Zahnstangengetriebe bestehen aus einer Zahnstange und einem Stirnrad. Die Welle des Zahnrades und die Achse der Zahnstange kreuzen sich rechtwinkelig auf verschiedenen Ebenen. Die Drehbewegung des Zahnrades wird in eine axiale Bewegungen der Zahnstange umgewandelt. Das Übersetzungsverhältnis der Umfangsbewegung zur Axialbewegung ist dabei vom Teilkreisdurchmesser des Stirnrades abhängig. Zahnstange und Stirnrad können gerad- oder schräg verzahnt sein.

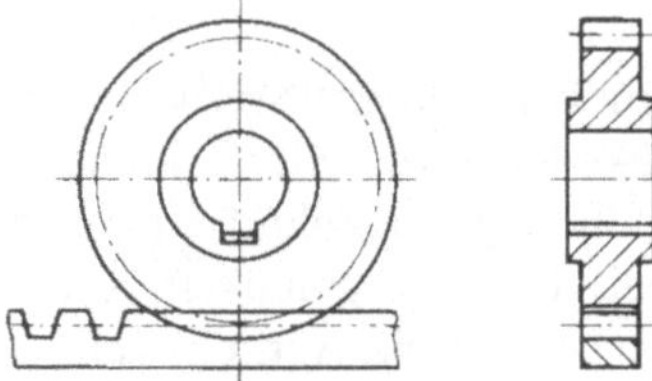

Bild 2-61 Zahnstangengetriebe

Zahnradstufengetriebe

In der Praxis des Mechatroniker werden an Arbeitsmaschinen häufig mehrere abgestufte Drehfrequenzen oder ein Drehrichtungswechsel benötigt. Das ist z. B. bei Werkzeugmaschinen der Fall, an denen verschiedene Vorschubgeschwindigkeiten oder Spindeldrehzahlen für eine optimale Schnittgeschwindigkeit eingestellt werden müssen.
In verstellbaren Mehrwellengetrieben sind mehrere Zahnradstufen vereinigt. Je nachdem, welche Zahnräder sich durch axiales Verschieben, Schwenken oder einkuppeln im Eingriff befinden, wird die Drehfrequenz, das Drehmoment und der Drehsinn geändert.

Im **Schieberadgetriebe** befinden sich geradverzahnte Stirnräderpaare oder Schiebeblöcke, die durch axiales Verschieben zum Eingriff gebracht werden. Das Übertragen der auftretenden Drehmomente und die axiale Führung wird bei den verschiebbaren Zahnrädern häufig durch Keilwellenprofile oder Gleitfedern (siehe Kap. 2.5.3) realisiert.

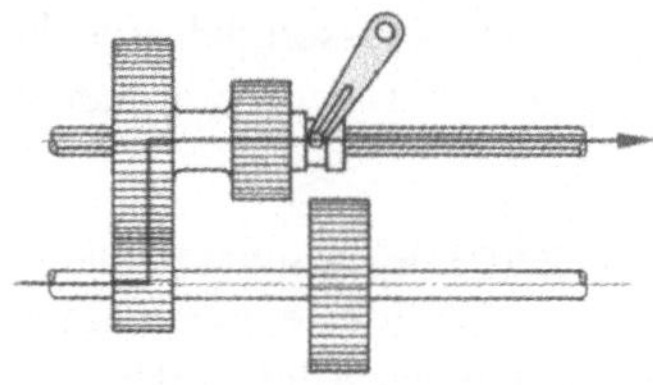

Bild 2-62 Schieberadgetriebe

Bei einem **Schwenkradgetriebe** sind zwei Zahnräder unterschiedlicher Zähnezahl auf einem Hebel (Norton-Schwinge) gelagert, die sich im Eingriff befinden. Die Lagerung eines Zahnrades ist dabei auch die Lagerung des gesamten Hebels an der Trag- und Stützeinheit der Maschine. Durch Umlegen des Hebels, erfolgt der Eingriff eines Zahnrades des Hebels mit einem dritten Zahnrad auf der fest fixierten Abtriebswelle. Die zweite Schaltstufe ist durch axiales Verschieben und erneutes Umlegen des Hebels erreichbar, wobei das zweite Zahnrad auf der Abtriebswelle im Eingriff ist.

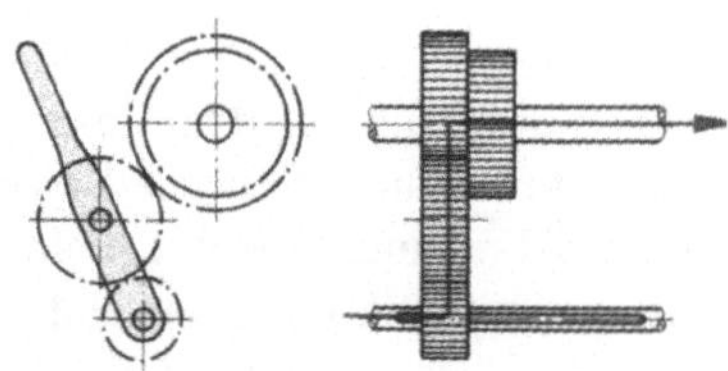

Bild 2-63 Schwenkradgetriebe

Im **Ziehkeilgetriebe** befinden sich alle Zahnräder im Eingriff. Über einen axial verschiebbaren Ziehkeil können die auf der Welle frei laufenden Räder formschlüssig mit der Welle verbunden werden. Der Ziehkeil hat dabei im Zusammenwirken mit den Nuten der Welle und des Zahnrades die Funktion einer Kupplung.

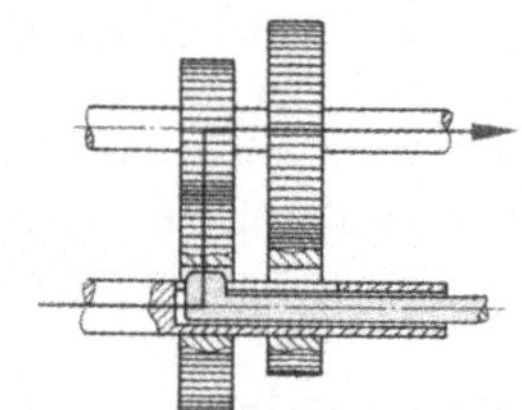

Bild 2-64 Ziehkeilgetriebe

Beim **Kupplungsgetriebe** befinden sich, wie bei Ziehkeilgetriebe, alle Zahnräder im Eingriff. Die Verbindung der Zahnräder mit den Wellen erfolgt dabei durch Kupplungen. Im gezeigten Beispiel Bild 2-65 ist die Antriebswelle fest mit den Zahnrädern verbunden. Die Zahnräder der Abtriebsseite laufen frei auf der Welle und werden je nach Schaltstufe durch die Kupplungen mit der Welle verbunden. Bei der Übertragung von größeren Leistungen werden Lamellenkupplungen eingesetzt, da diese bei kompakter Bauweise eine große Reibfläche aufweisen und dadurch große Drehmomente übertragen können.

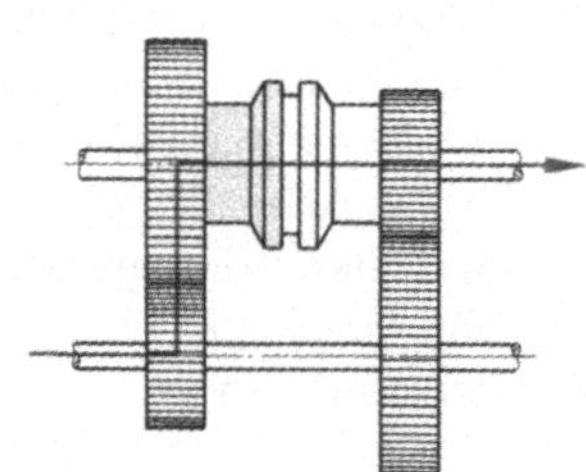

Bild 2-65 Kupplungsgetriebe

Stufenlos verstellbare mechanische Getriebe

Durch stufendlos verstellbare Getriebe ist eine stetige Verstellbarkeit der Abtriebsdrehfrequenz in einem bestimmten Drehzahlbereich möglich. Dabei kommt bei den verschiedenen Bautypen überwiegend das physikalische Prinzip des Reibschlusses zur Anwendung. Stufenlose Getriebe eignen sich besonders für den Antrieb von Werkzeugmaschinen, da dort eine stufenlose Verstellung der Antriebsspindel eine konstante Schnittgeschwindigkeit ermöglicht. Auch in der Automobilindustrie werden immer mehr Personenkraftwagen mit stufenlosen Getrieben angeboten.

Reibrädergetriebe bestehen aus zwei Reibrädern, von denen eines radial oder axial verschiebbar ist. Die auftretenden Reibkräfte $F_R = F_N \cdot \mu$ sind von der Anpresskraft F_N und der Reibungszahl μ der Werkstoffkombination abhängig. Je nach Kombination der aufeinander reibenden Werkstoffe werden Reibzahlen von 0,1 bis 0,5 erreicht. Das hat zu Folge, dass zur

Übertragung einer Umfangskraft F_U eine zwei bis zehn mal so hohe Anpresskraft erzeugt werden muss, was zu einer hohen Beanspruchung der Lager führt.

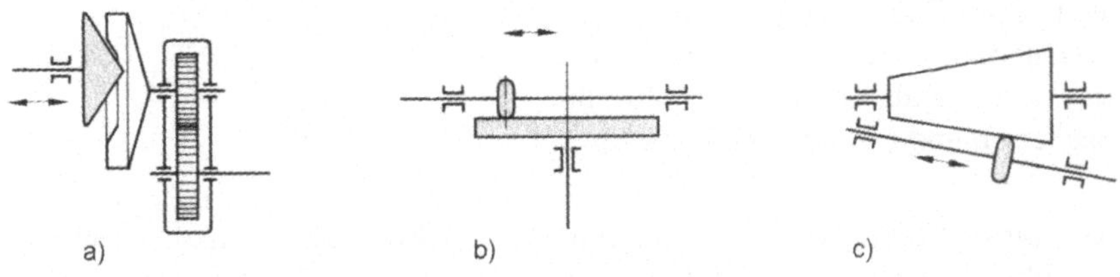

Bild 2-66 Reibrädergetriebe mit a) Innenkegel, b) Tellerscheibe, c) Kegeltrommel

Bei **Umschlingungsgetrieben** handelt es sich um ein Zugmittelgetriebe mit variablen Laufradien. Zwei konische Scheibenpaare sind auf ihren Wellen axial verschiebbar angeordnet, wodurch verschieden große keilförmige Spalten eingestellt werden können. Ein Zugmittel mit konstanter Breite und keilförmigen Querschnitt in Form eines Keilriemens, einer Zylinderrollenkette oder einer Lamellenkette läuft zwischen den Scheibenpaaren um. Durch Variation der Spalten zwischen den konischen Scheiben wird der Laufradius des Zugmittels und somit das Übersetzungsverhältnis verändert. Dabei muss der Umfang des einen Scheibenpaares in gleichem Maß zunehmen wie der Umfang des anderen Scheibenpaares abnimmt. Dies ist notwendig, damit die Zugmittellänge konstant gehalten werden kann.

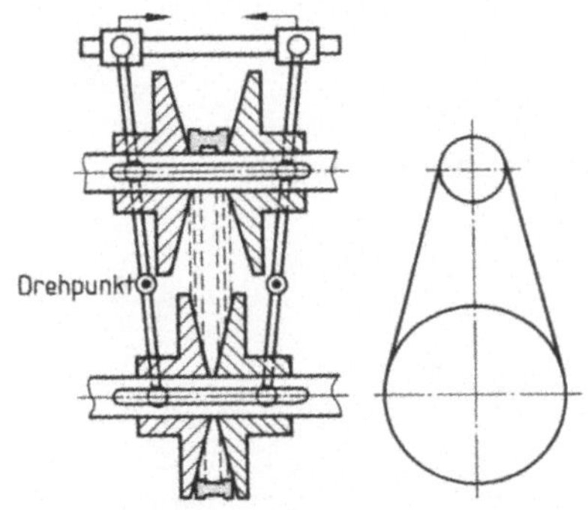

Bild 2-67 Stufenlos einstellbares Umschlingungsgetriebe mit Lamellenkette

2.5 Verbindungseinheiten

Mechanical fasteners

2.5.1 Verbindungsarten

Types of fasteners

Die Verbindung von Funktionseinheiten, Baugruppen oder Bauelementen erfolgt über Verbindungselemente deren Funktion auf den drei physikalischen Wirkprinzipien Kraftschluss, Formschluss und Stoffschluss basieren.

Kraftschlüssige Verbindungen

Zwei Flachstähle sind mit Bohrungen versehen und werden über die Schraubenkraft F_S mit einer Schraube aufeinander gepresst. Eine Zugkraft F_Z wirkt an den Flachstählen und versucht diese auseinander zu ziehen. Die Schraubenkraft steht senkrecht auf der Berührungsfläche der Flacheisen und erzeugt eine Reibkraft

$$F_R = F_N \cdot \mu .$$

Die Verbindung versagt erst dann, wenn die Zugkraft F_Z größer als die Reibkraft F_R ist. Bei kraftschlüssigen Verbindungen hält die Reibkraft F_R die Bauteile zusammen.

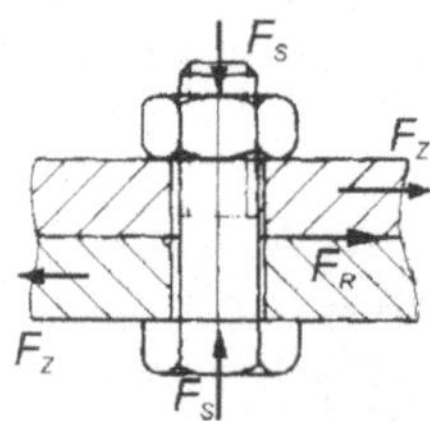

Bild 2-68 Kraftschluss über das Erzeugen von Reibkräften

Formschlüssige Verbindungen

Eine Zugstange ist über einen Bolzen mit einer Gabel formschlüssig verbunden. Der Bolzen erzeugt in Richtung der Bolzenachse keine axialen Kräfte, dass nur geringe Reibkräfte an den Gabelflächen entstehen.

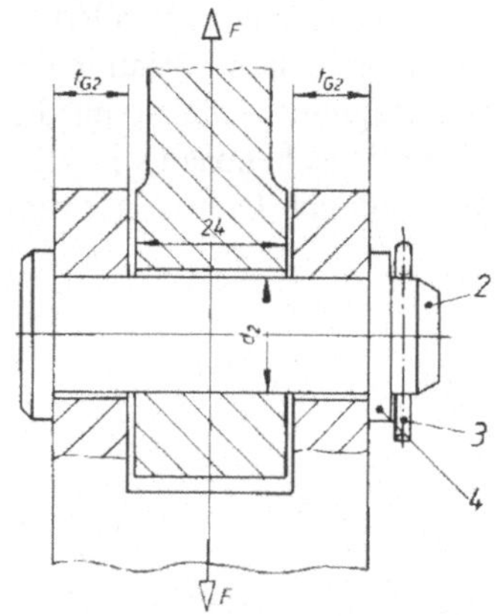

Wird die Zugkraft F wirksam, wird der Bolzen auf Abscherungen beansprucht. Der Formwiderstand des Verbindungselementes (hier Bolzen) hält die Bauteile zusammen.

Bild 2-69 Formschluss über einen Bolzen

Stoffschlüssige Verbindungen

Die beiden Teile einer Zugstange sind über eine Stumpfschweißnaht miteinander verbunden. Das Material der Schweißnaht hat die beiden Bauteile miteinander verbunden. Die an den Flachstählen angreifenden Kräfte F wirken den Kohäsionskräften (Zusammenhangskräfte zwischen den Teilchen in einem Material) entgegen. Beim Kleben wirken Adhäsionskräfte (Zusammenhangskräfte zwischen verschiedenen Materialien). Beim Löten diffundiert das Lot in die Randschichten der zu verbindenden Bauteile ein und bildet mit diesen eine Legierung.

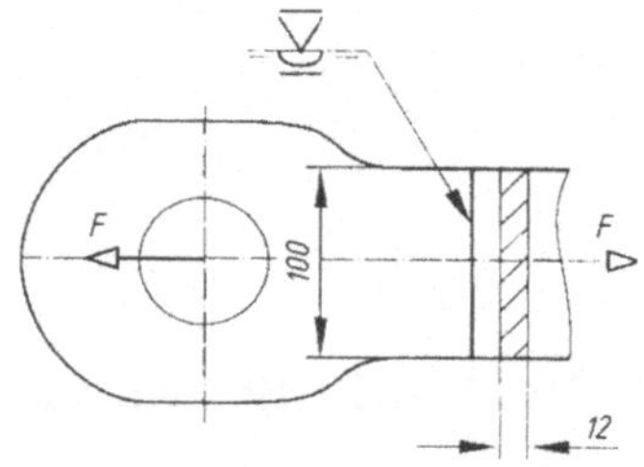

Bild 2-70 Schweißverbindung

In diesem Buch sollen nur die wichtigsten lösbaren Verbindungen auf der Grundlage von Kraft- und Formschluss behandelt werden. Die stoffschlüssigen Verbindungen sind nicht zerstörungsfrei zu demontieren und deswegen für die Verbindung von Baugruppen und Teilsystemen nur begrenzt geeignet.

2.5.2 Befestigungsschrauben

Screw type fasteners

Schrauben sind die am häufigsten verwendeten, lösbaren und auf Formschluss basierenden Verbindungen. Sie werden zum Befestigen von Maschinenelementen, aber auch zum Einstellen, Messen und Spannen verwendet. Das Wirkprinzip basiert darauf, dass die Gewindegänge zu einer schiefen Ebene mit dem Steigungswinkel α auf die Zylinderflächen der Schraube und der Mutter aufgewickelt sind.

Gewinde

Um den zylindrischen Schraubenkern mit dem Kerndurchmesser $d_k = d_3$ winden sich die Gewindegänge mit der Steigung P. Die Steigung P gibt die Höhendifferenz in mm an, die ein Gewindegang bei einem Drehwinkel von 360° zurücklegt. Der Gewindeaußendurchmesser d wird auch als Nenndurchmesser bezeichnet, da sich die Schraubenbezeichnungen auf diesen Durchmesser beziehen (z. B. M8: Metrisches ISO-Gewinde mit einem Außendurchmesser von 8 mm). Schraube und Mutter berühren sich auf dem Flankendurchmesser d_2 der zwischen Kerndurchmesser d_3 und Außendurchmesser d liegt. Außengewinde werden als Bolzengewinde und Innengewinde als Mutterngewinde bezeichnet. Die Begrifflichkeiten sind in DIN 2244 genormt.

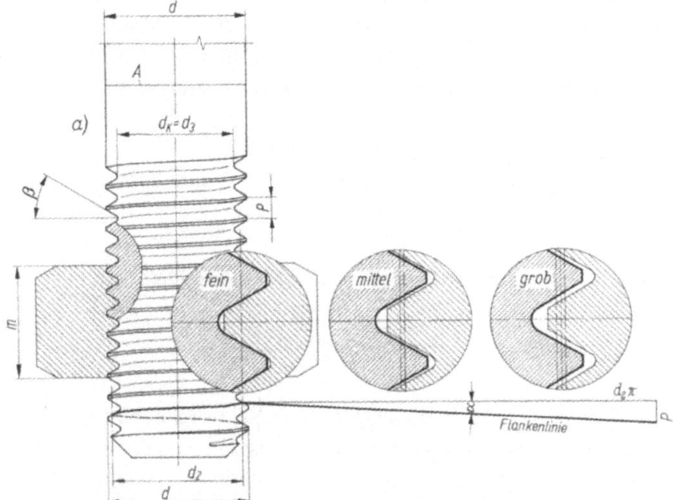

Bild 2-71
Metrisches ISO-Gewinde nach DIN 13
d Außendurchmesser
H_1 Gewindetragtiefe = 0,54127 P
d_2 Flankendurchmesser
h_3 Gewindetiefe = 0,61343 P
d_3 Kerndurchmesser
m Mutternhöhe
P Steigung

Befestigungsgewinde verfügen meist über ein dreieckförmiges Profil. Metrische ISO-Gewinde nach DIN 13 sind die am häufigsten eingesetzten Befestigungsgewinde und werden in die Toleranzklassen f (fein), m (mittel) und g (grob) unterteilt. Es wird zwischen Regel- und Feingewinde unterschieden. Dabei ist bei Feingewinden die Gewindetiefe h_3 und entsprechend die Steigung P geringer als bei Regelgewinden. Feingewinde werden bei dünnwandigen Bauteilen und bei Positioniereinrichtungen eingesetzt.

Whitworthgewinde werden zum Verbinden von Stahlrohrleitungen mit Fittings (Verbindungsformstücke) eingesetzt und werden in Zoll angegeben. Dabei wird auf das Rohr ein konisches Whitworthgewinde geschnitten. Beim Verschrauben mit dem zylindrischen Whitworthgewinde des Fittings verformen sich die Gewindegänge plastisch und dichten die Verbindung dadurch ab. Rundgewinde werden für Verbindungen eingesetzt, die häufig gelöst werden und/oder erhöhter Korrosionsgefahr ausgesetzt sind. Dies ist bei Elektroinstallationen, Kupplungen von Schienenfahrzeugen, Glasbehältern und Blechkörpern der Fall.

Die im angelsächsischen Raum verbreiteten UNC (Grobgewinde) und UNF-Gewinde (Feingewinde) weisen eine ähnliche Geometrie wie die metrischen ISO-Gewinde auf. Sie basieren jedoch auf der Maßeinheit Zoll (Inch) und finden auf Grund der Vereinheitlichung der Normung immer weniger Anwendung. Es sind jedoch eine Vielzahl mechatronischer Systeme in Betrieb, die solche Schraubenverbindungen enthalten. Zur Wartung und Reparatur sind entsprechende Werkzeuge vorzuhalten. Sägezahn- und Trapezgewinde sind Bewegungsgewinde und sollen an dieser Stelle nicht weiter erläutert werden.

Festigkeitswerte von Schrauben und Muttern

Die Sicherheit einer Schraubenverbindung gegen Versagen ist abhängig von:

- Höhe und Art der Beanspruchung
- Festigkeit von Schraube und Mutter
- Gewindeabmessungen
- Gewindeüberdeckung (Einschraubtiefe bzw. Mutternhöhe).

Beim Versagen der Schraubenverbindung können folgenden Mechanismen auftreten:

- Mutterngewinde schert ab
- Bolzengewinde schert ab
- Bruch im freien Gewindeteil oder im Schaftquerschnitt.

Festigkeitswerte von Schrauben

Die Festigkeit von Stahlschrauben ist durch die Festigkeitsklasse auf dem Kopf der Schraube angegeben. Die Festigkeitsklasse ist aus zwei Zahlen zusammengesetzt. Die erste Zahl gibt den hundertsten Teil der Nennzugfestigkeit Rm_N an. Multipliziert man die zweite Zahl mit zehn, erhält man den prozentualen Anteil der Nennzugfestigkeit, welcher der Nennstreckgrenze entspricht.

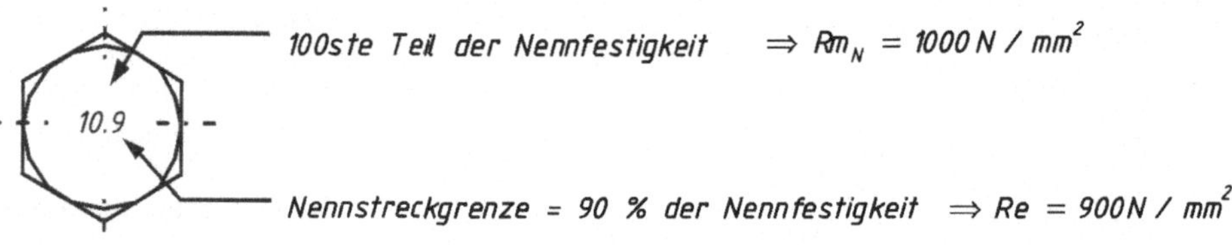

Bild 2-72 Beispiel für das Lesen von Festigkeitsklassen

Die Nennstreckgrenze bzw. die 0,2 % Dehngrenze, bei nicht ausgeprägter Nennstreckgrenze, sind die wichtigsten Festigkeitswerte zur Auslegung der Schraubenverbindung. Es ist bei Reparatur und Wartungsarbeiten darauf zu achten, dass beim Austausch von Schrauben keine geringere Festigkeitsklasse zum Einsatz kommt. Die Schraubenfestigkeitswerte sind in Tabelle 2-3 zusammengestellt.

Tabelle 2-3 Festigkeitswerte für Schrauben und Muttern nach DIN EN 20898 und DIN ISO 8986

Kennzeichnen der Festigkeitsklasse für Schraubenstahl		3,6	4,6	4,8	5,6	5,8	6,8	8,8		9,8	10,9	12,9
								≤ M16	≥ M16			
Zugfestigkeit R_m	Nennwert	300	400	400	500	500	600	800	800	900	1000	1200
	Mindestwert	330	400	420	500	520	600	800	830	900	1040	1220
Streckgrenze R_e bzw. $R_{p0,2}$ (ab 8,8)	Nennwert	180	240	320	330	400	480	640	640	720	900	1080
	Mindestwert	190	240	340	400	420	480	640	660	720	940	1100
Kennzeichen der Festigkeitsklassen für Mutternstahl	≥ M16	4			5		6	8		9	10	12
	≤ M16	5										

Festigkeitswerte für Muttern

Bei der Auswahl der Muttern unterscheidet man Muttern für Schraubenverbindungen mit voller und eingeschränkter Belastbarkeit und ohne Angaben der Belastbarkeit. Muttern für Schraubenverbindungen mit voller Belastbarkeit haben eine Mutternhöhe von

$$m = 0{,}8 \cdot d$$

und sind auf festgelegte Prüfkräfte ausgelegt. Die Mutter ist mit einer Zahl gekennzeichnet, die der höchsten Festigkeitsklasse der zulässigen Schraube entspricht. Eine Mutter mit der Kennzahl 5 darf dementsprechend mit einer Schraube der Festigkeitsklasse 5.6 oder 5.8 kombiniert werden. In einer solchen angepassten Schraubenverbindung kommt es bis zu den, in DIN EN 20898-1 (Regelgewinde) und DIN EN ISO 898-6 (Feingewinde) angegebenen Kräften, nicht zum Abstreifen der Gewinde.

Muttern mit festgelegten Prüfkräften für Schraubenverbindungen mit eingeschränkter Belastbarkeit haben eine Mutternhöhe

$$m = 0{,}5 \ldots < 0{,}8d \,.$$

Sie werden mit einer zweistelligen Zahl gekennzeichnet. Die erste Ziffer gibt an, dass es sich um eine Mutter geringerer Belastbarkeit handelt. Die zweite Ziffer gibt den hundertsten Teil der Nennprüfspannung an. Es sind nur die Festigkeitsklassen 04 und 05 nach DIN EN 20898 und DIN EN ISO 898-6 genormt, wie sie in Tabelle 2-3 aufgeführt sind.

Muttern für Schraubverbindungen ohne festgelegte Belastbarkeit werden mit einer Zahlen-Buchstaben-Kombination gekennzeichnet. Die Zahl gibt ein Zehntel der Mindest-Vickers-Härte an. Der Buchstaben H steht für Härte. Die Festigkeitsklassen 11H, 14H, 17H und 22H sind genormt und werden auch für Gewindestifte verwendet. Dabei sind zusätzlich die Festigkeitsklassen 33 H und 45H verfügbar (DIN EN ISO 898-5).

Schraubenausführungen

Entspricht der Durchmesser des Schraubenschafts dem Gewindeaußendurchmesser, spricht man von Schaftschrauben. Dünnschaftschrauben haben einen Schaftdurchmesser, der ungefähr dem des Flankendurchmessers entspricht.

Dehnschrauben werden auch als Taillenschrauben bezeichnet und weisen einen Schaft mit einem Taillendurchmesser auf, der kleiner als der Kerndurchmesser d_3 ist. Der schlanke und nachgiebige Schraubenschaft wirkt bei Verbindungen, die stoßartig belastet sind, wie ein Federelement. Dehnschrauben sollten bei Reparatur und Wartungsarbeiten immer durch neue Schrauben ersetzt werden, da es zu bleibenden Verformungen gekommen sein kann.

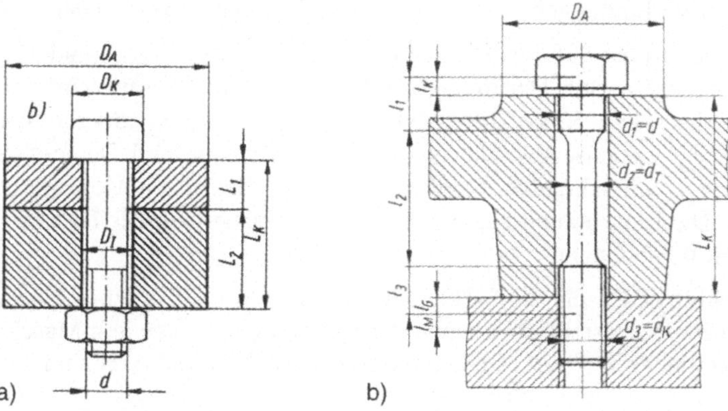

Bild 2-73 Schaftschraube und Dehnschraube

Neben Gewinde- und Schaftform unterscheiden sich Schrauben durch die Form des Schraubekopfes an dem die Kraftübertragung vom Werkzeug stattfindet. Als günstige Antriebe haben sich Sechskant, Vierkant und Zwölfzahn für den Außenangriff und Innensechskant, Innenstern (TORX-System), Innenzwölfzahn, Kreuzschlitz, und Schlitz bei Innenangriff erwiesen. Bei den Antrieben versucht man immer mehr statt einer Linienberührung zwischen Werkzeug und Schraubenkopf (Innensechskant) eine Flächenberühung (TORX-System) zu erreichen um Verformungen zu vermeiden.

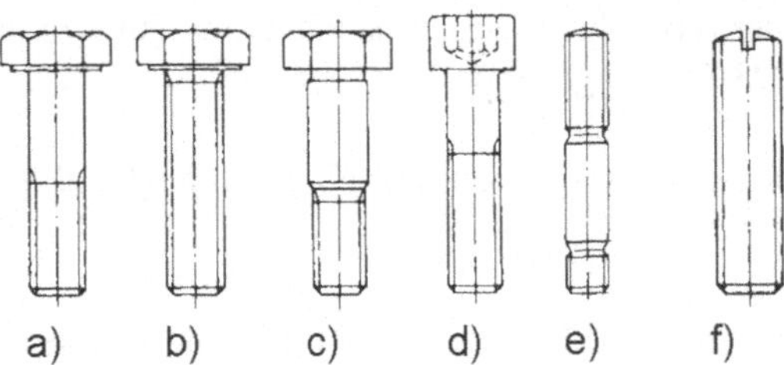

Bild 2-74
Häufig verwendete Schrauben im Maschinenbau

Sechskantschrauben nach DIN EN 24014 und DIN EN 24017 haben ein durchgehendes Gewinde bis zum Kopf und sind die im Maschinenbau am häufigsten verwendeten Schrauben. Sie werden mit den Festigkeitsklassen 5.6, 8.8, 10.9 hergestellt. Sechskantschrauben nach DIN 609 und DIN 610 mit der Festigkeitsklasse 8.8 haben einen langen bzw. kurzen Gewindeabsatz und werden als Passschrauben bezeichnet. Der Schaft mit der Toleranzklasse k6 ist für Passungen zur Aufnahme von Querkräften geeignet.

Zylinderschrauben mit **Innensechskant** mit hohem Kopf nach DIN EN ISO 4762 werden in den Festigkeitsklassen 8.8, 10.9 und 12.9 hergestellt. In der Ausführung mit niedrigem Kopf bzw. ohne Schlüsselführung nach DIN 6912 und 7984 sind nur in der Festigkeitsklasse 8.8 verfügbar. Zylinderschrauben mit Innensechskant werden in der Praxis oft als „INBUS-Schrauben" bezeichnet und werden für hoch beanspruchte Verbindungen mit geringem Platzbedarf verwendet. Durch das Einlassen in Bauteilbohrungen entsteht eine ebene Fläche mit gefälliger Optik.

Zylinder- und Flachkopfschrauben nach DIN EN ISO 1207 und 1580, Senk- und Linsenkopfschrauben mit Schlitz nach DIN EN ISO 2009 und 2010 oder mit Kreuzschlitz nach DIN EN ISO 7046 und 7047 werden in den Festigkeitsklassen 4.8, 5.8 und 8.8 gefertigt und werden bei weniger stark beanspruchten Verbindungen mit geringerem Anzugmoment verwendet.

Stiftschrauben nach DIN 835 und DIN 938 bis 940 der Festigkeitsklassen 5.8, 8.8 und 10.9 weisen an ihren Enden Gewindeabsätze auf. Der mittlere, zylindrisch, glatte Absatz wird zum Positionieren von Maschinenteilen wie z. B. Gehäuseteilen von Getrieben verwendet die häufig demontiert werden. Damit die Gehäusegewinde durch häufige Montage und Demontage nicht verschlissen werden, werden Stiftschrauben verwendet, die nach der ersten Montage im Bauteil eingeschraubt bleiben. Die Einschraublänge in das Bauteil ist dabei von der Festigkeit des verwendeten Bauteilwerkstoffs abhängig.

Gewindestifte werden mit Schlitz (DIN EN 27434 bis 436 und 24766) oder Innensechskant (DIN EN 913 bis 916) als Antrieb hergestellt. Sie dienen der Sicherung der Lage von Maschinenteilen wie Naben oder Lagerbuchsen. Die Festigkeitsklassen 14H, 22H und 45H sind verfügbar.

Mutternausführungen

Die Auswahl der geeigneten Mutter für eine Schraubenverbindung richtet sich nach:

- Größe und Art der Beanspruchung
- Festigkeitsklasse der Schraube
- Abdecken von Schraubenenden
- Sicherung gegen unbeabsichtigtes Lösen
- Befestigen der Mutter auf einem Bauteil.

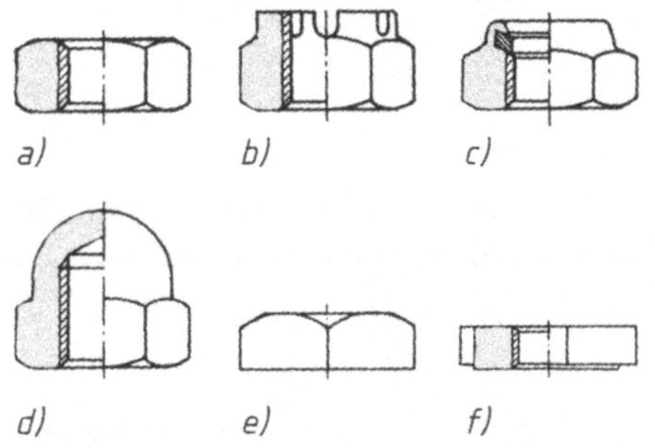

Bild 2-75
Auswahl genormter Muttern
a) Sechskantmutter
b) Kronenmutter
c) Selbstsichernde Mutter mit nichtmetallischem Einsatz
d) Hutmutter
e) Vierkantmutter
f) Nutmutter

Wie im Abschnitt „Festigkeitswerte von Schrauben und Muttern" bereits erläutert wurde, muss das Abstreifen des Schrauben- bzw. Mutterngewindes verhindert werden. Die in DIN EN ISO 20898 (Regelgewinde) und DIN EN ISO 898-6 (Feingewinde) aufgeführten Prüfkräfte werden nur dann erreicht, wenn Muttern und Schrauben der gleichen Festigkeitsklasse miteinander kombiniert werden und die Mutternhöhe $m \geq 0{,}8\ d$ ist (Muttern mit voller Belastbarkeit). Muttern mit $m < 0{,}8\ d$ sind nur für geringere Kräfte geeignet. Hutmuttern decken das Ende des Schraubengewindes ab und reduzieren somit die Unfallgefahr. Kronenmuttern dienen als Einstellschrauben z. B. zum Einstellen des Axialspiels von Kegelrollenlagern einer Laufradlagerung auf einem Wellenende. Zur Sicherung gegen unbeabsichtigtes Lösen wird durch die Bohrung der Welle oder Achse und zwischen die Kronenzacken ein Sicherungssplint getrieben, der umgebogen wird. Schlitz und Kreuzlochmuttern sind in Relation zur Gewindegröße sehr kompakt und dienen zur axialen Fixierung von Bauteilen wie Lagern, Buchsen und Naben auf Achsen- und Wellenabsätzen. Zum Anziehen der Verbindung sind den Aussparungen in der Mutter entsprechende Werkzeuge zu verwenden. Vierkant- bzw. Sechskantschweißmuttern haben einen zylindrischen Ansatz, mit dem sie in Bauteilen oder Blechen positioniert und mit Schweißpunkten fixiert werden. Blechmuttern dienen bei Dünnblechkonstruktionen wie z. B. im Automobilbau als kostengünstige Verbindung mit geringem Gewicht und Platzbedarf. Die Mutter wird aus einem gelochten Blech mit zwei hochgebogenen Blechstreifen gebildet, die sich beim Anziehen der Verbindung in der Schraube verkeilen und dadurch die Verbindung gegen Lockern sichern. Das Gewinde einer Blechmutter ist dabei der einer Holzschraube ähnlich.

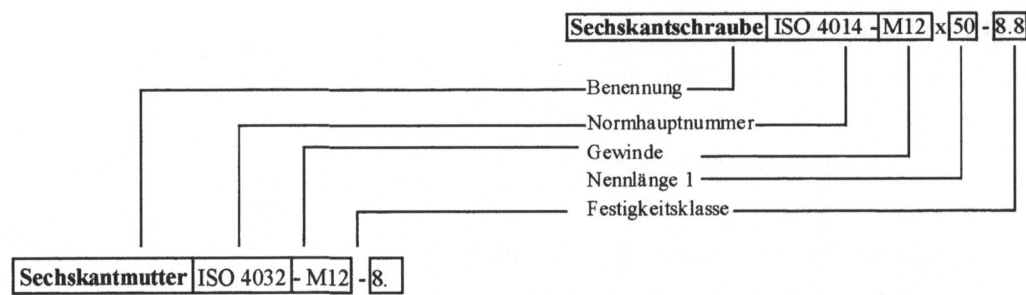

Bild 2-76 Bezeichnungsbeispiel für eine Sechskantschraube nach DIN EN 24014 mit passender Mutter nach DIN EN 24032

Bezeichnung von Schrauben und Muttern

Sind bei der Bezeichnung von Schrauben und Muttern ISO-Normen in DIN EN-Normen übernommen worden, entfällt die Ziffer 2 in der ISO-Normennummer. Eine Schraube nach DIN EN 24014 entspricht somit der ISO 4014.

Scheiben

Scheiben ermöglichen die Schraubenkräfte über eine größere Fläche über Kopf und Mutter in das Bauteil einzuleiten. Das ist sinnvoll, wenn es sich um ein weiches Material handelt, die Bauteiloberfläche rau oder unbearbeitet ist (erhöhtes Anziehmoment) oder die hochwertige Bauteiloberfläche (poliert, verchromt) nicht beschädigt werden soll. Für Schraubenverbindungen bis zur Festigkeitsklasse 8.8 werden weiche Scheiben nach DIN 125 T1 und DIN 433 T1 verwendet. Bei höheren Festigkeitsklassen und somit höheren Flächenpressungen werden harte Scheiben nach DIN 125 T2 bzw. DIN 433 T3 eingesetzt.

Schraubensicherungen

Schraubenverbindungen haben die Aufgabe Maschinenteile mit einer definierten Kraft zusammen zu pressen und eine ausreichend große Klemmkraft über die Betriebszeit aufrecht zu halten. Beim Anziehen der Verbindung werden auf Grund der großen Flächenpressung Oberflächenunebenheiten an den Berührungsflächen eingeebnet. Dieser Vorgang wird als Setzen bezeichnet und reduziert in Verbindung mit Kriechvorgängen der Werkstoffe, besonders bei höheren Temperaturen, die bei der Montage erreichte Flächenpressung zwischen den Bauteilen. Federringe nach DIN 128, Zahnscheiben nach DIN 6797, Federscheiben nach DIN 137 und Spannscheiben nach DIN 6796 und 6908 sind mitverspannte axial federnde Elemente die das Setzen von Schraubenverbindungen zum Teil kompensiert.

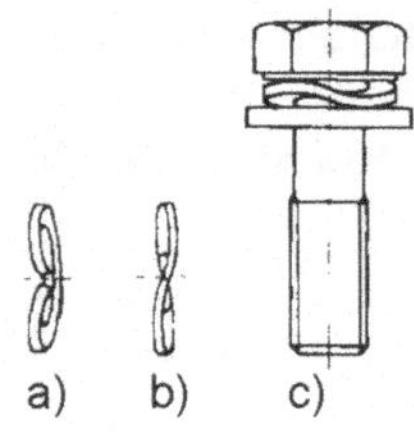

Bild 2-77
Federnde mitverspannte Sicherungselemente:
a) Federring,
b) Federscheibe,
c) Sechskantschraube mit Scheibe und Federscheibe

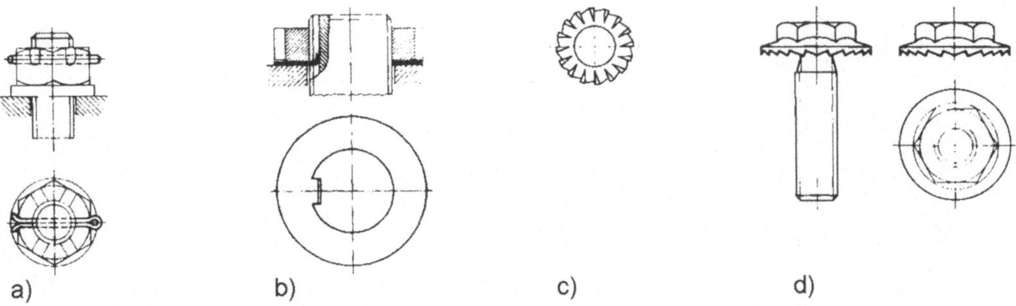

Bild 2-78 Formschlüssige Sicherungselemente:
a) Kronenmutter c) Fächerscheiben
b) Sicherungsblech mit Nase d) Sperrzahnschraube und Mutter

Zum Losdrehen der Verbindung kann es in Folge von dynamischen Belastungen und Relativbewegungen zwischen den Bauteilen kommen. Besonders schwingende Belastungskräfte in Richtung der Schraubenachse können die Reibkräfte im Gewinde überwinden, so dass es zum Losdrehen der Verbindung kommt. Richtig dimensionierte und vorgespannte Schraubenverbindung höherer Festigkeit (ab 8.8) mit einer geringen Anzahl von Trennfugen und geringen Rautiefen der Berührungsflächen brauchen auf Grund der Selbsthemmung im Gewinde nicht gegen Losdrehen gesichert zu werden. Bei anderen Verbindungen empfiehlt sich der Einsatz genormter Sicherungselemente die auf Form (Bild 2-78), Kraft- (Bild 2-79) und Stoffschluss basieren.

Stoffschlüssige Schraubensicherungen sind Klebstoffe, die auf die Gewinde aufgebracht werden und nach der Montage aushärten. Die Festigkeit der Schraubensicherung wird über die Wahl des Klebstoffs eingestellt. Es stehen Produkte zur Verfügung, die von einer leichten bis zu einer mit normalen Werkzeugen nicht mehr möglichen Demontage reichen. Bei sehr großen Schraubenabmessungen werden auch Schweißnähte als Schraubensicherung verwendet, was eine spätere zerstörungsfreie Demontage ausschließt.

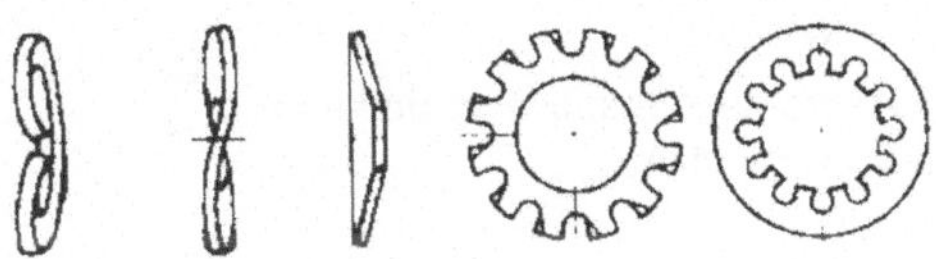

Bild 2-79 Kraftschlüssige Sicherungselemente: Federring, Federscheibe, Spannscheibe, Zahnscheibe

Montage von Schraubenverbindungen

Auftretende Kräfte

Beim Anziehen einer Schraubenverbindung wird der Schraubenschaft durch Zugspannungen gedehnt und durch das aufgebrachte Anziehmoment durch Torsionsspannungen verdreht. Die Bauteile werden durch Druckspannungen gestaucht. Bild 2-80 zeigt den Kraftfluss durch eine Schraubenverbindung. Die Druckspannungen in den Bauteilen gehen vom Schraubenkopf aus und breiten sich in den Bauteilen aus, bis sie wieder an der Mutter zusammengeführt werden.

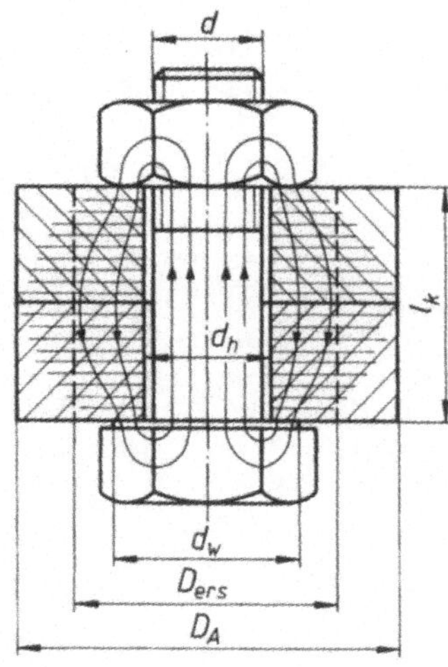

Bild 2-80
Kraftfluss durch eine Schraubenverbindung

Nach dem Abschluss der Montage der Schraubenverbindung unterscheidet man vorgespannte Verbindungen und nicht vorgespannte Verbindungen. Als Beispiel für eine vorgespannte Verbindung soll hier ein Vorschweißflansch mit einem Blindflansch dienen (Bild 2-81). Durch das Anziehen der Muttern oder Schrauben wird eine Vorspannkraft auf die Flanschblätter übertragen, die zum Abdichten, in Verbindung mit einer Dichtung notwendig ist. Wird nun die Flanschverbindung im Betriebsfall durch einen Innendruck belastet, tritt zusätzlich eine axiale Betriebskraft auf, welche die Schrauben zusätzlich belastet. Bei der Flanschverbindung handelt es sich um eine Mehrschraubenverbindung bei der sich Vorspann- und Betriebskraft auf die Anzahl der Schrauben aufteilt.

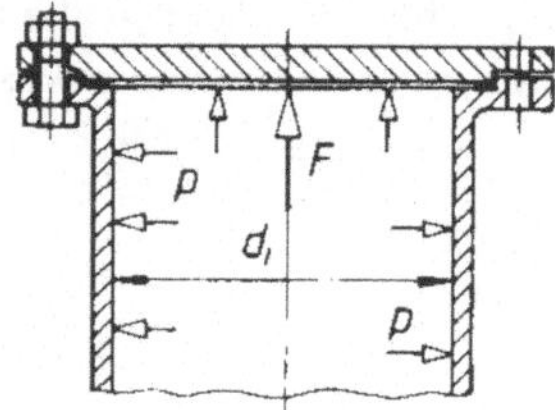

Bild 2-81
Vorgespannte Schraubenverbindung:
Flanschverbindung

Eine hohe Anzahl von kleinen Befestigungsschrauben im Gegensatz zu wenigen großen Schrauben und die Verwendung von hochfesten Schrauben (ab 8.8) wirkt sich positiv auf die Haltbarkeit der Verbindung aus. Auch Maschinengehäuse, Zylinderköpfe von Verbrennungsmaschinen und Baugruppen mit größeren Berührungsflächen werden mit Mehrschraubenverbindungen ausgeführt. Sie erfordern eine Beachtung der Vorspannreihenfolge der Schrauben und ein gestuftes Aufbringen der Vorspannkraft, um das Einbringen von unerwünschten Spannungen in die Bauteile zu verhindern.

Am Beispiel einer Abziehvorrichtung für Wälzlager soll eine nicht vorgespannte Verbindung erläutert werden. Die als Abziehvorrichtung dienende Maschinenschraube ist vor der Demontage des Lagers nicht vorgespannt. Erst wenn die Bewegungsschraube angezogen wird, trennt eine Betriebskraft das Wälzlager von der Welle.

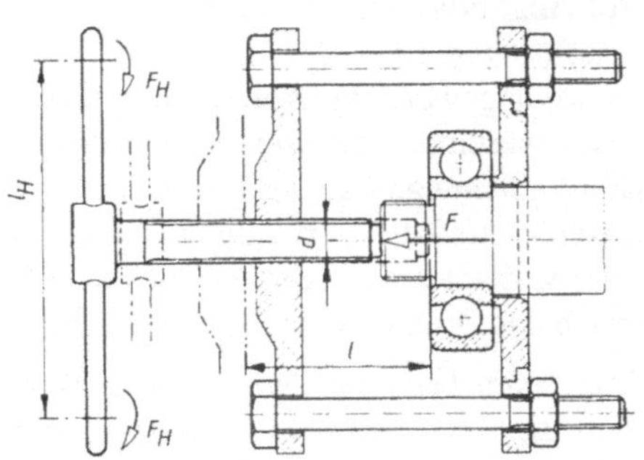

Bild 2-82 Nicht vorgespannte Schraube einer Abziehvorrichtung

Schraubenanziehverfahren

Die Funktion einer Schraubenverbindung ist nur dann gewährleistet, wenn man sicher sein kann, dass die angestrebte Klemmkraft bzw. Vorspannkraft erreicht worden ist. Da die Klemmkraft nur schwierig oder gar nicht gemessen werden kann, werden andere mechanische Größen herangezogen die mit der Klemmkraft in Beziehung stehen:

Beim **Anziehen von Hand** mit Gabel- oder Ringschlüssel überträgt der Monteur ein Anziehmoment über Handkraft und Schlüssellänge. Da die übertragene Kraft einer sehr subjektiven Wahrnehmung unterliegt, ist das Verfahren nicht für Verbindungen mit genau definierten Klemmkräften geeignet. Lediglich Schrauben mit geringerer Festigkeit und untergeordneter Funktion in einer Baugruppe werden von Hand montiert.

Das häufigste Verfahren zum Erzeugen einer definierten Klemmkraft ist das Aufbringen eines begrenzten Drehmomentes. Dazu dienen **Drehmomentschlüssel**, bei denen ein Drehmomentbegrenzer in einem bestimmten Bereich einstellbar ist. Dem aufgebrachten Drehmoment wirken Reibmomente an den Schrauben bzw. Mutterflächen und in den Gewindegängen entgegen. Da die Reibwerte von der Oberflächenbeschaffenheit und dem Schmierungszustand abhängig sind, können die Klemmkräfte nur ungenau über das Aufbringen eines Drehmomentes eingebracht werden. Da sich Schrauben im Betrieb häufig in den Gewindegängen verformen oder es zu Korrosion an den Gewindegängen kommt, ist die Verwendung neuer Schrauben nach einer Demontage zu empfehlen um die angestrebten Klemmkräfte zu erreichen.

Andere Verfahren sind auf Grund des Aufwandes oder der fehlenden Genauigkeit weniger verbreitet: Die **Verlängerung einer Schraube**, die proportional zur Klemmkraft ansteigt kann zum Anziehen der Verbindung genutzt werden. Das Verfahren ist nur für lange Schrauben sinnvoll, da schon kleine Verlängerungen hohe Spannungen im Schaftquerschnitt verursachen und somit bei kurzen Schrauben eine unzureichende Genauigkeit vorhanden ist. Beim **Drehwinkelverfahren** wird die Schraube mit einem bestimmten Drehmoment vorangezogen und über einen definierten Winkel bis zur Streckgrenze angezogen. Die beschriebenen Verfahren haben den Vorteil unabhängig von der Reibzahl zu arbeiten.

Ein weiteres Verfahren ist das maschinelle **Erkennen der Streckgrenze** des Schraubenwerkstoffs. An der Streckgrenze nimmt das Verhältnis von Drehmomentzunahme zu Drehwinkelzunahme stark ab. Das Anzugwerkzeug überwacht diesen Quotienten automatisch und zeigt eine starke Änderung und somit das Erreichen der Streckgrenze an.

Aufzubringendes Anziehmoment

Das Aufbringen eines definierten Anziehmomentes zum Erzeugen einer Klemmkraft ist das häufigste angewendete Verfahren. Häufig werden die notwendigen Anziehmomente für Schraubenverbindungen von mechatronischen Funktionseinheiten in Betriebs-, Wartungs- und Reparaturanleitungen angegeben. Diese Werte können dann am Drehmomentschlüssel eingestellt werden und die Verbindung angezogen werden. Es ist darauf zu achten, dass der Schlüssel nicht verkantet, die Schraube bzw. Mutter unbeschädigt sind und der Drehmomentschlüssel mehrfach das Drehmoment z. B. über ein Klicken anzeigt.

Bei Mehrschraubenverbindungen ist zu beachten, dass die Schrauben über Kreuz angezogen werden, um ein Verspannen des Bauteils zu vermeiden. Bild 2-83 zeigt die Schraubenanzugsreihenfolge für den Zylinderkopf eines Verbrennungsmotors. Es empfiehlt sich dabei das Anziehmoment in mehreren Drehmomentstufen aufzubringen. Viele kleine hochfeste Schrauben ergeben dabei eine haltbarere Verbindung als wenige große Schrauben mit geringerer Festigkeit.

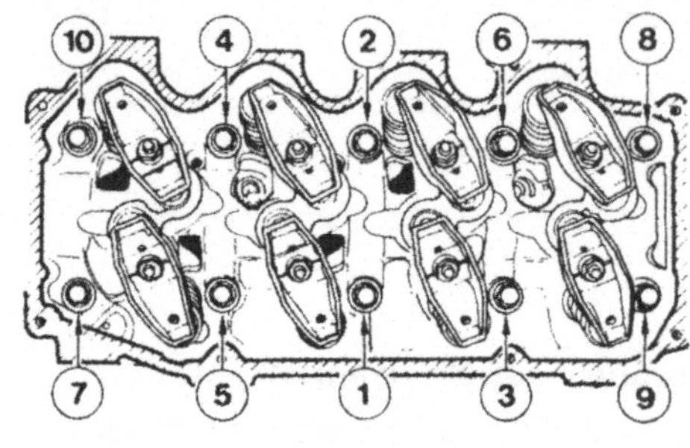

Bild 2-83
Anzugreihenfolge für eine Mehrschraubenverbindung (Zylinderkopf eines Verbrennungsmotors)

Die Berechnung von Anziehmomenten unter Berücksichtigung von Klemm- und Betriebskräften soll an dieser Stelle auf Grund des Tätigkeitsbereichs des Mechatroniker nicht erläutert werden. Da Mechatroniker mechanische Funktionseinheiten nicht im Detail konstruieren, sondern das Zusammenspiel der Teilsysteme konzipieren, wird hier auf die in der Literatur beschriebenen Berechnungsgänge verwiesen.

Zusammenfassende Hinweise für die Praxis

- Schrauben nur gegen Schrauben gleicher Festigkeitsklasse austauschen.
- Festigkeitsklasse von Mutter und Schraube müssen aufeinander abgestimmt sein.
- Schraubensicherungen besonders bei dynamischen Beanspruchungen berücksichtigen.
- Bei Mehrschraubenverbindungen Anzugsreihenfolge über Kreuz und gestuftes Aufbringen des Drehmomentes berücksichtigen. Anzugsmomente aus Betriebs- und Reparaturanleitungen entnehmen.
- Nur Schrauben mit einwandfreier Form und Oberfläche verwenden. Keine Schmiermittel auf das Gewinde auftragen.
- Dehnschrauben bei Reparaturen oder Wartung nicht wieder verwenden.

Bewegungsschrauben

Anders als bei Befestigungsschrauben ist die Aufgabe von Bewegungsschrauben, Drehbewegungen in Axialbewegungen umzuwandeln. Bewegungsschrauben werden auch als Spindeln bezeichnet und können auf Grund ihrer Geometrie erhebliche axiale Kräfte erzeugen, wie es z.B. bei Pressen, Armaturen, Schraubstöcken, Abziehvorrichtungen oder bei Leitspindeln von Werkzeugmaschinen der Fall ist.

Gewinde

Fein- und Regelgewinde wie sie bei Befestigungsschrauben Verwendung finden, sind auf Grund ihrer geringen Steigung nicht als Bewegungsgewinde geeignet. Am häufigsten kommt das ISO-Trapezgewinde nach DIN 103 (Bild 2-84a) zum Einsatz. Greifen axiale Druckkräfte nur aus einer Richtung an, wie es bei Hubspindeln der Fall ist, wird dem Sägengewinde nach DIN 513 (Bild 2-84b) der Vorzug gegeben, da seine druckseitigen Flanken fast senkrecht zur axialen Be-lastungskraft ausgerichtet sind.

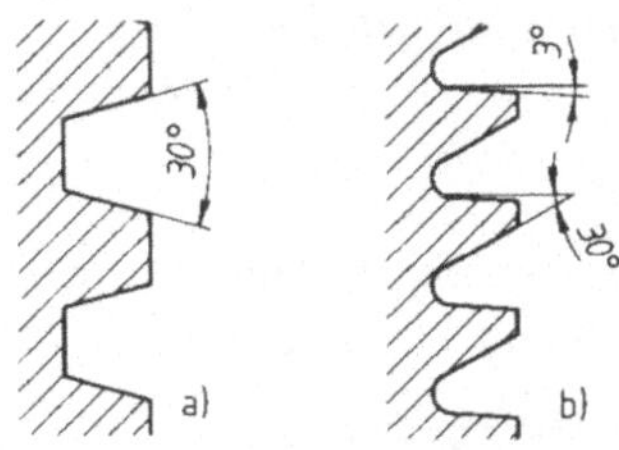

Bild 2-84 Bewegungsgewinde
a) Trapezgewinde
b) Sägegewinde
P Teilung, ß Flankenwinkel, *d* Gewindedurchmesser, d_3 Kerndurchmesser, d_2 Flankendurchmesser

Drehmomente

An dem Beispiel eines Stellantriebs für ein Schiffsruder (Bild 2-85) sollen wichtige Auswahlgrößen für das Bewegungsgewinde erläutert werden. Dabei soll über einen Elektromotor und ein angeflanschtes Getriebe eine Spindel angetrieben werden, auf die eine maximale Axialkraft F_a wirkt.. Die Bewegungsmutter auf der Spindel ist über einen Hebel mit Schiebestück mit dem Schiffsruder verbunden, das sich in beide Drehrichtungen bewegen lässt. Es ist wichtig, dass das Ruder seine Stellung durch Strömungskräfte nicht verändert, wenn der Motor nicht arbeitet. Im Vordergrund der Betrachtungen soll dabei das Zusammenspiel von Antriebsmotor und Antriebsspindel stehen.

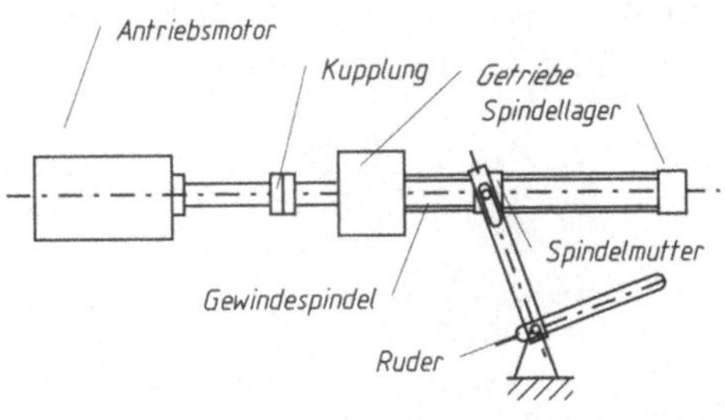

Bild 2-85 Antriebskonzept für ein Schiffsruder (schematisch)

Um den Elektromotor zu dimensionieren ist das Drehmoment zu bestimmen, welches zur Erzeugung der maximalen Axialkraft der Spindel notwendig ist.

$$T = F \cdot d_2 / 2 \cdot \tan(\varphi \pm \rho')$$

F	Längskraft der Spindel
d_2	Flankendurchmesser des Gewindes aus Gewindetabellen
φ	Steigungswinkel des Gewindes
ρ'	Gewinde-Gleitreibungswinkel

In der obigen Gleichung sind keine weiteren Reibmomente enthalten, die z. B. in der Spindelauflage oder in der Spindelführung auftreten können. Das + in der Klammer gilt für das „Anziehen“, das - für das Lösen der Spindel.

Wird die axiale Geschwindigkeit der Spindelmutter für den Stellantrieb festgelegt, kann die Leistung die durch die Mutter übertragen wird errechnet werden.

$$P_M = F_a \cdot v_s$$

Aus der Steigung der Spindel und der axialen Geschwindigkeit der Mutter errechnet sich die benötigte Spindeldrehzahl n.

$$n = \frac{v_s}{P_s}$$

Mit Hilfe des benötigten Antriebmomentes und der Spindeldrehzahl n_S lässt sich die Antriebsleistung der Spindel ermitteln.

$$P_S = M_S \cdot n_S \cdot 2 \cdot p$$

Diese benötigte Leistung entspricht auch der minimalen abzugebenden Leistung des Antriebsmotors, um die Spindel mit der Axialkraft F_a zu bewegen.

$$P_M = M_M \cdot n_M \cdot 2 \cdot p = P_S$$

Über ein Getriebe wird die Motordrehzahl n_M auf Spindeldrehzahl n_S reduziert und das Motorenmoment M_M auf das Spindelmoment M_S angehoben. Dabei ist der Wirkungsgrad des Getriebes zu berücksichtigen.

Wirkungsgrad und Selbsthemmung

Der Wirkungsgrad ist das Verhältnis der an der Bewegungsmutter nutzbaren Arbeit W_n zu der vom Motor zugeführten Arbeit W_a in die Spindel.

$$\eta = \frac{W_{ab}}{W_{zu}} = \frac{F \cdot P_h}{F_u \cdot d_2 \cdot \pi} = \frac{F \cdot P_h}{F_u \cdot \tan(\varphi + \rho') \cdot d_2 \cdot \pi}$$

$$\eta = \frac{\tan \varphi}{\tan(\varphi + \rho')}$$

Wird bei einer Schraubenverbindung eine Axialkraft auf die Schraube übertragen, ohne dass die Bewegungsmutter als Reaktion eine Drehbewegung ausführt, spricht man von einer selbsthemmenden Verbindung. Dies ist der Fall, wenn der Steigungswinkel φ kleiner als der Reibungswinkel ρ' ist. Alle Befestigungsgewinde und eingängigen Bewegungsgewinde sind selbsthemmend. Bei nicht selbsthemmenden Gewinden ist der Steigungswinkel φ größer als der Reibungswinkel ρ'. Für das Beispiel des Ruderantriebs sollte der Steigungswinkel φ der Antriebsspindel kleiner sein als der Reibungswinkel ρ', um eine ungewollte Verstellung des Ruders zu vermeiden.

Festigkeitsnachweise

Um eine ausreichende Festigkeit der Spindel und der Mutter zu gewährleisten, sind folgende Festigkeitsberechnungen durchzuführen:

- Zug- bzw. Druckspannungen addieren sich geometrisch mit den gleichzeitig auftretenden Torsionsspannungen im Spindelkernquerschnitt zu einer Vergleichsspannung die mit der zulässigen Druck- bzw. Zugspannung verglichen wird.
- Bei Spindeln handelt es sich häufig um sehr schlanke Bauteile, die auf ihre Stabilität hinsichtlich Knickung überprüft werden müssen.
- Die Flanken des Mutterngewindes werden auf Flächenpressung beansprucht. Die Mutternlänge muss so gewählt werden, dass die vorhandene Flächenpressung die zulässige Flächenpressung unterschreitet.

2.5.3 Elemente zum Verbinden von Wellen und Naben

Locking elements for shafts and hubs

Die Verbindungen von Wellen bzw. Achsen mit Zahnrädern, Laufrädern, Seilrollen, Hebeln und ähnlichen Bauteilen haben die Aufgabe Kräfte und Drehmomente zu übertragen. Der zylindrische Teil eines Bauteils wie z. B. eines Zahnrades, welches auf die Welle aufgeschoben wird, wird auch als Nabe bezeichnet. In manchen Fällen ist es zusätzlich notwendig dass die Nabe auf der Welle axial verschiebbar ist. Wichtige Kriterien bei der Auswahl von Wellen-Naben-Verbindungen sind die Größe der auftretenden Kräfte und Drehmomente, Fertigungs- und Montageaufwand, die Wiederverwendbarkeit, die Selbstzentrierung der Verbindung, die Kosten für die Herstellung der Verbindung, die Baugröße der Verbindung und der Aufwand bei der Montage und Demontage der Verbindung.

Tabelle 2-4 Auswahl einer geeigneten Wellen-Naben-Verbindung über ein Anforderungsprofil

Geeignet, wenn ... gefordert	**Welle / Nabe-Verbindung**									
Übertragung großer einseitiger Drehmomente	4	4	4	3	2	2	4	4	2	1
- wechselnder und stoßhafter Drehmomente	4	4	4	3	2	0	3	3	0	0
Aufnahme hoher Axialkräfte	4	4	4	2	2	0	0	0	0	1
Nabe axial zu verschieben (bei Spielpaarung)	0	0	0	0	0	4	4	2	0	0
Nabe axial unter Last zu verschieben (bei Spielpaarung)	0	0	0	0	0	2	4	2	0	0
Nabe in Drehrichtung versetzbar	3	3	4	4	0	0	2	2	0	0
Verbindung nachstellbar	0	0	4	4	1	0	0	0	0	0
Geringer Fertigungsaufwand	4	4	2	2	2	3	1	1	2	2
Geringer Montageaufwand	2	2	4	4	3	3	3	3	3	4
Gute Wiederverwendbarkeit	1	1	4	4	2	4	4	4	2	2
Selbstzentrierung der Verbindung	4	4	4	0	0	3	4	4	4	4
Geringe Unwucht	4	4	4	2	0	2	3	3	1	1
Geringe Kerbwirkung auf Welle	1	1	2	2	0	0	0	1	1	0
(4) sehr gut geeignet ... (0) nicht geeignet bzw. entfällt	Querpressverband	Längspressverband	Kegelpressverband	Kegelspannring	Kegelspannsatz	Pass- und Gleitfeder	Keilwelle	Zahnwelle	Längsstift	Querstift

a) Formschlüssige Verbindungen

Feder-Nut-Verbindungen

In Welle und Nabe wird eine Nut eingefräst. Die Feder, ein Formteil mit rechteckigem Querschnitt, wird in die Nut der Welle eingelegt und die Nabe aufgeschoben. Die Feder dient somit als Mitnehmer der auf Flächenpressung und Abscherung beansprucht wird. Da die Feder nur mit den Seitenflächen trägt und die Rückenfläche ein seitliches Spiel aufweist, dürfen nur einseitig wirkende Drehmomente übertragen werden. Bei Maschinen die ihre Drehrichtung ändern oder größere Stöße übertragen, würde das Spiel der Feder-Nut-Verbindung immer größer werden bis die Verbindung versagt.

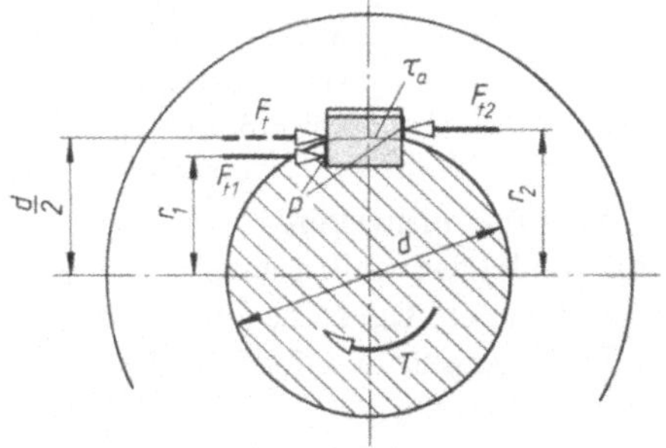

Bild 2-86 Feder-Nut-Verbindung mit auftretenden Kräften

Man unterscheidet Passfedern, Scheibenfedern und Gleitfedern. Passfedern haben meist runde Stirnflächen (Form A), da die Nut dann einfach mit einem Fingerfräser herzustellen ist. Die aufgeschobene Nabe wird durch Wellenabsätze, Sicherungsringe oder Gewindeabsätze mit Mutter gegen axiales Verschieben gesichert. Gleitfedern (Form E) werden in der Nut verschraubt und kommen zum Einsatz, wenn sich die Nabe axial auf der Welle verschieben lassen soll, wie es bei Schieberadgetrieben der Fall ist. Scheibenfedern haben die Form von Kreisabschnitten und werden häufig in Kegelverbindungen als Verdrehsicherung eingebaut. Sie haben bei diesen Verbindungen den Vorteil sich in ihrer Nut drehen zu können, zusätzlich als Keil zu wirken und sich somit dem Anzug der Kegelverbindung anzupassen.

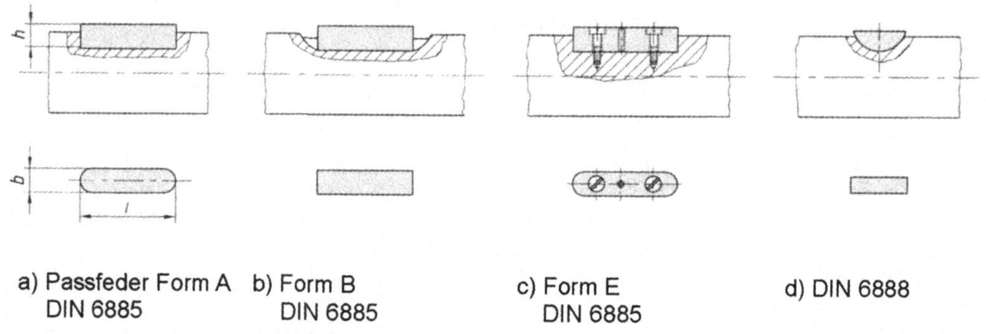

Bild 2-87 Pass- und Scheibenfedern, Bauformen
a) Rundstirnige Passfeder c) rundstirnige Form für Halte- und Andrückschrauben
b) geradstirnige Passfeder d) Scheibenfeder

Anwendung: Feder-Nut-Verbindungen eignen sich für die Verbindung von Zahnrädern, Riemenscheiben, Kupplungen u. dgl. mit Wellen und Achsen bei vorwiegend einseitigem Drehmoment und geringen Stößen.

Montage: Montage und Demontage von Feder-Nut-Verbindungen sind vergleichsweise einfach. Die Montage ist vorzugsweise mit einem Kunststoffhammer durchzuführen um Verformungen zu vermeiden. Ein radiales Spiel der Verbindung ist durch das Verdrehen von Welle und Nabe gegeneinander zu prüfen. Scheibenfedern in Konuspassungen können sich bei der Montage verkanten. Die Nabe und der Kegelsitz mit der Scheibenfeder sind zuerst mit geringer Kraft zu fügen und anschließend mit einem Drehmomentschlüssel anzuziehen.

Form- und Profilwellen

Form- und Profilwellen übertragen große, auch stoßartige Drehmomente bei wechselnden Drehrichtungen. Die Nabe kann je nach Ausführung auf der Profilwelle axial verschoben werden. Im Gegensatz zu Gleitfederverbindungen wird die Nabe besser zentriert.

Keilwellenprofile bestehen aus einer geraden Anzahl von Federn und Nuten, die gleichmäßig über den Wellenumfang verteilt sind. Diese Profile kommen überall dort zum Einsatz, wo auf Grund von großen, stoßartigen und wechselnden Drehmomenten keine Gleit- oder Passfedern eingesetzt werden können. Wird ein genauer Rundlauf der Nabe gefordert wird ein Profil mit Innenzentrierung gewählt. Sind Stöße oder wechselnde Drehmomente zu erwarten wird die flankenzentrierte Variante bevorzugt. Welle und Nabe können bei einer Keilwellenverbindung wie z. B. bei einem Verschieberädergetriebe ohne großen Kraftaufwand gegeneinander verschoben werden. Die Keilprofile von Welle und Nabe werden auf Flächenpressung und Abscherung beansprucht.

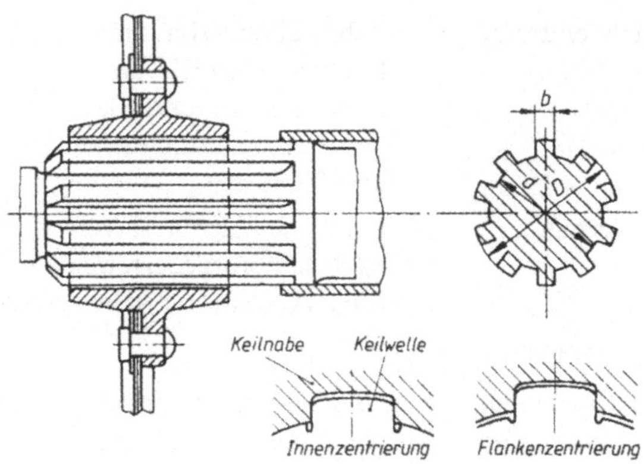

Bild 2-88 Keilwellenverbindung

Anwendung: Verbindung von Zahnrädern, Riemenscheiben, Kupplungen u. dgl. mit Wellen, die große, wechselnde und stoßartige Drehmomenten übertragen. Axiales Verschieben ist möglich.

Montage: Die Montage kann auf Grund der vorhandenen Spielpassungen mit Handkräften bewältigt werden. Lassen sich Keilwellenverzahnungen nicht von der Nabe trennen (z. B. Gelenkwellen im Getriebe beim PKW) sollten die Verzahnung auf eine quer zur Längsachse verlaufenden Nut mit Sicherungsfeder im Bereich der Verzahnung untersucht werden.

Zahnwellenverbindungen

Zahnwellen lassen sich je nach ihren Profilen in Kerbzahnprofile mit dreieckförmigen Zähnen und Evolventenzahnprofile unterteilen. Zahnwellenprofile können auf Grund der großen Zähnezahl die sich über den Umfang verteilen große stoßartige Drehmomente übertragen. Ein Vorteil gegenüber von Keilwellenverbindungen ist die große Anzahl von Zähnen, welche die Welle im Vergleich zu Keilwellenverbindungen weniger schwächt. Kerbzahnprofile werden für feste Verbindungen verwendet und eignen sich nicht für Schiebesitze. Evolventenzahnprofile eignen sich für leicht lösbare, verschiebbare oder auch feste Verbindungen.

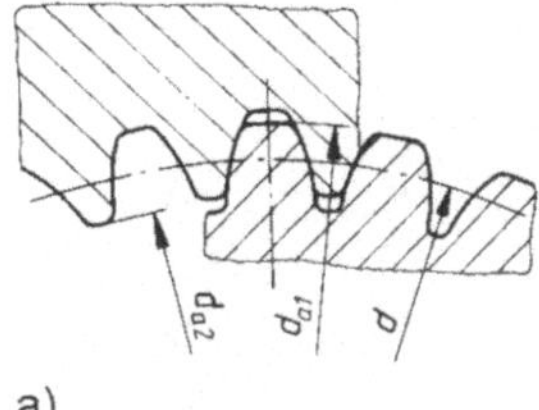

a)

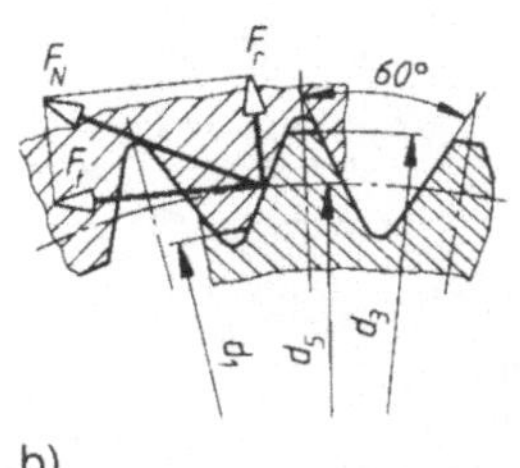

b)

Bild 2-89
Zahnwellenprofile
a) Kerbverzahnung
b) Evolventenzahnprofil

Anwendung: Zahnwellenverbindungen übertragen große stoßartige Drehmomente. Evolventenprofile ermöglichen ein axiales Verschieben von Welle und Nabe. Kerbzahnprofile werden überwiegend für feste Verbindungen verwendet und ermöglichen eine feine Verstellmöglichkeit zwischen Nabe und Welle.

Montage: Evolventenprofile lassen sich mit der Hand fügen und demontieren. Kerbzahnprofile erfordern größere Montage- und Demontagekräfte, besonders wenn sich schwache Naben im Betrieb plastisch verformt haben.

Stiftverbindungen

Stiftverbindungen als Welle-Nabe-Verbindungen eignen sich nur für das Übertragen kleiner stoßfreier Drehmomente. Sie werden als Quer- und Längsstiftverbindungen ausgeführt.

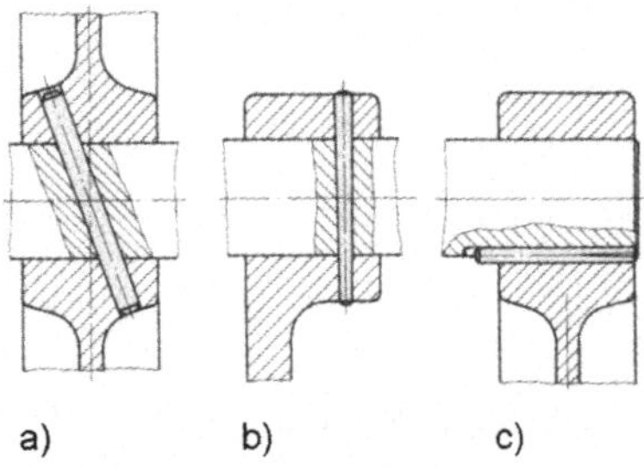

Bild 2-90 a) Stiftverbindungen
b) Querstiftverbindungen
c) Längsstiftverbindung

b) Kraftschlüssige Verbindungen

Pressverbände

Beim Fügen zwischen Welle und Nabe ergibt sich ein Übermaß (Übermaßpassung). Dadurch wird eine Flächenpressung p_F erzeugt. Die dadurch erzeugten Reibkräfte verhindern das Verdrehen der Bauteile. Bei einem Längspressverband (Bild 2-91a) werden die Bauteile durch eine axiale Einpresskraft Fe gefügt. Bei einem Schrumpfpressverband (Bild 2-91b) wird vor dem Fügen die Nabe erwärmt und die Welle abgekühlt. Bei einem Ölpressverband wird Öl unter hohem Druck in eine Ringnut zwischen die Fugenfläche von Welle und Nabe gepresst um die Verbindung zu montieren bzw. zu demontieren.

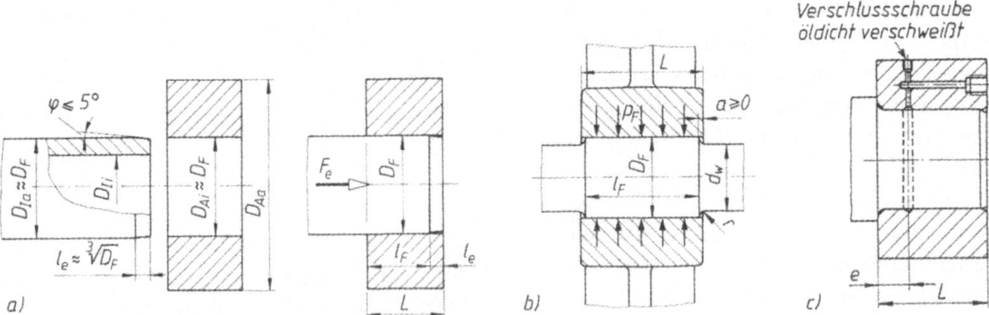

Bild 2-91 Pressverbände
a) Längspressverband
b) Querpressverband
c) Ölpressverband mit Ringnut in der Welle

Anwendung: Pressverbände werden überwiegend für nicht zu lösende Verbindungen wie Schwungräder, Riemenscheiben, Zahnräder mit wechselnden und stoßartigen Drehmomenten verwendet. Die Verbindungen sind kostengünstig und einfach herzustellen.

Montage: Nach der Montage ist die Verbindung nicht mehr verschiebbar. Die aufzuwendenden Kräfte sind bei Längspressverbänden sehr groß und erfordern entsprechendes meist hydraulisches Werkzeug. Schrumpfpressverbände sind nur eine begrenzte Zeit montierbar. Ölpressverbände erfordern umfangreiches Montage- und Demontagewerkzeug.

Kegelpressverbände

Kegelverbindungen werden zum Befestigen von Rad-, Scheiben- und Kupplungsnaben vorwiegend auf Wellenenden verwendet. Durch die aufgebrachte Axialkraft wird eine Flächenpressung erzeugt. Diese verhindert durch Reibkräfte das Verdrehen von Welle und Nabe. Die Nabe zentriert sich dabei mit hoher Genauigkeit selbst. Bei der Demontage können sehr große Kräfte wirksam werden, welche die Bauteile verziehen können.

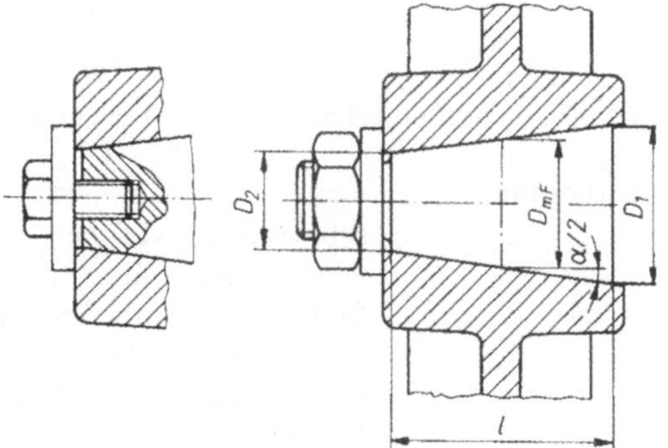

Bild 2-92 Kegelverbindung

Kegelspannelemente

Kegelspannelemente sind reibschlüssig, lösbare Verbindungen. Über das Anziehen einer Schraube (1) wird auf einen Druckring (2) und auf die Spannelemente (3) eine Axialkraft übertragen. Diese Axialkraft wird über die Keilform auf die Welle und Nabe übertragen. Die Flächenpressung erzeugt Reibkräfte, die das Verdrehen von Welle und Nabe verhindern.

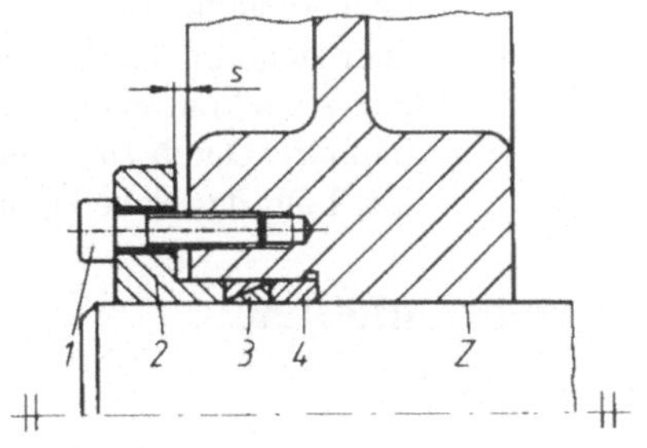

Bild 2-93 Spannelement:
1) Schraube
2) Druckring
3) Spannelement
4) Distanzbuchse

Keilverbindungen

Im Gegensatz zu Passfeder-Verbindungen presst sich der Keil mit der unteren Fläche gegen die Welle und mit der oberen Fläche gegen die Nabe. Seitlich hat der Keil leichtes Spiel. Es handelt sich bei Keilverbindungen um Kraftschluss (Reibung) und nicht um Formschluss, der bei Nutenkeilen nur wirksam wird, wenn der Reibschluss versagt. Ein Sichern gegen axiales Verschieben ist nicht notwendig.

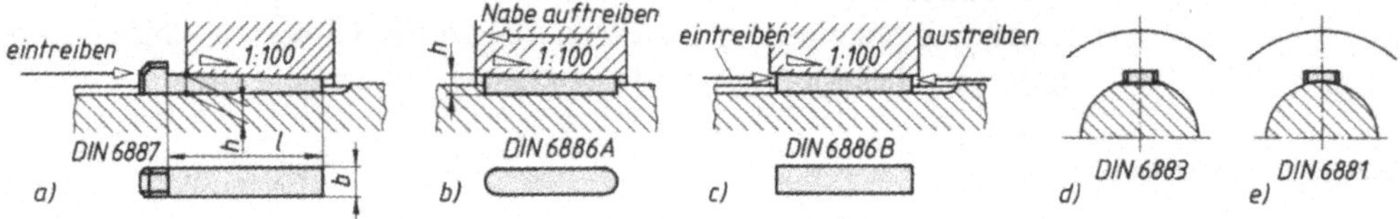

Bild 2-94 Keilformen a) Nasenkeil b) Einlegekeil c) Treibkeil d) Flachkeil e) Hohlkeil

Anwendung: Keilverbindungen werden überwiegend zum Verbinden schwerer Maschinenteile wie bei Großmaschinen, Baggern, Landmaschinen und Werkzeugmaschinen wie Stanzen eingesetzt die durch starke wechselnde Stöße belastet werden. Keile verbinden Welle und Nabe mit einer höheren Sicherheit als Passfederverbindungen. Nasenkeile können von einer Seite montiert und demontiert werden und benötigen eine ausreichend lange Wellennut zum einführen. Einlegekeile werden in eine Nut ähnlich, der einer Passfedernut eingelegt. Treibkeile müssen von beiden Seiten zur Montage und Demontage zugänglich sein. Je nachdem, ob die Auflagefläche von Nasen- oder Treibkeilen auf der Welle plan oder rund ist, spricht man von Flach-(Bild 2-94d) und Hohlkeilen (Bild 2-94e).

Montage: Die axiale Kraft, mit welcher der Keil eingetrieben wird, muss richtig dosiert werden, wobei die Berechnung kaum möglich ist. Werden die auf einen Wellendurchmesser genormten Abmessungen verwendet, kann von einer sicheren Verbindung ausgegangen werden. Die auf den Keil ausgeübte Axialkraft erzeugt durch die Keilwirkung eine sehr viel größere Radialkraft. Durch zu große einseitig aufgebrachte Kräfte kann es zu unrundem Lauf der Nabe kommen oder die Nabe kann sogar einreißen.

2.6 Antriebseinheiten

Drive units

In der modernen Antriebstechnik bei mechatronischen Systemen spielen Verbrennungsmotore eine untergeordnete Rolle. Bei der Besprechung der Antriebseinheiten soll daher nur auf die elektrischen Maschinen eingegangen werden.

Elektrische Maschinen sind Energiewandler. Sie können sowohl elektrische Energie in mechanische Energie (z. B. Drehbewegung) wie auch mechanische Energie in elektrische Energie umwandeln. Im ersten Fall wird die Maschinen als Motor betrieben, im zweiten dagegen als Generator.

Ein vollständiger Antrieb besteht aus der Kraftmaschine und der Arbeitsmaschine. Beim elektrischen Antrieb ist die Kraftmaschine der Elektromotor, der ein mit der Drehzahl veränderliches Drehmoment erzeugt. Die Arbeitsmaschine stellt diesem Motormoment M bei gleicher Drehzahl das Lastmoment M_L entgegen.

Bei der Auslegung eines Motors müssen die Anforderungen der Arbeitsmaschine, der Last also, bekannt sein. Deren Eigenschaften lassen sich mit der notwendigen Antriebsleistung und dem technologisch bestimmten Lastverhalten beschreiben. Arbeitsmaschinen können aus verschiedenen, mechanisch miteinander über Getriebe verbundenen Teilen bestehen, so dass in der Arbeitsmaschine außer Drehbewegungen auch geradlinige Bewegungen auftreten.
Die Arbeitsmaschine fordert ein bestimmtes Drehzahlverhalten, so dass unter Umständen eine Drehzahlverstellung, Drehrichtungsumkehr, Steuern und Regeln, usw. erforderlich werden kann. Der Motor muss den Drehmomentenbedarf für den Anlauf, für stoßartige oder periodisch schwankende Belastungen und natürlich für den Bremsvorgang aufbringen können. Aus diesen vielfältigen Bedingungen heraus ergibt sich auch die Auswahl der Motorart.

Der Drehstrom-Asynchron-Motor (DAsM) mit Kurzschlussläufer ist als kostengünstigster, einfachster und betriebssicherster Motor am weitesten in der Anwendung verbreitet. Hauptvorteil gegenüber dem Gleichstrommotor ist, dass er keinen Kollektor hat, damit keine Kohlebürsten benötigt und somit einen geringen Wartungsaufwand hat. Fehlende Kohlebürsten erleichtern auch einen evtl. durchzuführenden Explosionsschutz. Aufgrund dieser Fakten wird im Folgenden überwiegend der Asynchronmotor besprochen.

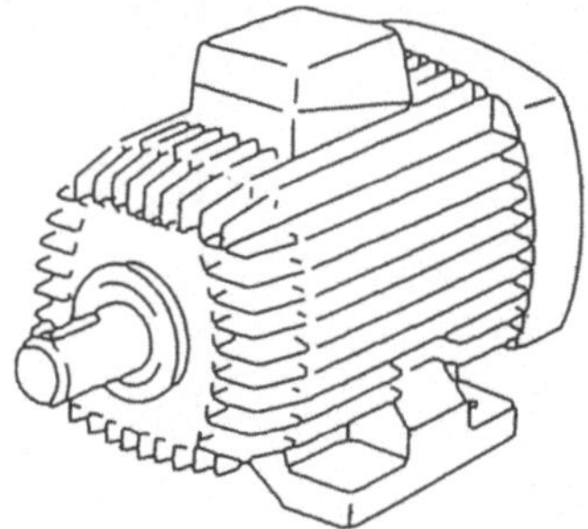

Bild 2-95 Drehstromasynchronmotor

Die zunehmende Automatisierung in der Industrie macht es erforderlich, die Drehzahlen der Antriebe schnell und feinstufig zu verändern und sie innerhalb des gewünschten Stellbereichs konstant zu halten. Mit der Stromrichtertechnik ergaben sich neue Möglichkeiten, die Drehzahlen schnell und stufenlos in einem weiten Bereich verlustarm einzustellen. (s. Kap. 3.2)
Im Folgenden soll der Zusammenhang zwischen Drehzahl, Moment und Leistung eines Motors näher erläutert werden. Normalerweise wird die Drehzahl *n* der Motorwelle in Umdrehung pro Minute (1/min) ausgedrückt.

Das Moment *M* ist (vereinfacht ausgedrückt) die Kraft, die der Motor abgibt. Ein Moment *M* kann im Abstand *r* vom Zentrum eine Kraft $F = \frac{M}{r}$ abgeben. Eine gewünschte Kraft *F* im Abstand *r* vom Zentrum erfordert ein Moment von $M = F \cdot r$.

Das Moment *M* wird im internationalen System (SI) in Newtonmeter (Nm) ausgedrückt. Die abgegebene Leistung eines Motors wird in Watt (W) oder Kilowatt (kW) ausgedrückt (1kW = 1000W).

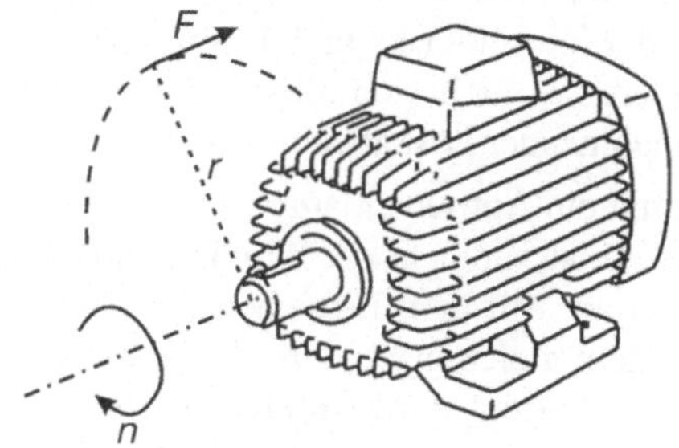

Bild 2-96 Drehzahl, Drehmoment und Kraft

Der Zusammenhang zwischen der Drehzahl *n* in 1/min, dem Moment *M* in Nm und der Leistung *P* in W kann mit folgender Formel beschrieben werden:

$$P_{\text{Welle}} = \frac{M \cdot n}{9{,}55} = P_{\text{ab}} = P_{\text{N}}$$

Der Faktor ergibt sich aus der Umrechnung Sekunde zu Minute. Aufgrund der Motorverluste wird dem Motor eine elektrische Leistung zugeführt, die größer ist als die abgegebene Wellenleistung (auch Nutzleistung genannt). Das Verhältnis zwischen abgegebener und zugeführter Leistung P_{zu} ergibt den Wirkungsgrad η des Motors:

$$\eta = \frac{P_{ab}}{P_{zu}}$$

Die elektrische Leistung P kann nach folgenden Formeln berechnet werden:

Gleichstrom	$P = U \cdot I$
Wechselstrom (dreiphasig, sinusförmig)	$P = \sqrt{3} \cdot U \cdot I \cdot \cos\varphi$
U	Spannung in Volt,
I	Strom in Ampere
P	Leistung in Watt
U	Spannung (Leiter) in Volt
I	Strom (Leiter) in Ampere
$\cos\varphi$	Leistungsfaktor
φ	Phasenwinkel zwischen Strom und Spannung
$\sqrt{3} = 1{,}73$	Verkettungsfaktor

Die Drehzahl eines Asynchronmotors ist abhängig von der Belastung. Die Drehzahl liegt 1-5 % (= Schlupf) unter der synchronen Drehzahl (100 %), welche die theoretisch maximale Drehzahl ist. Bei dem Nennmoment M_N des Motors (M = 100 %) ist die Drehzahl (n_N) z. B. 97 % der synchronen Drehzahl. Sowohl das Nennmoment als auch die Nenndrehzahl werden im Katalog des Herstellers angegeben. Zwischen 0 und dem Nennmoment liegt der normale Arbeitsbereich des Motors.

Die Momentcharakteristik des Motors beinhaltet noch zwei weitere wichtige Punkte, das Anlaufmoment M_A und das Kippmoment M_K, auch maximales Moment genannt (M_{max}). Der Katalog des Herstellers gibt an, wie groß M_A und M_{max} im Verhältnis zum Nennmoment sind, z. B. 1,8- und 2,0-mal größer. In diesem Fall sind M_A = 180 % und M_{max} 200 % des Nennmomentes.

Sind Motormoment und Lastmoment gleich groß, so bleibt die Drehzahl konstant, d.h. sie ändert sich nicht von allein. Unterscheiden sich die beiden Momente, so wird der Antrieb bei zunehmender Last abgebremst oder bei höherem Motormoment beschleunigt.

Damit ein Antrieb anlaufen kann, muss bei der Drehzahl n = 0 das Lastmoment kleiner sein als das Anlaufmoment des Motors. Mit steigender Drehzahl steigt das vom Motor gelieferte Moment an. Mit dem Erreichen der Nenndrehzahl n_N des Motors sind Motormoment und Lastmoment gleich groß, d. h. der Arbeitspunkt (= Nennbetrieb) des Motors ist erreicht, wenn der Motor korrekt dimensioniert wurde. Nicht alle Elektromotoren besitzen das gleiche Momentenverhalten, so dass die Auswahl der Motorart auch diesen Umstand zu berücksichtigen hat.

Die Hauptunterscheidung der elektrischen Maschinen erfolgt nach Gleich- und Wechselstrommaschinen. Der Universalmotor kann sowohl mit Gleichspannung als auch mit Wechselspannung betrieben werden. Bei den Wechselstrommaschinen wird zwischen den Transformatoren und den umlaufenden Maschinen unterschieden, die beide Induktionsmaschinen sind.

Um bei einem Gleichstrommotor eine Drehbewegung hervorrufen zu können, werden zwei Magnetfelder benötigt, von denen eines fest angeordnet (Erregerfeld) und das zweite leicht drehbar (Ankerfeld) gelagert ist. Sie bilden ein resultierendes Gesamtfeld, das am Ankerumfang ein Drehmoment ausübt. Die Drehrichtung des Ankers wird umgekehrt, wenn man die

Richtung des Erregerfeldes oder die Richtung des Ankerfeldes umpolt. Werden beide Felder umgepolt, so bleibt die Drehrichtung erhalten. Die Größe des Drehmomentes wird durch Vergrößerung des Erregerstromes und des Ankerstromes erzielt.

Die verschiedenen Schaltungsarten von Gleichstrommotoren unterscheiden sich dadurch, wie die Erregerwicklung zur Ankerwicklung geschaltet ist. Beim fremderregten Motor wird die Erregerleistung einem anderen Gleichstromnetz entnommen als die Ankerleistung. Beim Nebenschlussmotor haben beide die gleiche Spannungsquelle und liegen zueinander parallel. Beim Reihenschlussmotor liegen Erreger- und Ankerwicklung elektrisch in Reihe, d. h. sie werden vom gleichen Strom durchflossen.

Der Gleichstrommotor hat noch immer eine gewisse Bedeutung für drehzahlgesteuerte und geregelte Antriebe.

Im Aufbau und in der Wirkungsweise verhält sich der Universalmotor wie ein normaler Gleichstrom-Reihenschlussmotor. Sein Einsatz ist für den häuslich privaten Bereich gedacht bis zu Leistungen von ca. 1500 W, z. B. Bohrmaschine, Stichsäge, Mixer u. ä.

Induktionsmaschinen benötigen keinen Stromwender (Kommutator), da das Magnetfeld im Anker (hier Rotor oder Läufer genannt) durch Induktion hervorgerufen wird. Das in der Ständerwicklung umlaufende magnetische Feld induziert in die Läuferwicklung eine Spannung, die in diesem einen Läuferstrom bewirkt, der wiederum ein Magnetfeld erzeugt. Bei den Dreiphasenmaschinen unterscheidet man nach dem Aufbau des Läufers zwischen Kurzschlussläufer- und Schleifringläufermaschinen. Bei den Einphasenmaschinen wird ein umlaufendes Feld durch Hilfswicklungen und/oder Kondensatoren hervorgerufen.

2.7 Umweltschutz- und Arbeitssicherheitseinrichtungen

Environmental protection and workplace safety devices

Umweltschutzeinheiten

Mechatronische Systeme verarbeiten Stoffe, Energien und Informationen. Nach der Verarbeitung entstehen auf der Ausgabeseite des Systems nicht nur nutzbare, sondern auch nicht erwünschte Stoffe, Energien und Informationen, die als Emissionen das System verlassen können. Der Begriff Emissionen wird überwiegend für das Aussenden von festen, flüssigen oder gasförmigen Stoffen verwendet. Aber auch verschiedene Formen der Energie und Informationen können aus einem System emittieren und als Immissionen die Umwelt negativ beeinflussen. Emissionen technischer Systeme haben dem ökologischen Gleichgewicht unseres Planeten bereits erheblichen Schaden zugefügt. Es liegt auch in der Verantwortung des Mechatronikers Emissionen zu vermeiden oder zu reduzieren um unsere Lebensgrundlage nicht zu zerstören. Für viele technische Systeme hat der Gesetzgeber bereits Emissionsgrenzwerte festgelegt, die z. B. in der TA-Luft, dem Bundesimmissionsschutzgesetz oder der Verordnung über elektromagnetische Felder festgelegt sind. Das Einhalten von Grenzwerten ist damit auch für den wirtschaftlichen Erfolg eines Systems von Bedeutung, da es sonst nicht in Betrieb genommen werden darf.

Die zugeführten **Stoffe** wie Einsatzstoffe, Hilfsstoffe, Werkstoffe usw. werden durch Systeme zu Produkten, Nebenprodukten und Abfallstoffen umgewandelt. Nur Stoffe die dabei in die Umwelt gelangen, werden als Emission bezeichnet. Abgase fossiler Energieträger und freigesetzte Produktionsrückstände belasten Boden, Luft und Wasser in besonderem Maß.

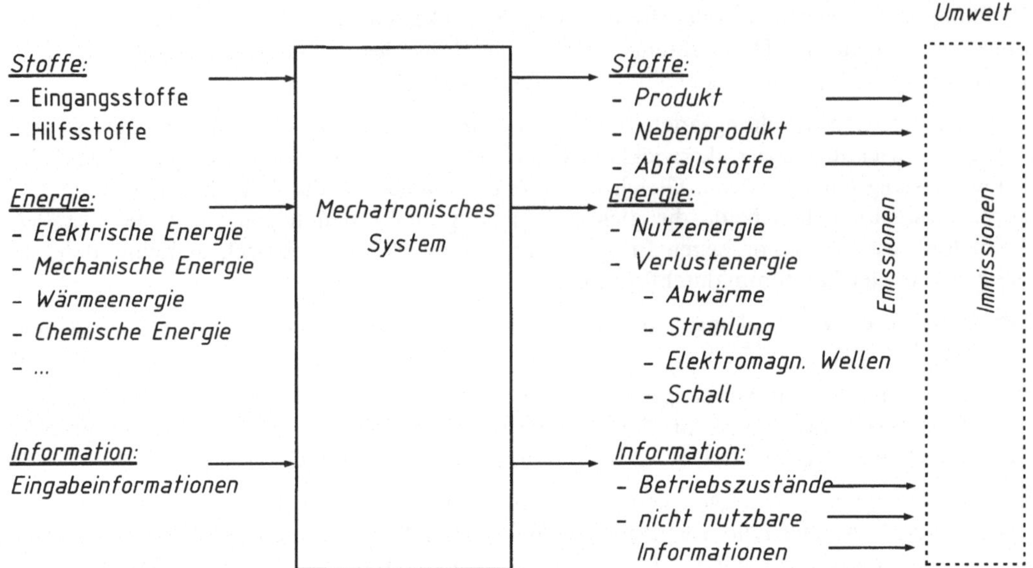

Bild 2-97 Emissionen mechatronischer Systeme

Bei der Verarbeitung von elektrischer, thermischer, chemischer **Energie** entstehen neben der Nutzenergie auch Energieverluste, die zum Teil in die Umwelt abgegeben werden. Diese Energien sind z. B. Abwärme, elektromagnetische Wellen (siehe Kapitel 3.3.9), Strahlung oder Schall.

Im weiteren Sinne können auch einem System zugeführte **Informationen** nach der Verarbeitung in Nutzinformationen und nicht verwertbare Informationen unterteilt werden. Nicht verwertbare Informationen lenken von wichtigen Informationen ab und können in ihrer Umwelt zu Fehlreaktionen von Lebewesen oder anderer Systeme führen.

Um Emissionen mechatronischer Systeme zu vermeiden, zu verringern oder in ihrer Schädlichen Wirkung zu reduzieren, können folgende Strategien verfolgt werden.

- Systeme durch vorbeugende Instandhaltung funktionsfähig halten und somit Störfälle und Emissionen vermeiden. Teilsysteme die bei Störfällen größere Emissionen emittieren besonders absichern. Wellendichtringe des Getriebes der Transportbandanlage aus Kapitel 1 werden z. B. ausgetauscht, um einen Ölaustritt zu vermeiden.
- Entstehende Emissionen erst nach einer Behandlung aus dem System entlassen, um die schädliche Wirkung für die Umwelt zu reduzieren. Autoabgase werden durch einen Katalysator geleitet um giftige Abgasbestandteile in weniger giftige umzuwandeln.
- Systeme optimieren oder auf andere Wirkprinzipien umstellen damit weniger Emissionen entstehen. Durch den Einsatz von Verbrennungsmotoren mit höherem Wirkungsgrad kann der Kohlendioxidausstoß (Treibhauseffekt) reduziert werden.
- Emissionen im System zurückhalten und bei Bedarf fachgerecht entsorgen. Elektromagnetische Wellen einer Elektroanlage werden durch eine Abschirmung in Wärmeenergie umgesetzt. Ein Filter hält Staubpartikel zurück, die anschließende fachgerecht entsorgt werden. Altöl eines Getriebes wird der Entsorgung zugeführt.
- Entstehende Reststoffe oder Verlustenergien nutzen. Abwärme eines Kraftwerks wird für Heizzwecke verwendet.

Arbeitsschutzeinheiten

Für Bediener und Nutzer geht von mechatronischen Systemen ein erhebliches gesundheitliches Gefahrenpotential aus. Beim Umgang mit Stoffen und Energien müssen daher Nutzer und Bediener für ihre speziellen Tätigkeiten geschult bzw. ausgebildet sein. Es dürfen also nur Facharbeiter mit entsprechendem Befähigungsnachweis sicherheitsrelevante Arbeiten ausführen, da die Kenntnisse um mögliche Gefahren einen besonders guten Schutz darstellen. Für jedes mechatronische System ist eine Risikobetrachtung anzustellen. Dabei sind die gesetzlichen Vorgaben wie z. B. die Gefahrstoffverordnung, VDE 0113 Teil1 - DIN EN60204-1, EN 954 usw. zu beachten. Arbeitsschutzeinheiten verhindern, dass Nutzer und Bediener unbeabsichtigt mit gesundheitsgefährdenden Stoffen oder Energien in Berührung kommen. Dies kann z. B. die mechanische Abschirmung des Arbeitsbereiches eines mechatronischen Systems sein. So sollten z. B. alle mechanischen Energieübertragungseinheiten des Transportförderbands aus Kapitel 1 mit Abdeckungen oder beweglich trennenden Schutzeinrichtungen mit Verriegelung und Zuhaltung versehen sein. Über Einrichtungen wie Zweihandschalter, Schaltmatten usw. kann sich der Bediener nur an einem vorgesehenen Ort aufhalten. Alle Spannung führenden Bauteile sollten eine Schutzisolation oder eine Erdung aufweisen. Ein NOT-AUS Konzept berücksichtigt eventuelle Störfälle oder Fehlbedienungen. Die Anlage fährt dabei einen Zustand an, der die gesundheitlichen Risiken minimiert und häufig die Anlage energiefrei schaltet. Diese Netztrenneinrichtungen sind ein sicherer Schutz gegen unbedachte oder unbeabsichtigte Schalthandlungen oder Fehlschaltungen. Not-Befehlseinrichtungen melden gefährliche Betriebszustände an die Steuerung des Systems um die Gefahrensituation so schnell wie möglich zu entschärfen, ohne dabei neue Gefahren zu verursachen. Um ein erneutes Anfahren der Anlage nach dem Beheben einer Störung zu vermeiden, sind alle Arbeitsschutzeinheiten zu verriegeln. Je nach Aufbau der Anlage kann im Fall eines Notfalls möglichen Gefahren wie folgt entgegengewirkt werden:

- Stillsetzen im Notfall durch anhalten von Prozessen oder Bewegungen, die ein Gefahrenpotential aufweisen.
- Aktivierung im Notfall, durch starten von Prozessen oder Bewegungen, die gefährlichen Anlagenzuständen entgegenwirken.
- Elektrische Energie im Notfall ausschalten, um Gefahren mit elektrischem Ursprung zu vermeiden.
- Elektrische Energie für Teilsysteme des NOT-AUS-Konzeptes im Notfall einschalten, die der Gefährdung entgegen wirken.
- Ein Stoppsignal der Kategorie 0 ist ein sofortiges, nicht gesteuertes Stillsetzen der Antriebe durch Abschaltung der Energieversorgung.
- Ein Stoppsignal der Kategorie 1 ist ein gesteuertes Stillsetzen der Antriebselemente, wobei die Energieversorgung so lange aufrecht erhalten wird, bis die angestrebte Endlage erreicht ist.
- Ein Stoppsignal der Kategorie 2 ist ein gesteuertes Stillsetzen des Systems, wobei die Energie zu den Antriebselementen ansteht. Dieses Signal ist für Handlungen im Notfall jedoch ausgeschlossen.

Die Berufsgenossenschaften haben sich in besonderem Maße dem Arbeitsschutz verpflichtet und stellen umfangreiche Informationsmaterialien, Gefahren- und Sicherheitshinweise zur Verfügung.

3 Funktionseinheiten Elektronik

Electronic components and units

3.1 Sensoren

Sensors

Für die Erfassung der Umgebungsbedingungen eines mechatronischen Systems, wie z. B. das Transportsystem aus Kapitel 1, werden verschiedene Sensoren eingesetzt. Hierzu könnte für die Ermittlung der Geschwindigkeit des Transportbandes ein inkrementaler Weggeber oder ein Tachogenerator eingesetzt werden. Um den Beladungszustand des Bandes zu erfassen, bieten sich Drucksensoren an. Für die genaue Position eines zu transportierenden Gegenstandes können kapazitive oder optische Näherungssensoren eingesetzt werden. Die Ausgangssignale der einzelnen Sensoren müssen zum Teil noch verstärkt werden, um anschließend für die Weiterverarbeitung in einer Steuerung oder Regelung des mechatronischen Systems zur Verfügung zu stehen.

3.1.1 Allgemeines zu Sensoren

General information about sensors

Um die verschiedenen nichtelektrischen Größen zur Steuerung, Regelung bzw. Überwachung eines mechatronischen Systems zu erfassen, werden diese mit Hilfe von Sensoren in elektrische Größen umgewandelt. Je nach Art des Ausgangssignals eines Sensors unterscheidet man zwischen analogen, binären und digitalen Sensoren.

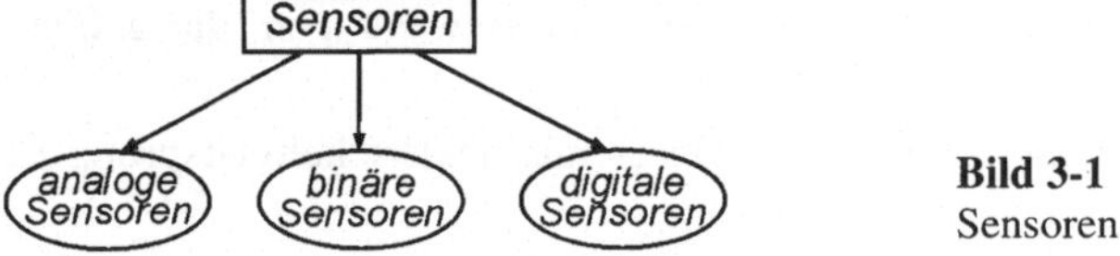

Bild 3-1
Sensoren

In der Literatur ist die Terminologie nicht einheitlich. Je nach Grad der Aufbereitung des elektrischen Ausgangssignals werden die Begriffe wie „Wandler", „Umformer", „Messwertaufnehmer", „Sensorsystem", u. a. genannt. Dabei werden analoge Ausgangsignale meist auf Spannungswerte von 0 V - ±10 V oder Stromwerte von 0 - 20 mA aufbereitet. Digitale Ausgangssignale werden parallel (z. B. 8-Bit, Centronics-Interface) oder seriell (RS 232, RS484,...) bis hin zu busfähigen Messsystemen mit einer Interbus-S-, Profibus- oder CAN-Bus-Schnittstelle genormt aufbereitet.

Der Aufbau von Sensoren gliedert sich grundsätzlich in drei Teile:

- Umformung der nichtelektrischen Größe in einer elektrisch erfassbaren Größe
- Umformung in einer elektrischen Größe
- Signalbildung mit Verstärkung, Linearisierung und Aufbereitung für ein analoges, binäres oder digitales Sendesignal

Abhängig von der Wirkungsweise bei der Umformung der nichtelektrischen Größe unterscheidet man aktive und passive Sensoren. Bei **aktiven Sensoren** wird mechanische Energie, Lichtenergie, thermische Energie oder chemische Energie direkt in elektrische Energie umgewandelt. Sie erzeugen eine Spannung und beruhen auf einem Umwandlungseffekt, wie z. B. dem elektrodynamischen Prinzip, Piezoeffekt, Fotoeffekt, oder dem Thermoeffekt.

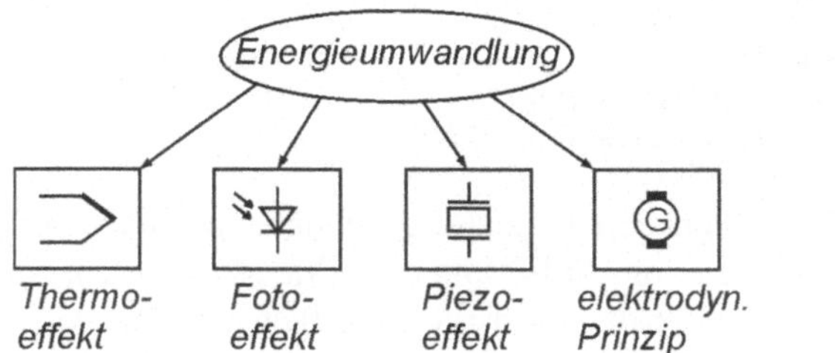

Bild 3-2
Aktive Sensoren

Bei **passiven Sensoren** bewirken die nichtelektrischen Größen eine Änderung der elektrischen Eigenschaften z. B. Widerstand, Induktivität, induktive Kopplung oder Kapazität. Daher muss für die Beeinflussung der elektrischen Größe sowie für die Generierung des Ausgangssignals eine Hilfsenergie bereitgestellt werden.

Bild 3-3
Passive Sensoren

3.1.2 Kenngrößen von Sensoren

Parameters of sensors

Im Folgenden werden die wesentlichen Kenngrößen von Sensoren und ihr Einfluss auf das Messergebnis beschrieben. Bei der Auswahl eines Sensors für ein bestimmtes Messproblem muss zunächst festgelegt werden, welche nichtelektrische Größe in welchem Messbereich mit welcher Messgenauigkeit erfasst werden soll.

Der Messbereich ist der Bereich der Eingangswerte, der auf den zulässigen Bereich der Ausgangswerte (z. B. normierte Spannung) abgebildet werden kann. Es ist zu unterscheiden zwischen dem zu erfassenden Messbereich und dem Messbereich des Sensors. Dieser sollte in der Praxis etwas größer gewählt werden als der zu erfassende Bereich, um eine Überlastung des Sensors zu vermeiden und in den Randbereichen dem Problem der Nichtlinearität entgegen zu wirken.

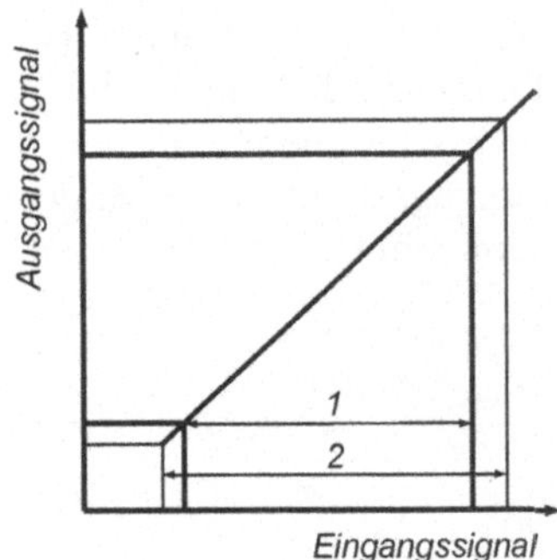

Bild 3-4
Zu erfassender Messbereich (1) und Messbereich des Sensors (2)

Wie nahe zwei Eingangswerte beieinander liegen können, um im Ausgangssignal noch als zwei getrennte Messwerte wahrgenommen zu werden, gibt die **Auflösung** eines Messsystems an. Im Allgemeinen wird diese in Prozent vom Messbereich (analog) oder Bit (digital) angegeben.

Bei der Messgenauigkeit gilt es zu unterscheiden zwischen der für ein bestimmtes Messproblem geforderten Messgenauigkeit und der **Messgenauigkeit** des Sensors. Die geforderte Messgenauigkeit richtet sich nach dem Zweck der Messung. Für ein mechatronisches System ist es sinnvoll, dass die Messgenauigkeit höher liegt als die geforderte Stellgenauigkeit des Aktors. Die Messgenauigkeit des Sensors beschreibt die Summe aller möglichen Fehler, die aus dem Sensor herrühren und das Ausgangssignal verfälschen.

Die statische Kennlinie eines Messsystems lässt sich als Funktion der Messgröße in Abhängigkeit von der Eingangsgröße darstellen. Diese Funktion kann linear oder nichtlinear sein. Eine nichtlineare Funktion lässt sich mit einem geeigneten Verfahren, was hier nicht näher beschrieben wird, für den Messbereich linearisieren.

Statische Messfehler stellen die Abweichung eines aktuellen Messwertes von einem aufgrund der Eingangsgröße zu erwartenden „idealen" Messwert dar. Es werden vier wesentliche Fehlerarten unterschieden:

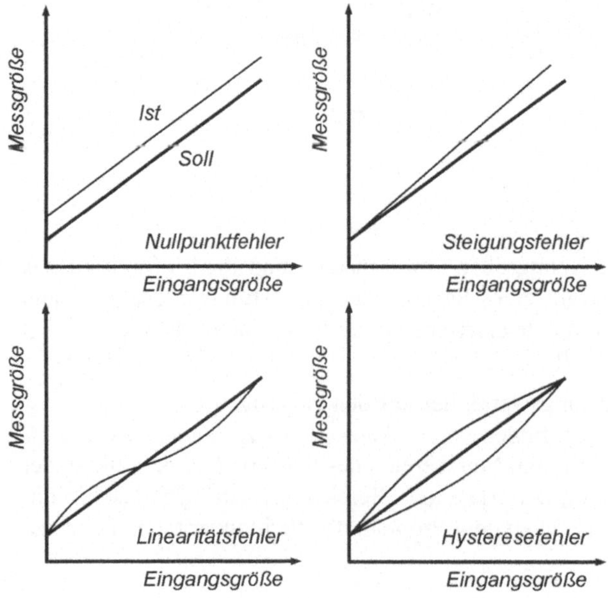

Bild 3-5
Fehler von Messsystemen

Nullpunktfehler: Es erfolgt eine Parallelverschiebung der Kennlinie. Am häufigsten treten Nullpunktfehler durch eine Temperaturabhängigkeit des Messsignals auf. Diese Größe wird in den Datenblättern als „Temperaturdrift" angegeben.

Steigungsfehler: Es erfolgt eine Änderung der Steigung der Kennlinie. Hierzu können Temperatur- und Alterungsprobleme die Ursache sein.

Linearitätsfehler: Die Kennlinie hat keinen streng linearen Verlauf, sondern bewegt sich innerhalb eines Toleranzbandes um eine idealisierte Kennlinie. Dieser Fehler tritt häufig bei potentiometrischen Messsystemen auf (Bewegung eines Schleifers).

Hysteresefehler: Die Größe des Ausgangssignals hängt nicht nur von der Eingangsgröße, sondern auch von dessen Änderungsrichtung ab. Mit diesem Fehler muss insbesondere bei der Verwendung von Sensoren mit magnetischen Messprinzipien gerechnet werden.

Die statische Messgenauigkeit eines Messsystems ergibt sich aus der Summe aller Einzelfehler und wird für den „worst case Fall" in Prozent vom Messbereichsendwert angegeben.

3.1.3 Sensoren zur Temperaturerfassung

Sensors for temperature measurement

Der Widerstand von Metallen steigt mit zunehmender Temperatur, sie besitzen also einen positiven Temperaturbeiwert. Die gebräuchlichsten Metalle zur Temperaturmessung sind Platin und Nickel. In erster Näherung steigt der Widerstand linear mit der Temperatur um ca. 0,4 % je Grad bei Platin (Nickel ca. 0,55 %). Bei 100 K Temperaturerhöhung ergibt sich also der 1,4 fache Widerstand. Bei den Platin-Temperaturfühlern spezifiziert man den Widerstand Pt 100 mit einem Nennwert von 100 Ω bei 0°C. Der Widerstand folgt hier im Temperaturbereich von -200°C < ϑ < 1000°C bei Platin (Nickel -60°C < ϑ < 200°C) in guter Näherung folgender Gleichung: $R_\vartheta = R_0 \cdot (1 + \alpha \cdot \Delta\vartheta)$

R_ϑ Widerstand bei der Temperatur ϑ

R_0 Widerstand bei 0°C

α Temperaturbeiwert in $\frac{1}{K}$

$\Delta\vartheta$ Temperaturdifferenz $\vartheta_2 - \vartheta_1$ in K

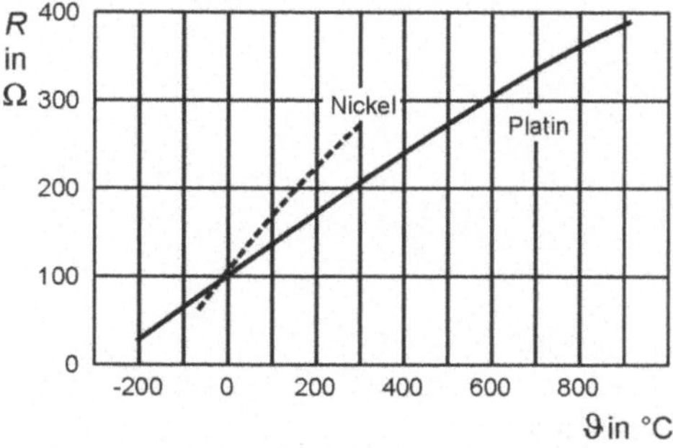

Bild 3-6 Temperaturabhängigkeit von Platin und Nickel

Durch Messen des Widerstandes wird die zu erfassende Temperatur bestimmt. Die Widerstandsmessung erfolgt dabei häufig in einer Zweileiter-Brückenschaltung oder einer Dreileiter-Brückenschaltung. Der Temperaturfühler liegt bei der Brückenschaltung im Brückenzweig. Der Abgleich der Brückenschaltung erfolgt über ein Potentiometer.

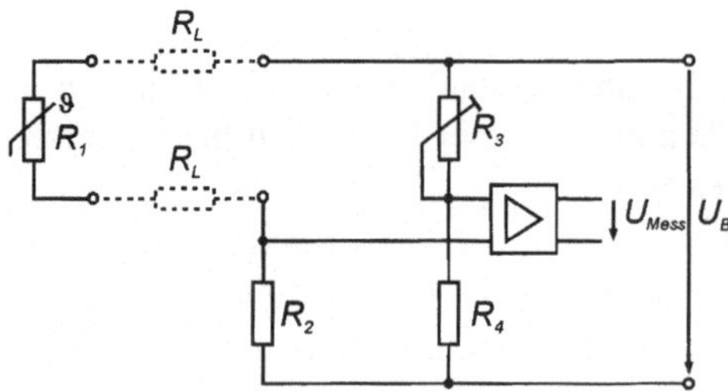

Bild 3-7
Zweileiter-Brückenschaltung

Wenn der Messort des Temperaturfühlers weit von der Brückenschaltung entfernt ist, so führt die Widerstandsänderung der Zuleitung zu einer Fehlergröße. Bei der Dreileiter-Brückenschaltung liegt eine Leiterader im Brückenzweig des Temperaturfühlers, die zweite Leiterader im Brückenzweig von R_2. Eine Widerstandsänderung der Zuleitung verstimmt daher nicht die Messbrücke. Die Widerstandsänderung der mittleren Leiterader führt nicht zu einer Verfälschung des Messergebnisses, da bei einem hochohmigen Messverstärker fast kein Strom fließt und daher auch kein Spannungsabfall entsteht.

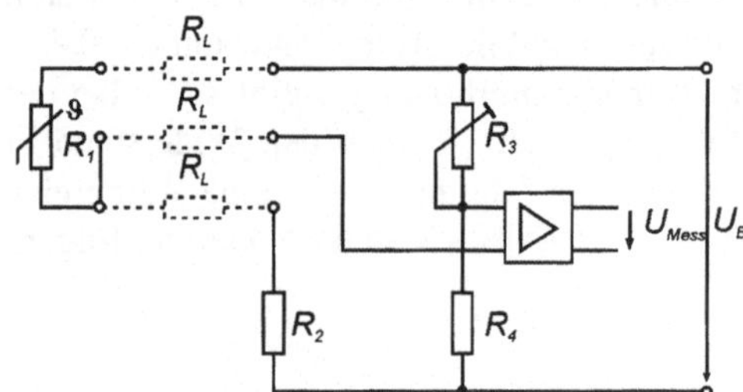

Bild 3-8
Dreileiter-Brückenschaltung

Heißleiter-NTC (negative temperatur coefficient)

Sie bestehen aus pulverisierten und gesinterten Metalloxiden (Eisen-, Nickel- und Kobaltoxide) Titanverbindungen und Füllstoffen. Sie werden in Perlen-, Stäbchen- und Scheibenform hergestellt. Die Abhängigkeit des Widerstandes von der Temperatur wird in Kennlinien wiedergegeben:

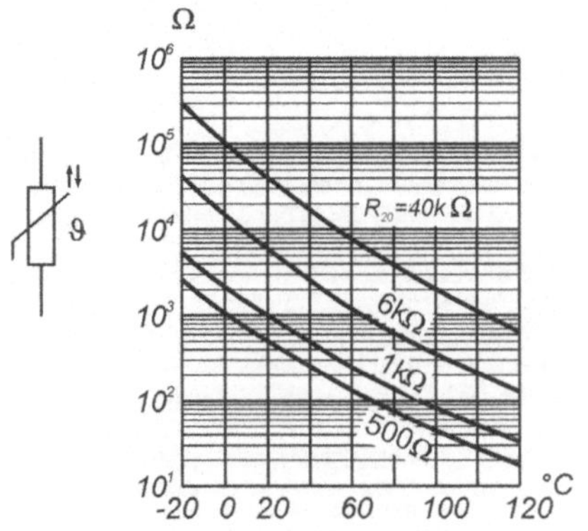

Bild 3-9
Schaltzeichen und Kennlinien von NTC-Widerständen

Der Nennwiderstand R_{20} eines Heißleiters wird bei 20°C gemessen. Wegen der Wärmeträgheit des Heißleiters ändert sich der Widerstand nur langsam, das Reaktionsverhalten wird durch die thermische Zeitkonstante angegeben. Die Anwendungsbereiche für NTCs liegen in der Temperaturmessung, in der Verwendung für Schaltungen zur Einschaltstrombegrenzung und Temperaturstabilisierung in Halbleiterschaltungen bzw. der Kompensation von Widerstandsänderungen anderer Bauteile.

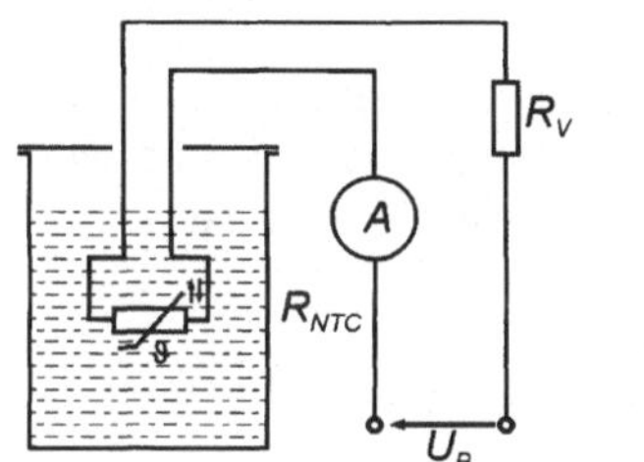

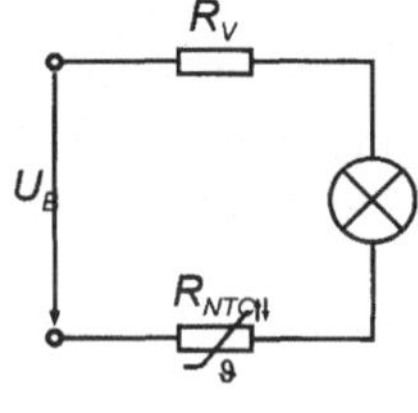

Bild 3-10 Anwendungsbeispiele für NTC

Kaltleiter-PTC (positve temperature coefficient)

Sie bestehen meist aus dotiertem Bariumtitanat (Titankeramik) und haben innerhalb eines begrenzten Temperaturbereiches einen sehr großen positiven Temperaturkoeffizienten. Die Temperaturabhängigkeit ergibt sich folgendermaßen:

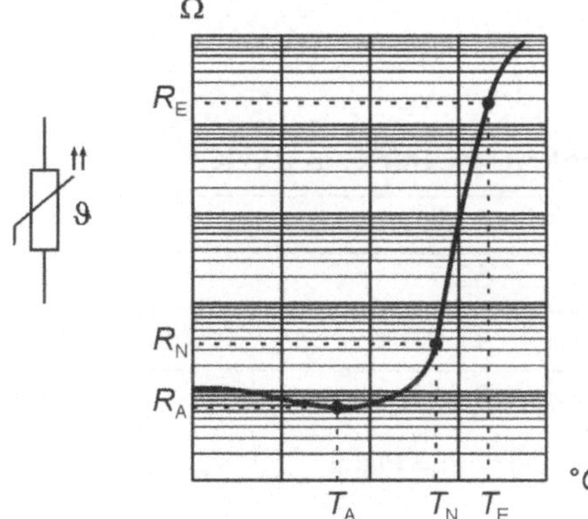

T_A = Anfangstemperatur (Beginn des positiven TK)

R_A = Anfangswiderstand (bei T_A)

T_N = Nenntemperatur (Beginn des steilen Widerstandsanstieges)

R_N = Nennwiderstand (bei T_N)

T_E = Endtemperatur (Ende des steilen Widerstandsanstiegs)

R_E = Endwiderstand (bei T_E)

Bild 3-11 Schaltzeichen und Kennlinie eines PTC-Widerstandes

PTCs werden für Temperaturfühler und Messanordnungen und zur Überwachung der Wicklungstemperatur in elektrischen Maschinen eingesetzt. Aufgrund ihres starken Widerstandsanstiegs in einem kleinen Temperaturbereich eignen sie sich vor allem für Temperatur-Überwachungsfunktion und Grenzwertdetektion. Weiterhin verwendet man sie als Überstrom- und Kurzschlusssicherung für kleinere Leistungen und in Flüssigkeitsniveaufühlern (z. B. Ölstandskontrolle, siehe Bild 3-12) finden sie ebenfalls Anwendung.

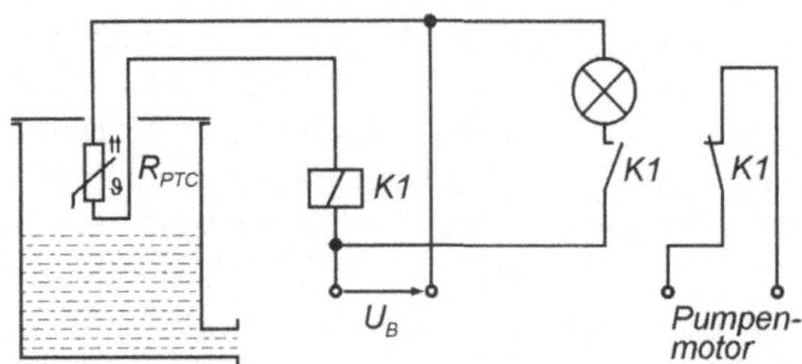

Bild 3-12
Anwendungsbeispiel eines PTC (Ölstandskontrolle)

Der **Halbleitertemperatursensor** besteht aus einem integrierten Schaltkreis und liefert in Abhängigkeit von der Temperatur einen eingeprägten Strom. Halbleitertemperatursensoren werden zur Temperaturanzeige, Temperaturüberwachung und Temperaturregelung eingesetzt.

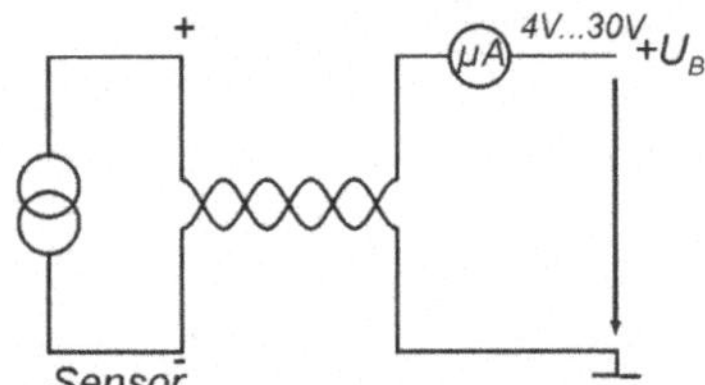

Bild 3-13
Halbleitertemperatursensor

Das **Thermoelement** ist ein aktiver Temperatursensor. Ein Thermoelement entsteht, wenn zwei verschiedene Metalle eine Kontaktstelle bilden, an den anderen beiden Enden kann dann die Thermospannung abgegriffen werden. Je heißer die Kontaktstelle im Vergleich zur Messstelle, um so höher ist die gemessene Spannung (Seebeck-Effekt). Die Thermospannung hängt auch von den verwendeten Werkstoffen des Thermopaares ab.

Tabelle 3-1 Thermospannung einiger Thermoelemente

Thermopaar	**Messbereich**	**Empfindlichkeit bei 100°C in µV/K**
Cu-CuNi	-40°C bis 350°C	42,8
Fe-CuNi	-40°C bis 750°C	52,7
NiCr-Ni	-40°C bis 1200°C	41,0
PtRh-Pt	0°C bis 1600°C	6,45

Cu = Kupfer; CuNi = Konstantan; Fe = Eisen; PtRh = Platinrhodium; Pt = Platin

Seebeck-Effekt:

Das Austrittspotential von Elektronen aus einem Atomverband ist materialabhängig. Berühren sich zwei verschiedene Metalle, so diffundieren Elektronen aus dem Material mit kleinerer Austrittsarbeit in jenes mit größerer Austrittsarbeit bis ein Gleichgewichtszustand eintritt. Dadurch bildet sich an den Drahtenden eine Spannungsdifferenz, welche der Differenz der Austrittspotentiale entspricht.

Die entstehende Thermospannung und die Temperatur des Thermoelementes sind linear abhängig.

Da die Thermospannung sehr klein ist, einige µV/K, wird sie über Messverstärker aufbereitet. Gemessen wird dann die Temperaturdifferenz zwischen Messstelle und Vergleichsstelle. Für eine genaue Messung muss die Temperatur an der Vergleichstelle konstant gehalten werden.

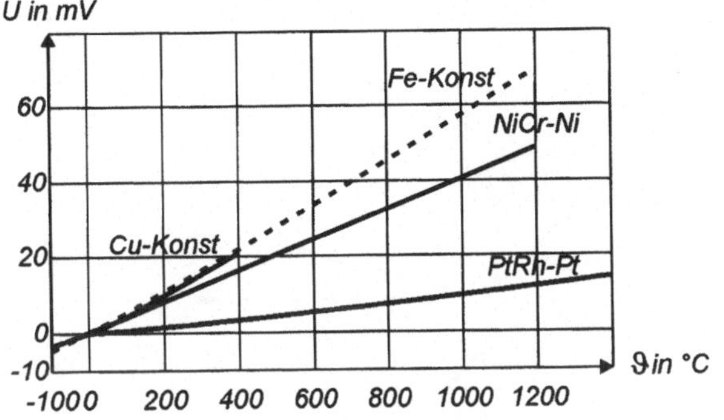

Bild 3-14
Temperatur-Spannungs-Diagramm

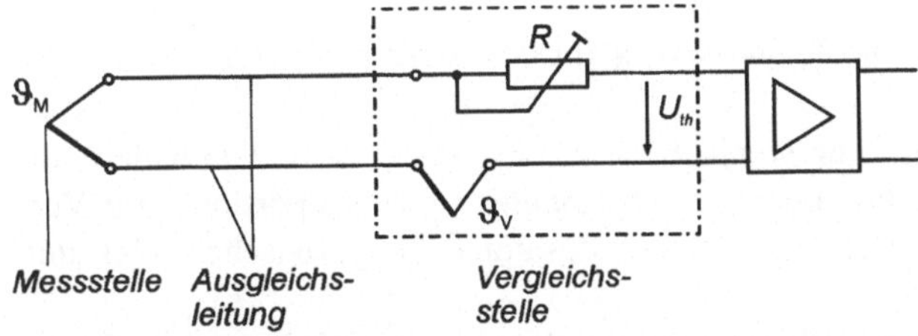

Bild 3-15
Temperatursensor mit Thermoelement und Vergleichsstelle

Bei höheren Ansprüchen an die Messgenauigkeit wird die Vergleichstelle wie im Bild 3-15 dargestellt, mit dem gleichen Thermoelement bei einer konstanten Temperatur von 0°C oder 50°C thermostatisiert. Das Potentiometer R dient zur Linearisierung der Kennlinie. Mit Hilfe des Messverstärkers wird die Ausgangsspannung des Temperatursensors auf eine normierte Ausgangsspannung oder einem Ausgangsstrom gebracht.

3.1.4 Sensoren zur Weg- und Winkelmessung

Sensors for path and angle measurement

Durch Verschieben des Schleifers bei einem Schiebepotentiometer oder durch Verdrehen bei einem Drehpotentiometer verändert sich der Potentiometerwiderstand. Betreibt man das Potentiometer als Spannungsteiler, erhält man ein Spannungssignal U_X das proportional zur Schleiferstellung x und damit zum Weg bzw. Drehwinkel ist.

Bild 3-16 Drehpotentiometer und Schiebepotentiometer

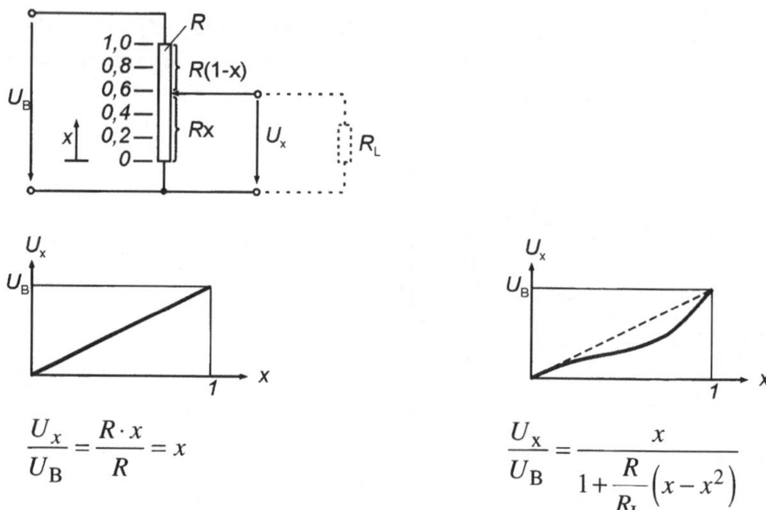

$$\frac{U_x}{U_B} = \frac{R \cdot x}{R} = x \qquad \frac{U_x}{U_B} = \frac{x}{1 + \frac{R}{R_L}\left(x - x^2\right)}$$

Bild 3-17 Potentiometerschaltung mit Kenlinie für unbelasteten (links) und belasteten (rechts) Fall

Wird das Potentiometer unbelastet oder nur wenig belastet ($R_L >> R$), z. B. durch den Anschluss eines Messverstärkers, dann ist das abgegebene Spannungssignal proportional zur Verschiebung bzw. zum Drehwinkel. Bei Belastung ist der Zusammenhang zwischen Weg und Sensorsignal nicht linear.

Messpotentiometer haben eine Widerstandsschicht aus leitendem Kunststoff. Diese ist sehr abriebfest und ermöglicht ca. 10^8 Schleifspiele. Die Schleifer sind aus Edelmetallmehrfingerschleifer und schwingungsgedämpft. Typische Auflösungen sind 0,1 % mit einer Linearität besser als 1 %. Die Nennlängen reichen von 10mm bis 2m.

Linearpotentiometer verwendet man z. B. als Messtaster und zur Wegmessung bei Maschinentischen. Drehpotentiometer verwendet man zur Drehwinkelmessung z. B. zum Erfassen der Gelenkwinkel bei einem Industrieroboter.

Die meisten **induktiven Wegaufnehmer** arbeiten nach dem Prinzip der Differentialdrossel (induktive Halbbrücke). Sie basieren auf der Tatsache, dass sich die Induktivität einer Spule ändert, wenn die magnetische Permeabilität des Materials in der Spule variiert. Sie finden häufig Anwendung in verschmutzter Umgebung sowie für kleinere Weglängen von einem Millimeter bis zu einem halben Meter.

Ein induktiver Wegaufnehmer besteht im Wesentlichen aus zwei miteinander verbundenen Spulen, die in einem Metallzylinder dicht und vibrationssicher eingegossen sind. Die Längsachse des Metallzylinders und die Bewegungsrichtung des Messobjekts müssen parallel zueinander verlaufen. Durch den Zylinder wird ein Stößel mit einem Kern geführt, der mit dem bewegten Körper möglichst starr verbunden ist. Der Metallzylinder und Kern bestehen meist aus einem Material mit sehr großer magnetischer Permeabilität μ_r, um eine möglichst große Induktitätsänderung schon bei kleiner Auslenkung zu erreichen.

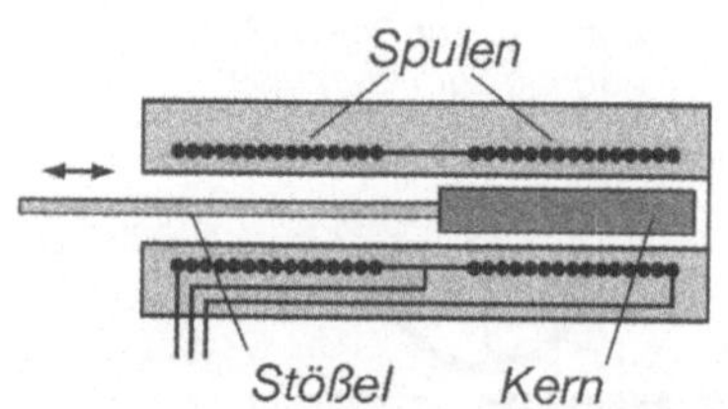

Bild 3-18 Aufbau eines induktiven Wegaufnehmers

Da der Sensor aus zwei Spulen besteht, kann sich der Kern des Stößels nie vollständig in beiden Spulen befinden. Liegt er z. B. vollständig in Spule 1, ist Spule 2 leer. Bei der Bewegung des Stößels wird die Induktivität einer Spule kleiner, während die der anderen steigt.

Die beiden Spulen werden mit einer Wechselspannung (häufig 10 kHz, ±10 V) aus einem Oszillator versorgt. Sie stellen für die Wechselspannung einen Spannungsteiler dar. Der Effektivwert U am Mittelabgriff zwischen den Spulen ist vom Verhältnis der Induktivitäten L der beiden Spulen abhängig. Den Betrag der Effektivspannung ermittelt der Demodulator, der die Wechselspannung in eine Gleichspannung umwandelt. Somit wird die Bewegung über Induktivitätsänderungen in eine variierende Spannung umgewandelt. Bei den heutigen Demodulatoren ist generell die Möglichkeit vorhanden, ihre Empfindlichkeit (in V/mm) zu variieren und den Nullpunkt der Ausgangsspannung auf eine bestimmte Position des Kerns zu justieren.

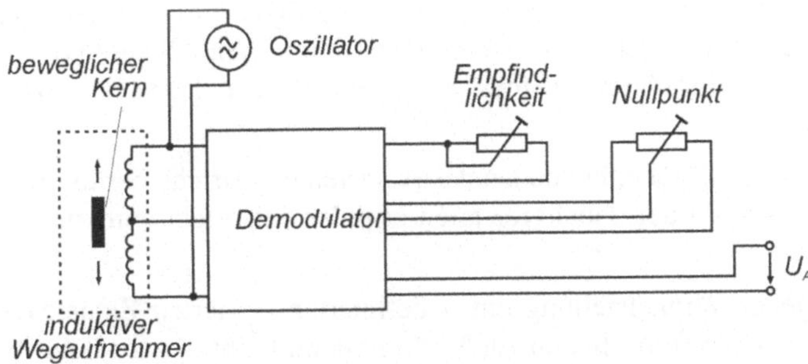

Bild 3-19 Induktiver Wegaufnehmer mit elektronischer Wegmesseinrichtung

Bei Objekten mit unterschiedlicher bzw. stark schwankender Leitfähigkeit oder mit unterschiedlichem magnetischen Verhalten sind induktiven Messprinzipien natürliche Grenzen gesetzt. Die Empfindlichkeit des **kapazitiven Wegaufnehmers** ist unabhängig von der Leitfähigkeit des Messobjekts. Die Wegänderung lässt sich auf einfache Weise in eine abstandsabhängige Verschiebung der Kondensatorelektroden zurückführen, wobei bei den berührungslosen kapazitiven Wegaufnehmern eine der Elektroden durch den Aufnehmer und die zweite durch das Messobjekt gebildet wird. Bei den tastenden kapazitiven Wegaufnehmern wird die zweite Elektrode durch eine bewegliche Platte gebildet. Die Kapazität eines Kondensators ist umgekehrt proportional zum Abstand der zwei Kondensatorplatten

$$C = \varepsilon_0 \cdot \varepsilon_r \cdot \frac{A}{d} \qquad \underline{X}_C = \frac{1}{\omega \cdot C}$$

Wobei C die Kapazität zwischen Sensor und Messobjekt, ε_r die Dielektrizitätszahl des Mediums zwischen den Platten, ε_0 die Dielektrizitätszahl des freien Raumes, A die Plattenfläche und d der Abstand zwischen den Platten ist. Die umgekehrt proportionale Abhängigkeit der Kapazität vom Abstand d lässt sich durch die Betrachtung des Scheinwiderstandes der Kapazität aufheben. Dazu wird die Speisung der Messkapazität mit einem konstanten Wechselstrom erforderlich. Da sich der Scheinwiderstand der Kapazität umgekehrt proportional zum Kapazitätswert verhält, ist in diesem Fall die am Aufnehmer auftretende Wechselspannung ebenfalls linear vom Abstand der beiden Elektroden abhängig. Nach diesem Prinzip lassen sich Wegaufnehmer bis zu einer Wegstecke von 2m realisieren.

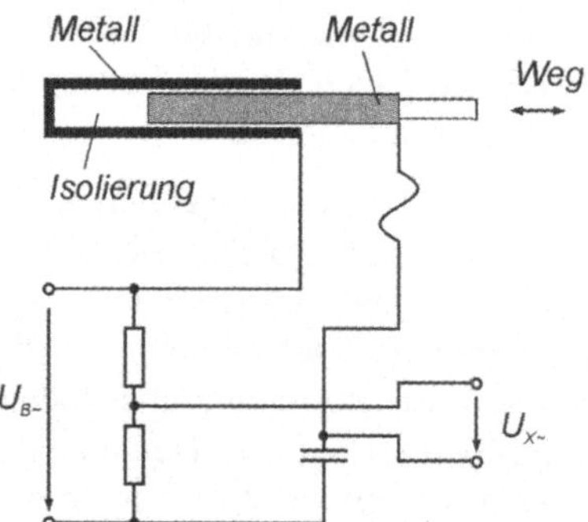

Bild 3-20
Kapazitiver Wegaufnehmer

Digitale Sensoren werden zum zahlenmäßigen Erfassen der Messgröße wie Wegstrecken oder Drehwinkel eingesetzt. Dabei wird die Unterbrechung einer Lichtschranke mit Hilfe von Codierscheiben ausgewertet. Häufig werden aber auch analoge Sensorsignale digitalisiert, mit Hilfe von Computern aufbereitet und für steuerungs- und reglungstechnischen Abläufen eingesetzt. Digitale Weg- und Winkelmesseinrichtung werden in inkrementale und absolute Weg- und Winkelmessung eingeteilt.

Inkrementale Weggeber sind Strichmaßstäbe, bei denen das Abtasten der Striche berührungslos meist durch Licht erfolgt. Die Anzahl der dabei erzeugten Impulse entspricht dem zurückgelegten Weg.

Absolute Drehgeber geben zu jeder Winkelstellung einen definierten codierten Zahlenwert ab. Der Zahlenwert steht direkt nach dem Einschalten zur Verfügung und gibt die absolute Positionierung des Drehgebers wieder.

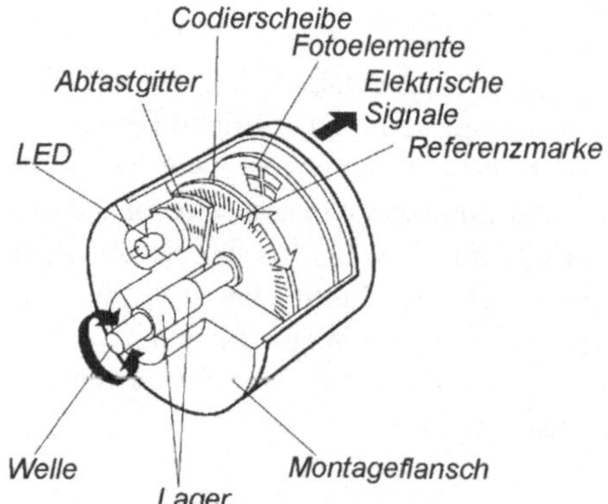

Bild 3-21
Inkrementaler Drehgeber

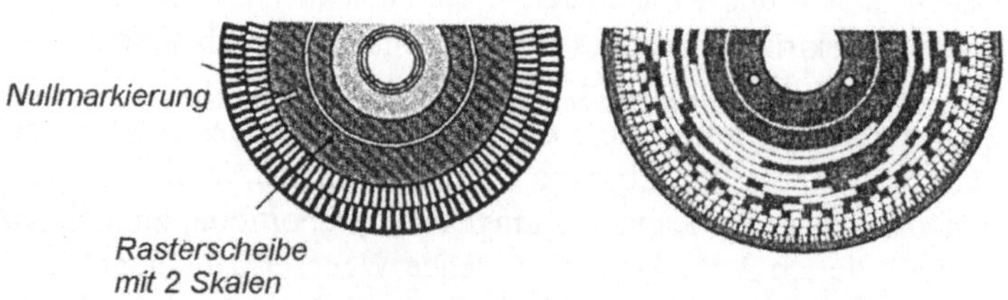

Bild 3-22 Winkelcodierer inkremental (links) und absolut (rechts)

3.1.5 Sensoren zur Kraft- und Druckmessung

Sensors for the measurement of force and pressure

Zur Ermittlung von Dehnungen an Bauteilen und Objekten verwendet man Dehnungsmessstreifen (DMS) und Rechteckdrähte. Das Messprinzip besteht darin, dass sich der Widerstand eines Drahtes mit zunehmender Drahtlänge und abnehmendem Querschnitt erhöht. Wird ein Draht gedehnt, so wird sein Querschnitt geringer und damit sein elektrischer Widerstand größer. Die relative Widerstandsänderung $\Delta R/R$ ist proportional zur relativen Längenänderung (Dehnung) $\Delta l/l$ innerhalb bestimmter Grenzen.

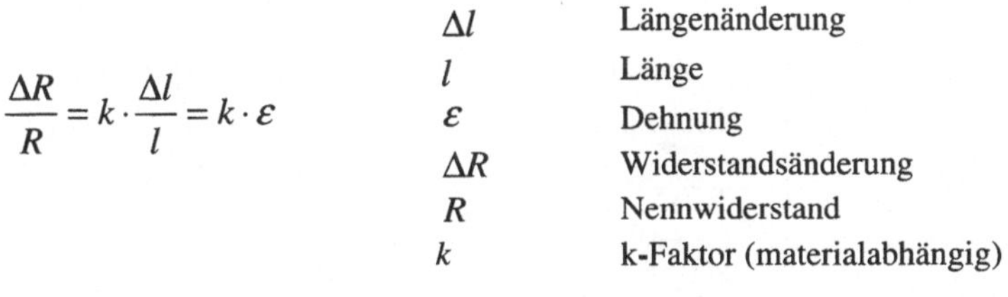

$$\frac{\Delta R}{R} = k \cdot \frac{\Delta l}{l} = k \cdot \varepsilon$$

Δl	Längenänderung
l	Länge
ε	Dehnung
ΔR	Widerstandsänderung
R	Nennwiderstand
k	k-Faktor (materialabhängig)

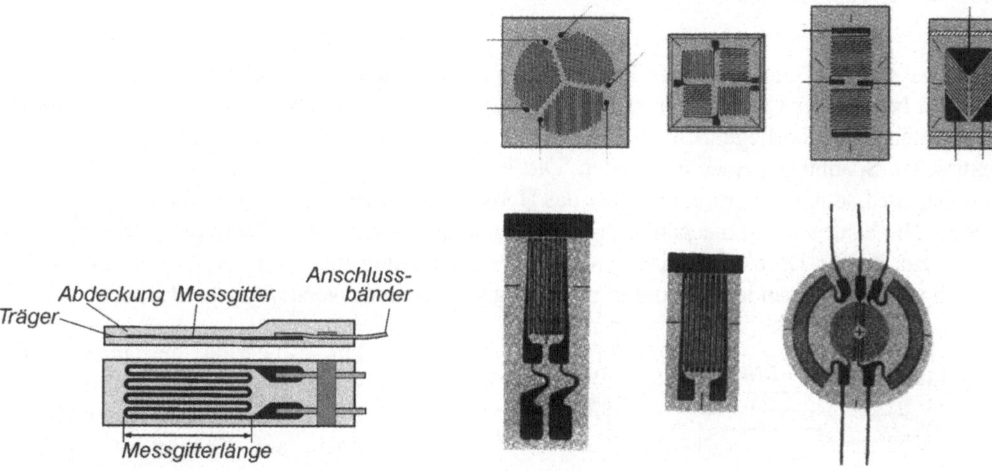

Bild 3-23 Folienmessstreifen

Bild 3-24 Beispiele für DMS

Die Widerstandsänderung wird mit einer Brückenschaltung (Wheatstone-Brücke) ausgewertet. Man unterscheidet die Vollbrückenschaltung mit 4 DMS, die Halbbrückenschaltung mit 2 DMS und die Viertelbrückenschaltung mit einem DMS. Die Brückenschaltungen können sowohl mit Wechselspannung (Trägerfrequenzverfahren) als auch mit Gleichspannung betrieben werden. Je nach Ausführung und Positionierung der DMS am Objekt können Kräfte, Drücke oder Momente erfasst werden.

Vollbrückenschaltung

Halbbrückenschaltung

Viertelbrückenschaltung

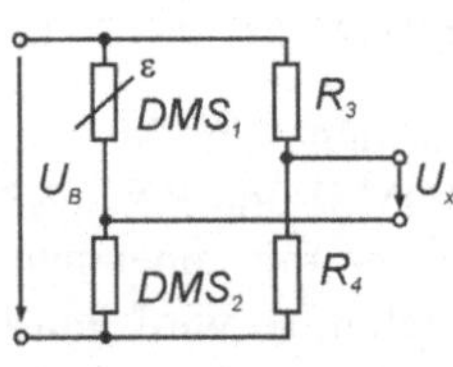

$$U_X = k \cdot \varepsilon \cdot U_B$$

$$U_X = \frac{1}{2} \cdot k \cdot \varepsilon \cdot U_B$$

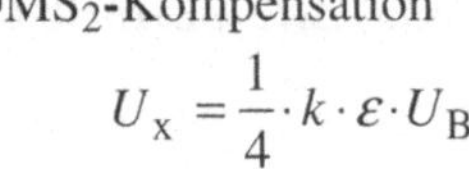

DMS$_2$-Kompensation

$$U_X = \frac{1}{4} \cdot k \cdot \varepsilon \cdot U_B$$

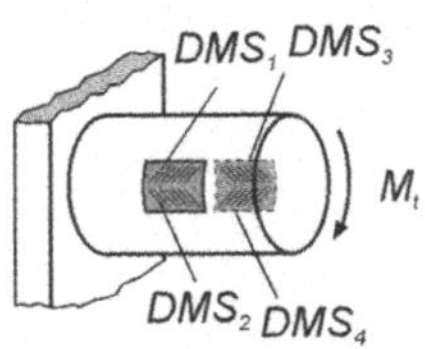

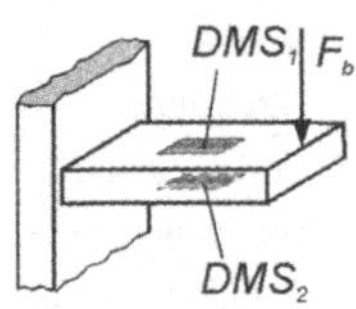

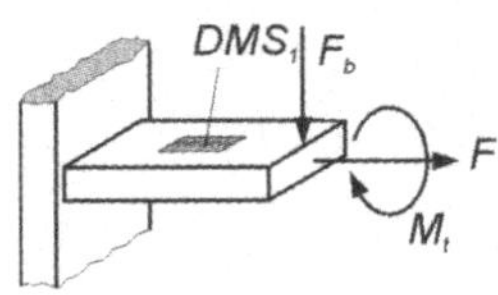

Bild 3-25 Schaltungsbeispiele mit DMS

Zur Erfassung der Kraft oder des Drucks werden auch **pieozelektrische Sensoren** eingesetzt. Wird ein bestimmter Quarz deformiert, werden Ladungen verschoben. Diese Ladungsänderung kann an den gegenüberliegenden Quarzflächen über eine metallische Kontaktierung in Form einer elektrischen Spannung gemessen werden. Die Wegänderung aufgrund der Deformation ist proportional zur Ladungsänderung und über das Hooke´sche Gesetz mit der einwirkenden Kraft verbunden. Die Kraft wird in mechanische Spannung umgewandelt, somit kann der piezoelektrische Sensor zur Kraft-, Druck-, Spannungs- und Beschleunigungsmessung verwendet werden. Zur Messung der Ladungsänderung kommt in der Regel ein Ladungsverstärker zum Einsatz.

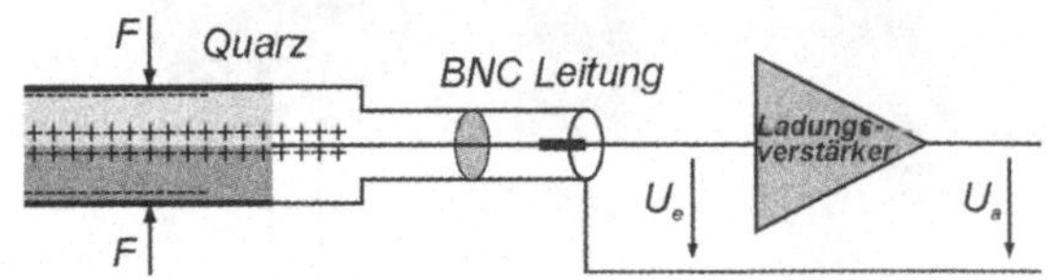

Bild 3-26 Piezoelektrischer Sensor mit Ladungsverstärker

Die Linearität des piezoelektrischen Sensors ist sehr gut und die Empfindlichkeit außergewöhnlich hoch, auf 1000 kg ist 1 g noch erfassbar.

3.1.6 Näherungssensoren

Proximity sensors

Näherungssensoren sind berührungslose arbeitende Sensoren, die ein binäres Signal liefern. Es handelt sich hierbei um schaltende Sensoren. Erreicht ein Objekt den Schaltabstand des Sensors, wird der Ausgang durchgeschaltet. Es kann daraus eine Aussage über den momentanen Abstand zu einem Objekt abgeleitet werden. Gegenüber mechanisch arbeitenden Kontakten bieten sich einige Vorteile:

- kraftfreies, rückwirkungsfreies, prellfreies Schalten
- hohe Schaltfrequenzen
- verschleißfrei
- wartungsfrei
- beständig gegen aggressive Medien.

Für die vielfältigen Erkennungs- und Erfassungsaufgaben werden induktive, kapazitive, optische und mit Ultraschall arbeitende Näherungsschalter angeboten.

Induktive Näherungssensoren reagieren bei Annäherung eines metallischen Gegenstandes an die Sensorspule. Durch das Metall wird ein mit der Sensorspule gebildeter Schwingkreis stark gedämpft, d. h. die Schwingspannung wird stark vermindert. Mit einem nachgeschalteten Verstärker und einem elektronischen Schwellwertschalter wird ein binäres Ausgangssignal gebildet. Diese berührungsfreien Grenztaster sind unempfindlich gegen Staub, Schmutz und Erschütterungen und reagieren auf alle metallischen Gegenstände. Die Schalthäufigkeit liegt bei ca. 3000 Schaltungen pro Sekunde und die Wiederholgenauigkeit bei etwa 1 %.

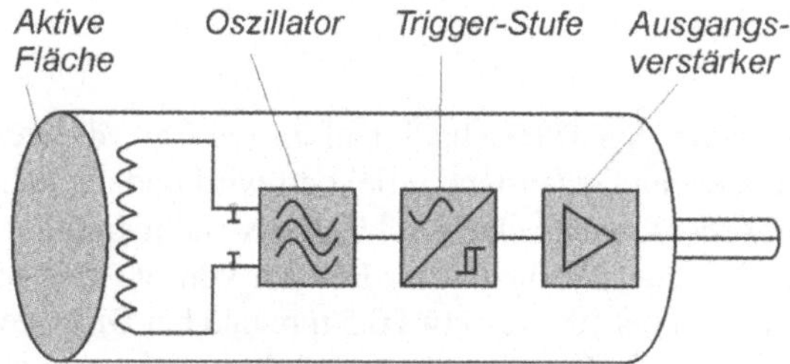

Bild 3-27 Induktiver Näherungssensor

Induktive Näherungssensoren verwendet man z. B. als Endlagenschalter bei Maschinensteuerungen und zum Erfassen, Zählen und Sortieren von Bauteilen oder Werkstücken.

Kapazitive Näherungssensoren haben den gleichen Gehäuseaufbau wie induktive Näherungssensoren. Sie reagieren auf eine Veränderung der Schwingungsfrequenz eines Oszillators durch Veränderung des Dielektrikums in der Umgebung des Sensorkondensators und damit auf eine Kapazitätsänderung.

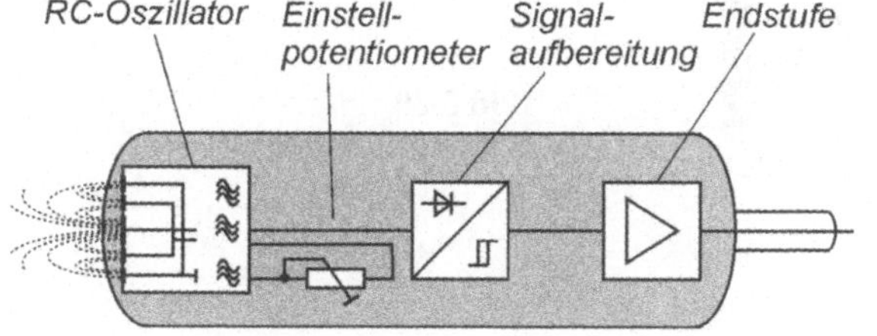

Bild 3-28 Kapazitiver Näherungssensor

Mit kapazitiven Näherungssensoren erfasst man Bauteile bzw. Werkstücke aus Glas, Keramik, Kunststoff, Holz, Stein, Öl, Wasser, Papier oder Zement.

Optische Näherungssensoren arbeiten als Reflexsensoren mit gepulster Infrarotstrahlung. Über eine Infrarot-Sendediode wird gepulste Infrarotstrahlung (zur Vermeidung von Fremdlichtstörungen) abgestrahlt, bei Annäherung eines Gegenstandes reflektiert und über einen Fototransistor ausgewertet. Sendediode, Empfangstransistor und Schaltelektronik sind meist in einem Gehäuse untergebracht. Beeinflusst wird die optische Abtastung auch durch die Oberfläche und die Farbe des reflektierenden Gegenstandes.

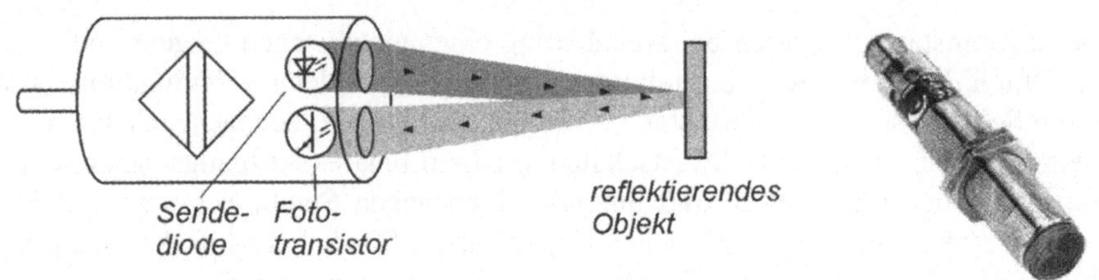

Bild 3-29 Optischer Näherungssensor

Ultraschall-Wegsensoren messen durch Aussenden von Ultraschallimpulsen die Zeit, die vergeht, bis der Ultraschallimpuls von dem zu erfassenden Gegenstand reflektiert wird und als Echo zurück kommt. Sender und Empfänger sind entweder Lautsprecher mit kleinen Metallmembranen oder Piezokristalle. Die verwendeten Ultraschallfrequenzen liegen im Bereich von 5O kHz bis 20O kHz. Die Messgenauigkeit beträgt bei Distanzen bis 100 mm etwa 0,5 mm und bei Distanzen bis 1 m etwa 5 mm. Da die Schalllaufzeit von Luftdruck, Lufttemperatur und der Luftfeuchte abhängen, können keine Präzisionsmessungen durchgeführt werden. Ultraschall-Wegsensoren werden zur automatischen Entfernungseinstellung bei Fotoapparaten und zur Distanzkontrolle bei automatisch gesteuerten Flurfahrzeugen verwendet. Weiterhin können sie zur Erfassung von Füllstandshöhen in Kesseln und Silos eingesetzt werden. Ultraschallsensoren für Strömungsgeschwindigkeiten bestehen aus einem Sender und einem Empfänger. Zwischen beiden addiert sich die Ausbreitungsgeschwindigkeit des Schalls mit der Strömungsgeschwindigkeit des strömenden Mediums. Dadurch ergeben sich je nach Strömungsgeschwindigkeit für die Schallimpulse unterschiedliche Laufzeiten. Diese Laufzeiten werden erfasst.

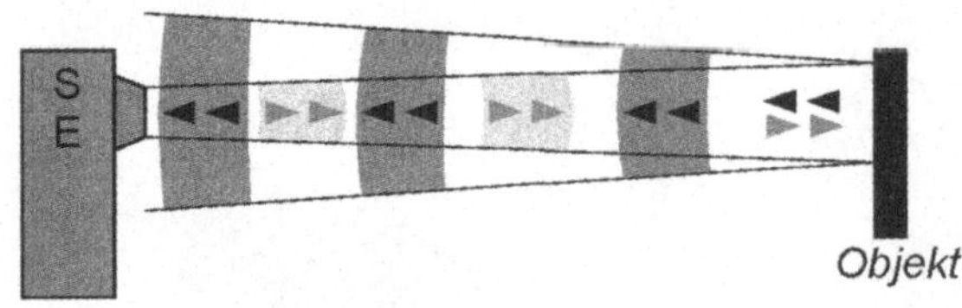

Bild 3-30
Ultraschall Näherungssensor

3.1.7 Optische Sensoren

Optical sensors

Eine **Fotodiode** ist eine Halbleiterdiode deren pn-Übergang dem Licht gut zugänglich ist. Es werden vor allem Si- und Ge-Fotodioden hergestellt. Die Fotodiode wird in Sperrrichtung betrieben. Bei Lichteinfall werden Elektronen aus ihren Bindungen gelöst, es entstehen freie Ladungsträger und der Sperrstrom steigt um einige Zehnerpotenzen an. Fotodioden lassen einen mit der Beleuchtungsstärke ansteigenden Sperrstrom fließen.

Fotoelemente und Solarzellen sind Energiewandler, bei denen sich Photonen (Lichtquanten) direkt in elektrische Energie umsetzen (innerer Photoeffekt). Die erzeugte Spannung ist so gerichtet, dass an der Anode der Pluspol liegt und somit die Spannung immer unterhalb der Schwellspannung der Diode (-0,6V bei Si) liegt. Im Leerlauf steigt die Spannung bis zur Schwellspannung an und die Fotodiode schließt sich selber kurz.
Die spektrale Empfindlichkeit ist vom Halbleitermaterial (Kristallaufbau) abhängig. Bei Silizium-Fotodioden liegt die spektrale Empfindlichkeit vom UV-Bereich bis weit in den IR-Bereich hinein. Selen-Fotodioden kommen der menschlichen spektralen Empfindlichkeit am nächsten. Der Unterschied zwischen Fotoelementen und Solarzellen liegt hauptsächlich in ihrer Größe. Fotoelemente sind meistens klein und werden in der Messtechnik eingesetzt, Solarzellen dienen der Energiegewinnung und sind großflächig.

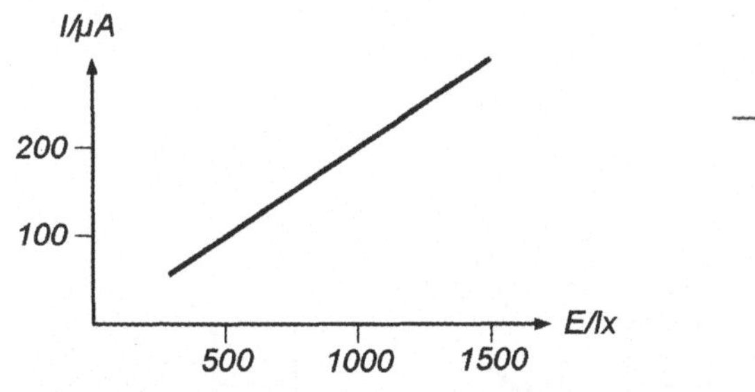

Bild 3-31 Kennlinie und Aufbau einer Fotodiode

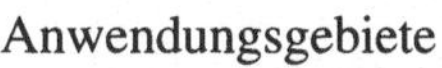

Anwendungsgebiete

- Lichtsensoren
- Optokoppler
- Energieerzeugung
- Messung der Beleuchtungsstärke
- Optische Signalübertragung.

Ein **Farbsensor** nützt das Absorptionsverhalten zur Erkennung eines farbigen Objektes aus. Farbsensoren arbeiten nach dem Prinzip des menschlichen Auges. Alle Farben werden durch eine Mischung der Grundfarben ROT, GRÜN, BLAU, beschrieben. Der Sensor beleuchtet die Farb-Oberfläche mit Weißlicht, oder LEDs. Das reflektierte Licht von der zu erkennenden Farboberfläche wird im Sensor in seine Grundfarben zerlegt, wobei zusätzlich ein Intensitätssignal entsteht. Durch Normierung dieser Werte ergibt sich eine vom Abstand unabhängige Farberkennung. Mit dieser Verarbeitungsart lassen sich nahezu alle sichtbaren Farboberflächen erkennen.
Moderne Farbsensorsysteme bieten eine adaptive Mehrfach „Teach In"-Funktion (die auszulesenden Farbtöne werden eingescannt), womit sich der Toleranzbereich des Farbtons an die Produktionsbedingungen anpassen lässt.

Bild 3-32 Farbsensor

3.2 Verstärkerschaltungen

Amplifier circuits

Bei den Verstärkerschaltungen wird zwischen Schaltverstärkern (Transistorschalter) und Signalverstärkern unterschieden. Sensoren liefern häufig Spannungswerte bzw. -ströme, deren Werte nicht ausreichen, um hinreichend genau ausgewertet werden zu können. Die Temperaturüberwachung von elektrischen Maschinen sei hier genannt. Aber auch Näherungsschalter und Endschalter liefern häufig Schaltsignale, deren Flanken nicht steil genug sind, eine SPS-Schaltung fehlerfrei betreiben zu können. Interface-Schaltungen (Anpassung) leisten hier einen wichtigen Beitrag; wenn zusätzlich noch optoelektronische Bauelemente (z. B. Optokoppler) verwendet werden kommt noch eine galvanische Trennung hinzu.

3.2.1 Bipolare Transistoren

Bipolar transistors

Wird die pn-Schichtenfolge einer Diode um eine weitere n- oder p-Schicht ergänzt, so erhält man die Schichtenfolge eines Transistors. Entsprechend der Schichtenfolge unterscheidet man npn- oder pnp-Transistoren.

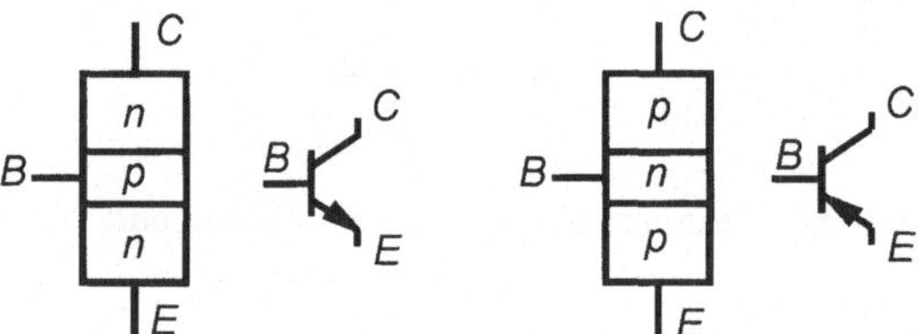

Bild 3-33 Schichtenfolge und Schaltzeichen

Am Ladungstransport sind sowohl Löcher als auch Elektronen beteiligt. Darum spricht man hier von „bipolaren“ Transistoren im Gegensatz zu den „unipolaren“ Transistoren. Die mittlere Schicht bezeichnet man als Basis, die zum Steuern des Transistors dient. Die beiden äußeren Schichten heißen Emitter (sendet Ladungsträger aus) und Kollektor (sammelt Ladungsträger).

Hier kann mit einem kleinen Eingangsstrom (Basisstrom) ein großer Ausgangsstrom (Kollektorstrom) gesteuert werden.

Transistorkennlinien

Um das Betriebsverhalten eines Transistors im Normal- und Grenzfall beschreiben zu können, ist die Kenntnis der Ein- und Ausgangsgrößen erforderlich.

Im 1. Quadranten wird das Ausgangskennlinienfeld mit I_B als Parameter dargestellt, im 2. Quadranten die Stromsteuerkennlinie, im 3. Quadranten die Eingangskennlinie und im 4. Quadranten die Rückwirkungskennlinien.

Eine Darstellungsweise, welche die Zusammenhänge zwischen den einzelnen Kennlinien besonders deutlich macht, ist das sog. Vierquadranten-Kennlinienfeld. Hier werden alle vier Quadranten eines Koordinatenkreuzes zur Darstellung der verschiedenen Kennlinien benutzt, wobei die gegenseitige Abhängigkeit in Bild 3-34 deutlich wird.

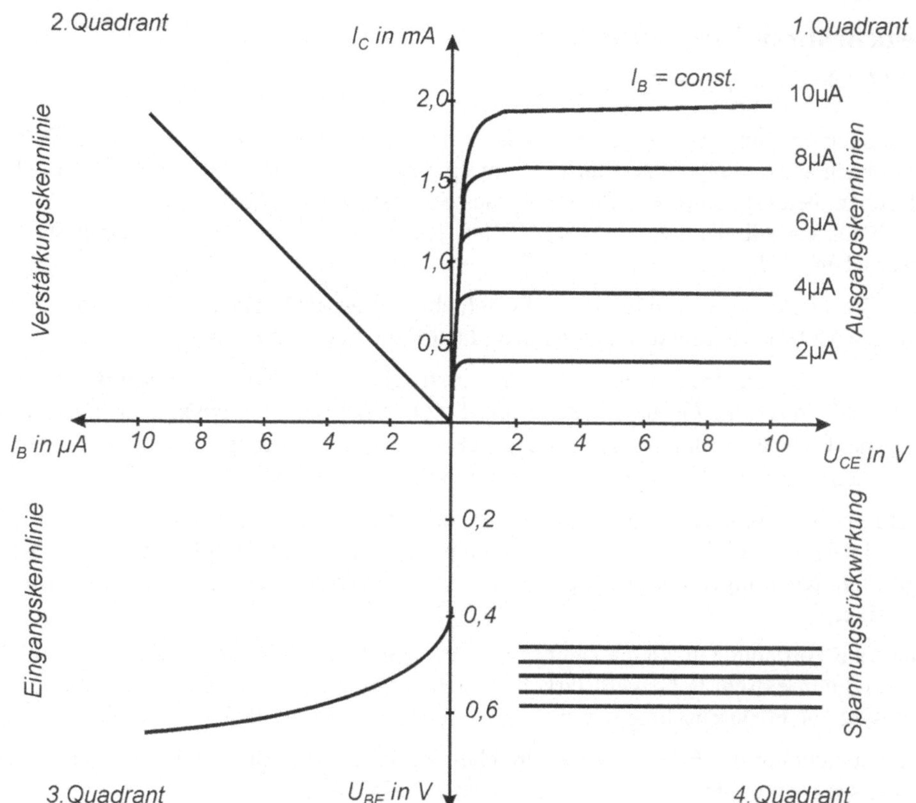

Bild 3-34 Vierquadranten-Kennlinienfeld

Kenn- und Grenzwerte des Transistors

Um den Arbeitsbereich eines Transistors einzugrenzen und zu beschreiben sind Grenzwerte und Kenndaten zu ermitteln und zuzuordnen. Diagramme aus den Datenblättern zeigen, wie hoch z. B. die maximale Verlustleistung P_{tot} des jeweiligen Transistors bei einer bestimmten Umgebungstemperatur ϑ_U sein darf. Wird jedoch durch einen Kühlkörper R_{thJG} oder durch eine Montage auf ein Chassis die im Transistor erzeugte Wärme besser abgeführt, so ist die Gesamtverlustleistung auch bei höheren Umgebungstemperaturen zulässig. Im Wesentlichen bedingt durch die Verlustleistung bei Dauerbetrieb entsteht in der Sperrschicht Wärme, durch die sich die Sperrschichttemperatur erhöht. Die zulässige Sperrschichttemperatur ϑ_J hängt vom Halbleitermaterial ab.

Die oben dargestellten Kennlinien liefern die statischen Kenndaten für die Gleichstromsteuerung. Infolge der Krümmung der meisten Kennlinien muss man zur Beschreibung des Kleinsignalverhaltens des Transistors die Steigung der Kennlinien im Arbeitspunkt verwenden.

Die grafische Ermittlung dieser Kennwerte ist meist ungenau und darum werden in den Datenblättern der Hersteller diese Kennwerte als Zahlenwert genannt. Die Datenblätter geben die dynamischen Kenngrößen in Form der sog. h-Parameter oder y-Parameter an, die nur für einen bestimmten Arbeitspunkt, eine bestimmte Temperatur und eine bestimmte Frequenz gelten. Sie stellen die Wechselstrom- (Signal-)kennwerte dar.

3.2.2 Feldeffekttransistoren (FET)

Field effect transistors (FET)

Wie bereits oben erwähnt, gibt es neben bipolaren Transistoren noch die „unipolaren" Transistoren, bei denen am Ladungsträgertransport nur eine Ladungsträgerart, also entweder Löcher oder Elektronen, beteiligt sind. Die Steuerung des Stromflusses erfolgt bei ihnen durch ein elektrisches Feld, weshalb bei den unipolaren Transistoren auch von „Feld-Effekt-Transistoren" (FET) gesprochen wird.

Die heutige Technologie verwendet als Isolierschicht fast ausschließlich Siliziumdioxyd und daher kommen MOS-FET (**m**etal-**o**xide-**s**emiconductor) am häufigsten vor.

Da die Steuerung des Stromes im FET über ein elektrisches Feld erfolgt, fließt in den Steuereingang des FET, das Gate G quasi kein Strom. Folglich hat der FET einen sehr hohen Eingangswiderstand (Größenordnung ca. 10^{15} Ω) und wird nahezu leistungslos angesteuert. Daraus ergeben sich zahlreiche Möglichkeiten eines vorteilhaften Einsatzes.

Der Einsatz als Wechselspannungsverstärker beschränkt sich dabei fast nur auf die Vorverstärkerstufe im HF- und NF-Bereich. Das Hauptanwendungsgebiet der FET liegt jedoch bei den integrierten Schaltungen der Analogtechnik und insbesondere der Digitaltechnik, also als Schaltverstärker.

Elektrostatische Aufladungen können aufgrund des sehr hohen Eingangswiderstandes nicht abfließen, wodurch extrem hohe Feldstärken entstehen können, die bei Überschreitung eines Grenzwertes zu einem Durchschlag und damit zur Zerstörung des MOS-FET führen.

Die Weiterentwicklung der FET hat zu zahlreichen Typen geführt, die das Einsatzgebiet ausgedehnt oder sogar zu völlig neuen Einsatzgebieten geführt haben.

3.2.3 Schaltverstärker

Transistor switch

Wird ein Transistor als Schalter betrieben, so hat er zwei Arbeitspunkte (A0, A1) im Ausgangskennlinienfeld, zwischen denen er je nach Bedarfszustand wechselt. Ein Transistorschalter ist nur für den Gleichstrombetrieb geeignet. Mit einer kleinen Steuerleistung lässt sich eine große Last schalten.

Wird ein Transistor als Schalter für große Lasten (hohe Ströme) benötigt, so wird der so genannte Serienbetrieb nach Bild 3-35a bevorzugt. Befindet sich der Transistor im leitfähigen Zustand, so fließt ein Strom (Kollektorstrom I_C) durch den Lastwiderstand.

In der Schaltung nach Bild 3-35b liegt der Lastwiderstand parallel zur Kollektor-Emitter-Strecke des Schalttransistors. Hier fließt ein Laststrom, wenn der Transistor nicht angesteuert ist. In der Digitaltechnik spricht man hier von der Inverterstufe (NOT-Glied).

Hier ist von bipolaren Transistoren die Rede, aber auch FET sind verwendbar. Auch technologische Kombinationen wie der so genannte IGBT (**i**nsulated **g**ate **b**ipolar **t**ransistor) bieten hier neue zusätzliche Möglichkeiten.

Der Übergang von einem Arbeitspunkt zum anderen Arbeitspunkt wird durch ein entsprechendes Steuersignal am Eingang des Transistors erreicht. Damit dieser Übergang möglichst schnell ablaufen kann, muss das Steuersignal U_E einen sprungartigen Verlauf im Schaltzeitpunkt haben.

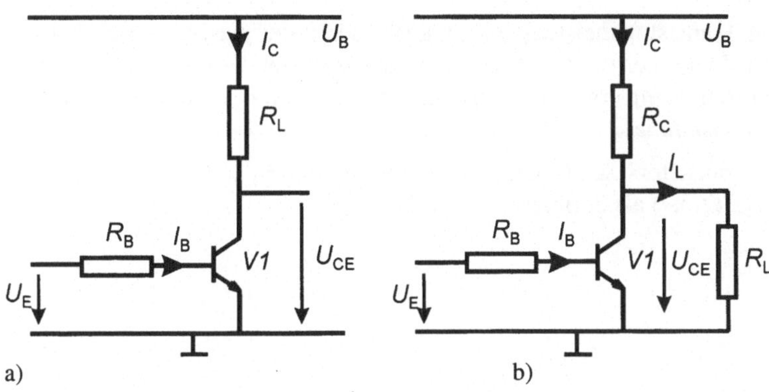

Bild 3-35 Transistor als Schalter,
a) Serien- und
b) Parallelbetrieb

Im Kennlinienfeld nach Bild 3-36 ist die Anordnung der Arbeitspunkte A0 und A1 auf der Arbeitsgeraden zu erkennen. Die Arbeitsgerade ist die Kennlinie des Kollektorwiderstandes R_C, der in diesem Betriebsfall der Lastwiderstand R_{Last} ist.

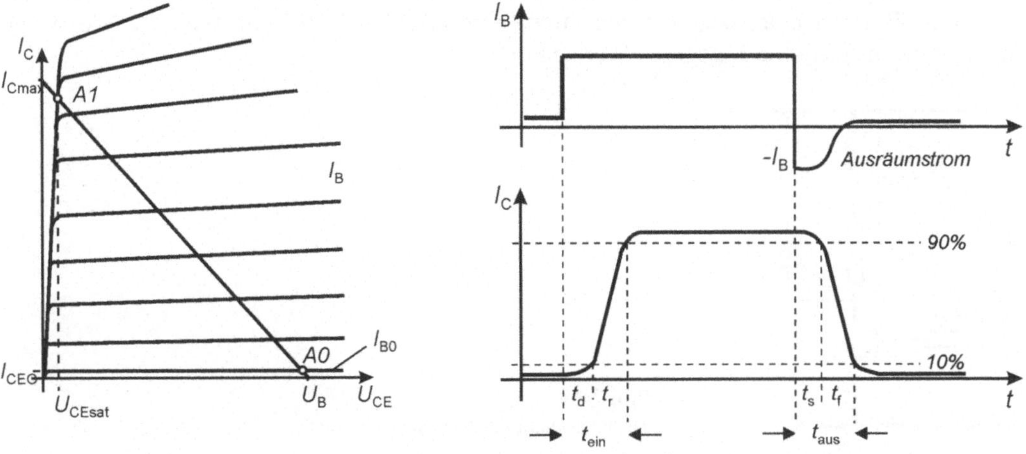

Bild 3-36 Kennlinienfeld mit Arbeitsgerade

Bild 3-37 Diagramm der Schaltzeiten

Bei I_B = 0A fließt nur ein sehr geringer Kollektorstrom I_C, nämlich der Kollektor-Emitter-Reststrom I_{CE0}. Damit ist $U_{CE} \approx U_B$. Der Idealzustand eines Schalters mit $R = \infty\ \Omega$ wird von einem Transistorschalter im Arbeitspunkt A0 also nicht erreicht.

Steuert man den Transistor mit einem großen Basisstrom I_B an, so fließt ein großer Kollektorstrom. Die Spannung U_{CE} nimmt dabei einen kleinen Wert an. Es stellt sich die Restspannung/Sättigungsspannung $U_{CEmin} = U_{CEsat}$ bei U_{CB} = 0V ein. Der Idealzustand des Schalters mit $R = 0\Omega$ wird von einem Transistorschalter im Arbeitspunkt A1 also nicht erreicht.

Im Schalterbetrieb wird ein Transistor meistens übersteuert, indem der Basisstrom größer als erforderlich eingestellt wird. Je stärker die Übersteuerung, desto kürzer wird die Einschaltzeit t_{ein} des Transistors. Die Einschaltzeit ergibt sich als Summe der Verzögerungszeit t_d *(delay time)* und der Anstiegszeit t_r *(rise time)*.

Die Ausschaltzeit t_{aus} des Transistors setzt sich zusammen aus der Speicherzeit t_s *(storage time)* und der Abfallzeit t_f *(fall time)* als definierte Zeitgröße.

3.2.4 Anwendungen

Applications

Kapazitive Lastwiderstände treten in der Praxis kaum auf. Relais, Hubmagnete oder Motoren haben einen überwiegend induktiven Anteil. Aufgrund des Speicherverhaltens einer Spule muss ein Transistorschalter im Serienbetrieb mit induktiven Lasten vor Überspannungen im Ausschaltmoment geschützt werden.

Ein einfacher, aber wirksamer Schutz ist eine sog. Freilaufdiode V2, wie sie in der Schaltung nach Bild 3-6 zu sehen ist. Die Freilaufdiode liegt für die Betriebsspannung U_B in Sperrrichtung und wird im Ausschaltmoment in Durchlassrichtung aktiv, also dann, wenn infolge der Induktionsspannung die Kollektorspannung größer als U_B wird. Der dann fließende Strom I_F baut die Energie des Magnetfeldes so rasch ab, dass eine gefährliche Überspannung nicht auftritt. Der Widerstand R_S begrenzt den Strom durch die Diode V2 auf zulässige Werte und wandelt die magnetische Energie in Wärme um.

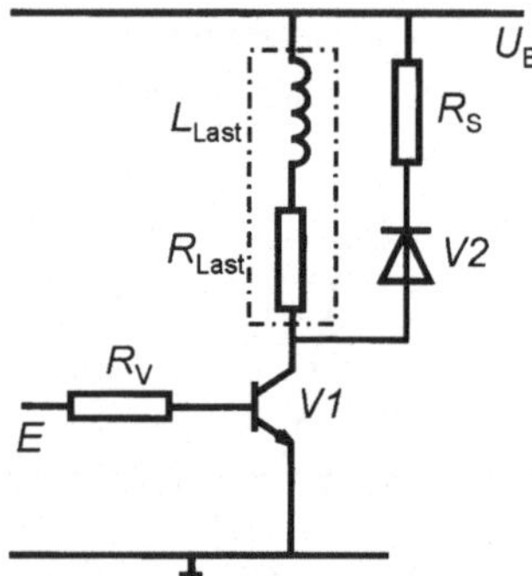

Bild 3-38
Transistorschalter mit Freilaufdiode

Bei einem Schalter mit ohmscher Last sind Ein- und Ausschaltverluste beim Umschalten gleich groß, was bei kapazitiven und induktiven Lasten nicht der Fall ist. In der Praxis sind die wesentlich größeren Ausschaltverluste bei induktiven Lasten besonders zu beachten.

Für den Impulsbetrieb (im Gegensatz zum Dauerbetrieb) kann eine mittlere Verlustleistung definiert und berechnet werden.

Schaltungen zur Ansteuerung von Relais und Magnetventilen sind in Bild 3-39 und Bild 3-40 dargestellt. Für große Lasten wird, wie bereits gesagt, der sog. Serienbetrieb bevorzugt.

In der Schaltung nach Bild 3-39 haben Steuerelektronik und der Transistorschalter als Treiber für das Relais K1 identische Versorgungsspannungen. In der Schaltung nach Bild 3-40 wird das Magnetventil Y1 zusätzlich mit höherer Spannung betrieben.

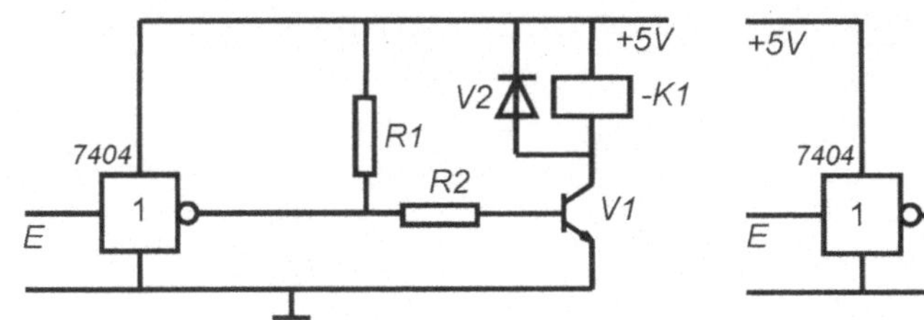

Bild 3-39 Relaisansteuerung

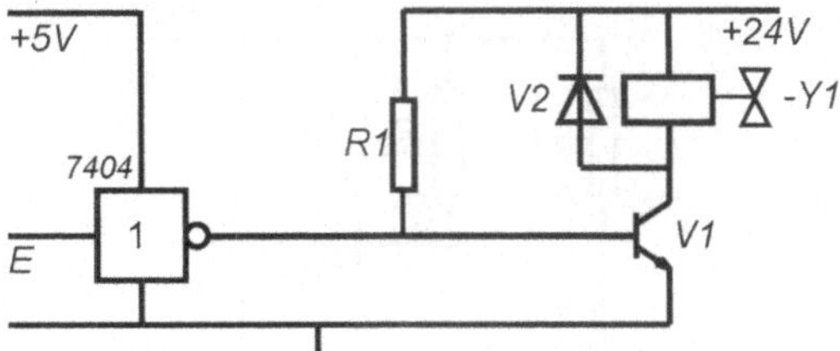

Bild 3-40 Magnetventilansteuerung

Im Vergleich zum bipolaren Transistor weist der FET beim Einsatz als Schalter einige Vorteile auf

- nahezu leistungslose Steuerung aufgrund des hohen Eingangswiderstandes
- Drainstrom sehr gering im gesperrten Zustand
- für integrierte Schaltungstechnik aufgrund der einfachen Herstellung und geringen Abmessungen gut geeignet
- selbstsperrende IG-FET für digitale Logikschaltungen besonders geeignet, da die einzelnen Schalterstufen direkt gleichstrommäßig gekoppelt werden können
- gutes dynamisches Schaltverhalten, da nur Majoritätsträger am Strom beteiligt sind.

3.2.5 Analoge Verstärker

Analog amplifier

In den meisten Anwendungsfällen werden Transistoren verwendet, um kleine Eingangsspannungen und -ströme zu großen Ausgangsspannungen und -strömen zu verstärken. Die Form der Signale muss dabei erhalten bleiben, jedoch sind die Amplituden vergrößert. Da Eingangs- und Ausgangssignale einander ähnlich sind, arbeitet der Transistor als Analogverstärker (analog → Griech.: ähnlich).

Die zur Verstärkung eines anliegenden Signals notwendige Hilfsenergie liefert z. B. eine Batterie, ein Netzteil. Unter Signal versteht man allgemein eine bestimmte Eingangsspannung, einen bestimmten Eingangsstrom oder eine bestimmte Eingangsleistung sowie entsprechende Ausgangsgrößen. Einer Transistorschaltung kann mehr Energie entnommen werden, als ihr am Eingang zur Verfügung steht.

Zu verstärkende Signale liefern u. a. Mikrofone, Tonabnehmersysteme von Plattenspielern, CD-Playern, Tonköpfen in Recordern, Antennen, Vorverstärker (Signalquellen). Die verstärkten Signale, also die Ausgangssignale können über entsprechende Wandler (Lautsprecher, Bildröhren, Motoren und andere Ausgabeeinheiten) hörbar bzw. sichtbar gemacht werden.

Bipolarer Transistor als Verstärker

Der bipolare Transistor muss als Gleichstrom steuerndes Bauelement verstanden werden. Wechselspannungen, also Signale mit positiven und negativen Amplituden, können nur mit Hilfe von Schaltungskniffen verstärkt werden.

Bildet man z. B. eine Mischspannung aus einer Gleich- und einer Wechselspannung, indem man einem Gleichstrom die Signalspannung überlagert entsprechend der Schaltung nach Bild 3-41, so verstärkt der Transistor diese Mischspannung. Die Koppelkondensatoren C_{K1} und C_{K2} verhindern, dass Gleichspannung die Quelle bzw. die Last belegt.

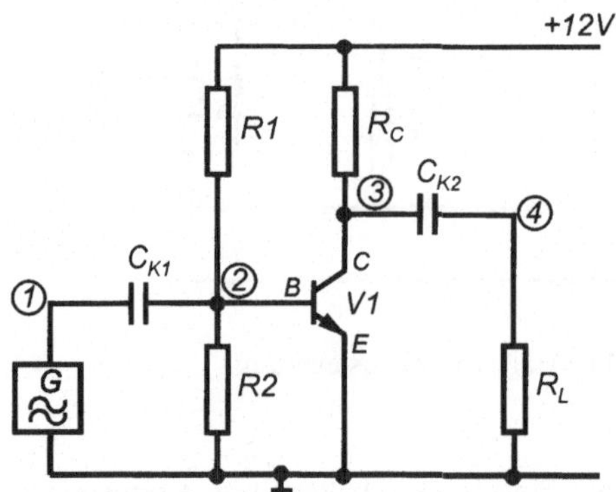

Bild 3-41 Transistorverstärkerstufe

Bild 3-42a stellt die sinusförmigen Ein- und Ausgangsspannungen am Punkt 1 und am Punkt 4 dar. Die Phasenverschiebung zwischen den beiden Kurven ergibt sich aus der generellen Phasenverschiebung bei der Emitterschaltung und der Phasenverschiebung aufgrund der beiden RC-Glieder.

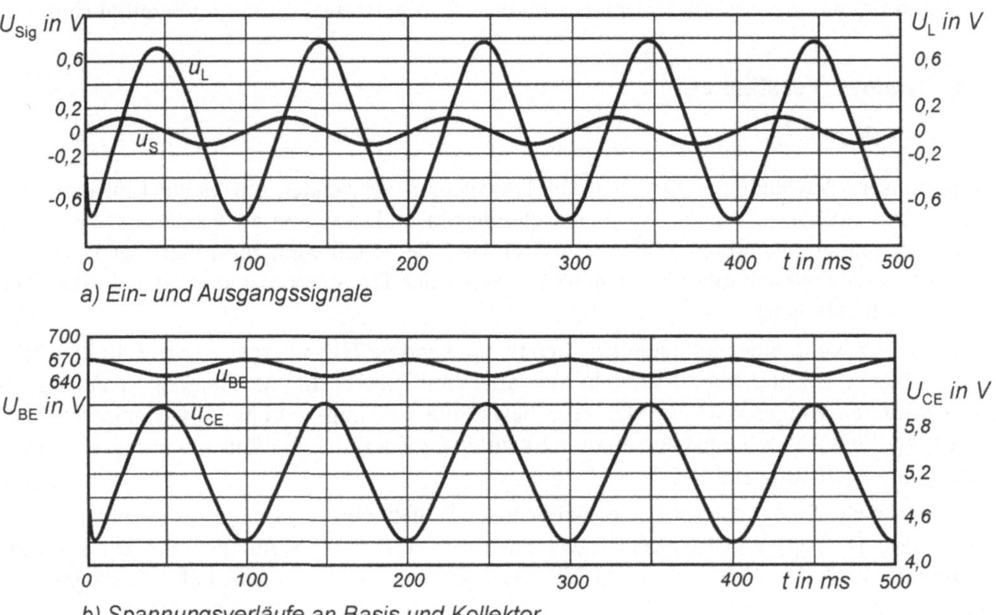

Bild 3-42 Liniendiagramme der Ein- und Ausgangsspannungen der Transistorstufe

Bild 3-42b zeigt die Mischspannung U_{BE} an der Basis (Punkt 2) und die Mischspannung U_L am Kollektor (Punkt 3) des Transistors. Der Gleichanteil muss so groß bemessen sein, dass die Mischspannung keine negativen Anteile hat. Ohne diese Maßnahme würden nur die positiven Amplituden verstärkt werden.

Eine Möglichkeit, den Transistor in den AP zu bringen, also die Gleichstromanteile einzustellen, ist die Erzeugung der Basisvorspannung durch einen Basisspannungsteiler nach Bild 3-41. Der Strom durch R1 teilt sich in den Basisstrom I_{BA} und den Querstrom I_q, so dass also durch R1 die Summe aus I_q und I_{BA} fließt, durch R2 jedoch nur der I_q. Der Querstrom I_q sollte verhältnismäßig groß gegenüber dem Basisstrom gewählt werden. Er lässt am Widerstand R1 die Basis-Emitter-Spannung U_{BE} abfallen..

Da die Eingangskennlinie sehr steil verläuft, ergibt schon eine kleine Änderung von U_{BEA} eine große Änderung des Basisstromes. Deshalb erfolgt die genaue Einstellung des Arbeitspunktes bei dieser Schaltung zweckmäßigerweise durch ein Potenziometer anstelle von R2.

Die Lage des Arbeitspunktes ist nicht sehr temperaturstabil. Erhöht sich z. B. die Temperatur des Transistors, so wird die Basis-Emitter-Strecke niederohmiger, da der Temperaturkoeffizient des Widerstandes einer Diode negativ ist (Eigenleitung).

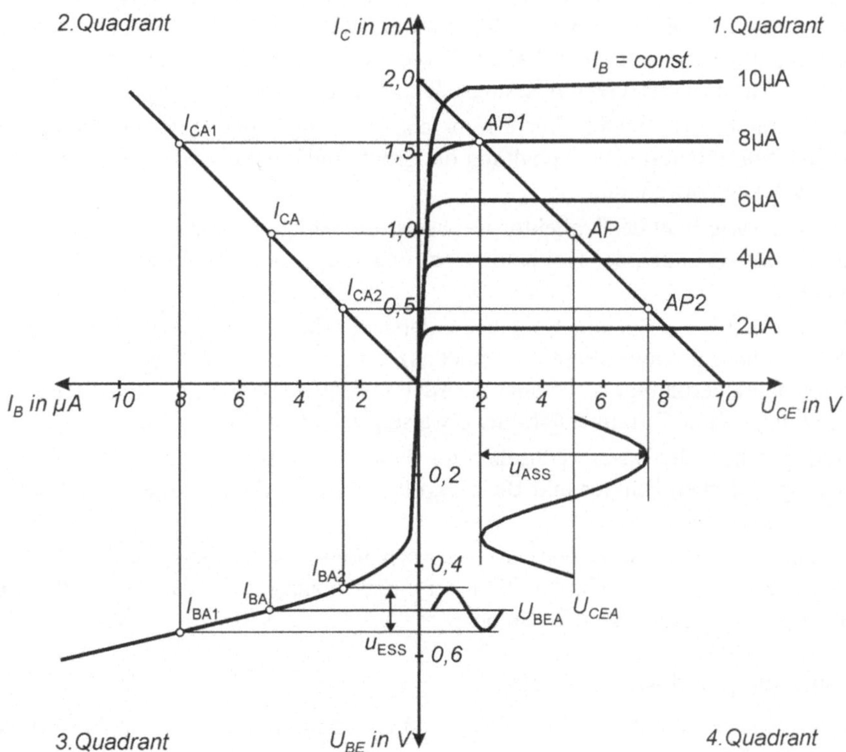

Bild 3-43 Vierquadranten-Kennlinienfeld mit Arbeitspunkten

Der besondere Vorteil des Vierquadranten-Kennlinienfeldes eines bipolaren Transistors liegt darin, dass bestimmte Daten von einem Quadranten direkt in einen anderen Quadranten, also von einem Kennlinienfeld in ein anderes, übertragen werden können. Daher lässt sich die Verstärkerwirkung eines bipolaren Transistors im Vierquadranten-Kennlinienfeld besonders gut darstellen und erläutern.

In Bild 3-43 sind die Zusammenhänge für eine prinzipiell zu erstellende Verstärkerschaltung dargestellt und grafisch erläutert. Zunächst muss die Arbeitsgerade des Kollektorwiderstandes R_C in das Ausgangskennlinienfeld eingezeichnet werden.

Diese Wahlen ergeben im 1. Quadranten den Kollektorstrom I_{CA}, im 2. Quadranten den Basisstrom I_{BA} und weitergeführt in den 3. Quadranten eine Basis-Emitter-Spannung U_{BEA}. Der Arbeitspunkt AP liegt nun fest.

Legt man nun an die Basis des Transistors eine Eingangswechselspannung (AC) u_{ESS}, so überlagert diese die Gleichspannung U_{BEA}.

Für die AC wandert der AP im 3.Quadranten an der Kennlinie zwischen I_{BA1} und I_{BA2}. Somit ändert sich auch der I_C und wandert nun zwischen I_{CA1} und I_{CA2}.

Diese Änderung des Kollektorstromes ruft am Arbeitswiderstand R_C eine Spannungsänderung hervor, so dass U_{CE} zwischen U_{CEA1} und U_{CEA2} variiert, also sich um $\Delta U_{CE} = u_{ASS}$ ändert.

Es gibt drei Transistor-Grundschaltungen. Die jeweilige Bezeichnung der Transistor-Grundschaltung ist von derjenigen Elektrode abgeleitet, die gemeinsamer Bezugspunkt für das Eingangs- und Ausgangssignal ist. Aufgrund der Wirkungsweise eines Transistors hat jede der drei Grundschaltungen besondere Eigenschaften. Diese technischen Eigenschaften der Grundschaltungen werden durch eine Reihe von Kenngrößen näher beschrieben.

Die **Emitterschaltung** liefert sowohl eine Strom- als auch eine Spannungsverstärkung, die größer als eins sind. Somit liefert diese Schaltung die größtmögliche Leistungsverstärkung und findet damit die häufigste Anwendung.

In der **Kollektorschaltung** liegt der Kollektor wechselstrommäßig auf Masse. Wird der Basisstrom erhöht, so erhöht sich auch der Kollektorstrom und somit auch der Spannungsabfall am Emitterwiderstand R_E.

Die Kollektorschaltung hat bei hohem Eingangswiderstand einen niedrigen Ausgangswiderstand. Sie findet also häufig Anwendung als Impedanzwandler, z. B. zur Anpassung hochohmiger Generatoren an niederohmige Verbraucher. Auch in Endstufen von Leistungsverstärkern findet sie Anwendung, da ihre Stromverstärkung etwa so groß ist wie die der Emitterschaltung.

In der **Basisschaltung** liegt die Basis wechselstrommäßig auf Masse. Wird die Eingangsspannung (die Spannung zwischen Emitter und Basis) größer, d. h. wird der Emitter negativer, so wird der Transistor niederohmiger.

Wegen ihrer hohen Grenzfrequenz f_g wird die Basisschaltung vorzugsweise in der Hochfrequenztechnik eingesetzt. Die Basisschaltung hat bei einem niedrigen Eingangswiderstand einen verhältnismäßig hohen Ausgangs widerstand.

Arbeitspunkteinstellung und -stabilisierung

Der Transistor muss mit bestimmten Werten für I_C und U_{CE} betrieben werden, um bestimmten Anforderungen zu genügen. Das Einstellen dieser Werte bezeichnet man als „in den Arbeitspunkt bringen". Dieser Arbeitspunkt AP wird durch U_{CEA} und I_{CA} festgelegt und durch I_{BA} eingestellt und gehalten.

Der Arbeitspunkt eines Transistors im Kleinsignalbetrieb als NF-Verstärker sollte möglichst in der Mitte der Widerstandsgeraden liegen, um zu verhindern, dass ein Signal infolge der Kennlinienkrümmungen unsymmetrisch verstärkt wird. Bei Ansteuerung des Transistors mit einem sinusförmigen Signal auf die Basis ändert sich der Kollektorstrom um einen bestimmten Wert nach oben und unten. Wird dabei der geradlinig ansteigende Teil aller Parameter-Linien erreicht und gar noch größer, so kommen sinusförmige Eingangssignale nicht als sinusförmige Ausgangsgrößen an, sondern die Signale werden verzerrt.

Aus diesen Überlegungen heraus wird deutlich, wie wichtig es ist, dass der Transistor seinen eingestellten AP nicht verlässt. Die Einstellung des Basisstromes I_B ist eine weitere Möglichkeit, den Transistor gleichstrommäßig in den AP bringen.

Die Basis-Emitter-Strecke muss in Durchlassrichtung betrieben werden, damit ein Kollektorstrom fließen kann. Dieses erfolgt durch eine Basisvorspannung U_{BE}, die so groß sein muss wie die Schleusenspannung der Basis-Emitter-Diode. Die einfachste Schaltung zur Erzeugung dieser Basisvorspannung und zur Einstellung des Basisstromes ist in Bild 3-44 dargestellt. Hierbei fließt der Basisstrom I_{BA} durch den Widerstand R1, ruft an ihm einen Spannungsabfall hervor und fließt dann in die Basis des Transistors.

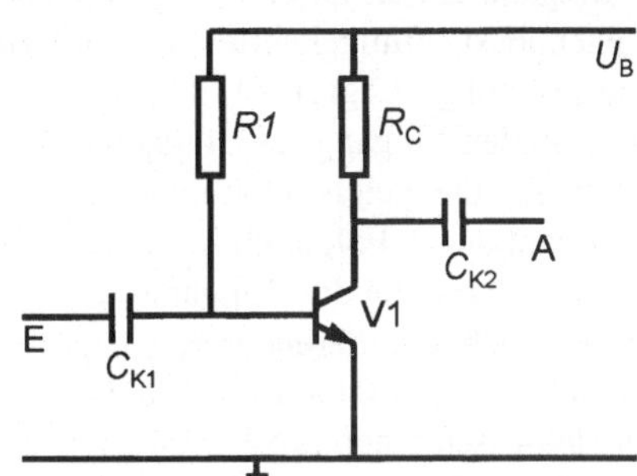

Bild 3-44 Einstellung des Basisstromes

Dieser Spannungsabfall muss so groß sein, dass von der Spannung U_B gerade noch die Basisvorspannung übrig bleibt, welche die Basis-Emitter-Diode in Durchlassrichtung betreibt. Durch diese Schaltungsmaßnahme haben wir nun den Transistor gleichstrommäßig in den Arbeitspunkt gebracht.

Die Basisvorspannung bleibt sowohl bei Schwankungen von U_B als auch bei Temperaturschwankungen nahezu konstant, weil bei einem Ansteigen von I_{BA} der Spannungsabfall an R1 höher wird, so dass U_{BE} wieder kleiner wird, was einen Rückgang von I_{BA} auf seinen ursprünglichen Wert zur Folge hat.

Von Vorteil ist auch der stets sehr hochohmige Widerstand R_1, weil infolgedessen die Spannungsquelle und die Signalquelle nur gering belastet werden. Nachteilig ist dagegen, dass aufgrund der Exemplarstreuungen der Transistoren jede einzelne Transistorstufe abgeglichen werden muss, was nach einem evtl. Auswechseln eines Transistors wiederholt werden muss.

Bessere Arbeitspunktstabilisierungen ermöglichen Gegenkopplungsschaltungen. Bei diesen wird ein Teil der Ausgangsspannungen oder -ströme auf den Eingang zurückgekoppelt in der Weise, dass die Eingangswerte gemindert werden (Gegenkopplung).

3.2.6 Operationsverstärker

Operational amplifier

Einführung

Der Operationsverstärker (*operational amplifier*) ist aus einer Vielzahl von Transistoren, Dioden und Widerständen als sog. Integrierter Schaltkreis (*integrated circuit*) aufgebaut und kann vom Anwender als ein Bauelement betrachtet werden.

Der besondere Vorteil der OP liegt darin, dass sich seine Eigenschaften durch einfache äußere Beschaltungen stark variieren lassen. OP sind daher in großem Umfang in analogen Schaltungen, aber auch in Schaltungen der Digitaltechnik verwendbar.

Nahezu alle OP haben einen Differenzverstärker als Eingangsschaltung, was zur Folge hat, dass bei gleichen Spannungen an den beiden Eingängen die Ausgangsspannung U_A (nahezu) null ist.

Die beiden Eingänge zeigen unterschiedliches Verhalten in Bezug auf die möglichen Ausgangsspannungen. Legt man eine Spannung an den Eingang E-, so ist die Ausgangsspannung gegenphasig (umgekehrte Polarität) zur Eingangsspannung. Legt man dagegen eine Spannung an den Eingang E+, so hat die Ausgangsspannung die gleiche Phasenlage wie die Eingangsspannung. Folgerichtig heißt der Eingang E- invertierender Eingang und der Eingang E+ nichtinvertierender Eingang. Das Ersatzschaltbild eines OPs nach Bild 3-45 beschreibt elek-trisch einen „realen OP" mit den entsprechenden Eingangs- und Ausgangsgrößen.

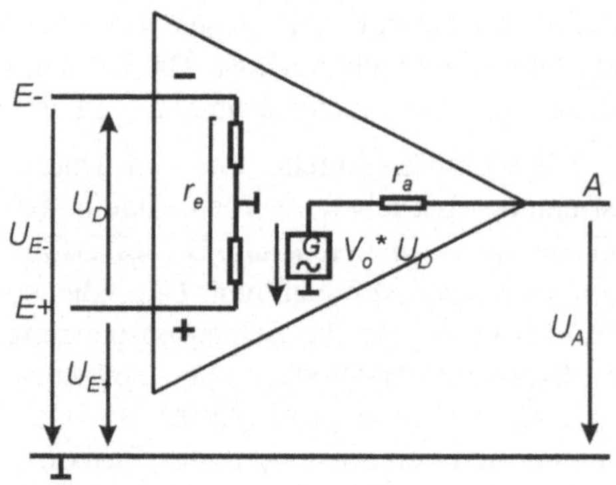

Bild 3-45 Ersatzschaltbild eines OP

Der Eingangswiderstand r_e des OP ist sehr hoch und lässt sich durch Verwendung von Feldeffekttransistoren im Differenzverstärker deutlich vergrößern. Die Endstufen in OPs bestehen im Wesentlichen aus Gegentakt-Endstufen oder Eintakt-Endstufen mit „open collector".

Grundlagen des OP

Der OP reagiert nur auf die Differenz der beiden Eingangssignale. Diese Spannung U_D wird nun mit der Leerlaufverstärkung V_o (open loop gain) verstärkt an den Ausgang gebracht und ist als Ausgangsspannung U_A messbar.

Ausgangsspannung: $U_A = V_o \cdot U_D = V_o \cdot (U_{E+} - U_{E-})$

Nach Bild 3-46 sind Ausgangsspannung U_A und Eingangsdifferenzspannung U_D nur proportional bis zu dem Wert $\pm\, U_{Amax}$, bei dem der OP in die Sättigung geht.

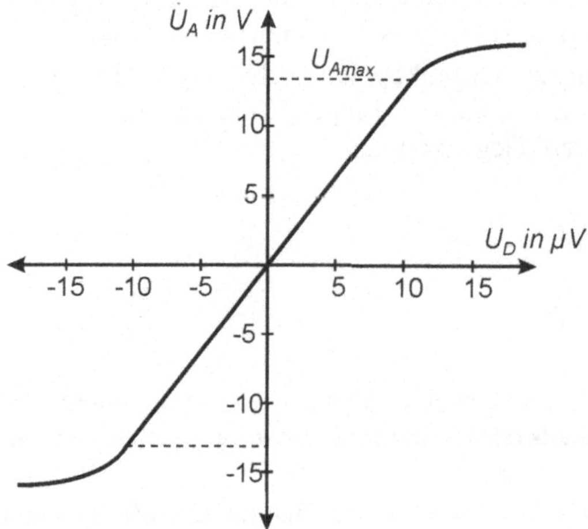

Bild 3-46 Übertragungskennlinie

Die Daten eines „idealen" (gewünschte Eigenschaften) und „realen" OP (vorhandene Eigenschaften) sind einander in der Tendenz in der Tabelle gegenübergestellt.

Tabelle 3-2 Vergleichsübersicht idealer-realer Operationsverstärker

Charakteristische Eigenschaft	**Idealer OP**	**Realer OP**
Leerlaufverstärkung V_o	∞	10^3 ... 010^7
Eingangswiderstand r_e	∞ Ω	10^6 ... 010^{14} Ω
Ausgangswiderstand r_a	0 Ω	30 ... 100 Ω
Temperaturdrift	nicht vorhanden	von -50°C ... +75°C sehr klein
Übertragungsbandbreite B	± ∞ Hz	10^4 ... 10^7 Hz
Aussteuerbereich $U_A = f(U_E)$	- ∞V... + ∞V	- U_B ... + U_B

In elektronischen Schaltungen werden Verstärker mit unterschiedlichen Verstärkungsfaktoren und mit bestimmtem dynamischen Übertragungsverhalten benötigt. Außerdem sind zusätzlich Schaltungen erforderlich, die diverse Rechenoperationen, wie z. B. Addieren, Subtrahieren, Multiplizieren, Dividieren, Integrieren, Differenzieren, u. ä., ausführen können. Das gewünschte Verhalten kann man durch eine entsprechende Beschaltung eines OP erreichen.

Verstärker mit frequenzunabhängiger Gegenkopplung

Wenn bei Verstärkern mit OP im Gegenkopplungszweig ausschließlich ohmsche Widerstände benutzt werden, so ist die Gegenkopplung frequenzunabhängig. Dadurch ist im zulässigen Arbeitsbereich des Verstärkers die Verstärkung V_u konstant und unabhängig von der Frequenz des Signals.

Beim **invertierenden Verstärker** in der Schaltung nach Bild 3-47 wird die Verstärkung im Wesentlichen durch das Widerstandsverhältnis festgelegt und ist somit unabhängig von den spezifischen Kenngrößen des OP.

Spannungsverstärkung beim

a) idealen OP:

$$V_u = \frac{U_2}{U_1} = -\frac{R_2}{R_1}$$

und b) beim realen OP:

$$V_u = -\frac{V_o}{1 + (1 + V_o) \cdot \frac{R_1}{R_2}}$$

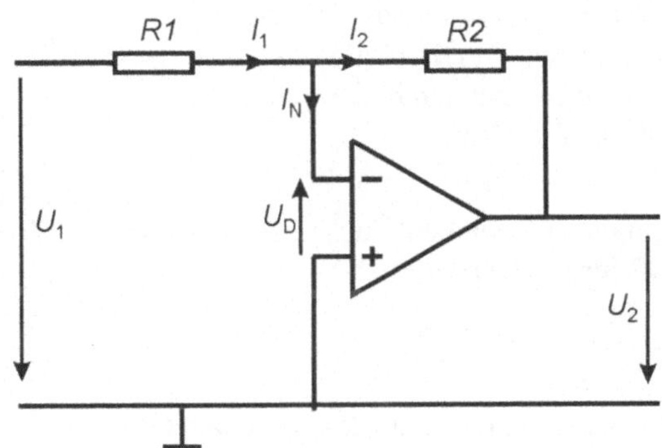

Bild 3-47 Invertierender OP

Der Fehler bei Annahme eines „idealen" OP gegenüber korrekter Rechnung beträgt nur ca. 1 %. Unter Beachtung der Widerstandstoleranzen kann in der Praxis mit der Gleichung für den „idealen" OP gearbeitet werden bei $V_o \geq 60$ dB.

Bezogen auf einen an den Ausgang geschalteten Verbraucher wird der ohnehin kleine Ausgangswiderstand r_a des Bauteils OP in der Schaltung noch niederohmiger. Für den Ausgangswiderstand des beschalteten OP gilt:

$$r'_a = \frac{r_a}{V_o} + r_a \cdot \frac{V_u}{V_o}$$

Der Eingangswiderstand eines „realen" OPs ist nicht unendlich groß, wie beim „idealen" OP angenommen. Für den Eingangswiderstand beim realen OP, d. h. mit $V_o \neq \infty$ gilt:

$$r'_e = \frac{U_1}{I_1} = R_1 + \frac{R_2}{1+V_o},$$

für den beim idealen, d. h. mit Vo $\rightarrow \infty$ gilt:

$$r'_e \approx R_1.$$

Beschaltet man einen OP gemäß Schaltung nach Bild 3-48, so entsteht ein **nichtinvertierender Verstärker**. Die Widerstände R_1 und R_2 liegen in Reihe an der Ausgangsspannung U_2 und bilden einen Spannungsteiler, bei dem die Spannung U_N auf den invertierenden Eingang geschaltet (Gegenkopplung) ist.

Die Verstärkung des nichtinvertierenden OPs hängt nur von der äußeren Beschaltung ab und kann in weiten Grenzen unabhängig von der Leerlaufverstärkung festgelegt oder eingestellt werden.

$$V_u = 1 + \frac{R_2}{R_1}$$

Spannungsverstärkung:
Die Verstärkung V_u kann hier nicht kleiner als 1 werden kann, was beim invertierenden OP möglich ist.

Eingangswiderstand des beschalteten OP für f < 100Hz:

$$r'_e \approx r_{Gl}$$

Eingangswiderstand des beschalteten OP für f > 100Hz:

$$r'_e = r_e \cdot \frac{V_o}{V_u}$$

Ausgangswiderstand des beschalteten OP:

$$r'_a = r_a \cdot \frac{V_u}{V_o}$$

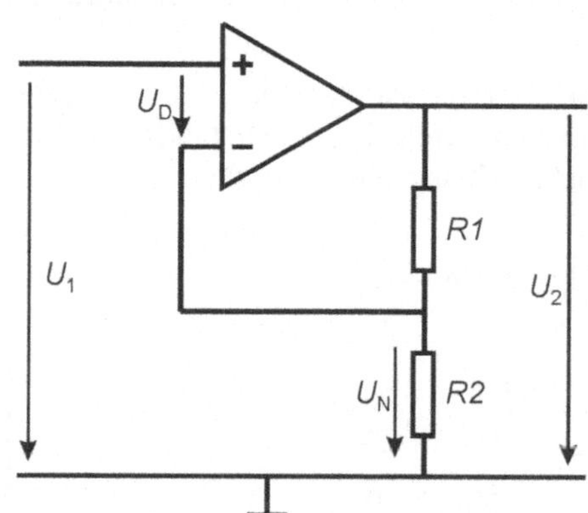

Bild 3-48 Nichtinvertierender OP

Macht man beim nichtinvertierenden OP den Wert des Widerstandes $R_1 = \infty\Omega$ und den Wert des Widerstandes $R_2 = 0\Omega$, so wird die Verstärkung der Schaltung zu $V_u = 1$.

Eingangswiderstand:

$$r'_{\mathrm{e}} = r_{\mathrm{e}} \cdot V_{\mathrm{o}}$$

Ausgangswiderstand:

$$r'_a = \frac{r_a}{V_o}$$

Diese Schaltung hat die Funktion eines **Impedanzwandlers**, da sie einen hohen Eingangswiderstand und einen sehr niedrigen Ausgangswiderstand hat bei gleicher Ein- und Ausgangsspannung.

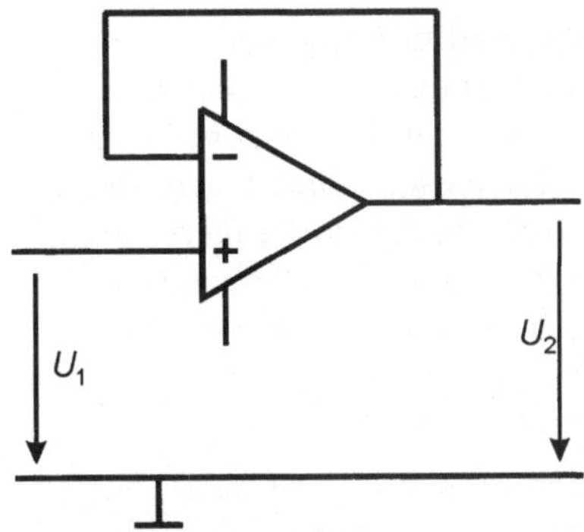

Bild 3-49 Impedanzwandler mit OP

In den OP fließen entsprechend Bild 3-50 die sog. Eingangsruheströme I_{N} und I_{P}. Obwohl diese Ströme sehr klein sind, können sie infolge der unterschiedlichen Spannungsabfälle an den äußeren Widerständen eine Spannungsdifferenz an den Eingängen des OP bewirken.

Diese Spannungsdifferenz wird verstärkt und würde ohne geeignete Maßnahmen als Störgröße am Ausgang des OP auftreten. Die Kompensation der Eingangsruheströme lässt sich durch den Widerstand R_3 in der Schaltung nach Bild 3-50 erreichen.

Kompensationswiderstand:

$$R_3 = R_1 /\!/ R_2$$

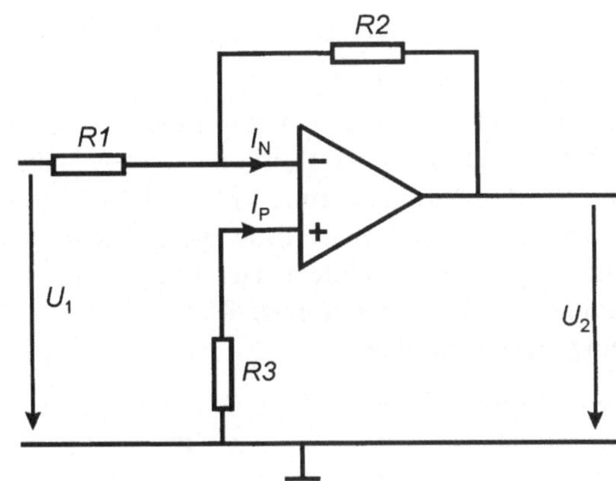

Bild 3-50 Offsetstrom-Kompensation

Die Offset-Spannung U_{o} ist die Ursache dafür, dass am Ausgang $U_{\mathrm{A}} \neq$ Null ist, auch wenn die Spannung U_{D} am Eingang zu Null gemacht wurde durch Kurzschließen und auf Masse legen der beiden Eingänge.

Unerwünschte und unvermeidbare interne Schalt- und Transistorkapazitäten ergeben zusammen mit den Widerständen in den OP Tiefpässe. Ähnlich wie bei den Transistorverstärkerstufen führt dies zu frequenzabhängigen Verstärkungsfaktoren, d. h., V_u bleibt nicht konstant bis zu höchsten Frequenzen. Der Frequenzgang ist also nicht linear.

Die Schaltung nach Bild 3-51 ist ein **invertierender Verstärker mit umschaltbarer Verstärkung** in festen Stufen. Die Verstärkung lässt sich umschalten zwischen den Werten V_u = 10, 20, 50 und 100 (Schalterstellung von unten nach oben).

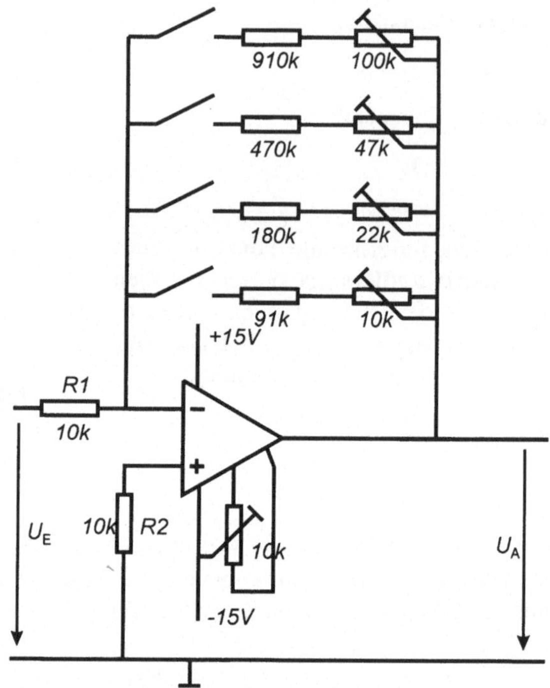

Bild 3-51 Umkehrverstärker mit umschaltbarer Verstärkung

In jeder Stufe wird mit dem eingebauten Trimmer ein Feinabgleich der Verstärkung ermöglicht. Der Ausgangswiderstand r'_a ist sehr klein und hängt von der jeweils eingestellten Verstärkung ab.

Die **Elektrometerschaltung** in Bild 3-52 ist tragendes Element des sehr hochohmigen Spannungsmessgeräts. Der Eingang dieser Messschaltung wird durch einen Spannungsteiler aus Messwiderständen gebildet. Der Widerstand R_1 dient der Strombegrenzung in den OP. Zusammen mit C_1 bildet er einen Tiefpass, dessen Aufgabe es ist, Oberschwingungen und Spannungsspitzen zu filtern.

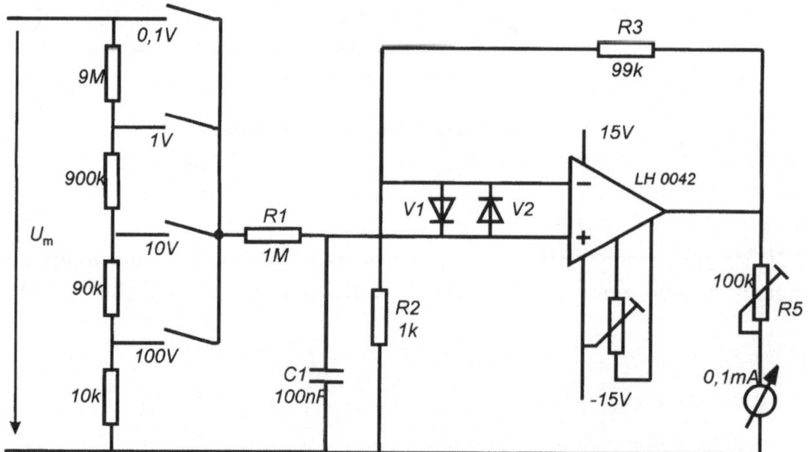

Bild 3-52 Hochohmiges Spannungsmessgerät mit nichtinvertierendem OP

Die antiparallelen Dioden V1 und V2 zwischen den OP-Eingängen begrenzen die Eingangs-Differenz-Spannung des OP. Der Trimmer R_5 ermöglicht einen Abgleich des Messinstrumentes.

Eine **Konstantspannungsquelle** mit regelbarer oder einstellbarer Ausgangsspannung stellt die Prinzipschaltung nach Bild 3-53 dar. Die Referenzspannung liefert eine Z-Diode. Am Ausgang des OP steht diese Spannung nun mit dem sehr kleinen Ausgangswiderstand des Impedanzwandlers zur Verfügung. Wird der Widerstand R_2 durch ein Potenziometer ersetzt, so ist die konstante Ausgangsspannung U_A leicht einstellbar.

Ausgangsspannung: $$U_A = \left(1 + \frac{R_2}{R_1}\right) \cdot U_Z$$

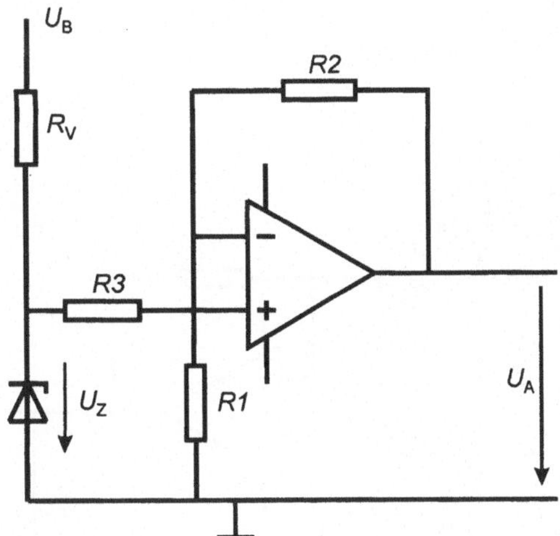

Bild 3-53 Spannungsquelle mit einstellbarer Ausgangsspannung

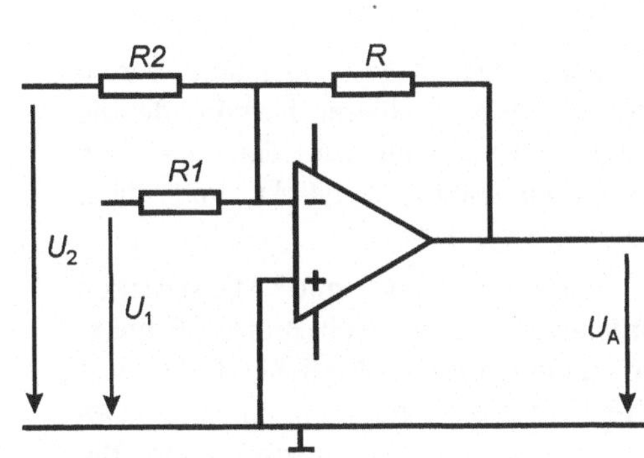

Bild 3-54 Addiererschaltung

Der Operationsverstärker in der Schaltung nach Bild 3-54 ist als **Addierer** so beschaltet, dass zwei Eingangsspannungen elektrisch addiert und verstärkt werden. Das Minuszeichen vor der Gleichung weist lediglich auf die Phasendrehung des invertierenden OP hin.

Ausgangsspannung: $$-U_A = \frac{R}{R_1} \cdot U_1 + \frac{R}{R_2} \cdot U_2$$

Der Addierer kann auf eine beliebige Anzahl an Eingängen erweitert werden und allgemein berechnet werden.

Ausgangsspannung $$-U_A = \frac{R}{R_1} \cdot U_1 + \frac{R}{R_2} \cdot U_2 + \ldots + \frac{R}{R_n} \cdot U_n$$

Die Funktion des Addierers lässt sich sowohl in der Regelungstechnik (P-Glied), (vgl. Kapitel 7) als auch in der Digitaltechnik als Digital-Analog-Wandler (D/A-Wandler) anwenden.

Die Schaltung nach 3-55 ist ein **Subtrahierer**. Mit ihr wird die zwischen den beiden Eingängen wirksame Spannung verstärkt.

Ausgangsspannung:

$$U_A = \frac{R_2}{R_1} \cdot (U_{E2} - U_{E1})$$

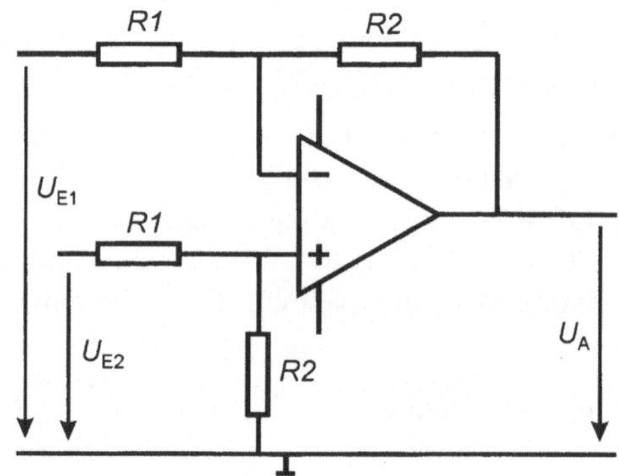

Bild 3-55 Subtrahierschaltung

Mit den eingesetzten Widerstandswerten arbeitet der Subtrahierer korrekt, da die Eingangsspannungen mit dem gleichen Verstärkungsfaktor verstärkt und dann subtrahiert werden.

Im Zusammenhang mit Messbrücken (Brückenschaltung) nach Bild 3-56 bietet der Subtrahierer die Möglichkeit, die massefreie Brückenspannung in eine massebezogene Spannung U_A umzuwandeln, die dann weiterverarbeitet werden kann.

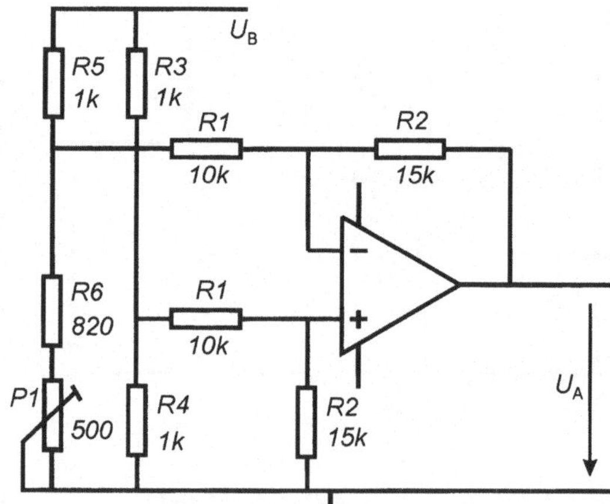

Bild 3-56 Subtrahierer mit Brückenschaltung

Werden in der Brückenschaltung ein oder mehrere ohmsche Widerstände gegen temperatur-, licht- oder magnetfeldabhängige Widerstände ausgewechselt, so können entsprechende Messwerte erfasst und zweckbestimmt ausgewertet werden.

Unsymmetrien in der Brücke können mit dem Potenziometer abgeglichen werden.

Verstärker mit frequenzabhängiger Gegenkopplung

Ersetzt man die ohmschen Widerstände durch Kapazitäten oder Induktivitäten, so ist die Verstärkung V_u nicht konstant, sondern frequenzabhängig.

Die Schaltung nach Bild 3-57 zeigt einen **Integrator** mit invertierendem OP, bei dem ein Teil der Ausgangsspannung über einen Kondensator auf den invertierenden Eingang des OP zurückgekoppelt.

Das Bode-Diagramm eines Integrators zeigt Bild 3-58, wobei die linke Achse die Verstärkung (*gain*) in dB und die rechte Achse die Phasenverschiebung (*phase range*) in Grad anzeigt.

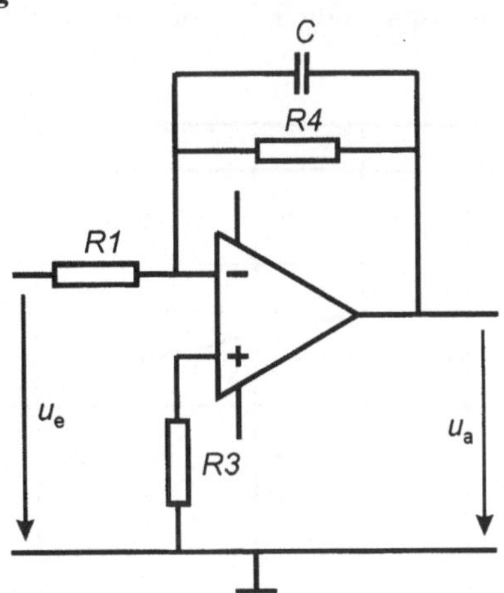

Bild 3-57 Integrator mit OP (I-Glied)

Ausgangsspannung

$$-u_a = \frac{1}{R_1 \cdot C} \cdot \int_0^t u_e \cdot dt + U_{ao}$$

Die Spannung U_{a0} ist die Spannung, die zu Beginn der Integration am Ausgang der Schaltung vorhanden ist. Das Produkt $R_1 \cdot C = T_I$ wird Integrierzeit genannt.

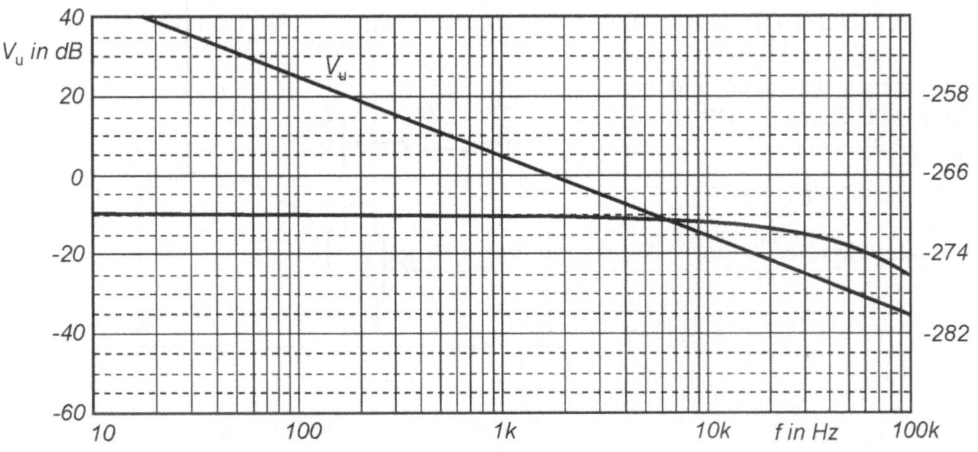

Bild 3-58 Bode-Diagramm eines Integrators (I-Glied)

Die Spannung U_A kann sich aufgrund des Kondensators im Gegenkopplungszweig nicht sprunghaft ändern, wenn auf den Eingang des Integrators ein Spannungssprung gegeben wird. Sie ist eine lineare Größe, nicht eine e-Funktion und kann je nach Polarität der Eingangsspannung nur noch kontinuierlich ansteigen oder abfallen. Begrenzt wird die Spannung U_A zwangsläufig durch die Betriebsspannung U_B des OP.

Ausgangsspannung bei Gleichspannung: $-U_A = \frac{t}{R_1 \cdot C} \cdot U_E$

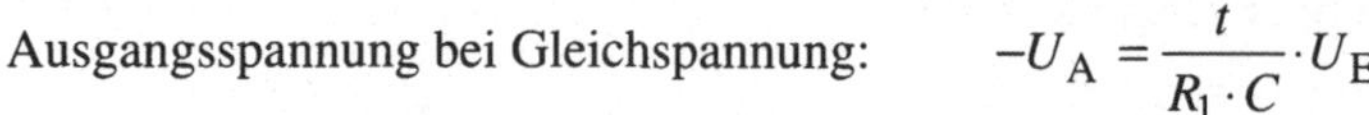

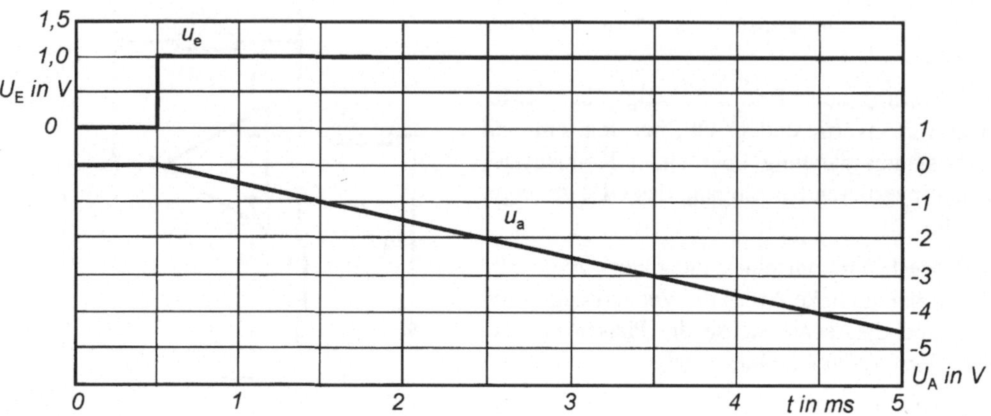

Bild 3-59 Sprungantwort eines Integrators

Die Schaltung nach Bild 3-60 zeigt die Prinzipschaltung eines **Differenziators** mit invertierendem OP. Betrachten wir den OP wieder als ideal, d. h., die Leerlaufverstärkung V_0 geht gegen unendlich und der Eingangswiderstand des OP ist unendlich groß, so gilt

Ausgangsspannung:

$$-u_a = R_1 \cdot C \cdot \frac{du_e}{dt}$$

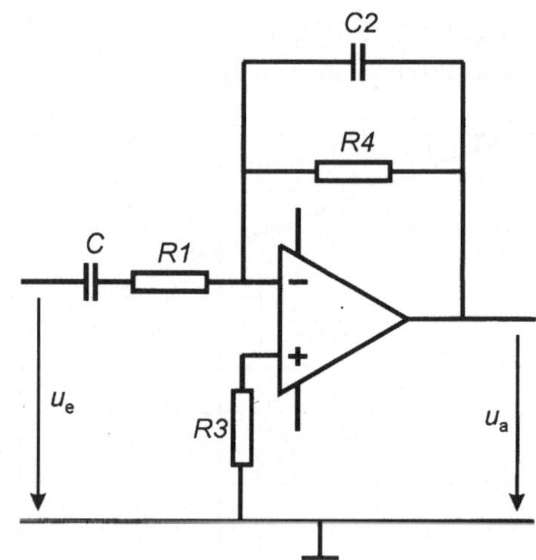

Bild 3-60 Differenziator (D-Glied)

Die Ausgangsgröße u_a des Differenziators hängt nach Bild 3-61 von der zeitlichen Änderung der Eingangsspannung u_e ab, d. h., eine konstante Eingangsspannung verursacht beim Differenziator keine Ausgangsgröße.

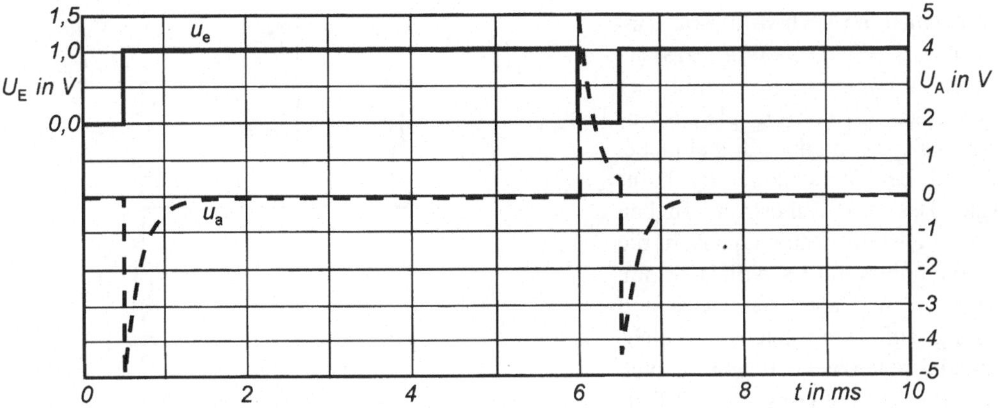

Bild 3-61 Sprungantwort eines Differenziators

Im Bode-Diagramm des Differenziators nach Bild 3-62 ist der Amplitudengang eine Gerade, die mit 20 dB/Dekade ansteigt und bei der Kreisfrequenz $\omega = 1$ den Wert T_D hat.
Zeitkonstante: $T_D = R_1 \cdot C$

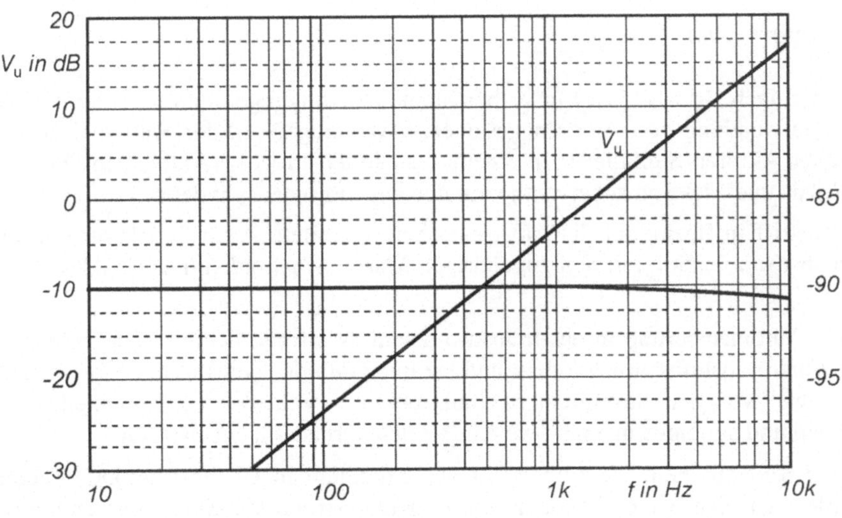

Bild 3-62 Bode-Diagramm eines Differenziators (D-Glied)

Zum Einsatz eines Operationsverstärkers als PID-Glied siehe Kapitel 7.4.

In der Schaltung nach Bild 3-63 wird ein OP als **Wechselspannungsverstärker** verwendet. So trennt der Kondensator C_3 den OP gleichspannungsmäßig von der Signalquelle, während der Widerstand R_3 dafür sorgt, dass ein Ruhestrom fließen kann. Der Kondensator C_1 macht die Gegenkopplung für DC voll wirksam. Dieses bedeutet aber, dass Aus- und Eingang auf dem gleichen Gleichspannungspotenzial liegen, auch unter Berücksichtigung der Offset-Spannung. Eine Korrektur der Folgen der Eingangsruheströme lässt sich leicht vornehmen, indem man $R_2 \approx R_3$ wählt.

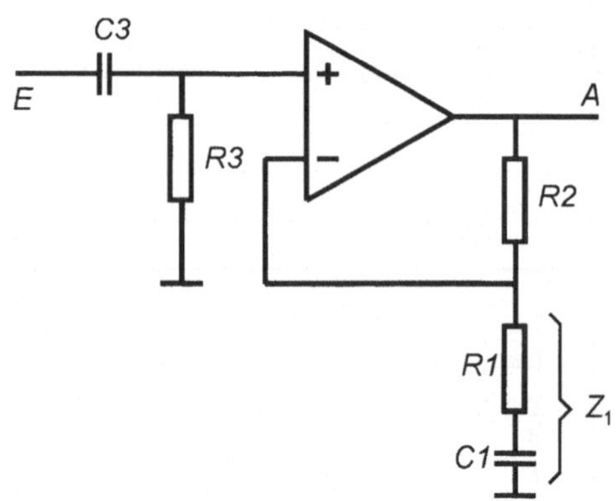

Bild 3-63 NF-Verstärker mit OP

3.3 Aktoren

Actuators

3.3.1 Allgemeines

General information

Der Antriebsmotor nach Bild 1-1 wird unter bestimmten Bedingungen und nach festgelegten Kriterien unter Verwendung von Aktoren gesteuert bzw geregelt. In der Steuerungstechnik versteht man unter Aktoren Stellglieder in einem gesteuerten Prozess. Aktoren in dem Sinn sind Schütze, Relais und Elektromagnetventile mit den zugehörigen Zylindern.

Hier ist dieser Begriff in Bezug auf die Antriebstechnik erweitert. Auch Softstarter und Frequenzumrichter in Kombination mit den zugehörigen Maschinen werden hier als Aktoren betrachtet.

Die zunehmende Automatisierung in der Industrie macht es erforderlich, die Drehzahlen der Antriebe schnell und feinstufig zu verändern und sie innerhalb des gewünschten Stellbereichs konstant zu halten. Mit der Stromrichtertechnik ergaben sich neue Möglichkeiten, die Drehzahlen schnell und stufenlos in einem weiten Bereich verlustarm einzustellen.

Gerade bei den Servoantrieben, die früher fast ausschließlich in Gleichstrom(DC)-Technik ausgeführt wurden, ist eine starke Tendenz hin zum Drehstrom(AC)-Synchron- und Asynchronmotor (Induktionsmaschinen) zu beobachten. Servoantriebe sind Antriebssysteme, die ein dynamisches, genaues und überlastfähiges Verhalten in einem großen Drehzahlstellbereich aufweisen. Neue leistungsfähigere Permanentmagnete (z. B. aus Samarium-Cobalt und Neodym-Eisen-Bor) steigern durch ihre höhere Energiedichte die Leistung des Motors bei gleichzeitiger Reduzierung der Masse. Damit erhöht sich die Dynamik der Antriebe und die Baugröße der Motoren wird kleiner.

In der modernen Antriebstechnik werden bei vielen Anwendungen hohe Anforderungen gestellt an

- die Positioniergenauigkeit
- die Drehzahlgenauigkeit
- den Regelbereich
- die Drehmomentkonstanz
- die Überlastfähigkeit
- die Dynamik.

Die Ansprüche an die Dynamik, also das zeitliche Verhalten eines Antriebes, resultieren aus immer schneller werdenden Bearbeitungsvorgängen, einer Erhöhung der Taktzeiten und der damit verbundenen Produktivität einer Maschine.

Die Entwicklung von Frequenzumrichtern zunächst unter Verwendung von Thyristoren, später mit Transistoren (IGBT), führte bei den geregelten Antrieben zum Einsatz von verschleißarmen, u. a. wegen der fehlenden Bürsten, Synchron- und Asynchronmotoren.

Entscheidend für den durchgreifenden Erfolg dieser bürstenlosen Antriebe (Induktionsmaschine) war der Fortschritt auf dem Gebiet der Halbleitertechnik. Die Entwicklung hochintegrierter, schneller Rechnersysteme und nicht flüchtiger Speicherbausteine ermöglichte zusätzlich die Einführung der digitalen Regelung. Mit einmaligem Softwareaufwand statt bisher vielfachem Hardwareeinsatz werden jetzt zahlreiche Funktionen mehr realisiert.

Dank der modernen Digitaltechnik ist die Anwendung der Servoantriebe wesentlich einfacher als noch vor ein paar Jahren, da sie eine große Vielfalt an anwendungsbezogenen Optionen, Schnittstellen zu allen Steuerungen (entweder direkt oder über Datenbussysteme) und die Möglichkeit der Inbetriebnahme und Optimierung mit PC und des automatischen Abgleichs bietet.

3.3.2 Induktionsmaschinen

Induction machines

Grundlagen

Die elektrischen Maschinen können in der Regel sowohl als Generatoren wie auch als Motoren betrieben werden. Sie sollen als Generatoren Spannungen/Ströme und als Motoren Drehmomente erzeugen. Beim Generator wird durch die Antriebsmaschine (z. B. Turbine, aber auch durch die angetriebene Last) mechanische Energie zugeführt und in elektrische Energie umgewandelt. Beim Motor wird elektrische Energie zugeführt, wobei die Arbeitsmaschine (z. B. Pumpe, Förderband) den Motor mechanisch belastet.

Die Synchron- und Asynchronmaschinen sind umlaufende elektrische Maschinen und haben sog. Drehfelder. Dadurch werden in den Ständer- und Läuferwicklungen Spannungen induziert. Synchron- und Asynchronmaschinen nennt man deshalb auch Induktionsmaschinen.

Diese Maschinen bestehen aus einem feststehenden Teil, dem Ständer (Stator) und einem umlaufenden Teil, dem Läufer (Rotor). Nach dem Drehzahlverhalten der Läufer unterscheiden sich die Synchron- und Asynchronmaschinen.

Bei den Synchronmaschinen läuft der Läufer synchron, d. h. gleichzeitig mit der Drehzahl des Ständerdrehfeldes, um. Bei den Asynchronmaschinen läuft der Läufer asynchron, d. h. nicht gleichzeitig mit der Drehzahl des Ständerdrehfeldes, um. Die Läuferdrehzahl eilt der Drehfelddrehzahl der Ständerwicklung vermindert um den Schlupf nach.

Im Folgenden soll die Entstehung des Drehfeldes für ein 3-phasiges Netz (Drehstrom) dargestellt werden. Ein Drehstromnetz besteht nach Bild 3-64 aus drei zueinander um 120° phasenverschobenen sinusförmigen Wechselspannungen.

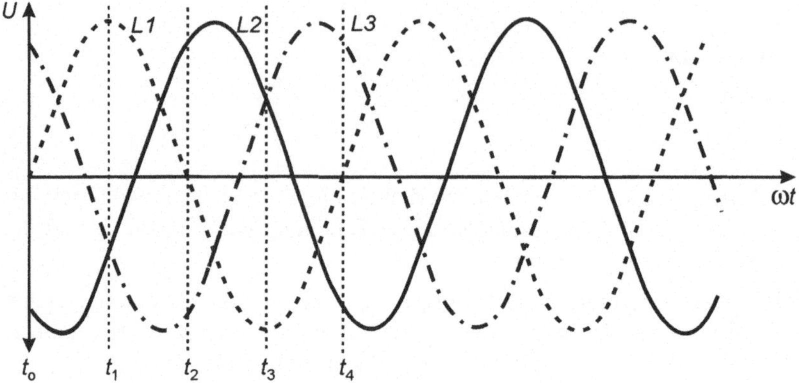

Bild 3-64 Drehstromnetz mit den Außenleitern L1, L2 und L3

Die fließenden Ströme rufen Magnetfelder hervor. Die Zusammensetzung des Gesamtfeldes erfolgt hier aus drei Einzelfeldern. Eine Ständerwicklung, bei der die drei Ständerspulen so geschaltet sind, dass nur ein Nordpol und ein Südpol entstehen, nennt man „zweipolige Maschine" oder „Maschine mit einem Polpaar". Eine vierpolige Maschine hat also zwei Polpaare usw.

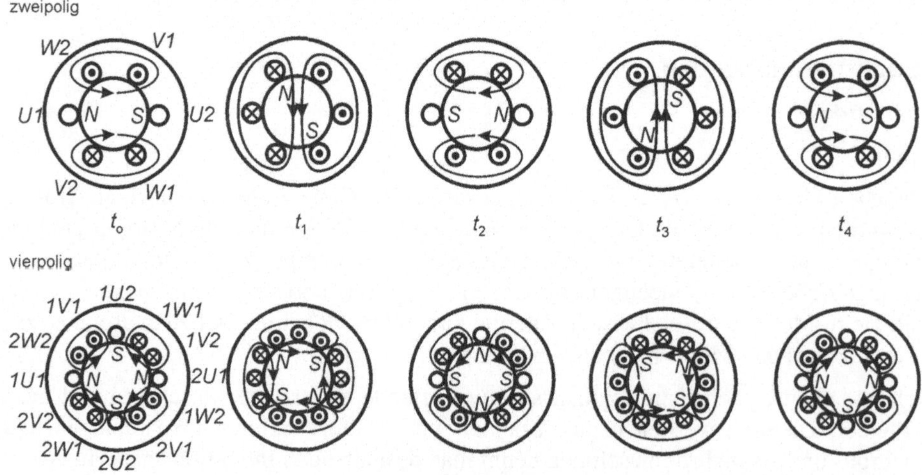

Bild 3-65 Umlaufendes Drehfeld in Abhängigkeit von der Polzahl

Nach Ablauf einer Periode (in Bezug auf L1 zum Zeitpunkt t_4) macht das Polpaar bei der zweipoligen Maschine eine Umdrehung, die Polpaare bei der vierpoligen Maschine machen jedoch nach Bild 3-65 nur eine halbe Umdrehung. Die Drehzahl des Drehfeldes hängt also von der Frequenz und der Polpaarzahl ab.

Drehfelddrehzahl	$n_d = \frac{f \cdot 60}{p}$	N_d Drehfelddrehzahl in min^{-1} F Frequenz in Hz P Polpaarzahl

für f = 50Hz						
Anzahl Pole	2	4	6	8	10	12
Polpaarzahl p	1	2	3	4	5	6
Drehfelddrehzahl n_d	3000	1500	1000	750	600	500

Die Synchron- und Asynchronmotoren bestehen aus einem feststehenden Teil, dem Stator mit Gehäuse und einem beweglichen Teil, dem Rotor oder Läufer.

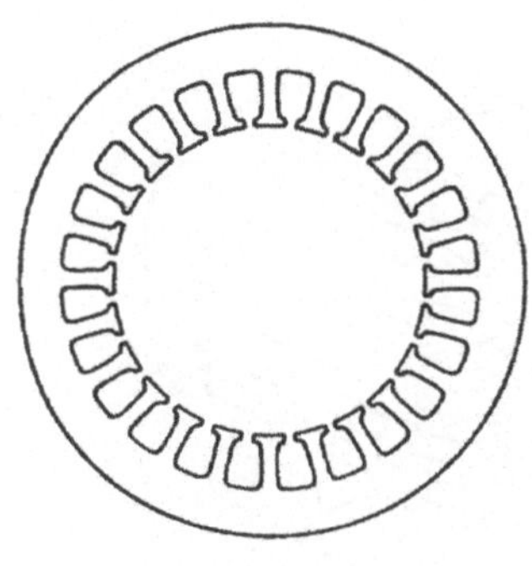

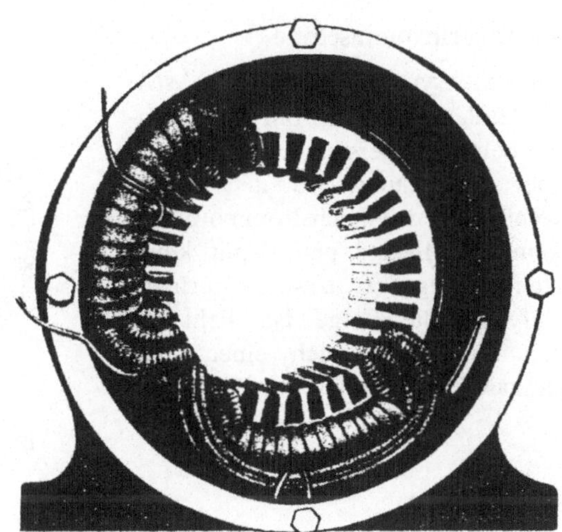

Bild 3-66 Gehäuse mit Ständerblechpaket

Im Gehäuse ist das Ständerblechpaket befestigt, das aus 0,5 mm dicken, einseitig isolierten Dynamoblechen nach Bild 3-66 zusammengeschichtet wird.

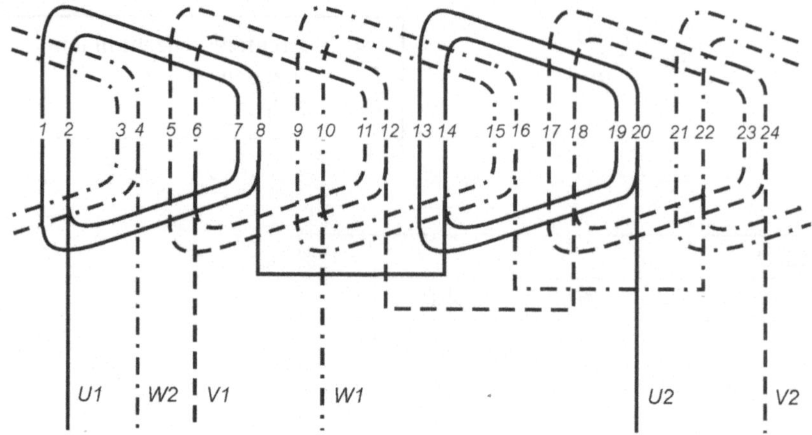

Bild 3-67 Einschicht-Gruppenwicklung mit 24 Nuten für eine vierpolige Maschine

In den Nuten des Ständers ist die Ständerwicklung untergebracht. Bild 3-67 zeigt eine Einschicht-Gruppenwicklung mit 24 Nuten für eine vierpolige Maschine. Im Ständerpaket liegen drei um 120° zueinander verschobene Spulen. Die Enden der Spulen werden herausgezogen und als Motoranschluss auf das Klemmbrett gelegt.

Prinzip der Asynchronmaschine

Der Drehstrom-Asynchron-Motor (DAsM) mit Kurzschlussläufer ist als billigster, einfachster und betriebssicherster Motor am weitesten in der Anwendung verbreitet. Hauptvorteil gegenüber dem Gleichstrommotor ist, dass er keinen Kollektor und damit keine Kohlebürsten benötigt, so dass ein geringer Wartungsaufwand die Folge ist. Fehlende Kohlebürsten erleichtern auch einen evtl. durchzuführenden Explosionsschutz.

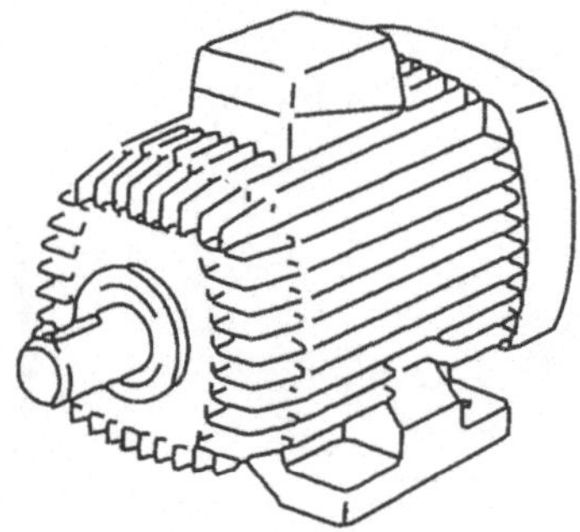

Bild 3-68 Drehstromasynchronmotor

Durch die Ständerwicklung wird ein Drehfeld erzeugt, das mit einer synchronen Drehzahl, der sog. Drehfelddrehzahl n_d umläuft. Dieses Drehfeld induziert im stillstehenden Läufer eine Spannung. Im Stillstand verhält sich ein Asynchronmotor wie ein Transformator.

Die induzierte Läuferspannung bewirkt, dass in der kurzgeschlossenen Läuferwicklung Ströme fließen, die ein Magnetfeld im Läufer erzeugen. Die Magnetpole des Läufers werden von den gleichnamigen Polen des Drehfeldes abgestoßen und von den ungleichnamigen Polen angezogen. Der Läufer wird vom Ständerdrehfeld in gleicher Drehrichtung mitgenommen. Der Läufer erreicht dabei nahezu die Drehzahl des Drehfeldes. Je näher die Läuferdrehzahl an die Drehfelddrehzahl kommt, um so kleiner wird die Läuferfrequenz, so dass auch Spannung und Strom im Läufer entsprechend abnehmen. Somit wird auch das Läufermagnetfeld geschwächt, und das Drehmoment verringert sich.

Der Läufer, als Kurzschlussläufer ausgeführt, besteht aus einem auf die Welle aufgeschrumpften Läuferblechpaket, das ebenfalls aus Dynamoblechen hergestellt wird. In den Nuten des Läuferblechpakets sind nach Bild 3-69 die blanken Leiterstäbe aus Kupfer oder anderen Leiterwerkstoffen eingebracht und durch Kurzschlussringe an den Stirnseiten kurzgeschlossen.

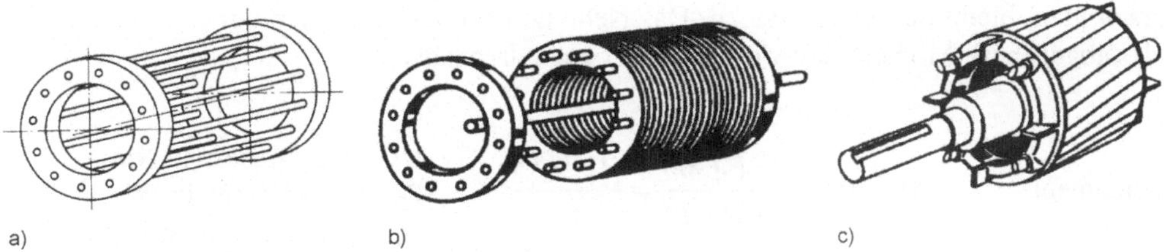

Bild 3.69 Kurzschlussläufer;
a) Leiterstäbe mit Kurzschlussringen;
b) Läuferblechpaket;
c) fertiger Läufer mit Achse und Lüfterflügeln auf den Kurzschlussringen

Der Läufer benötigt aber auch bei Leerlauf ein kleines Drehmoment, um die durch Reibung und Stromwärme entstehenden Verluste überwinden zu können. Er muss also hinter der synchronen Drehzahl des Drehfeldes so viel zurückbleiben, damit noch das verlangte Drehmoment geliefert wird. Die Differenz zwischen der Drehfelddrehzahl n_d und der Läuferdrehzahl n bezeichnet man als Schlupfdrehzahl n_S. Der Unterschied der beiden Drehzahlen, auf die synchrone Drehzahl bezogen, wird in % ausgedrückt und als Schlupf s bezeichnet.

Schlupfdrehzahl: $n_s = n_d - n$

Schlupf: $s = \frac{n_d - n}{n_d} \cdot 100\,\% = \frac{n_s}{n_d} \cdot 100\,\%$

n_d Drehfelddrehzahl
n Läuferdrehzahl
n_S Schlupfdrehzahl
s Schlupf

Der Schlupf ist abhängig von der Belastung und beträgt bei Volllast etwa 1 ... 10 %, wobei der kleine Wert großen Motoren und der große Wert kleinen Motoren zugeordnet ist. Beim Betrieb eines Asynchronmotors gehört zu jeder Drehzahl nach Bild 3-70 ein ganz bestimmtes Drehmoment. Diese Verhältnisse liegen für einen Motor eindeutig fest.

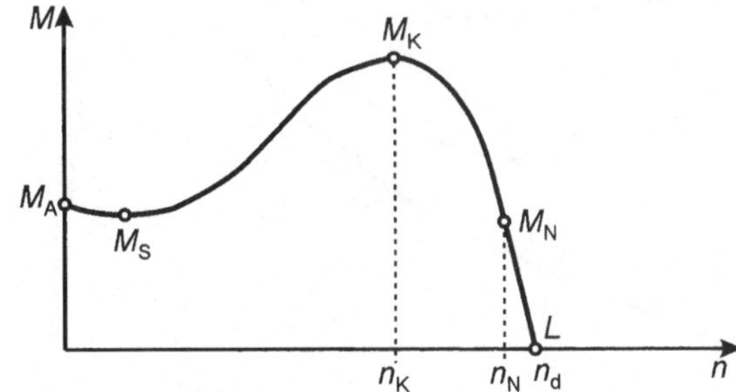

Bild 3-70 Drehmoment-Drehzahl-Kennlinie

Als Anzugsmoment M_A wird das vom Motor abgegebene Drehmoment bei Stillstand bzw. im Einschaltmoment an die Arbeitsmaschine abgegebene Drehmoment bezeichnet. Ist das Trägheitsmoment der Arbeitsmaschine zu groß, so läuft die Maschine nicht an.

Das Sattelmoment M_S ist das kleinste während des Anlaufs abgegebene Drehmoment, während das Kippmoment M_K das größte Drehmoment ist, das der Motor abgeben kann. Wird dies überschritten, bleibt der Motor stehen. Das Nennmoment M_N stellt sich ein bei Nennlast und ist das abgegebene Moment des Motors bei der Nenndrehzahl n_N.

Drehmoment

$$M_N = \frac{P_N}{\omega_N} = \frac{P_N \cdot 60}{n_N \cdot 2\pi} = \frac{P_N \cdot 9{,}55}{n_N}$$

M_N Nennmoment in Nm
P_N Nennleistung in W
n_N Nenndrehzahl in 1/min

Die Drehmoment-Drehzahl-Kennlinie wird auch von der Läuferart bzw. der Stabform beeinflusst. Der Rundstabläufer nach Bild 3-71a wird meist nur für kleine Motorleistungen verwendet, bei größeren Leistungen sind die Anlaufmomente zu klein und die Anzugsströme zu groß. Hochstabläufer, Tiefnutläufer (Bild 3-71b und 3-71c) und Doppelkäfigläufer (Bild 3-71d) haben bei hohen Anzugsmomenten niedrige Anzugsströme. Sie werden wegen der Netzbelastung beim Einschalten von Motoren mit großen Leistungen verwendet.

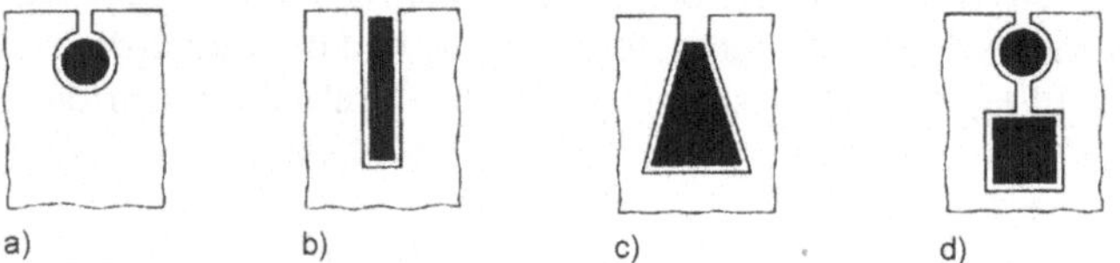

Bild 3-71 Läuferarten: a) Rundstabläufer, b) Hochstabläufer, c) Tiefnutläufer, d) Doppelkäfigläufer

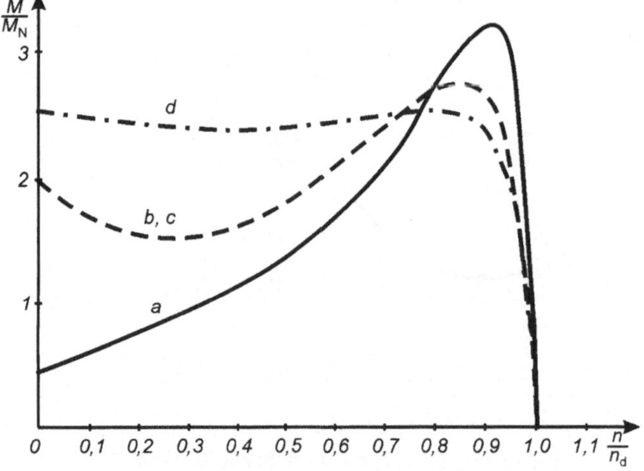

Bild 3-72 Drehmomentkennlinien verschiedener Läuferarten

Bei ihnen wird die stromverdrängende Wirkung ausgenutzt. Der Läuferstrom benutzt den nach der Nutenöffnung zu liegenden Teil des Leiterquerschnitts. Er wird nach dort abgedrängt, was einer Querschnittsverminderung und damit einem größeren Widerstand, also einer Herabsetzung des Stromes, gleichkommt.

Das wirkt sich besonders beim Anlauf aus, weil dann die Läuferfrequenz noch der Netzfrequenz entspricht. Je mehr die Drehzahl des Läufers zunimmt, desto mehr nimmt die Frequenz des Läufers ab, so dass die Stromverdrängung in gleichem Maße nachlässt.

Beim Doppelkäfigläufer wird der äußere Stab aus hochohmigem Material gefertigt, was den Stromverdrängungseffekt beim Anlauf erhöht. Der Einfluss der Läuferart bzw. der Stabform ist in der Drehmoment-Drehzahl-Kennlinie nach Bild 3-72 dargestellt.

Bild 3-73 zeigt die Betriebskennlinien eines Asynchronmotors. Die Motoren werden von den Herstellern so ausgelegt, dass bei Nennbetrieb das Produkt aus η und cos φ maximal wird. Deshalb sollte die Motorenleistung für den Antrieb von Arbeitsmaschinen nicht zu groß gewählt werden. Unterbelastete Motore haben meist einen schlechteren Leistungsfaktor und sind daher im Betrieb weniger wirtschaftlich als mit Nennlast arbeitende Motoren.

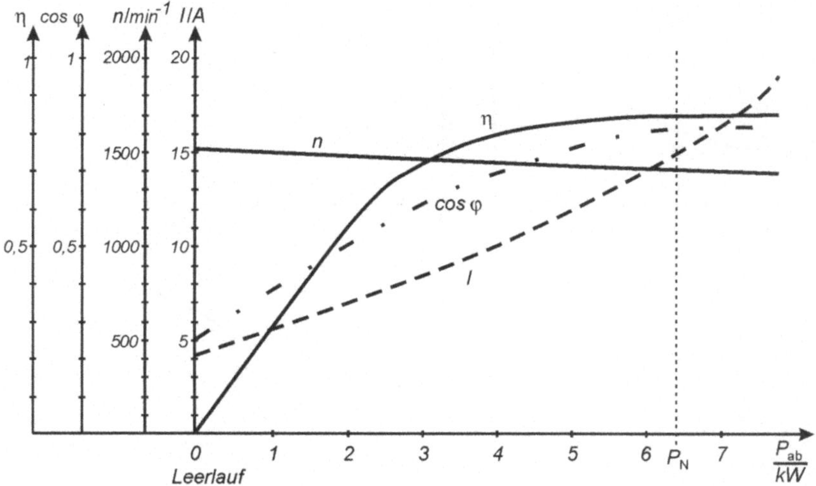

Bild 3-73 Betriebskennlinien

Wird der Kurzschlussläufer einer am Netz angeschlossenen Asynchronmaschine durch äußeren Antrieb mit einer Drehzahl angetrieben, die oberhalb der Drehfelddrehzahl liegt (übersynchron), dann haben die im Läufer induzierte Spannung und damit auch der Läuferstrom die umgekehrte Richtung. Dieser umgekehrt gerichtete Läuferstrom hat zur Folge, dass der Ständerstrom in das Netz zurückfließt. Der Motor ist damit zum Generator geworden und bremst. Der Asynchrongenerator liefert die ihm mechanisch zugeführte Leistung, verringert um die entstehenden Verluste, als elektrische Leistung an das Netz.

Das Diagramm nach Bild 3-74 stellt den Motorbereich, den Generatorbereich und den Bremsbereich dar. Es ist zweckmäßig, auf der horizontalen Achse für die Drehzahlwerte das Verhältnis n/n_d aufzutragen. Ein solches Diagramm wird auch als normiertes Diagramm bezeichnet. Weiterhin ist im Bild 3-74 der Stromverlauf in Abhängigkeit von der Drehzahl dargestellt.

Erreicht die Rotordrehzahl n den Wert n_d, dann hat der Bruch n/n_d den Wert 1,0. Das ist der Synchronpunkt, der den Motorbereich vom Generatorbereich trennt. Hier ist auch der Schlupf $s = 0$, d. h. es wird kein Drehmoment abgegeben; die Drehmomentlinie geht durch Null.

Bewegen wir uns auf der Drehzahlachse vom Synchronpunkt ausgehend nach links, so befinden wir uns im Motorbereich. Bei Nenndrehzahl n_N wird das Nenndrehmoment M_N abgegeben mit einer Drehzahl, die nur knapp unter der synchronen Drehzahl n_d liegt. Wird der Motor stärker belastet, dann sinkt seine Drehzahl, der Schlupf s wird größer, das Drehmoment M steigt steil an. Das Drehmoment lässt sich bis zum Kippmoment M_K steigern.

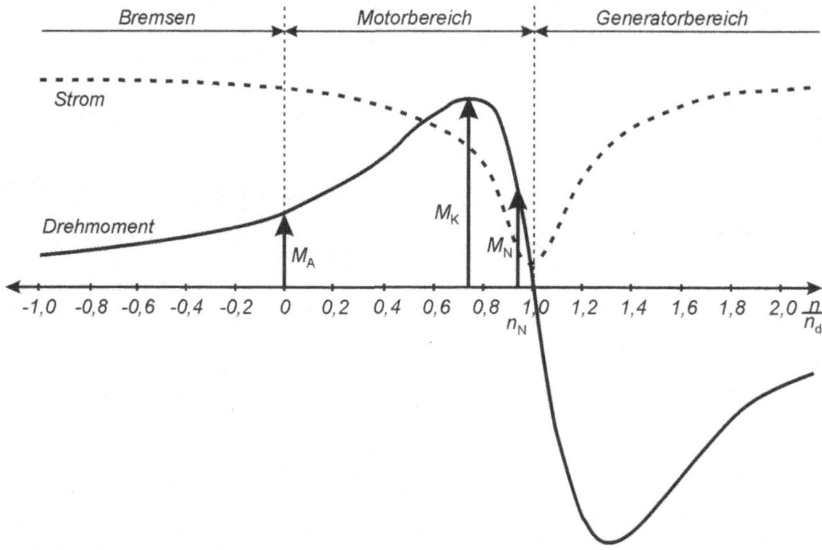

Bild 3-74 Strom und Drehmoment der Asynchronmaschine

Geht man auf der Drehzahlachse noch weiter nach links, so hört der Motorbereich bei $n/n_d = 0$ auf, d. h. hier ist der Stillstandspunkt (Anlaufpunkt der Maschine).

Gehen wir auf der Drehzahllinie noch weiter nach links, so kommen wir in den Bereich negativer Drehzahlen, d. h. die Drehrichtung des Motors wird umgekehrt, der Motor wird durch die Last in entgegengesetzter Drehrichtung angetrieben, wobei die Last abgebremst wird. Während der Schlupf $s > 1$ wird, sinkt die Drehmomentlinie langsam ab. Es handelt sich hier um das Bremsdrehmoment.

Prinzip der Synchronmaschine

Der Ständer der Synchronmaschine hat den gleichen Aufbau wie die Asynchronmaschine. Der Rotor ist jedoch anders aufgebaut.

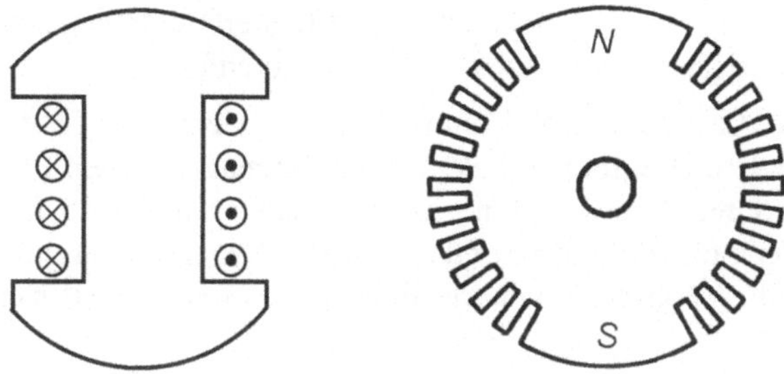

Bild 3-75 Läufer mit ausgeprägten Polen und Volltrommelläufer

Der Läufer besteht nach Bild 3-75 aus geschmiedeten Stahlteilen mit eingesetzten Polschuhen oder aus einzelnen Stahlplatten mit Nuten, die zu einem Vollpolläufer zusammengeschichtet werden.

Die Erregerwicklung ist beim Schenkelpolläufer (langsam laufende Maschinen) auf dem Polkörper und beim Vollpolläufer (schnell laufende Maschinen) in dessen Nuten untergebracht. Die Wicklungsenden der Erregerwicklung werden mit zwei auf der Welle sitzenden Schleifringe verbunden. Da die Erregerwicklung ein magnetisches Gleichfeld erzeugen soll, wird der Erregerstrom I_E über Kohlebürsten und Schleifringe der Erregerwicklung zugeführt.

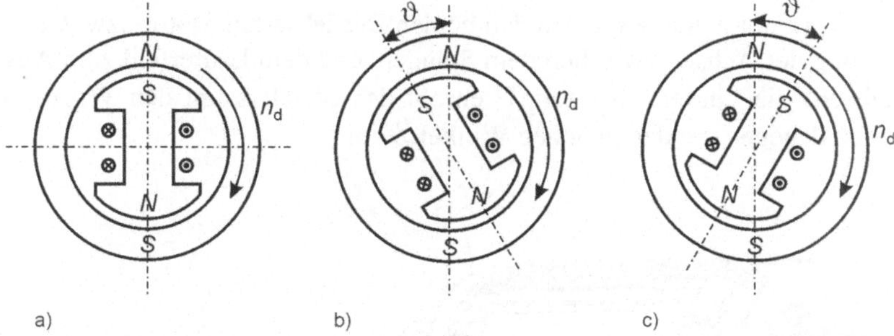

Bild 3-76 Synchronmaschine a) im Leerlauf, b) im Motorbetrieb, c) im Generatorbetrieb

Aufgrund der ausgeprägten Pole der Schenkelpolmaschinen sind einige Besonderheiten zu vermerken. Bei konstantem Luftspalt ist die magnetische Leitfähigkeit des Vollpolläufers über den gesamten Luftspalt gleich.

Dagegen ist sie beim Schenkelpolläufer infolge der ausgeprägten Läuferpole in Richtung der Pole etwa doppelt so groß wie in Richtung der Pollücken. Daher braucht der Erregerstrom der Schenkelpolmaschine bei Belastung nicht so stark verändert zu werden.

Die Ständerwicklung erzeugt ein Ständerdrehfeld mit der Drehzahl n_d und einer konkreten Richtung, das mit dem Läufer magnetisch verknüpft ist. Befindet sich die Maschine im Leerlaufbetrieb (nicht belastet), so stellen sich die Achsen des Ständerfeldes und des Läuferfeldes (kann man sich als Stabmagnet vorstellen) nach Bild 3-76a in eine Richtung, d. h. der Nordpol des Ständerfeldes steht in einer „Momentaufnahme" genau dem Südpol des Rotormagneten gegenüber. Der Läufer wird in Richtung des umlaufenden Ständerdrehfeldes mitgenommen. Die Läuferdrehzahl n ist gleich der Ständerfelddrehzahl n_d, d. h., Ständerfeld und Läuferfeld drehen synchron. Im Gegensatz zur Asynchronmaschine „steht" der Läufer zum Ständerdrehfeld still.

Wird der Läufer durch eine angekoppelte Last gebremst (Motorbetrieb), so bleibt der Läufer nach Bild 3-76b um den Winkel ϑ hinter dem Drehfeld zurück. Wegen der magnetischen Bindung zwischen beiden Feldern wird der Läufer aber weiterhin synchron mitgenommen, so dass wiederum die Läuferdrehzahl n gleich der Ständerfelddrehzahl n_d ist. Die Synchronmaschine gibt mechanische Energie an der Welle ab. Vergrößert man die Belastung, so vergrößert sich auch der Winkel ϑ.

Mit zunehmender Belastung wird das Feld mehr und mehr „gespannt". Dann ändert sich die Lage des Läufers zum Ständerdrehfeld fortwährend. Die elektromagnetische Kraftwirkung zieht ihn abwechselnd nach vorn und wiederum zurück, im Mittel ist das entstehende Drehmoment null. Bei Überlastung reißt die magnetische Verknüpfung ab, der Läufermagnetpol kann dem Magnetpol des Ständerdrehfeldes nicht mehr folgen. Das Abreißen der magnetischen Bindung zwischen Ständer- und Läuferfeld bezeichnet man als „Kippen" oder „Außertrittfallen" des Synchronmotors, das schließlich zum Stillstand führt.

Treibt man den Läufer an, während der Ständer an das Netz geschaltet bleibt, so eilt er nach Bild 3-76c um den Winkel ϑ dem Ständerdrehfeld voraus. Wegen der magnetischen Bindung zwischen Ständer- und Läuferfeld ist auch hier die Läuferdrehzahl n gleich der Drehfelddrehzahl n_d des Ständerfeldes. Die Maschine wirkt als Generator, da ihr an der Welle mechanische Energie zugeführt wird, die sie größtenteils als elektrische Energie in das Netz einspeist. Wie im Motorbetrieb fällt die Maschine „Außertritt", wenn das Antriebsmoment zu sehr vergrößert wird.

Die Arbeitsweise der Synchronmaschine zwischen den beiden Betriebsarten Motor bzw. Generator kommt in der Stellung der Achsen zwischen dem Ständer- und dem Läuferfeld zum Ausdruck. Im Motorbetrieb eilt die Läuferachse dem Drehfeld des Ständers um den Winkel ϑ nach, im Generatorbetrieb dagegen um den gleichen Winkel ϑ vor.

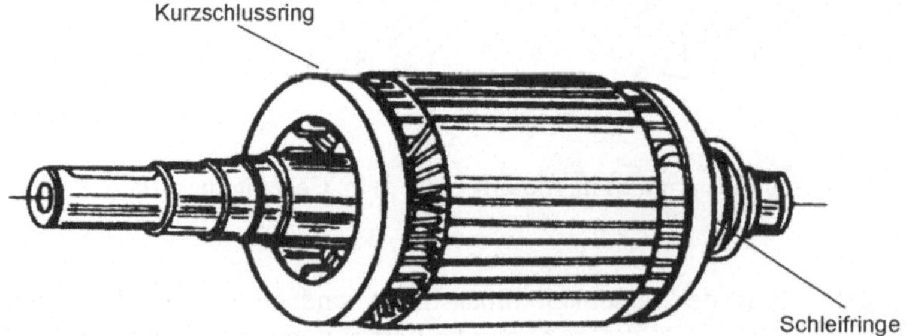

Bild 3-77 Synchronläufer mit Dämpferwicklung für asynchronen Anlauf

Synchronmotoren können nicht von selbst anlaufen, da der Läufer mit seinen Magnetpolen aufgrund seiner Trägheit dem Ständerdrehfeld nicht so schnell folgen kann. Der Läufer muss also mit fremder Hilfe mit der Frequenz des Netzes in Gleichlauf gebracht werden. Dazu dienen Synchronmotoren mit Dämpferwicklung nach Bild 3-77 für asynchronen Anlauf. Die Stäbe der Dämpferwicklung müssen möglichst direkt an der Oberfläche des Läufers liegen; sie sind in Nuten der Polschuhe eingesetzt. An den Stirnseiten der Polschuhe sind die Dämpferstäbe mit den Kurzschlussringen zu einer Kurzschlusswicklung zusammengeschaltet. Während des Anlaufes wird die Läuferwicklung nicht erregt, sondern kurzgeschlossen, damit gefährliche Überspannungen in der Erregerwicklung vermieden werden.

Die Stromaufnahme der Ständerwicklung hängt beim Synchronmotor vom Erregerstrom I_E ab. Zu jedem Wert des Erregerstromes gehört ein bestimmter Ständerstrom.

Durch die Feldschwächung bei Untererregung ist die Netzspannung U stets größer als die in der Ständerwicklung durch das Drehfeld des umlaufenden Läufers induzierte Spannung U_0, die der Netzspannung U entgegengerichtet ist. Der Ständerstrom eilt der Netzspannung nach, d. h. der Synchronmotor nimmt bei Untererregung induktive Blindleistung auf.

Bei Übererregung wird das Drehfeld des Läufers verstärkt, so dass die induzierte Spannung U_0 größer als U wird. Deshalb eilt der Blindstrom I_b der Netzspannung voraus, d. h. der Synchronmotor gibt bei Übererregung induktive Blindleistung ab oder nimmt kapazitive Blindleistung auf.

Die Abhängigkeit des Ständerstromes I vom Erregerstrom I_E ergibt V-förmige Belastungskennlinien nach Bild 3-78.

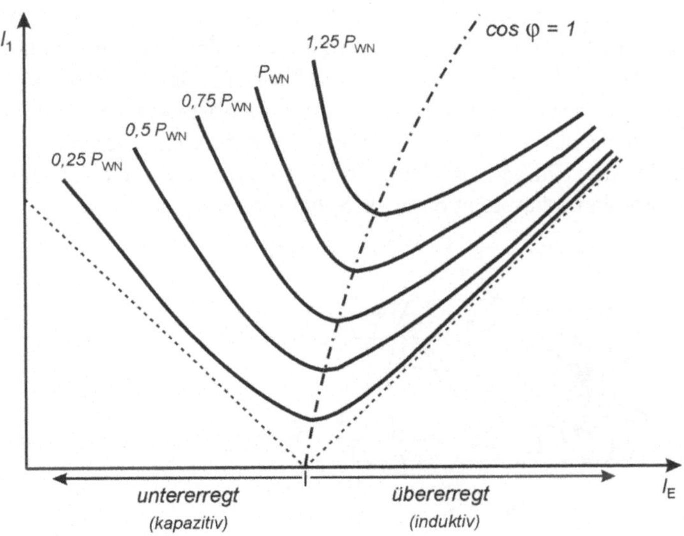

Bild 3-78 Belastungskennlinien

Heute werden mehr und mehr bürstenlose permanent erregte AC-Synchronmotoren verwendet. Der permanent erregte Synchronmotor ist der Motor, der die Anforderungen an ein Servosystem am besten erfüllt. Der Ständer besteht, wie beim Asynchronmotor, aus dem Gehäuse, dem Blechpaket und der Ständerwicklung.

Der geblechte Läufer, auch Rotor genannt, besteht aus Welle, Rotorblechen und aufgeklebten Permanentmagneten nach Bild 3-79, die für das konstante Magnetfeld sorgen. Um eine größere Dynamik des Motors zu erhalten, werden die Bleche des Rotors nicht massiv, sondern mit Aussparungen ausgeführt. Dadurch sinkt das Massenträgheitsmoment des Läufers und die Hochlaufzeit des Motors.

Bild 3-79 Rotoren mit Permanentmagneten

Die eingesetzten Permanentmagneten sind aus dem Seltene-Erden-Material Neodym-Eisen-Bor. Magneten aus diesem Material haben im Vergleich zu den bisher eingesetzten Ferrit-Magneten besonders gute magnetische Eigenschaften und können größere Drehmomente entwickeln.

Die permanent erregt Synchronmotoren werden meistens 6polig ausgeführt, da bei dieser Polzahl die Eisenverluste bei 3000min^{-1} (150Hz) gering sind, und gleichzeitig eine gute Drehmomentkonstanz bei kleinem Magnetbedarf erzielt werden kann.

Reluktanzmotoren

Wird das Blechpaket eines Kurzschlussläufers nach Bild 3-80 so gestaltet, dass so viele Aussparungen vorhanden sind, wie der Motor Pole hat, dann verlaufen die Feldlinien des Ständerdrehfeldes hauptsächlich durch das Läuferblech. Grund ist die Tatsache, dass in den Aussparungen der magnetische Widerstand erheblich größer ist. Nach dem Hochlaufen versucht der Läufer, auf die Umdrehungsfrequenz des Drehfeldes zu kommen, d. h. nicht gegenüber dem Drehfeld zurückzubleiben. Infolge des Käfigs läuft dieser Reluktanzmotor (von lat. reluctare = sich sträuben) als Asynchronmotor an und arbeitet dann als Synchronmotor weiter.

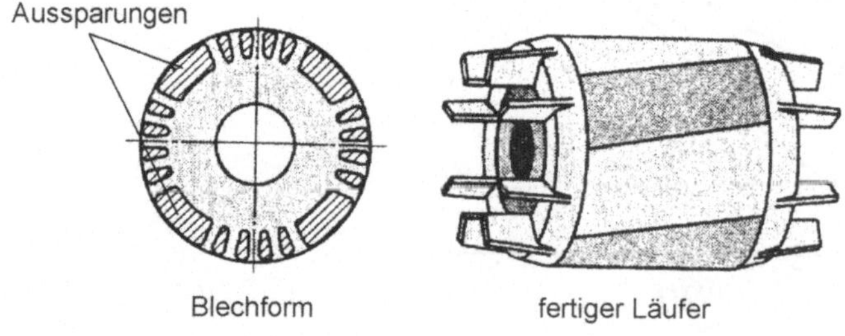

Bild 3-80 Läufer eines Reluktanzmotors

Der Reluktanzmotor hat bei normaler Belastung eine konstante Drehzahl. Im Anlauf sowie bei Überlastung arbeitet er als Asynchronmotor, d. h. bis in die Nähe der Nenndrehzahl hat dieser Antrieb die Kennlinie eines Asynchronmotors und springt dann in das Verhalten eines Synchronmotors. Aufgrund der Aussparungen (Luftspalt und Streuung groß) hat dieser Antrieb einen hohen Blindleistungsbedarf (schlechter Leistungsfaktor cos φ) und einen schlechten Wirkungsgrad. Er nimmt also einen größeren Strom auf als entsprechende Asynchronmotoren. Er ist nur für einfache Anforderungen geeignet.

3.3.3 Grundlagen der Steuerungstechnik

Fundamentals of control techniques

Normen für technische Zeichnungen

Die moderne Produktion ist gekennzeichnet durch eine extreme Arbeitsteilung. Die technische Zeichnung ist hierbei als Informationsträger über Planungsvorgaben, die Vorbereitung und Ausführung von Anlagen und Geräten zu betrachten. Es handelt sich um Beschreibungen, die vollständig alle Fakten wiedergeben, aber keine unnötigen Angaben enthalten. Die Darstellung ist weitestgehend symbolhaft mit einem Minimum an Textangaben, was die internationale Kooperation vereinfacht.

Die Übersichtlichkeit und Eindeutigkeit von technischen Zeichnungen wird durch das strikte Einhalten von vereinbarten Regeln erreicht. Diese Regeln werden als Zeichnungsnormen vom Deutschen Institut für Normung (DIN) herausgegeben, wobei diese die Normen und Empfehlungen der Internationalen Normenorganisation (ISO = International Organization for Standardization) zur weltweiten Vereinheitlichung berücksichtigen.

Bei der Erstellung von Schaltungsunterlagen für die Elektrotechnik sind zusätzlich zur rein zeichnerischen Darstellung die einschlägigen elektrotechnischen Vorschriften und Normen, insbesondere IEC 60364/VDE 0100, zu beachten. Schaltungsunterlagen sind Schaltpläne, Tabellen, Diagramme und Beschreibungen, die Angaben für das Fertigen, Errichten und die Erhaltung elektrischer Anlagen vermitteln. Beim Zeichnen von Schaltplänen werden alle zugehörigen Maschinen, Geräte, Schaltteile und Leitungen nicht maßstabsgetreu und der tatsächlichen Ausführung ähnlich gezeichnet, sondern durch genormte grafische Symbole dargestellt.

Normen werden erstellt und publiziert von der Internationalen Elektrotechnischen Kommission (IEC) in IEC-Publikationen und vom Europäischen Komitee für elektrotechnische Normung (CENELEG) in Europäischen Normen (EN) für nahezu alle europäische Länder, z. B. in DIN EN 50005 „Industrielle Niederspannungsgeräte, Anschlussbezeichnungen und Kennzahlen“ oder in sog. Harmonisierungsdokumenten. Für nationale Normung ist die Deutsche Elektrotechnische Kommission im DIN und VDE (**V**erband **D**eutscher **E**lektrotechniker) zuständig, wobei möglichst IEC-Publikationen mit eingearbeitet oder übernommen werden bzw. auch umgekehrt.

Schaltzeichen und Betriebsmittel nach DIN

DIN 40900 Teil 1 bis Teil 13, „Grafische Symbole für die Elektrotechnik“, liegt in der harmonisierten Fassung IEC 617 Teil 1 bis Teil 13 der Internationalen Elektrotechnischen Kommission (IEC) als Norm vor.

Betriebsmittel einer Schaltung werden durch genormte Schaltzeichen dargestellt. Es muss das Schaltzeichen gewählt werden, das für eine beabsichtigte Aussage gerade ausreichend ist; also ist das Schaltzeichen so einfach wie möglich zu halten. Ein gewähltes Schaltzeichen sollte durchgängig in der Zeichnung verwendet werden. Schaltzeichen setzen sich aus Symbolelementen und Grundelementen zusammen.

Blocksymbole sind vereinfachte Darstellungen von Funktionseinheiten oder Baueinheiten durch ein einzelnes Schaltzeichen, wie Frequenzwandler, Verstärker, Drehstromgleichrichter.

Wenn für ein konkretes Betriebsmittel kein genormtes Schaltzeichen existiert, so kann durch die Kombination von Grundsymbolen, Symbolelementen, Kennzeichen oder Schaltzeichen ein neues Schaltzeichen entworfen werden.

Die Lage, in der Schaltzeichen in den Normblättern dargestellt sind, ist nicht die einzig Gültige. Schaltzeichen dürfen gedreht oder gespiegelt werden, wenn ihre Bedeutung dadurch nicht verändert wird. Werden Schaltzeichen verkleinert oder vergrößert, so sollen ihre Proportionen erhalten bleiben.

Nach IEC 60529/DIN VDE 0479 werden mechanische Eigenschaften eines Betriebsmittels festgelegt, nämlich die Abdichtung, sprich Kapselung, gegen feste Fremdkörper und gegen Wasser. Die jeweils gültige Schutzart wird durch ein Kurzzeichen angegeben, das aus den Buchstaben IP (engl.: **i**nternational **p**rotection) und zwei Kennziffern besteht.

Aus Betriebsgründen notwendige Gehäuseöffnungen (z. B. Steckverbindungen oder zur Kühlung erforderliche Öffnungen) müssen so beschaffen sein, dass mit dem „IEC-Prüffinger“ nach DIN 57470/VDE 0470 keine aktiven Teile berührt werden können.

Kunststoff-Leergehäuse für die Aufnahme von Schaltern und Schützen werden nach IP 54, IP 55 oder IP 65 ausgefertigt. Aus Kostengründen ist die Schutzart nicht zu hoch anzusetzen. Zusätzliche Schutzarten nach VDE 0170/171 betreffen den Schlagwetter- und Explosionsschutz.

Leistungsschalter haben ein Einschalt- und Ausschaltvermögen in Höhe der möglichen Kurzschlussströme, während Motorschalter zum Schalten von Motoren geeignet sind und für den Anlaufstrom der Motoren zu bemessen sind. Leistungsschalter werden vornehmlich an Netzschaltstellen mit Dauereinschaltung oder geringer Schalthäufigkeit verwendet. Sie können nach VDE 0113 auch als Hauptschalter verwendet werden, die für Be- und Verarbeitungsmaschinen vorgeschrieben sind und im Reparaturfall eine Maschine gänzlich vom Netz trennt. Es werden häufig Nockenschalter mit abschließbarem Antrieb nach Bild 3-81 verwendet. Ein einfaches Einhängebügelschloss bringt hier Sicherheit.

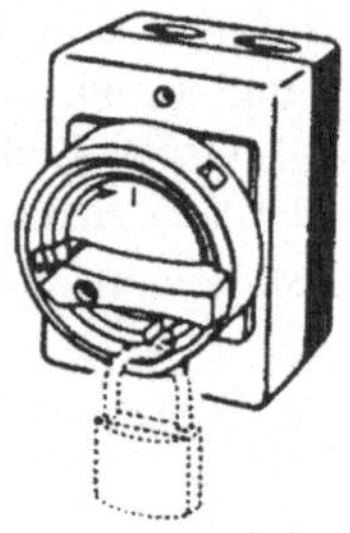

Bild 3-81 „Abschließbarer“ Hauptschalter (nach Fa. Moeller)

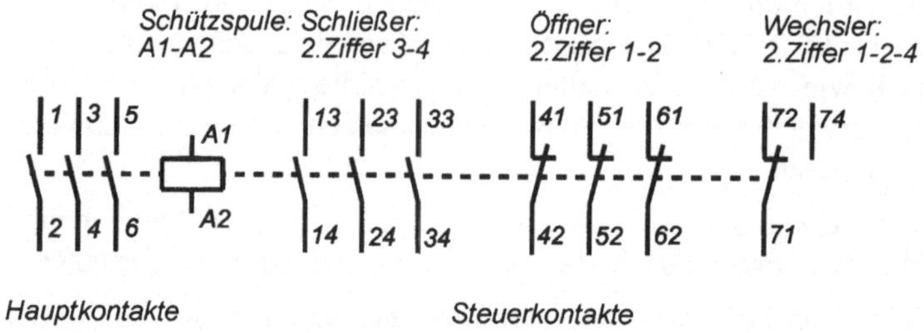

Schützspule: A1-A2
Schließer: 2.Ziffer 3-4
Öffner: 2.Ziffer 1-2
Wechsler: 2.Ziffer 1-2-4
1 3 5 A1 13 23 33 41 51 61 72 74
2 4 6 A2 14 24 34 42 52 62 71
Hauptkontakte
Steuerkontakte

Bild 3-82 Anschlusskennzeichnung von Schützen und Hilfsschützen nach DIN EN 50005 und DIN EN 50011/50012

VDE 0660 beschreibt Hilfsstromschalter, die vornehmlich in Steuerstromkreisen als Taster bzw. Steuerkontakte an Schützen und Hilfsschalter verwendet werden. An die Kontakte werden nur geringe Leistungsanforderungen gestellt. Haupt- oder Leistungsschütze verfügen über Kontakte für große Leistungen und zusätzliche so genannte Hilfskontakte, während Hilfsschütze ohne Leistungskontakte gebaut werden, da sie ausschließlich zu Steuerungszwecken gebaut werden.

Nach DIN EN 50005 und DIN EN 50011/50012 erfolgt die Anschlusskennzeichnung von Schützen und Hilfsschützen gemäß Bild 3-82. Die Schützspule hat die Anschlusskennung A1-A2, die Hauptkontakte haben die Einerziffern 1-2/3-4/5-6 während die Steuerkontakte mit Doppelziffern gekennzeichnet sind. Mit der 1. Ziffer werden die Kontakte fortlaufend nummeriert (Ordnungszahl) während die 2. Ziffer einen Öffner, Schließer oder Wechsler (Funktionsziffer) kennzeichnet.

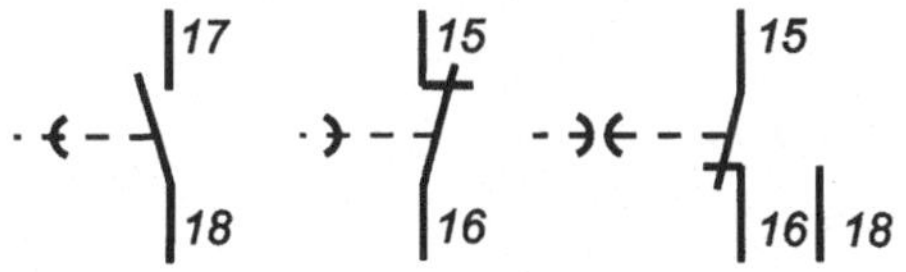

Bild 3-83 zeitverzögerte Steuerkontakte

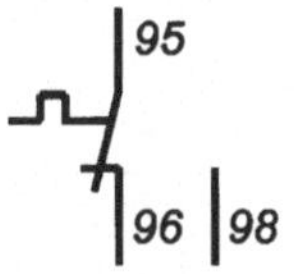

Bild 3-84 thermische Steuerkontakte

Zeitrelais haben eine Kontaktkennung nach DIN EN 50042 gemäß Bild 3-83, während die Kontaktkennung für die Wechsler an thermischen Überstromauslösern (z. B. Motorschutzrelais) nach Bild 3-84 erfolgt.

Die Kennzeichnung von Betriebsmitteln erfolgt nach IEC 61346/DIN 6779 und stellt die Beziehung her zwischen dem Betriebsmittel in der Anlage und den verschiedenen Schaltungsunterlagen, wie z. B. Schaltplänen, Stücklisten, Stromlaufplänen und Anweisungen. Sie erfolgt in Kennzeichnungsblöcken mit Vorzeichen zur sicheren Unterscheidung der Blöcke.

Tabelle 3-3 Kennzeichnungsblöcke nach IEC 61346

<table>
<tr><th colspan="4">Kennzeichnungsblock</th><th>Vorzeichen</th><th>Beispiel</th><th>Erklärung zum Beispiel</th></tr>
<tr><td>1</td><td colspan="3">Anlage</td><td>=</td><td>= B3</td><td>Anlage B3</td></tr>
<tr><td>2</td><td colspan="3">Ort</td><td>+</td><td>+ D4</td><td>Stockwerk D, Raum 4</td></tr>
<tr><td>3</td><td>Art</td><td>Zählnummer</td><td>Funktion</td><td>-</td><td>- K2T</td><td>Schütz, Nr.2, Zeitrelais</td></tr>
<tr><td>4</td><td colspan="3">Anschluss</td><td>:</td><td>: 12</td><td>Anschluss Nr. 12</td></tr>
<tr><td colspan="7">Nur zur Kennzeichnung erforderliche Blöcke angeben.
Vorzeichen kann entfallen, wenn Verwechselung des Blockes ausgeschlossen ist.
Mindestangabe in Block 3 ist die Zählnummer.</td></tr>
</table>

Bei senkrechtem Leitungsverlauf nach Bild 3-85 steht die Betriebsmittelkennzeichnung links und die Anschlusskennzeichnung rechts; bei waagerechtem Verlauf dagegen steht die Betriebsmittelkennzeichnung unten.

Kann auf die Kennzeichnung der Anlage und des Ortes verzichtet werden, so kann die Kennzeichnung der Betriebsmittel und der Anschlüsse nach Bild 3-86 erfolgen. In den meisten Fällen reicht der Kennzeichnungsblock 3 aus.

Tabelle 3-4 Kennbuchstaben für die allgemeine Funktion

Kenn-buchstabe	Allgemeine Funktion	Kenn-buch-stabe	Allgemeine Funktion
A	Hilfsfunktion	N	Messung
B	Bewegungsrichtung	P	Proportional
C	Zählung	O	Zustand (Stop, Start, Begrenzung)
D	Differenzierung	R	Rückstellen, Löschen
F	Schutz	S	Speichern, aufzeichnen
G	Prüfung	T	Zeitmessung, verzögern
H	Meldung	V	Geschwindigkeit (beschleunigen, bremsen)
J	Integration	W	Addieren
K	Tastbetrieb	X	Multiplizieren
L	Leiterkennzeichnung	Y	Analog
M	Hauptfunktion	Z	Digital

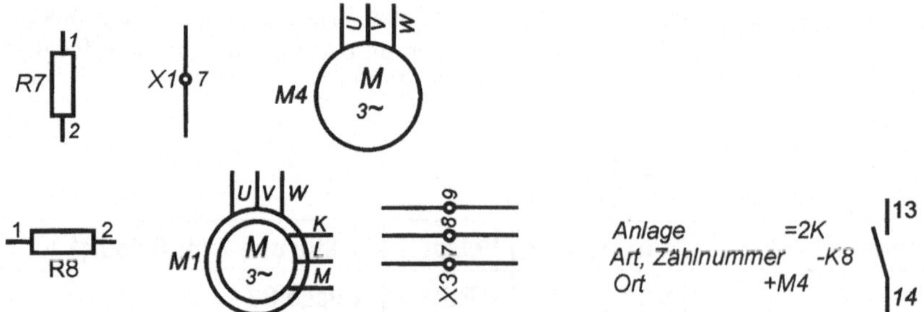

Bild 3-85 Lage der Betriebsmittelkennzeichnung im Plan

Bild 3-86 Vereinfachte Betriebsmittelkennzeichnung

Die Kennzeichnung der Funktion in Kennzeichnungsblock 3 kann entfallen; wird sie jedoch vorgenommen, so sind die Kennbuchstaben nach Tabelle 3-4 entsprechend DIN 40719 zu verwenden.
Für die Kennzeichnung der Anlage und des Ortes benennt DIN 40719 weitere Kennbuchstaben, die hier aber nicht aufgeführt werden sollen.
Stromwege werden geradlinig und möglichst kreuzungsfrei dargestellt. Die Verbindungslinien verlaufen parallel zu den Rändern der Zeichnung. Die Anschlussstellen an Betriebsmittel werden nicht besonders dargestellt, sie werden aber gemäß DIN 42400 mit einer Anschlusskennzeichnung versehen.

Tabelle 3-5 Kennbuchstaben für die Art der Betriebsmittel (Auszug)

Kenn-buch-stabe	Art des Betriebsmittels	Beispiele
A	Baugruppen, Teilbaugruppen	Verstärker, Magnetverstärker
B		Messumformer, thermoelektrische Fühler
C	Kondensatoren	
F	Schutzeinrichtungen	Sicherungen, Schutzrelais
G	Generatoren, Stromversorgungen	Rotierende Generatoren, Batterie
H	Meldeeinrichtungen	Optische und akustische Meldegeräte
K	Relais, Schütze	Leistungs-, Hilfsschütze; Zeitrelais
L	Induktivitäten	Drosselspulen
M	Motoren	
N	Verstärker, Regler	Operationsverstärker
P	Messgeräte, Prüfeinrichtungen	
Q	Starkstrom-Schaltgeräte	Leistungs-, Schutz-, Motorschutzschalter
R	Widerstände	Einstellbare Widerstände, Heißleiter
S	Schalter, Wähler	Taster, Endschalter, Steuerschalter
T	Transformatoren	Spannungswandler, Stromwandler
U	Modulatoren, Umsetzer	Frequenzwandler, Wechselrichter
V	Röhren, Halbleiter	Dioden, Transistoren, Thyristoren
X	Klemmen, Stecker, Steckdosen	
Y	Elektr. betätigte mech. Elemente	Bremsen, Kupplungen, Ventile

Hat ein Betriebsmittel nach Bild 3-87 mehrere Anschlüsse, so wird fortlaufend nummeriert. Die Anschlüsse von Drehstrommotoren werden nach Bild 3-88 gekennzeichnet.

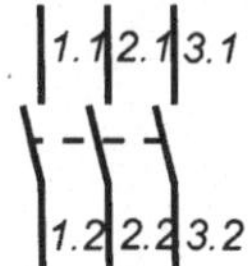

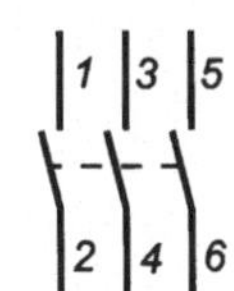

Bild 3-87 Anschlussnummerierung mehrpoliger Betriebsmittel (allgemein)

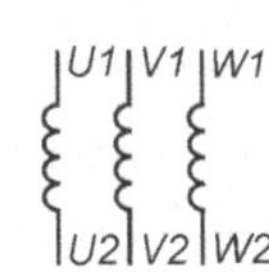

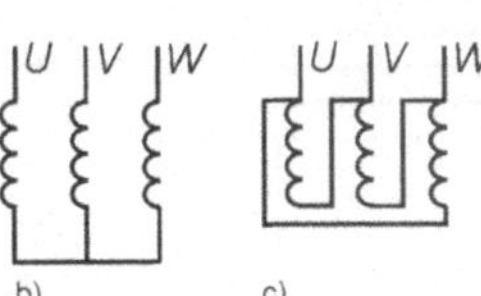

Bild 3-88 Anschlusskennzeichnung von Drehstrommotoren
a) offene,
b) Stern-,
c) Dreieckschaltung

Bei mehrpoliger Darstellung wird jedes Betriebsmittel durch ein Schaltzeichen dargestellt.

Bezüglich der Darstellung der Schaltzeichen kann eine weitere Unterscheidung vorgenommen werden. Bei der zusammenhängenden Darstellung werden alle Schaltzeichen eines Betriebsmittels (z. B. Relais mit Schaltkontakten) zusammenhängend gezeichnet. Bei der aufgelösten Darstellung werden Schaltzeichen für elektrische Betriebsmittel (z. B. Relais mit Schaltkontakten) getrennt gezeichnet und so angeordnet, dass jeder Stromweg (Strompfad) geradlinig verläuft und somit gut zu verfolgen ist.

Ein Übersichtsschaltplan nach EN 61082/DIN 40719 ist die vereinfachte Darstellung einer Schaltung, wobei nur die wesentlichen Teile zur Gliederung elektrischen Einrichtungen und ihrer Systembeschreibung berücksichtigt werden. Im Beispiel nach Bild 3-89 ist der einpolige Übersichtsschaltplan einer Wendeschützschaltung ohne Steuerleitungen dargestellt.

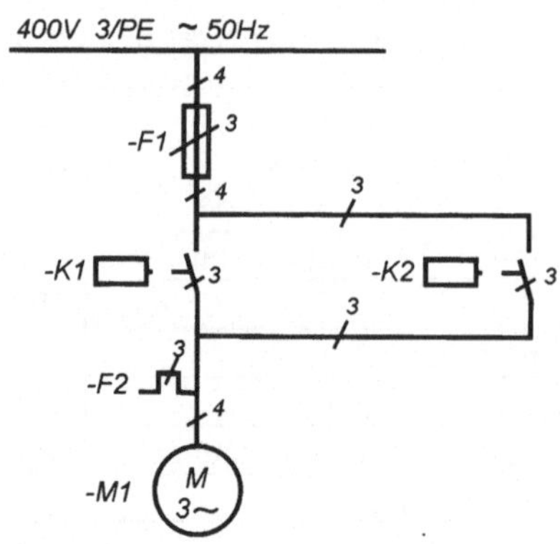

Bild 3-89 Übersichtsschaltplan einer Wendeschützschaltung

Ein Stromlaufplan ist die ausführliche Darstellung einer Schaltung mit ihren Einzelteilen. Er zeigt die Arbeitsweise einer elektrischen Einrichtung. Er kann in aufgelöster und zusammenhängender Darstellung zur Anwendung kommen. Bild 3-90 zeigt die Stromlaufpläne in aufgelöster Darstellung für den Hauptstromkreis und die Steuerung einer Wendeschützschaltung. Die Kontaktbelegungspläne der Schütze fehlen im Steuerstromkreis, aber die Anschlussbezeichnungen für die Klemmenleisten sind integriert. Diese Form der Stromlaufpläne ist die meist verwendete Darstellungsform. Aus ihm wird der Verdrahtungsplan entwickelt.

Verdrahtungspläne (engl.: *wiring diagrams*) zeigen die inneren und/oder äußeren Verbindungen zwischen elektrischen Betriebsmitteln, ohne Aufschluss über die Wirkungsweise zu geben. Verdrahtungspläne können durch entsprechende Tabellen ersetzt werden. Der Verdrahtungsplan nach Bild 3-92 gibt die Schaltungen nach Bild 3-90 und Bild 3-89 wieder. Die Schütze K1 und K2 werden wie auch das Motorschutzrelais F2 durch ein Rechteck dargestellt.

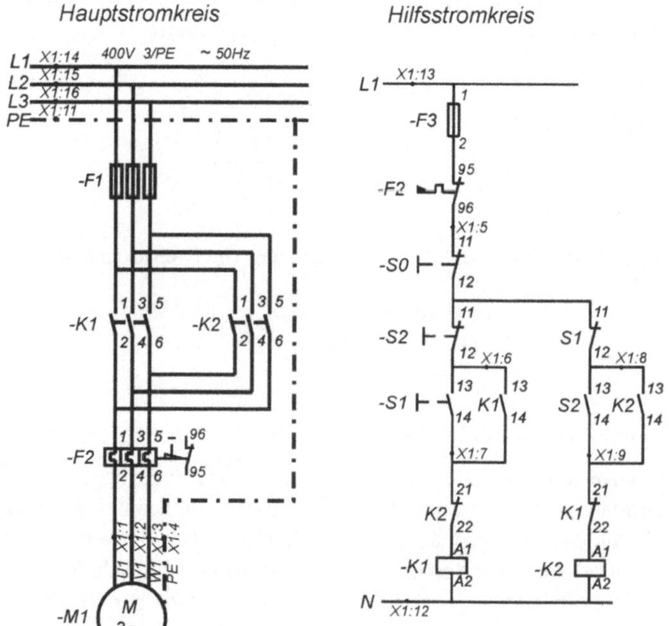

Bild 3-90
Stromlaufpläne in aufgelöster Darstellung für Haupt- und Hilfsstromkreis

Die Verbindungsleitungen können einzeln oder zusammengefasst gezeichnet werden. Die Anschlussstellen werden nach Bild 3-91 mit Leitungsnummern oder mit den Zielbezeichnungen versehen, d. h., am Ende einer Verbindungsleitung wird angegeben, mit welcher Anschlussklemme das andere Leitungsende verbunden ist.

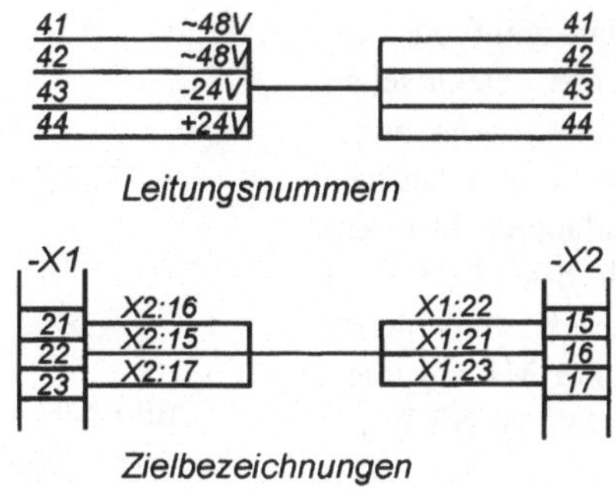

Bild 3-91 Kennzeichnung von Verbindungsleitungen

Die Verbindungen innerhalb eines Gerätes stellt der Geräteverdrahtungsplan dar, während der Verbindungsplan die Verbindungen zwischen den verschiedenen Geräten einer Anlage darstellt.

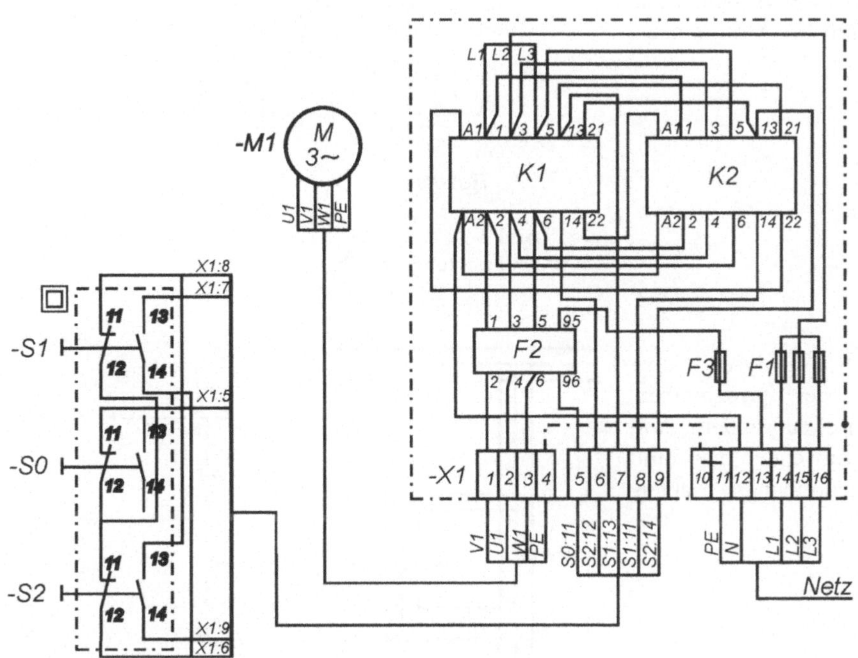

Bild 3-92 Verdrahtungsplan einer Wendeschützschaltung

Der Verdrahtungsplan dient als Unterlage für die Fertigung und Montage und wird bei umfangreichen Anlagen unterteilt in Geräteverdrahtungspläne, Verbindungspläne und Anschlusspläne.

Ein Anschlussplan zeigt die Anschlusspunkte einer elektrischen Einrichtung und die daran angeschlossenen inneren und äußeren leitenden Verbindungen. Der Anschlussplan nach Bild 3-93 zeigt die Belegung der Klemmenleiste X1. Die zum Motor M1 abgehende Leitung ist vom Typ NYY 4 x 2,5□.

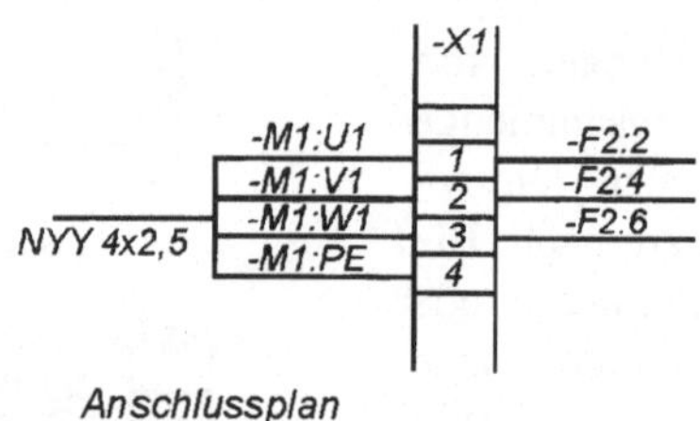

Bild 3-93
Anschlussplan der Klemmenleiste X1

Die Wendeschützschaltung nach Bild 3-89 bis Bild 3-92 wird dargestellt mit allen Kennziffern und Kennzeichnungen (nach Norm) und den erforderlichen Schutzgeräten (Sicherung, Motorschutzrelais).

Sie ermöglicht die Umkehrung der Drehrichtung durch das Vertauschen von zwei Außenleitern am Klemmbrett des Motors nach Bild 3-94

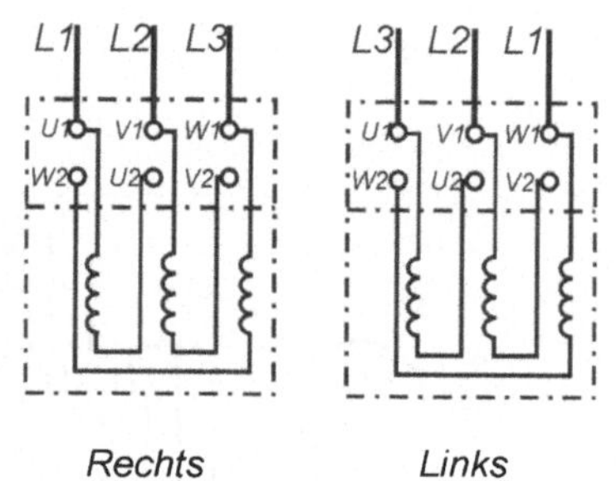

Bild 3-94
Drehrichtungsumkehr

Zur Funktionsanalyse und Übertragung der prinzipiellen Funktionsweise auf andere Anwendungen verwendet man einfache Beschreibungsvarianten nach Bild 3-95.

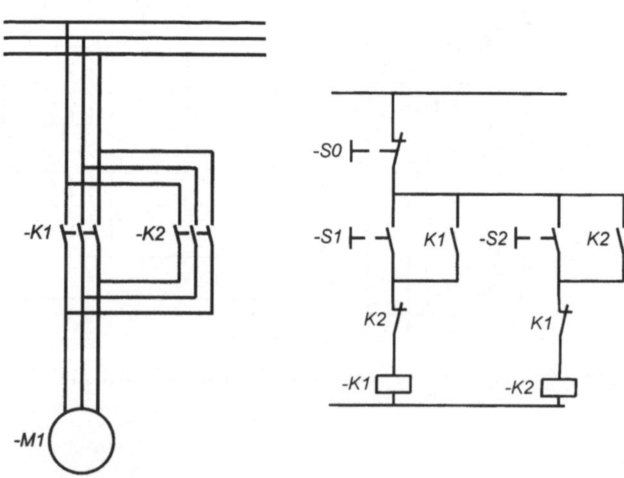

Bild 3-95
Prinzipschaltung Wendeschütz

Der Eintaster -S1 lässt bei Betätigung einen Strom über die Schützspule -K1 fließen. Diese zieht an und betätigt den Schließer K1, der parallel zum Eintaster liegt, so dass auch Strom fließt nach dem Loslassen des Eintasters (Selbsthaltung). Der Öffner K1 vor der Schützspule -K2 wird gleichzeitig geöffnet und verhindert so, dass diese beim Betätigen des Eintasters -S2 ebenfalls anzieht. Ein Abfallen der Schützspule -K1 wird durch Betätigung des Austasters -S0 erreicht.

Nunmehr kann mit -S2 die Schützspule -K2 geschaltet werden, wobei gleichzeitig der Öffner K2 vor der Schützspule -K1 geöffnet wird. Das Zusammenspiel der Öffner K1 und K2 bezeichnet man als gegenseitige Schützverriegelung. Hinzu kann eine Tasterverriegelung nach Bild 3-90 kommen.

Gegenseitige Schütz- und Tasterverriegelung sollen verhindern, dass beide Schützspulen gleichzeitig anziehen, so dass es zum Kurzschluss zwischen den Außenleitern L1 und L3 kommt.

Die Steuerungsschaltung nach Bild 3-95 kann auch verwendet werden, um einen sog. polumschaltbaren Motor zu steuern. Die zwei im Ständer eingebrachten Wicklungen haben unterschiedliche Polpaare und ermöglichen somit zwei verschiedene beliebige Drehzahlen. Auch hier muss in der Steuerung eine gegenseitige Schützverriegelung integriert sein.

Bei Dahlander-Maschinen haben die beiden möglichen Drehzahlen ein Verhältnis von 1:2.

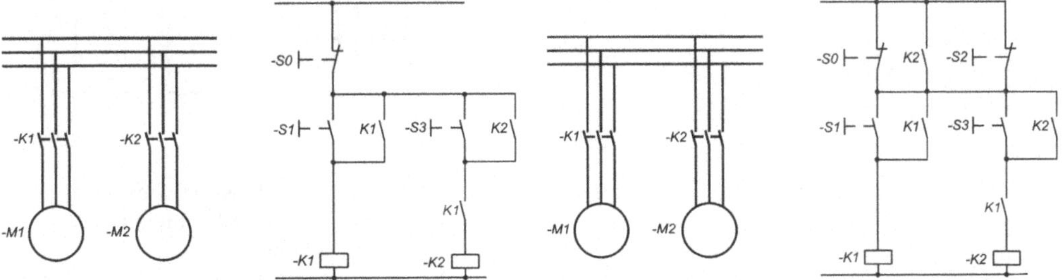

Bild 3-96 Folgeschaltung mit beliebiger Ausschaltung

Bild 3-97 Folgeschaltung mit Zwangsausschaltung

In der Schaltung nach Bild 3-96 kann das Schütz -K2 nur eingeschaltet werden, wenn zuvor das Schütz -K1 eingeschaltet wurde, so dass der Schließer K1 vor dem Schütz -K2 in den geschlossenen Zustand gewechselt ist. Hier ist also eine Zwangsfolge beim Einschalten vorgegeben,. ausgeschaltet werden beide Schütze jedoch gleichzeitig durch den Taster -S0.

Eine solche Schaltung ist z. B. sinnvoll, wenn das Schütz -K1 eine Kühlmittelpumpe für eine Bohr- oder Fräsmaschine schaltet, die vom Schütz -K2 geschaltet werden.

Soll das Werkstück auch noch nach dem Bearbeitungsvorgang gekühlt werden, so bietet sich die Schaltung nach Bild 3-97 an. Hier kann das Schütz -K1 erst mit dem Taster -S0 ausgeschaltet werden, wenn das Schütz -K2 mit dem Taster -S2 ausgeschaltet wurde. Der Taster -S0 ist erst wirksam, wenn der parallele Schließer K2 ihn nicht mehr überbrückt.

3.3.4 Antriebe mit festen Drehzahlen

Constant speed drives

Bei der **Direkteinschaltung** eines Asynchronmotors erreicht der Anlassstrom Spitzenwerte vom 4- bis 8-fachen des Nennstromes. Nicht nur schädliche Wirkungen im Netz treten dabei auf, sondern es werden auch Drehmomentstöße auf die Mechanik übertragen. Um die Belastung des Stromnetzes zu reduzieren, wird der Motor bei größeren Leistungen mit einer tieferen Spannung angefahren.

Bei der **Stern-Dreieck-Umschaltung** wird die Ständerwicklung zunächst in Stern geschaltet. In der Sternschaltung nach Bild 3-98 liegen zwei Wicklungen in Reihe an 400V (z. B. zwischen L1 und L3).

Nach dem Hochlauf des Antriebs wird in der Schaltung nach Bild 3-99 durch einen externen Taster -S4 der Motor in die Dreieckschaltung umgeschaltet und somit eine Wicklung an 400V (z. B. zwischen L1 und L2) gelegt. Die Umschaltung kann auch zeit- oder drehzahlabhängig erfolgen.

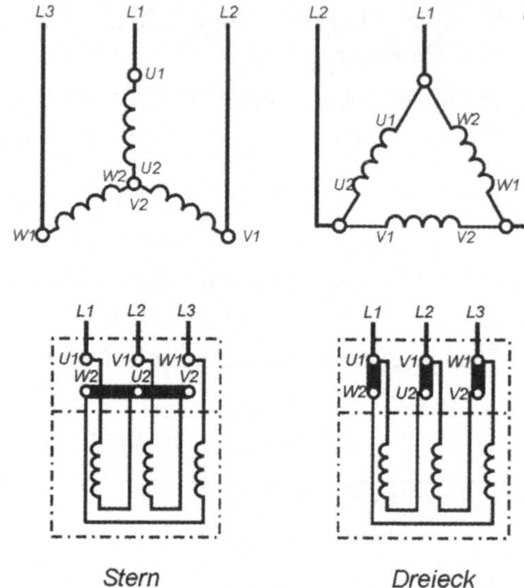

Bild 3-98 Motoranschluss bei Stern- und Dreieck und Klemmbrettdarstellung

In der Sternschaltung hat der Motor nur ein Anlaufdrehmoment und einen Anlaufstrom von 1/3 der Nennwerte bei direktem Einschalten nach Bild 3-100. Wird das Motorschutzrelais hinter -K2 geschaltet, so halbiert sich der Nennstrom.

Strom bei Nenndrehzahl $I_A = \frac{1}{\sqrt{3}} \cdot I_{AN} = 0{,}58 \cdot I_N$

Auf dem Typenschild sind die erforderlichen Spannungen für die Nennleistung in Dreieck- und Sternschaltung angegeben, wobei der erste Spannungswert die maximal zulässige Wicklungsspannung angibt (Nennspannung 400/700V). Die eingezeichneten Brücken im Klemmbrett sind bei reiner Stern- bzw. Dreieckschaltung zu schalten.

Drehmomentstöße werden auch durch die Stern-Dreieck-Anlassschaltung nicht vermieden.

Mit dem Taster -S1 wird zuerst das Stern-Schütz -K1 geschaltet, dessen Öffner K1 vor dem Dreieck-Schütz -K3 einen Stromfluss verhindert. Das Netz-Schütz -K3 wird durch den Schließer K1 an Spannung gelegt, so dass der Schließer K2 die Selbsthaltung für die Schütze -K1 und -K2 übernehmen kann. Der Motor -M1 ist nunmehr im Stern geschaltet.

Die Betätigung der Taster -S2 lässt das Schütz -K1 abfallen, so dass das Dreieck-Schütz -K3 geschaltet wird, da der Öffner K1 vor dem Dreieck-Schütz -K3 wieder zum Öffner wird. Der Motor -M1 ist nunmehr im Dreieck geschaltet.

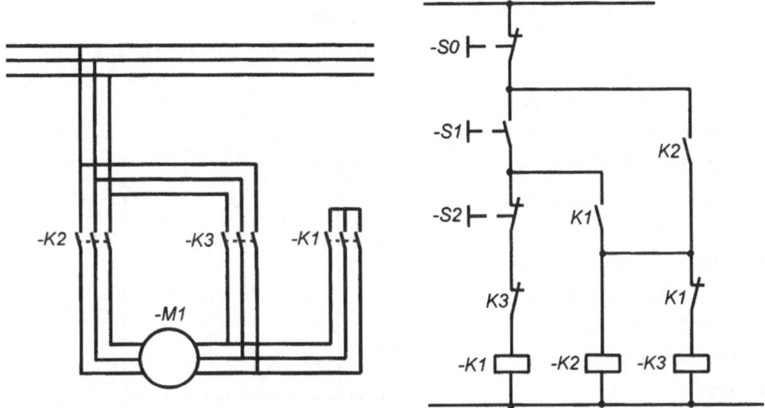

Bild 3-99 Schaltung einer Stern-Dreieck-Steuerung

Im M-n-Diagramm nach Bild 3-100 wird deutlich, dass das Lastmoment M_L der Arbeitsmaschine kleiner als das Anlaufmoment der Maschine sein muss, damit der Antrieb anläuft.

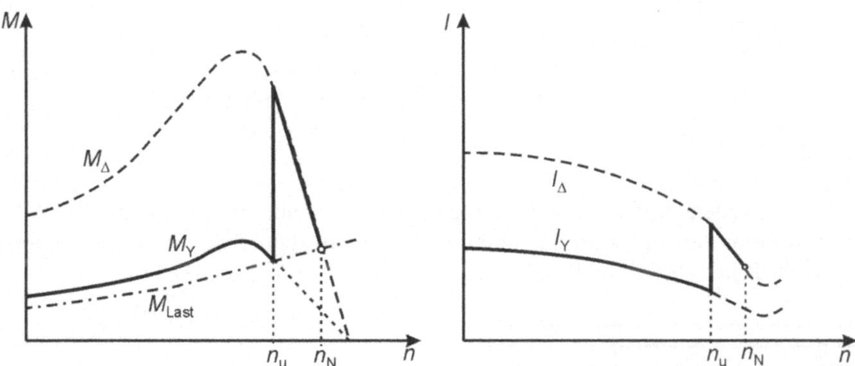

Bild 3-100 Drehmoment- und Stromverhalten bei Stern-Dreieck-Steuerung

Beim **Softstarter** (sanftes Anlassen) wird der Effektivwert der Versorgungsspannung des Motors nach vorgegebenen Werten im Reglerkreis bis zum Nennwert durch Phasenanschnittsteuerung kontinuierlich gesteigert. Bevor die hierzu erforderlichen elektronischen Bauelemente vorhanden waren übernahm ein Anlasstransformator, dessen Ausgangsspannung einstellbar ist, diese Aufgabe mit erheblichen elektrischen Verlusten in den Wicklungen.

Eine Grundschaltung zur stufenlosen Einstellung der Ständerspannung zeigt Bild 3-101 mit der Antiparallelschaltung zweier Thyristoren. Hier wird jeweils mit dem gleichen Phasenanschnittwinkel α der V1 in der positiven und der V2 in der negativen Halbwelle der Betriebsspannung gezündet.

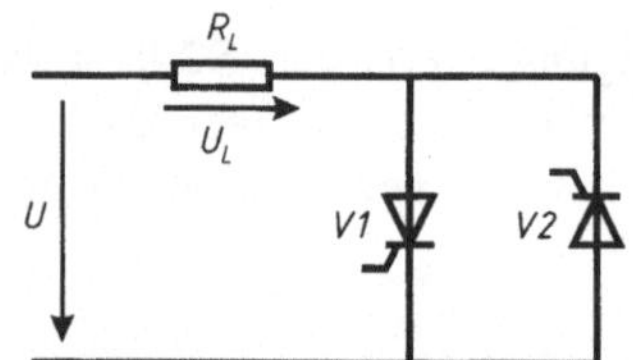

Bild 3-101
Antiparallelschaltung zweier Thyristoren

Im Liniendiagramm nach Bild 3-102 wird der Verlauf einer angeschnittenen sinusförmigen Wechselspannung bei einem Zündwinkel $\alpha = 60°$ dargestellt. Der quadratische Mittelwert U_{Eff} der sinusförmigen Wechselspannung mit dem Spitzenwert U_S wird mit steigendem Phasenanschnittwinkel α kleiner. Er verschiebt sich im Liniendiagramm nach unten. Deutlich wird hier auch, dass es sich bei der Spannung U_L um eine Wechselspannung handelt.

Allgemein kann man den Effektivwert $U = U_{\text{Eff}} = U_{\text{RMS}}$ [= quadratischer Mittelwert RMS (engl.: *root mean square value*)] mathematisch bestimmen, wobei U_S der Spitzenwert der sinusförmigen Wechselspannung nach Bild 3-102 ist.

Effektivwert ohne Phasenanschnitt

$$U = U_S \cdot \sqrt{\frac{1}{2}} = U_S \cdot \frac{1}{\sqrt{2}} = 0{,}707 \cdot U_S$$

mit Phasenanschnitt

$$U = U_S \cdot \sqrt{\frac{1}{2} - \frac{\alpha}{360°} + \frac{\sin 2\alpha}{4 \cdot \pi}}$$

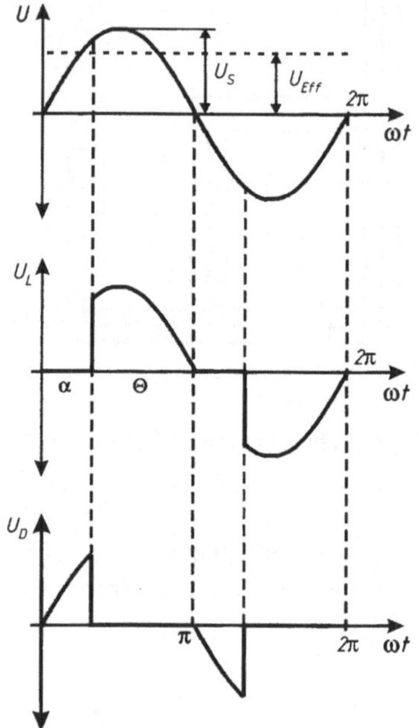

Bild 3-102
Liniendiagramme der AC bei Phasenanschnitt

Eine vom gerätetechnischen Aufwand her einfache Methode der Drehzahlverstellung bei Drehstrom-Asynchronmotoren mit Käfigläufer wird mit einem dem Ständer vorgeschalteten Drehstromsteller nach Bild 3-103 erreicht.

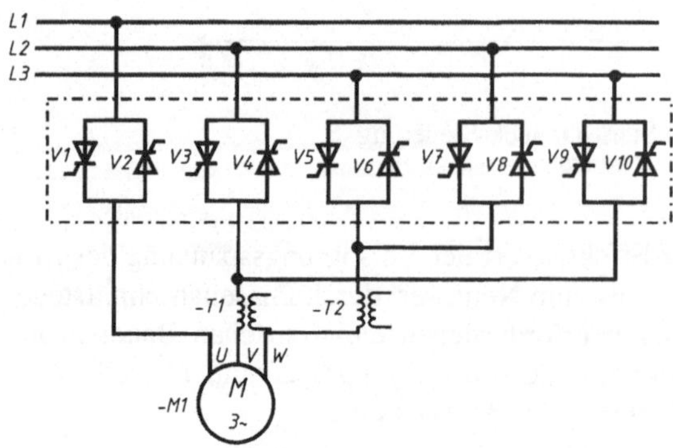

Bild 3-103
Prinzipschaltung eines Drehstromsteller

Werden die Thyristoren V1 bis V6 entsprechend angesteuert, so kann die Drehstrommaschine im Rechtslauf in der Drehzahl sowohl rauf- als auch runtergesteuert werden. Mithilfe der Messwandler -T1 und -T2 kann eine Umschaltlogik im Steuer- und Regelungskreis für eine Drehrichtungsumkehr sorgen, indem nunmehr die Thyristoren V7 bis V10 anstelle der Thyristoren V3 bis 6 mit entsprechenden Zündimpulsen bedient werden.

Wird die Versorgungsspannung mittels Drehstromsteller gemindert, so ist das gleich bedeutend mit einer Reduzierung des Verhältnisses von U/f. Folglich wird das Motormoment verringert und der Motor kann wegen des gleich bleibenden Lastmomentes die Drehzahl nicht mehr halten. Dabei nimmt die Steigung der M-n-Kennlinien des Motors bei gleich bleibender Drehfelddrehzahl ab. Das Kippmoment M_K am Scheitelpunkt der M-n-Kennlinie wird kleiner $M_K \sim U_1^2$ bei konstanter Ständerfrequenz f_1.

Bild 3-104 zeigt die Drehmoment-Drehzahl-Kennlinie eines Asynchronmotors mit Kurzschlussläufer bei verschiedenen Ständerspannungen.

Beträgt die Ständerspannung z. B., $U' = 0{,}7 \cdot U_N$ sind alle Werte der Drehmomentkennlinie $M = (0{,}7)^2 \cdot M_N = 0{,}5 \cdot M_N$.

Treibt der Motor eine Arbeitsmaschine mit stark drehzahlabhängigem Lastmoment M_L (z. B. Lüfter) an, so ergeben sich für die dargestellte Kennlinie die drei Arbeitspunkte mit den Drehzahlen n_1 bis n_3. Bei der Ständerspannung $U' = 0{,}5 \cdot U_N$ liegt der Arbeitspunkt (Schnittpunkt M_L mit Kennlinie) unterhalb des Kippdrehmoments M_K. Bei diesem Moment nimmt der Motor bei Nennspannung z. B. den 4-fachen Nennstrom auf. Ist die Motorspannung $U' = 0{,}5 \cdot U_N$, dann ist die Stromaufnahme $I' = 0{,}5 \cdot 4 \cdot I_N = 2 \cdot I_N$. Der Motor kann bei diesem Betriebspunkt mit 2-fachem Nennstrom nicht im Dauerbetrieb arbeiten. Aufgrund der thermischen Belastung des Motors lässt sich die Drehzahl nur in einem sehr begrenzten Bereich über die Ständerspannung steuern.

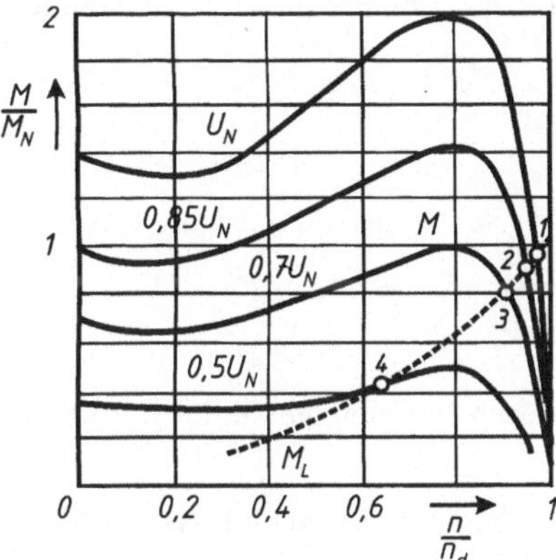

Bild 3-104
Drehmoment-Drehzahl-Kennlinie eines DAsM bei verschiedenen Ständerspannungen

Damit der Antrieb nach dem Einschalten anläuft, wird mit einem Mindestwert der Spannung gestartet. Im Extremfall ist das Losbrechmoment eines Antriebes so groß, dass ein Nennspannungsimpuls einer bestimmten Dauer vorgesehen wird. Die realisierten Funktionen sehen u. a. einstellbare Spannungs-Rampen vor. Der Softstarter wird normalerweise nach dem Hochfahren überbrückt.

Als Vorteile ergeben sich beim Ein- und Ausschalten

- Reduzierung von Stromspitzen und der dadurch hervorgerufenen Spannungseinbrüche
- Vermeidung mechanischer Stöße (reduzieren Lebensdauer von Kupplung, Getriebe, Lager usw.)
- Vermeidung harter Schläge in Rohrleitungssystemen (Druckwellen, sog. Wasserschläge, können Risse in Rohren hervorrufen)
- Ruckfreier Hochlauf von Transport- und Förderbändern
- Sichere Beförderung von Personen und Gütern.

Durch Nachlassen der Kühlwirkung der drehzahlabhängigen Eigenbelüftung entsteht eine unzulässige Motorerwärmung. Zusätzliche Kühlung kann erforderlich werden. Um Motordefekte zu vermeiden, muss das zulässige Belastungsmoment mit sinkender Drehzahl reduziert und/oder der Drehzahlstellbereich (das Verhältnis von minimaler zu Nenndrehzahl) begrenzt werden. Beim Antrieb von Lüftern und Kreiselpumpen sinkt das Lastmoment mit der Drehzahlreduzierung quadratisch. Ein Stellbereich von 1:3 ist im Allgemeinen ausreichend.

Anschnittgesteuerte Wechsel- oder Drehstromsteller tragen zur Motorerwärmung durch Stromwärmeverluste bei. Die dabei verursachten Stromoberschwingungen überlagern sich dem 50 Hz-Ständerstrom.

3.3.5 Antriebe mit variablen Drehzahlen

Variable speed drives

Die Drehfelddrehzahl n_d ist proportional zur Frequenz f des speisenden Netzes und umgekehrt proportional zur Polpaarzahl p. Bei gleich bleibendem Schlupf ändert sich dann auch die Betriebsdrehzahl n proportional mit der Frequenz. Dazu muss mit der Frequenz f die Ständerspannung U verstellt werden.

Für das Drehmoment M_i an der Motorwelle gilt

$$M = \frac{9{,}55 \cdot \sqrt{3} \cdot U \cdot I \cdot \cos\varphi \cdot \eta}{\frac{f \cdot 60}{p}} = k \cdot \frac{U}{f} \cdot I$$

Bei Drehzahlregelung eines Drehstrom-Asynchronmotors durch Frequenzverstellung im Ständer muss also auch die Ständerspannung verstellt werden.

Soll die Drehzahlsteuerung bei einem Drehstrom-Asynchron-Motor (DAsM) mit Kurzschlussläufer in einem großen Bereich verlustarm erfolgen, so ist die Frequenz zu steuern, wobei gleichzeitig die Ständerspannung gleichsinnig verändert werden muss, will man das Drehmoment konstant halten. Abnehmende Frequenz bedeutet abnehmende Drehzahl und umgekehrt.

Wechselstromumrichter formen eine Wechselspannung in eine andere beliebige Wechselspannung (andere Frequenz und auch anderer Spannungswert) um. Bild 3-105 zeigt das Blockschaltbild eines Wechselstromumrichters.

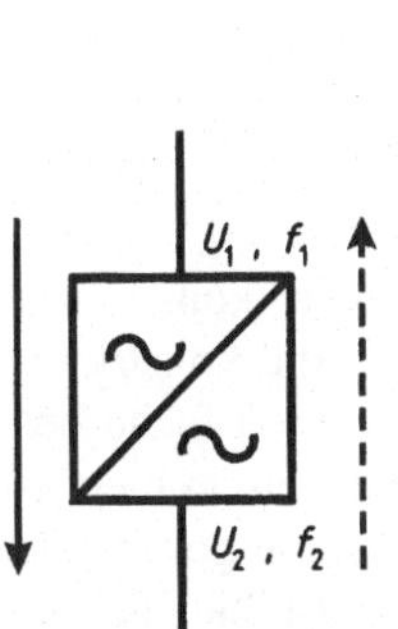

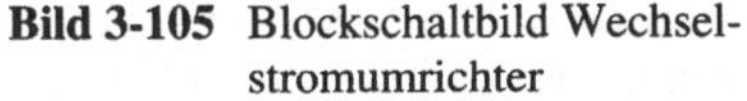
Bild 3-105 Blockschaltbild Wechselstromumrichter

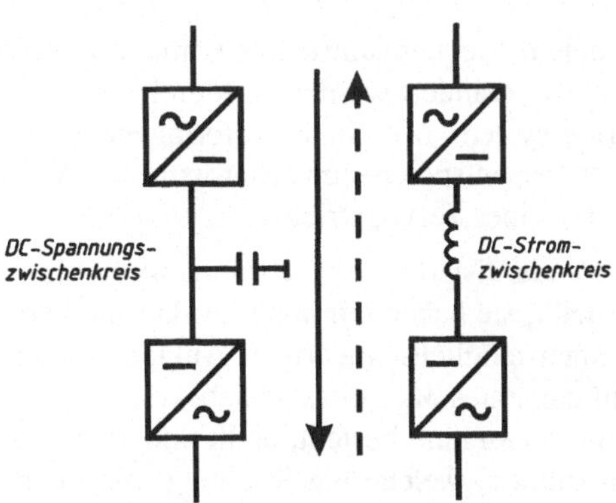

Bild 3-106 Wechselstromumrichter mit Zwischenkreis

Fast unabhängig von der Eingangs-Wechselspannung werden Wechselstromumrichter mit einem Gleichstrom-Zwischenkreis oder einem Gleichspannungs-Zwischenkreis betrieben. Bei dieser Variante der Wechselstromumrichter liegen nach Bild 3-106 ein Gleichrichter und ein Wechselrichter in Reihe, wobei die beiden Stromrichter über einen Zwischenkreis verbunden sind.

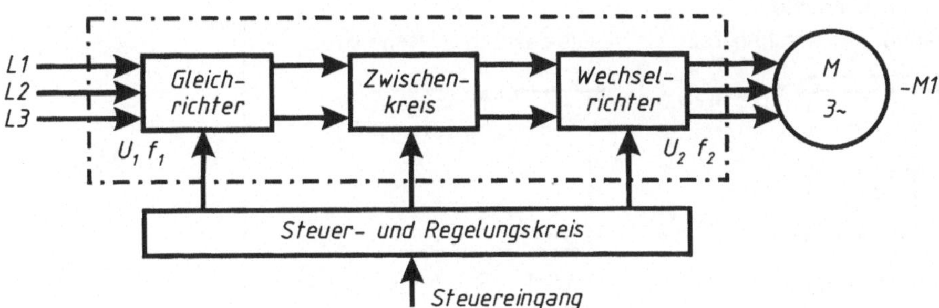

Bild 3-107 Grundprinzip des Frequenzumrichters

Alle Zwischenkreis-Umrichter arbeiten entsprechend Bild 3-107 nach dem gleichen Grundprinzip. Ein B6-Gleichrichter wird an das 3-phasige Versorgungsnetz angeschlossen. Der Gleichrichter formt die Wechselspannung in eine Gleichspannung um. Die Gleichspannung wird über einen Zwischenkreis einem Wechselrichter zugeführt, der diese wieder in eine 3-phasige Wechselspannung mit variabler Frequenz umformt.

Der Steuer- und Regelkreis steuert die übrigen Komponenten (Leistungskomponenten) so, dass die Ausgangsspannung und die variable Ausgangsfrequenz zusammenpassen. Wie an anderer Stelle beschrieben, muss das Verhältnis zwischen Spannung und Frequenz konstant gehalten werden, damit der Motor ein konstantes Nenndrehmoment, unabhängig von der Drehzahl, abgeben kann. Somit muss sich die Ausgangsspannung verhältnisgleich (proportional) mit der Ausgangsfrequenz ändern.

Mit einem Frequenzumrichter können Ständerspannung und Frequenz des Asynchronmotors stufenlos verändert werden. Dadurch wird aus dem Standardmotor ein drehzahlveränderliches Antriebssystem. Mit einem Rotorlagegeber, dem Errechnen der Magnetisierung und dem Einprägen der entsprechenden Statorströme (Vektorregelung) hat ein Asynchronmotor die Eigenschaften eines Servoantriebes.

Die standardisierten Asynchronmotoren sind für den Betrieb am Drehstromnetz konstruiert. Das heißt, sie haben ein hohes Anlaufmoment (Stromverdrängungsnuten) und sind konstruiert für einen möglichst niedrigen Anlaufstrom. Das Kippmoment M_K ist das 2- bis 3-fache des Nennmomentes M_N. Ein Antriebssystem, welches aus einem Frequenzumrichter und einer Asynchronmaschine besteht, stellt andere Anforderungen an den Motor. Durch eine geschickte Konstruktion, welche die Streuung minimiert, kann das Kippmoment sehr viel höher liegen. Dadurch kann der Asynchronmotor kurzzeitig ein mehrfaches seines Nennmomentes abgeben, ohne überdimensioniert zu sein. Bei Anwendungen, die über einen weiten Bereich konstante Leistung benötigen (spanabhebende Bearbeitung, Zentrumswickler, Traktionsfahrzeuge, u. ä.), erlaubt dieses hohe Kippmoment einen großen Feldschwächbereich, indem der Wirkungsgrad besser als im Nennpunkt ist.

Der Aufbau der vier Hauptkreise (Gleichrichter, Zwischenkreis, Wechselrichter, Steuer- und Regelkreis) ist sehr vom Frequenzumrichtertyp abhängig.

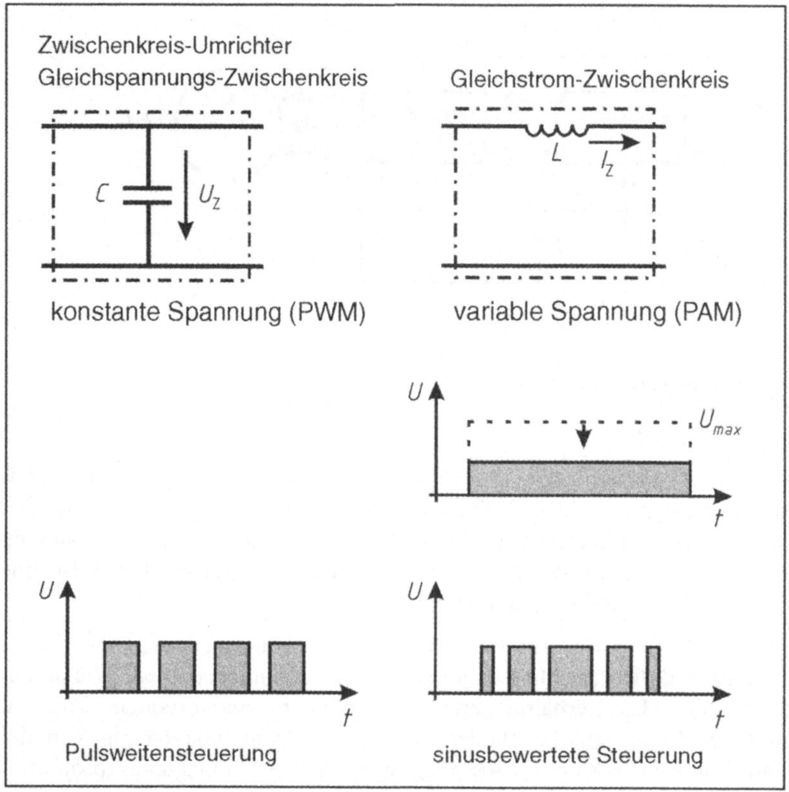

Bild 3-108 Arten der Frequenzumrichter, Übersicht

Der U-Umrichter ist durch seine universelle Einsetzbarkeit am gebräuchlichsten. Er kann im Gegensatz zum I-Umrichter für Einzel- und Gruppenantriebe eingesetzt werden. Durch das Merkmal der eingeprägten Spannung im Zwischenkreis ist er leerlauffest und kann somit ohne Schaden von der Last getrennt werden. Im Leistungsbereich bis einige 100 kW werden deshalb fast ausnahmslos U-Umrichter eingesetzt. I-Umrichter werden für Einzelantriebe im oberen Leistungsbereich eingesetzt. Direktumrichter findet man nur noch für spezielle Einzelantriebe im höchsten Leistungsbereich (Megawatt-Bereich).

In Verbindung mit selbst geführten Wechselrichtern können Drehstromantriebe mithilfe der Veränderung der Spannung und der Frequenz in ihrer Drehzahl stufenlos eingestellt werden.

Wechselrichter formen eine Gleichspannung in eine beliebige Wechselspannung, hier Drehstrom, um. Die Schaltung nach Bild 3-109 zeigt die Hauptstromkreise eines selbst geführten Dreiphasenwechselrichters mit IGBT-Transistoren. Freilaufdioden oder RC-Glieder zum Schutz der Transistoren sind hier nicht eingezeichnet.

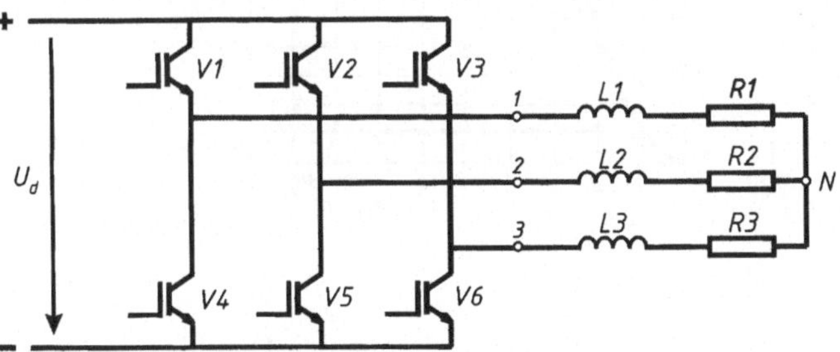

Bild 3-109 Wechselrichter mit IGBT als Schaltelemente

Ein IGBT (insulated gate bipolar transistor) ist eine Kombination aus MOS-FET und bipolarem Transistor. Entsprechend verhält sich der IGBT am Eingang wie ein selbst sperrender MOS-FET und kann nahezu leistungslos gesteuert werden. Aus diesem Zusammenhang resultiert das Schaltzeichen und Ersatzschaltbild eines IGBT nach Bild 3-110

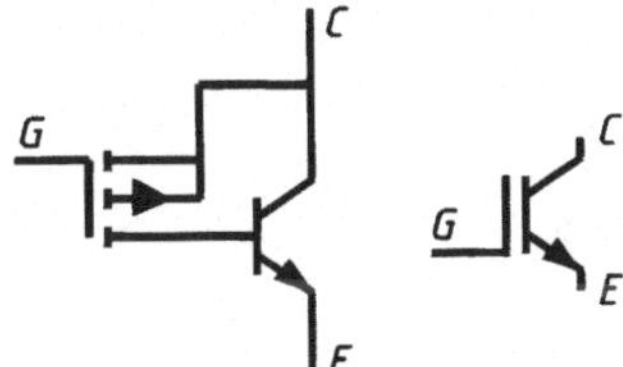

Bild 3-110
Ersatzschaltbild und Schaltzeichen

Ausgangsseitig ist der IGBT einem bipolaren Leistungstransistor ähnlich und kann relativ hohe Spannungen (z. Zt. bis 1700V) und Ströme (z. Zt. bis 600A) schalten.

Der IGBT passt gut zum Frequenzumrichter. Das gilt sowohl für den Leistungsbereich, die gute Leitfähigkeit, die hohe Schaltfrequenz als auch für die leichte Ansteuerung. Sie haben den Vorteil, dass sie jederzeit leiten oder sperren können. Der Wechsel vom leitenden in den gesperrten Zustand erfolgt sofort. Die Schaltfrequenz liegt maximal bei etwa 20 kHz.

Die Halbleiter des Wechselrichters leiten und sperren Signale je nach Ansteuerung durch den Steuerkreis. Die Signale sind nach verschiedenen Prinzipien steuerbar. Heute werden sowohl die Elemente als auch die Steuerung des Wechselrichters in einem Modul gegossen. Diese werden „Intelligent Power Module“ (IPM) genannt.

Bild 3-111 zeigt die Ausgangskennlinien des IGBT BUP 304. Der Einschaltwiderstand $R_{D(on)}$ ist weniger spannungsabhängig als der der MOS-Transistoren.

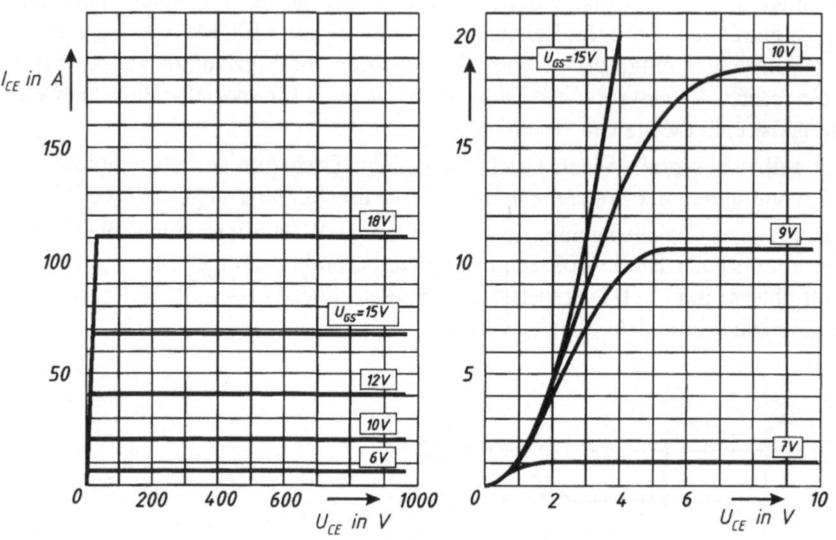

Bild 3-111 Ausgangskennlinienfeld eines IGBT

Im Schaltbetrieb ist die Gesamtverlustleistung quasi identisch mit der Durchlassverlustleistung, die strom- und temperaturabhängig ist.

Wechselrichter als fertige Module mit „2-elements in a pack" (z. B. CM400DU-34KA mit 400 A/1700 V) oder „6-elements in a pack" (z. B. CM75TU-34KA mit 75 A/1700 V) werden u. a. von MITSUBISHI ELECTRIC gefertigt. Einzelmodule (z. B. CM600HA-28H) ermöglichen Kollektorströme von 600 A und Kollektor-Emitter-Spannungen von 1200 V (nach Unterlagen der Fa. GLYN).

Für den höheren Spannungs- und Strombereich werden die Wechselrichter mit GTO-Thyristoren (abschaltbare Thyristoren) bestückt. Für diese ist der Steueraufwand allerdings erheblich größer als bei den Transistoren.

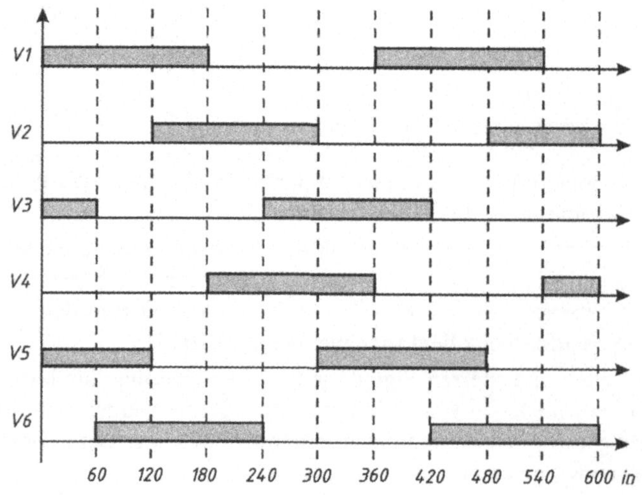

Bild 3-112
Steuerungsschema des WR

Durch Ansteuern der IGBT entsprechend Bild 3-112 kann für die RL-Last ein Dreiphasennetz mit beliebiger Frequenz aus der anliegenden Gleichspannung U_d erzeugt werden.

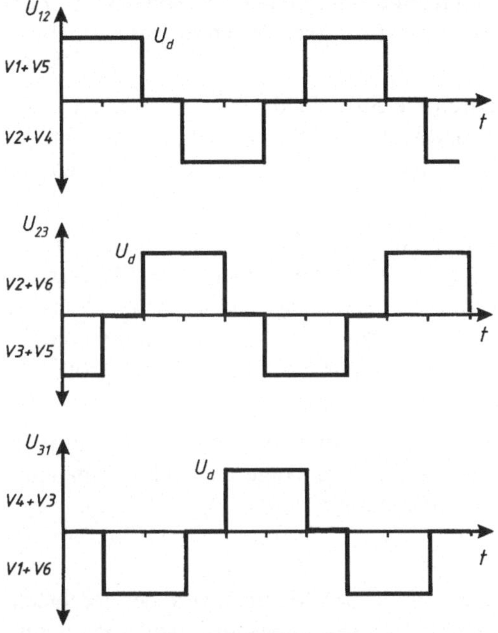

Bild 3-113
Verlauf der Leiterspannungen

Der Wechselrichter nach Bild 3-109 ermöglicht eine Stromleitdauer der Ventile von 180°. Die Kurvenform der Leiterspannungen ist nach Bild 3-113 belastungsunabhängig, während sie bei der auch möglichen Stromleitdauer von 120° von der Art der Belastung beeinflusst wird. Die Steuersignale der Ventile sind um jeweils 60° versetzt.

Entsprechend dem Steuerungsschema nach Bild 3-113 sind jeweils gleichzeitig drei Transistoren durchgeschaltet. Damit liegt in jedem Augenblick das Potenzial aller drei Anschlussklemmen des Verbrauchers fest. Im Bereich $0° < \omega t < 60°$ sind z. B. die Transistoren V1, V3 und V5 durchgeschaltet.

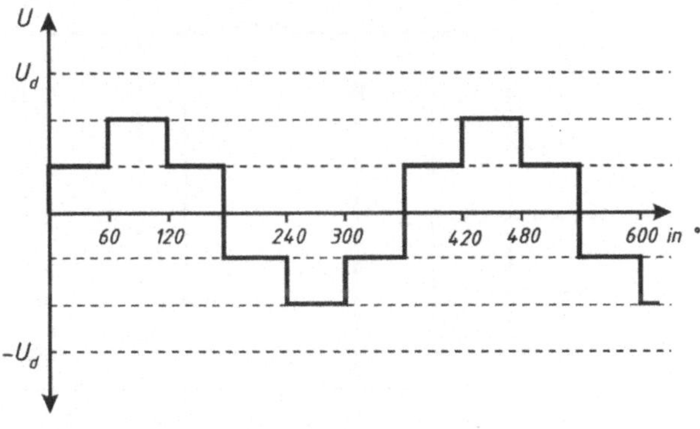

Bild 3-114 Strangspannung

Der weitere Verlauf der drei um jeweils 120° verschobenen Leiter-Wechselspannungen mit der Amplitude U_d wird in Bild 3-114 dargestellt.

Die entsprechend dem Steuerungsschema nach Bild 3-113 ermittelte Strangspannung hat einen zweistufigen rechteckförmigen Verlauf mit den Amplituden $1/3U_d$ und $2/3U_d$. Die Aufteilung zeigt Bild 3-114. Die dargestellte Strangspannung U_{1N} ist zu den anderen um 120° verschoben. Bei ohmschen Verbrauchern ist dies auch die Stromkurve.

Die Ströme sind zwar nicht sinusförmig, man kann mit ihnen aber Drehstromasynchronmotore betreiben. Bei ohmsch-induktiven Verbrauchern setzt sich der Stromverlauf aus Abschnitten von e-Funktionen zusammen und bildet in der Summe eine sinusähnliche Stromkurve. An der Stromführung sind auch hier die Rückstromdioden beteiligt, so dass Wechselstrom beliebiger Phasenlage fließen kann.

Die Frequenz der Ausgangsspannung lässt sich durch die Stromleitdauer der einzelnen IGBT steuern. Die Stromleitdauer wird vom Steuer- und Regelungskreis bestimmt. Will man die Richtung des Drehfeldes ändern, so tauscht man die Steuerbefehle von V2-V5 mit denen von V3-V6.

Der Steuer- und Regelkreis steuert die übrigen Komponenten (Leistungskomponenten) so, dass die Ausgangsspannung und die variable Ausgangsfrequenz zusammenpassen. Wie an anderer Stelle beschrieben, muss das Verhältnis zwischen Spannung und Frequenz konstant gehalten werden, damit der Motor ein konstantes Nenndrehmoment, unabhängig von der Drehzahl, abgeben kann. Somit muss sich die Ausgangsspannung verhältnisgleich (proportional) mit der Ausgangsfrequenz ändern.

Beim hier besprochen Pulsverfahren werden die Gleichstrom- bzw. -spannungssteller in jeder Periode mehrfach gezündet und gelöscht. Dadurch entsteht eine Folge an Rechteckspannungen, deren arithmetischer Mittelwert über den Tastgrad eingestellt wird.

Spannungsgeführter Umrichter

Wird bei einem U-Umrichter innerhalb jeder Halbperiode der Maximalwert der Rechteck-Spannungsimpulse konstant gehalten, jedoch die Breite der Spannungspulse den Anforderungen angepasst, so spricht man von Pulsweitenmodulation (PWM) oder auch von Pulsbreitenmodulation. Ist die Pause zwischen den Impulsen lang, so ist der Mittelwert der Spannung klein. Dagegen erhält man bei kurzen Pausen eine höhere Spannung.

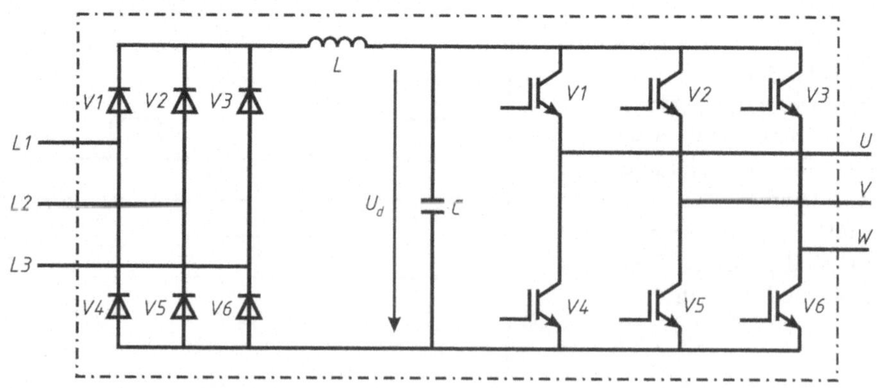

Bild 3-115 Spannungsgeführter Umrichter

Die Pulsfrequenz bleibt bei der PWM meist gleich, z. B. 5 kHz. Trotzdem ist mit der Pulsweitenmodulation auch die Frequenzsteuerung möglich, wenn man die Zahl der Rechteckimpulse innerhalb jeder Halbperiode ändert. Liegen z. B. 8 Rechteckimpulse in einer Periode, so beträgt die Frequenz der Grundschwingung 5000Hz/8 = 625 Hz. Bei 12 Rechteckimpulsen in einer Periode sind es 5000 Hz/12 = 417 Hz.

Da die Spannung bis hin zum Wechselrichter konstant ist, muss sowohl die Änderung der Spannung als auch die Änderung der Frequenz im Wechselrichter erfolgen. Der Steuer- und Regelkreis steuert die IGBT im Wechselrichter in einer Art und Weise, dass sich die Phasenspannung wie in Bild 3-116 bzw. Bild 3-117 verhält.

Der Effektivwert der Motorspannung wird durch kürzeres oder längeres Einschalten der konstanten Zwischenkreisspannung verändert. Durch den Wechsel von pos. und neg. Pulsen wird die Grundfrequenz verändert.

Der Steuerkreis findet die Ein- und Ausschaltzeitpunkte der IGBT als Schnittpunkte zwischen einer Dreieckspannung und einer überlagerten sinusförmigen Referenzspannung (sinusgesteuerter PWM).

Die Frequenz der Sinusspannung muss gleich der gewünschten Grundfrequenz des Frequenzumrichters sein. Das Verhältnis der Amplituden von Sinus- und Dreiecksspannung bestimmt die Impulsbreite der Motorspannung.

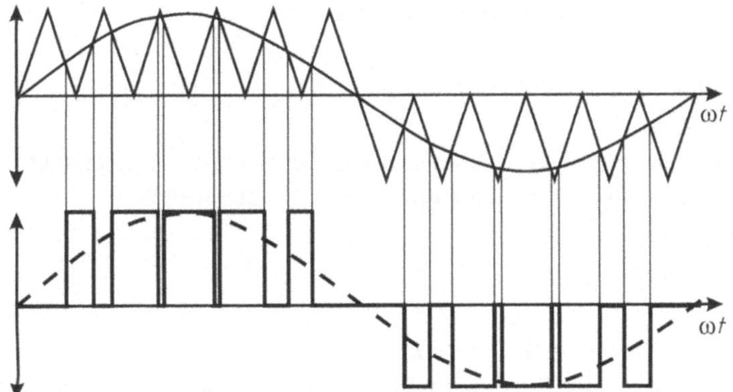

Bild 3-116
Max. Spannung und max. Frequenz für PWM-Verfahren

Hier ändert sich innerhalb jeder Halbperiode bei gleicher Pulsfrequenz die Pulsweite periodisch, und zwar in der Nähe des Nulldurchganges schmäler ist als in der Mitte des Impulspakets. Dadurch ist der Mittelwert der Spannung besser an die Sinusform angeglichen. Man spricht hier von einer sinusbewerteten PWM.

Die Form des Motorstromes hängt bei der PWM stark von der Aussteuerung des Umrichters ab. Bei kleiner Aussteuerung (schmale Impulse) ist der Motorstrom fast sinusförmig. Bei halber Aussteuerung (Impulsdauer = Pausendauer) treten schwache Oberschwingungen auf. Bei voller Aussteuerung sind die Oberschwingungen so stark wie bei der PAM.

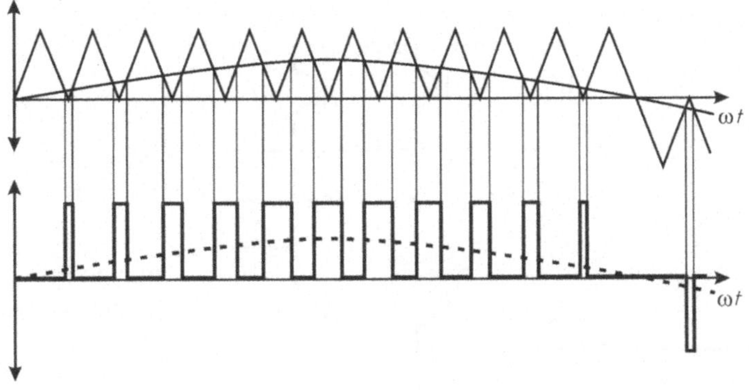

Bild 3-117
Halbe Spannung und halbe Frequenz für PWM-Verfahren

Das sinusbewertete Pulsmuster wird bei Steuerungen in Analogtechnik von der Steuer- und Regelelektronik kontinuierlich erzeugt; bei digital arbeitenden Umformertechnologien wird jedoch häufig auf in Datenspeichern abgelegte Muster zurückgegriffen, was den Zeitbedarf reduziert.

Die Motorspannung enthält außer der Grundfrequenz unerwünschte Harmonische, deren Größe untereinander abhängig vom Verhältnis der Frequenzen der Sinus- und Dreieckspannungen ist.

Durch die Entwicklung der Mikroprozessortechnik wird die Bestimmung der Schaltzeitpunkte für den Wechselrichter bei einfachen Geräten durch einen Mikroprozessor (Computer) ausgeführt. Die Spezifikationen der Software zur Berechnung der Schaltzeitpunkte sind firmenspezifisch und können hier nicht erläutert werden.

Bei höheren Anforderungen an den Drehzahlstellbereich und die Rundlaufeigenschaften des Antriebes erfolgt die Bestimmung der Schaltzeitpunkte der Puls-Weiten-Modulation nicht mehr durch den Mikroprozessor, sondern durch einen zusätzlichen digitalen Schaltkreis, z. B. ein ASIC (Application Specific Integrated Circuit). In diesem Baustein steckt das „Know-how“ der einzelnen Firmen. Die Mikroprozessoren übernehmen weitere Aufgaben. Spannungsgeführte pulsweitenmodulierte Umrichter (U-Umrichter) werden am häufigsten eingesetzt.

Vorteile:

- Gleichmäßiger Motorenlauf bei niedrigen Drehzahlen
- Brems-Chopper möglich
- Gut geeignet für den Parallelbetrieb von Motoren, wenn die Motoren eingeschaltet werden können, ohne zur Strombegrenzung zu führen (Motor bleibt stehen)
- Guter Systemwirkungsgrad
- Teilweise kurzschlusssicher

Nachteile:

- Motorgeräusche durch die Spannungskurvenform
- Der Motor bleibt stehen, wenn der Frequenzumformer in die Strombegrenzung geht (große Beschleunigung und Spitzenbelastung). Die Beschleunigung muss der Belastung angepasst werden, damit Strombegrenzungen vermieden werden.

Stromzwischenkreis-Umrichter

Zur Drehzahlsteuerung von Drehstromasynchronmotoren ist ein Ständerstrom erforderlich, dessen Frequenz und Stärke verstellbar sind. Ist die Wechselrichterschaltung direkt über Drosselspulen mit der Netzstromrichterschaltung nach Bild 3-118 verbunden, so liegt ein Stromzwischenkreis-Umrichter (I-Umrichter) vor. Diese werden auch als stromgeführte Stromrichter (CSI, engl. *current source inverter*) bezeichnet.

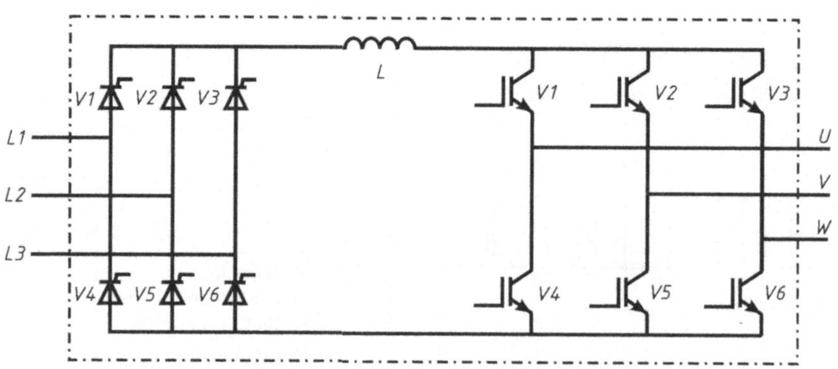

Bild 3-118 Leistungsteil eines Frequenzumformers (I-Umrichter)

Der Netzstromrichter mit den Thyristoren V1 bis V6 nach Bild 3-119 kann im Gleichrichterbetrieb und im Wechselrichterbetrieb arbeiten. Er wird von seinem Taktgeber nach dem Anschnittverfahren mit Netzfrequenz angesteuert.

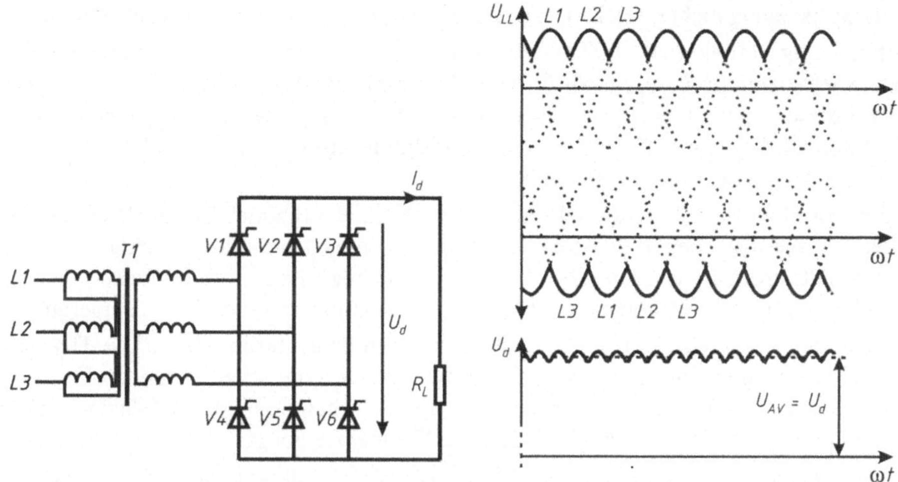

Bild 3-119 Gesteuerter Gleichrichter (B6C) mit Liniendiagramm der Ausgangsspannung U_d

Bei einem Phasenanschnittwinkel $\alpha = 0°$ wird die Gleichrichterschaltung als ungesteuerter Brückengleichrichter gefahren, so dass die Ausgangsspannung U_d ihren maximalen Wert hat. Wird der Anschnittwinkel größer, so wird die Zwischenkreisspannung kleiner.

Bereits im Jahre 1958 wurde eine steuerbare Silizium-„Diode" (SCR, engl. *silicon controlled rectifier*) entwickelt, die die Bezeichnung „Thyristor" erhielt. Es besitzt zwei Schaltzustände, und zwar den Schaltzustand „Ein" = leitend und den Schaltzustand „Aus" = gesperrt, die von außen herbeigeführt werden. Das Umschalten vom gesperrten in den leitenden Zustand wird als „Zünden" und das Umschalten vom leitenden in den gesperrten Zustand als „Löschen" bezeichnet.

Beim Thyristor werden die beiden Hauptanschlüsse wie bei der Diode mit Anode und Kathode bezeichnet. Ein Stromfluss ist nur möglich, wenn die Anode positiv gegenüber der Kathode ist. Der Thyristor ist sowohl im Vorwärtsbetrieb (Anode positiv gegenüber Kathode) als auch im Rückwärtsbetrieb (Anode negativ gegenüber Kathode) zunächst gesperrt.

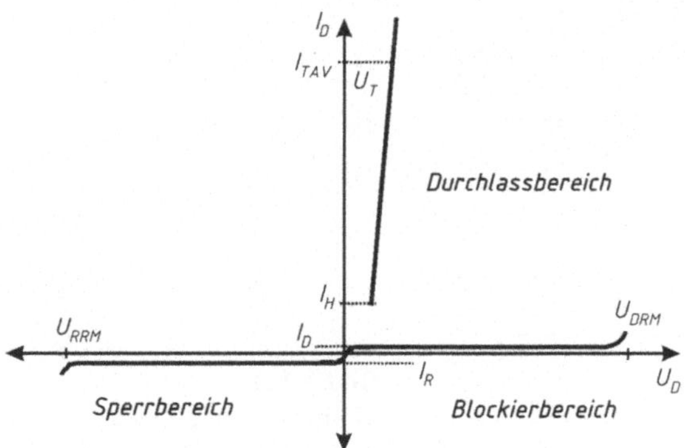

Bild 3-120
Kennlinie mit den wichtigsten Kenndaten

Wird im Vorwärtsbetrieb die Spannung weiter erhöht, so kippt der Thyristor entsprechend seiner Kennlinie nach Bild 3-120 bei der Spannung U_{DRM} schlagartig in den leitenden Zustand. Dieser Vorgang (Überkopfzünden) ist zwar technisch zulässig, aber im Sinne einer Steuerung nicht erwünscht. Um ein Überkopfzünden zu vermeiden, darf die maximale Betriebsspannung des Thyristors die Nullkippspannung nicht erreichen. Für ausreichenden Abstand muss gesorgt werden.

In Rückwärtsrichtung verhält sich ein Thyristor wie eine gesperrte Diode. Solange die maximal zulässige Sperrspannung U_{RRM} nicht überschritten wird, fließt nur ein sehr kleiner Sperrstrom I_R. Wird dieser Spannungswert überschritten, so steigt der Sperrstrom lawinenartig an und der Thyristor wird zerstört. Thyristoren können durch Ansteuerung des Gates gezündet werden, wenn die Anode positiver ist als die Katode.

Nach dem Zünden kippt der Thyristor sehr schnell vom Blockierbereich in den Durchlassbereich. Um den Thyristor wieder in den Sperrzustand zu bringen, muss der Durchlassstrom I_D kleiner als der Haltestrom I_H werden. Die Ansteuerung erfolgt durch Zündimpulse oder Impulsfolgen und ermöglicht das Zünden auch bei kleiner Spannung und niedriger Temperatur.

Je nach Ansteuerung liefert der Netzstromrichter eine einstellbare Stromstärke. Die Thyristoren des Gleichrichters sind selbst ausschaltend. Gelöscht werden die stromführenden Thyristoren durch das Zünden der nachfolgend leitenden. Am Zwischenkreis ist der Wechselrichter angeschlossen, der die gewünschte bzw. erforderliche Frequenz erzeugt.

Beim Stromzwischenkreis-Umrichter ist der Motor zu jedem Zeitpunkt über die Zwischenkreis-Drosselspulen mit dem Netz verbunden. Dadurch kann die Blindleistung direkt vom Netz bezogen werden.

Von der großen Spule des Zwischenkreises wird die variable Spannung U_d des gesteuerten Gleichrichters in einen regulierbaren Strom umgeformt, welcher der Frequenz angepasst wird. Die Belastung ist dann bestimmend für die Motorspannung.

Das Eingangssignal gibt über den Steuer- und Regelkreis Einschaltimpulse an die Thyristoren im Gleichrichter und die IGBT im Wechselrichter. Im Zwischenkreis fließt daher der gewünschte Strom, den der Wechselrichter durch die einzelnen Motorwicklungen schickt, in einem Zeitraum, entsprechend der gewünschten Frequenz. Den Strom muss man sich gepulst vorstellen, nicht als Block. Die Pulsfrequenz liegt im kHz-Bereich.

Vergleicht man den Leiterstrom und die Leiterspannung in Bild 3-121 miteinander, so erkennt man den eingeprägten Strom des I-Frequenzumformers, der eine angenähert sinusförmige Spannung hervorruft. Auf der Leiterspannung eines I-Umrichters hat man sich noch einige große Spannungsspitzen vorzustellen, welche zu den Schaltzeitpunkten auftreten.

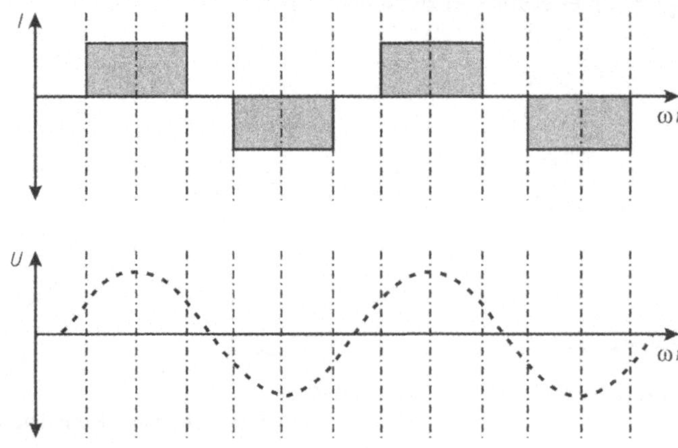

Bild 3-121
Motorstrom und Leiterspannung eines I-Umrichters

Im Bremsbetrieb hat der I-Umrichter einen seiner Vorteile, da er die Bremsleistung ohne zusätzliche Komponenten zurück in das Netz leiten kann. Arbeitet der Motor als Generator, wird der Strom über den Motor umgekehrt, und damit auch die Spannung im Zwischenkreis. Der Strom hat die gleiche Richtung wie vorher. Der gesteuerte Gleichrichter kann nun als Wechselrichter verwendet werden und die Leistung in das Versorgungsnetz zurückleiten.

Vorteile:

- Die Bremsleistung kann ohne zusätzliche Komponenten in das Netz zurückgespeist werden
- Kurzschlusssicher durch den stromgeprägten Zwischenkreis
- Guter Systemwirkungsgrad
- Geräuscharmer Motorlauf

Nachteile:

- Begrenzte Anwendung für den Parallelbetrieb von Motoren
- Störendes Pendelmoment bei sehr niedrigen Drehzahlen
- Der gesteuerte Gleichrichter führt zu großen Netzstörungen und Verlusten
- Nicht leerlauffest.

Feldorientierte (Vektor-) Regelung

Viele Frequenzumrichter der neuesten Generation, die den steigenden Anforderungen an Drehzahlgenauigkeit und verbesserten Regelungseigenschaften gerecht werden, arbeiten mit „Flussregelung" oder „feldorientierter Regelung". Entscheidendes Merkmal dieser Regelverfahren ist, dass im Umrichter über ein Motormodell, das im Umrichter hinterlegt sein muss, die wichtigsten Zustandsgrößen des Drehstrom-Kurzschlussläufermotors fortlaufend berechnet werden und der Regelung zur Verfügung stehen. (Zur allgemeinen Regelungstechnik vgl. Kapitel 7)

Es gibt eine Vielzahl von Ausführungsformen der Vektorregelung. Der wesentliche Unterschied liegt darin, nach welchen Kriterien die Größen Wirkstrom, Magnetisierungsstrom (Fluss) und Drehmoment berechnet werden.
Es stehen dabei zwei Verfahren zur Verfügung, die spannungsgeführte Flussregelung und die stromgeführte Flussregelung.

- Bei der spannungsgeführten Flussregelung wird aus der gewünschten Solldrehzahl die erforderliche elektrische Frequenz des Drehspannungssystems errechnet. Mithilfe des Motormodells und der zweiphasig gemessenen Motorströme werden alle wichtigen Zustandsgrößen des Motors berechnet und daraus die notwendige Spannungsamplitude der Motorspannung ermittelt. Es werden somit immer optimale magnetische Verhältnisse erzielt. Dieses Verfahren arbeitet ohne Drehzahlrückführung, es können Stellbereiche bis 1:200 bei einer Regelgenauigkeit von 0,3 % erzielt werden. Mit Drehzahlrückführung und überlagerter Drehzahlregelung können sogar Stellbereiche bis 1:800 bei einer Regelgenauigkeit von 0,01 % erzielt werden.

- Die stromgeführte Flussregelung beinhaltet eine Drehzahlregelung mit einer unterlagerten, feldorientierten Stromregelung. Es wird somit immer eine Drehzahlrückführung benötigt (Resolver, u. a.). Die besten Ergebnisse werden erzielt, wenn anstelle der herkömmlichen inkrementellen Drehgeber mit 1024 Impulsen/Umdrehung hoch auflösende sin/cos-Geber eingesetzt werden. Bei der feldorientierten Stromregelung werden die

Stromkomponenten für den magnetischen Fluss und für die Drehmomentbildung getrennt geregelt. Somit lässt sich das Drehmoment des Motors schnell und direkt regeln. Mit diesem Verfahren können Stellbereiche bis 1:5000 bei einer Regelgenauigkeit von 0,01 % erreicht werden, so dass der Drehstrom-Kurz-schlussläufermotor echte Servoeigenschaften erhält (nach Unterlagen der Fa. SEW-EURODRIVE).

Beim Asynchronmotor sind die Lage des Flusses Φ und des Läuferstromes I_L lastabhängig (im Gegensatz zur Gleichstrommaschine). Phasenwinkel und Betrag des Läuferstromes sind nicht über Ständergrößen direkt messbar. Über eine mathematische Motormodellbildung (z. B. Heyland-Kreis) lässt sich das Drehmoment aus der Verknüpfung des Flusses mit dem Ständerstrom jedoch errechnen.

Im vereinfachten Heyland-Kreis nach Bild 3-122 sind Leiterspannung U_1, Ständerstrom I_S, Magnetisierungsstrom I_0 im Leerlauf, Leistung P, Schlupf s und Drehmoment M miteinander verknüpft dargestellt. Der gemessene Ständerstrom I_S wird zerlegt in die drehmomentbildende Komponente I_W (in Phase mit der Spannung U_1), die mit dem Fluss Φ das Drehmoment M erzeugt, und die senkrecht dazu verlaufende Komponente I_0' (Imaginäranteil I_S) . Diese erzeugt den Fluss. (siehe Fuest/Döring: Elektrische Maschinen und Antriebe, Vieweg Verlag)

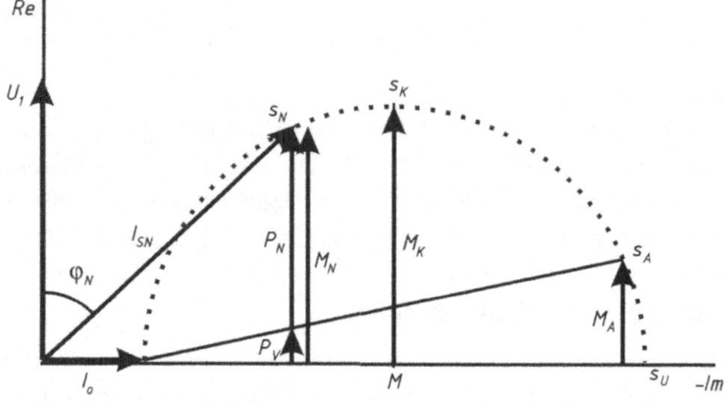

Bild 3-122
Berechnung der Stromkomponenten für die feldorientierte Regelung

Mithilfe dieser beiden Stromkomponenten kann sowohl auf das Drehmoment als auch auf den Fluss unabhängig voneinander eingewirkt werden. Die erforderliche Berechnung der Ströme mit Hilfe von dynamischen Maschinenmodellen erfordert eine aufwändige Datenverarbeitung.

Durch diese Technik der Aufteilung auf zwei Regelkreise für

- den belastungsunabhängigen Erregungszustand und
- das Drehmoment

gelingt es, die Asynchronmaschine genauso dynamisch zu regeln wie die Gleichstrommaschine. Diese Art von Regelung fordert allerdings ein Rückführungssignal (z. B. Resolver).

Vorteile dieser Art von Drehstromregelung sind

- gute Reaktion auf Laständerungen
- genaue Geschwindigkeitsregelung
- volles Moment bei null Drehzahl
- Antriebsleistung vergleichbar mit Gleichstromantrieben.

U/f-Kennlinie und Flussvektorsteuerung

Die Drehzahlsteuerung für Drehstrommotoren hat sich in den letzten Jahren aus zwei verschiedenen Steuerprinzipien entwickelt, nämlich

- die normale U/f-Steuerung und
- die Flussvektor-Steuerung.

Je nach den konkreten Anforderungen an Antriebsleistung (Dynamik) und Genauigkeit haben beide Methoden ihre Vor- und Nachteile.

Um ein optimales Drehmoment aus dem Motor erhalten zu können, soll der Fluss Φ konstant gehalten werden. Dies bedeutet, dass bei einer Änderung der Speisefrequenz f die Speisespannung U proportional geändert wird muss.

Im niedrigen Drehzahlbereich (f < 10Hz) und bei Belastung macht sich der Spannungsverlust am Wirkwiderstand der Ständerwicklung (vor allem bei Kleinmotoren) aber stark bemerkbar und bewirkt eine direkte Schwächung des Luftspaltflusses. Eine Kompensation dieses Spannungsabfalls muss vorgenommen werden, um den Maschinenfluss aufrechterhalten zu können.

Die einfachsten Methoden hierfür sind den unteren Bereich

- entweder gesteuert durch Anhebung der Ausgangsspannung oder
- geregelt durch die Wirkstromkomponente des Umrichterausgangstromes vorzugeben.

Diese Kompensation wird meistens die IxR-Kompensation (Fa. SEW-EURODRIVE), Boost, Momentenanhebung, oder Startkompensation (bei Fa. Danfoss) genannt.

Die U/f-Kennlinie-Steuerung (eine Gerade im U-f-Diagramm) hat ihre Begrenzung im Drehzahlregelbereich. Er liegt im gesteuerten Bereich bei ca. 1:20. Bei niedrigen Drehzahlen ist eine alternative Steuerungsstrategie (Kompensationen) notwendig.

Der Vorteil liegt jedoch in der

- relativ einfachen Anpassung des Frequenzumrichters an den Motor
- Robustheit gegen Stoßlast im gesamten Drehzahlbereich.

Bei Flussvektorantrieben muss eine genaue Anpassung des Frequenzumrichters an den Motor vorgenommen werden. Dies erfordert genaue Kenntnisse über den zu steuernden Drehstrommotor (siehe oben). Eine zusätzliche Komponente für das Rückführsignal ist notwendig.

Hier liegt der Vorteil

- in der schnellen Reaktion auf Drehzahländerungen und im großen Regelbereich
- im besseren dynamischen Verhalten bei Drehrichtungsumkehrungen
- in einer Steuerstrategie für den gesamten Drehzahlbereich

Für den Anwender ist die optimale Lösung eine Motor-Drehzahlsteuerung, die die stärksten Eigenschaften beider Strategien in sich vereint. Merkmale wie Stabilität gegen schrittweise Be-/Entlastung über den gesamten Drehzahlbereich, eine typische Stärke des „U/f-gesteuerten" Drehstrommotors, und schnelles Ansprechen auf Änderungen in der Solldrehzahl (bei feldorientierter Steuerung) sind Anforderungen an künftige Motor-Drehzahlsteuerungen, wenn Servoeigenschaften im Blickpunkt stehen. Eine neue Steuerstrategie, die durch Kombination der robusten Eigenschaften der U/f-Steuerung mit der höheren, dynamischen Leistung der feldorientierten Regelprinzipien neue Maßstäbe für Antriebe mit Drehzahlsteuerung setzt, ist die VVC^plus Steuerung der Fa. Danfoss.

Motorbetrieb am Frequenzumrichter

Durch Änderung von Frequenz und Spannung ist die Drehzahl-Drehmomentkennlinie des Drehstromkurzschlussläufermotors nach Bild 3-123 über der Drehzahlachse verschiebbar. Im Bereich der Proportionalität zwischen U und f (Bereich A) wird der Motor mit konstantem Fluss betrieben und kann mit konstantem Drehmoment belastet werden. Erreicht die Spannung den Maximalwert und wird die Frequenz weiter erhöht, nimmt der Fluss und damit auch das verfügbare Drehmoment ab (Feldschwächung, Bereich F). Bis zur Kippgrenze kann der Motor im proportionalen Bereich mit konstantem Drehmoment betrieben werden und im Feldschwächbereich mit konstanter Leistung.

Das Kippmoment M_K fällt quadratisch. Ab einer bestimmten Frequenz wird $M_K <$ verfügbares Drehmoment, z. B. bei Eckfrequenz $f_1 = 50$ Hz

- und $M_K = 2\ M_N$ ab 100 Hz
- und $M_K = 2{,}5\ M_N$ ab 125 Hz.

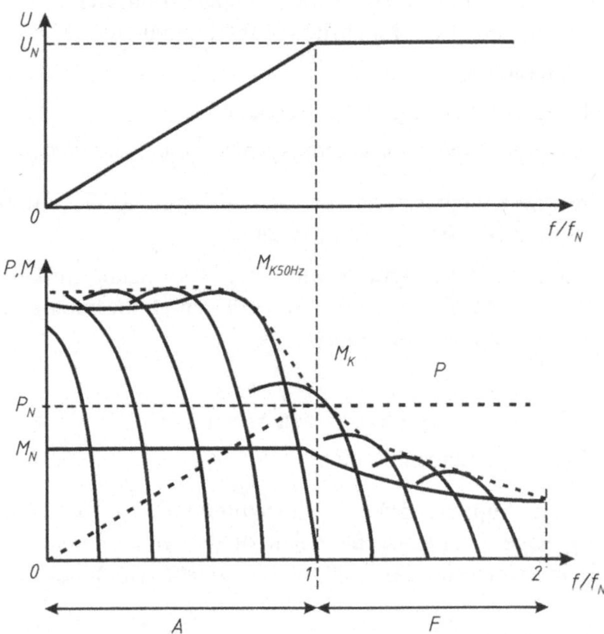

Bild 3-123 Betriebskennlinien mit konstantem Drehmoment und konstanter Leistung

Eine weitere Alternative ist der Betrieb mit Spannung und Frequenz oberhalb der Bemessungswerte, z. B:

Motor: 230V/50 Hz (Δ-Schaltung)

Umrichter: $U_A = 400\text{V bei } f_{max} = \sqrt{3} \cdot 50\,\text{Hz} = 1{,}73 \cdot 50\text{Hz} = 87\text{Hz}$

Durch die Frequenzerhöhung könnte der Motor die 1,73-fache Leistung abgeben. Wegen der hohen thermischen Belastung des Motors im Dauerbetrieb empfehlen die meisten Hersteller jedoch nur die Ausnutzung mit der Bemessungsleistung des nächstgrößeren listenmäßigen Motors.

Beispiel: Motor-Listenleistung $P_N = 4$ kW,
nutzbare Leistung bei Δ-Schaltung und $f_{max} = 87$Hz: $P_N' = 5{,}5$ kW

Damit hat dieser Motor immer noch die 1,37-fache Leistung gegenüber der Listenleistung. Wegen des Betriebs mit ungeschwächtem Feld bleibt bei dieser Betriebsart das Kippmoment in gleicher Höhe wie bei Netzbetrieb erhalten.

Beachtet werden muss die größere Geräuschentwicklung des Motors, verursacht durch das schneller drehende Lüfterrad, sowie der größere Leistungsdurchsatz durch das Getriebe. Der Umrichter muss für die höhere Leistung (im Beispiel 5,5 kW) bemessen werden, weil der Betriebsstrom des Motors wegen der Δ-Schaltung höher ist als in Y-Schaltung.

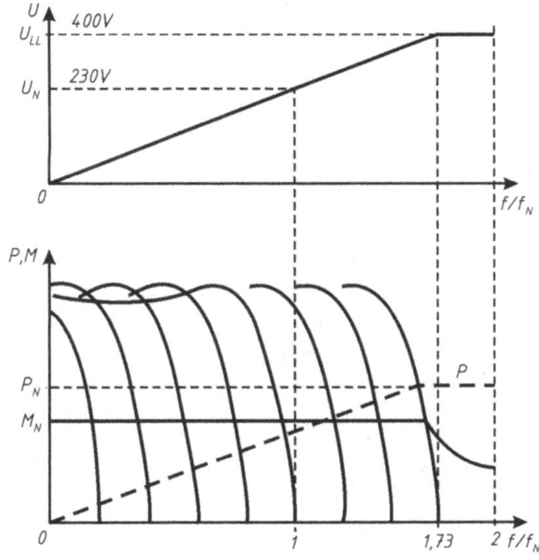

Bild 3-124 Betriebskennlinien mit konstantem Bemessungsdrehmoment

Aufbau des Frequenzumrichters

Außer dem Leistungsteil hat jeder Frequenzumrichter einen Steuerteil, in dem Mikroprozessor, Signalverarbeitung, Schnittstellen und Signalein-/ausgänge untergebracht sind. Bild 3-125 zeigt das Blockschaltbild des SEW-Antriebsumrichters MOVIDRIVE® MDV60A.

X1: Netz
X2: Motor
X3: Anschluss Bremswiderstand
X4: Zwischenkreisanschluss
X10: TF-/TH-Eingang/Binär-/Relaisausgang
X11: Analogeingang und Referenzspannungen
X12: Systembus
X13: Potenzialfreie Binäreingänge/RS-485 Schnittstelle
X14: Geber-Eingang
X15: Inkremental

Leistungsteil:	Eingangsschutzschaltung	
	Gleichrichter	GR
	Zwischenkreis	ZK
	Bremschopper	BRC
	Wechselrichter	WR

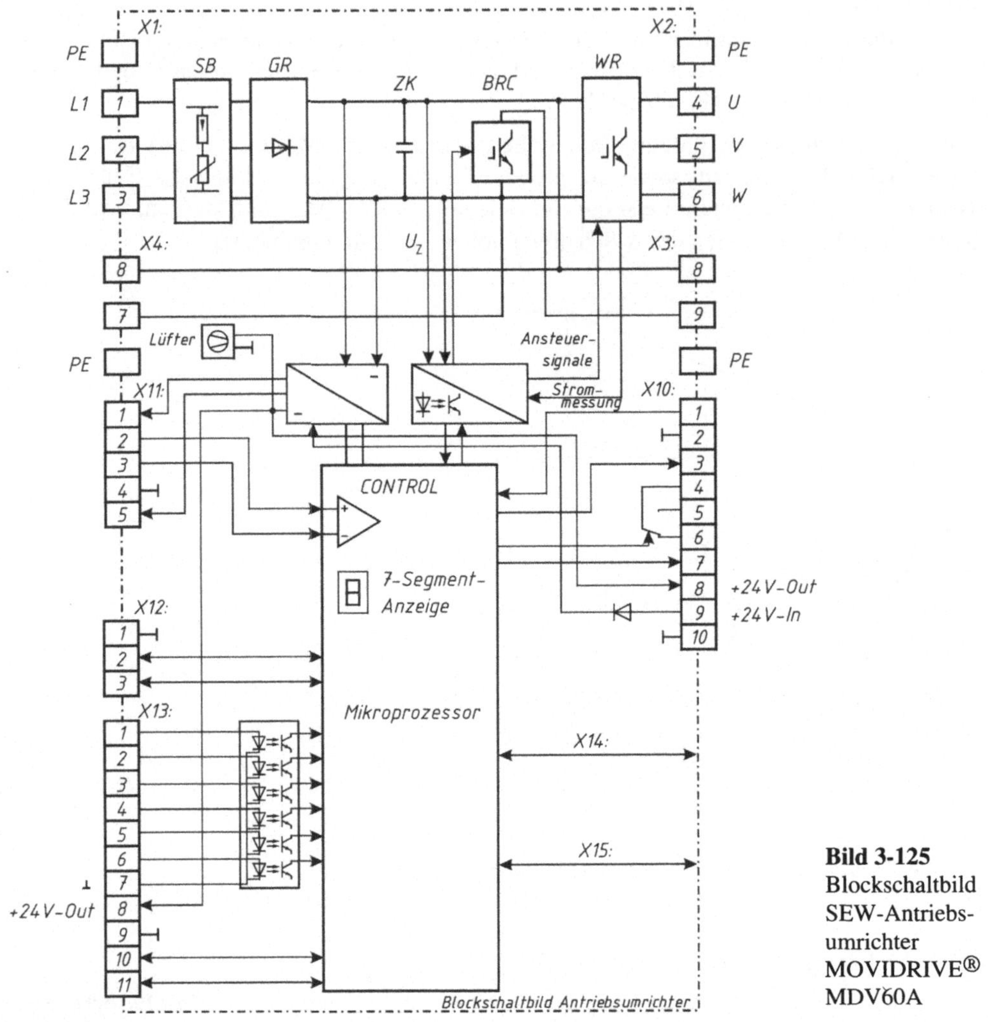

Bild 3-125
Blockschaltbild SEW-Antriebsumrichter MOVIDRIVE® MDV60A

Kommunikation

Digitale Frequenzumrichter können grundsätzlich über drei Schnittstellen mit der Peripherie Daten austauschen. Dies sind

- die konventionelle Steuerklemmenleiste für digitale und analoge Ein- und Ausgänge,
- das Bedienteil mit Display und Tastern,
- eine serielle Schnittstelle für Service und Diagnose sowie Steuerungsaufgaben.

Je nach Anwendung kann die Kommunikation zusätzlich über eine intelligente serielle Schnittstelle für einen leistungsfähigen Automatisierungsbus (z. B. PROFIBUS) ergänzt werden. Hierbei kann es sich um eine eigene Baugruppe handeln, die zur Entlastung der Grundgeräteelektronik einen eigenen Mikroprozessor und Peripherie enthalten kann.

Bei der Steuerklemmenleiste sind für n-Verknüpfungen mindestens (n+1) Datenleitungen notwendig, die Anzahl der Leitungen hängt also von den Aufgaben und der Klemmenzahl ab. Die einzelnen Klemmen können für verschiedene Funktionen programmiert werden. Ein Bedienteil mit Display und Tastern kann an fast jedem digitalen Frequenzumrichter eingebaut werden. Am Display ist es möglich die Funktionen der Steuerklemmen auszuschalten. Dies bietet bei bestimmten Störfällen (Leitungsbruch, fehlendes Steuersignal) eine Diagnosehilfe.

In einem Prozess nach Bild 3-126 wird der Frequenzumrichter als aktiver Ausrüstungsteil betrachtet. Er ist ein Bauteil eines Systems ohne Rückmeldung (Steuerung) oder eines Systems mit Rückmeldung (Regelung) vom Prozess.

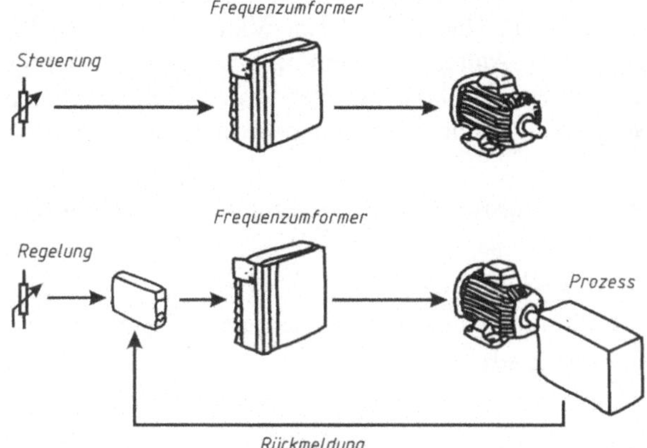

Bild 3-126
Frequenzumrichter als aktiver Ausrüstungsteil

Ein System ohne Rückmeldung kann mit einem einfachen Potenziometer betrieben werden. Ein System mit Rückmeldung ist aufwändiger und wird in der Regel mit einem programmierbaren Steuer- und Regelsystem (z. B. SPS/DDC) ausgeführt.

Herstellerunabhängige Kommunikation

Bussysteme ermöglichen den Einsatz von verschiedenen Einrichtungen wie SPS, PC, Frequenzumrichter, Sensoren und Aktoren zur Automatisierung technischer Prozesse (zu Bussystemen vgl. auch Kapitel 5). Für den Informationsaustausch dieser Feldgeräte mit übergeordneten Systemen sowie untereinander werden nach Bild 3-127 Feldbusse als Kommunikationsmedium eingesetzt. Herstellerspezifische Protokolle führen zu Insellösungen. Darum ist aus der Sicht eines Anwenders ein herstellerunabhängiges Protokoll erforderlich.

Ein bewährtes Protokoll ist das PROFIBUS Protokoll. Es ermöglicht den Datenaustausch zwischen Geräten unterschiedlicher Hersteller ohne spezielle Schnittstellenanpassung und hat sich in vielen Anwendungen im Bereich der Gebäude- und Fertigungsautomatisierung, der Antriebs- und Verfahrenstechnik bewährt.

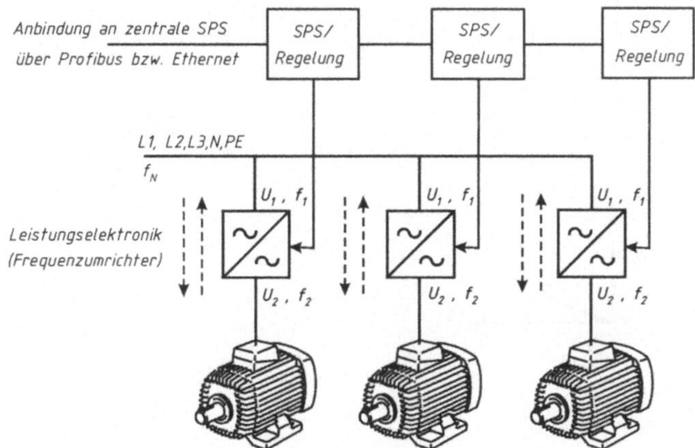

Bild 3-127
Datenaustausch und Steuerung bei Einzelantrieb

Außer PROFIBUS gibt es andere Kommunikationssysteme, z. B. ETHERNET für Frequenzumrichter auf dem Markt zu finden.

3.3.6 Auswahl, Dimensionierung und Schutz elektrischer Maschinen

The selection, specification and protection of electrical machines

Für eine vorgegebene Antriebsaufgabe muss ein konkreter Motor dimensioniert und aus der Angebotsliste eines Herstellers ausgewählt werden. Hierfür sind eine Vielzahl von Gesichtspunkten zu beachten, die sich aus dem gegebenen Antriebsproblem, insbesondere aus den geforderten Drehzahl- und Drehmomentenverläufen, den konstruktiven Anforderungen der Arbeitsmaschine sowie aus den Energieversorgungs- und den Umgebungsbedingungen ergeben. Hierzu gehören vor allem

- erforderliche Baugröße entsprechend den Leistungs- bzw. Drehzahl- und Drehmomentanforderungen,
- die konstruktive Ausführung des Motors (Bauform),
- der notwendige Schutz gegenüber Berührungen durch den Menschen und gegen das Eindringen von fremden Körpern (Schutzgrad),
- die Schutzart und
- die Art der Kühlung.

Unter der Baugröße werden die Hauptabmessungen (Außendurchmesser d_M und Länge einer elektrischen Maschine verstanden. Sie ist abhängig von dem geforderten Leistungs-, Drehmomenten- und Drehzahlbereich sowie von dem Ausnutzungsfaktor der elektrischen Maschine. Die Arbeitsmaschine bestimmt die Drehzahl- und Drehmomentenverläufe des Motors und damit auch die vom Motor an der Welle abzugebende Leistung P_N.

Wenn das vom Motor geleistete Moment und das Belastungsmoment gleich groß sind, so sind Moment und Drehzahl konstant, d. h. der Zustand ist stationär. Die Kennlinien für Motor und Arbeitsmaschine werden als Zusammenhang zwischen Drehzahl und Moment oder Leistung angegeben.

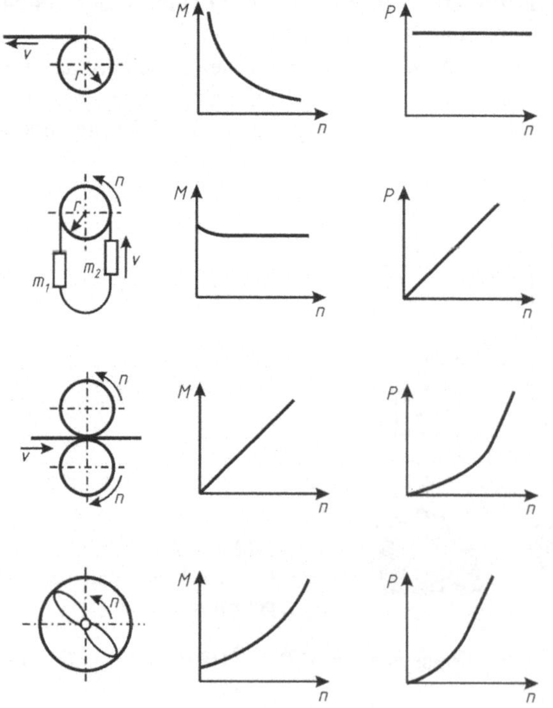

Bild 3-128
Belastungscharakteristiken

Die Kennlinien der Arbeitsmaschinen lassen sich nach Bild 3-128 in vier Gruppen unterteilen.

Die Gruppe (1) besteht aus Arbeitsmaschinen für das Aufrollen von Material mit konstanter Zugkraft. Zu dieser Gruppe gehören auch spanabhebende Maschinen, beispielsweise für den Zuschnitt von Furnier aus Holzstämmen.

Die Gruppe (2) besteht aus verschiedenen Maschinen. Das sind Förderbänder, unterschiedliche Kräne, Verdrängungspumpen und Werkzeugmaschinen.

Die Gruppe (3) setzt sich zusammen aus Maschinen wie Walzen, Glättmaschinen und andere Maschinen für die Werkstoffbearbeitung.

Die Gruppe (4) umfaßt Maschinen, die mit Zentrifugalkräften arbeiten. Das sind z. B. Zentrifugen, Kreiselpumpen und Ventilatoren.

Der stationäre Zustand entsteht, wenn nach Bild 3-129 das Moment von Motor und Arbeitsmaschine gleich groß sind. Die Kennlinien schneiden sich im Punkt B.

Bei der Bemessung eines Motors für eine gegebene Arbeitsmaschine sollte der Schnittpunkt so nah wie möglich am Punkt N für die Nenndaten des Motors liegen. Hier wird der Motor am besten genutzt.

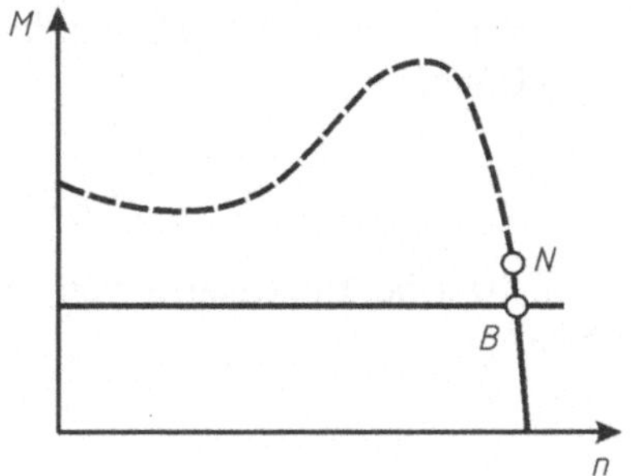

Bild 3-129 Stationärer Zustand

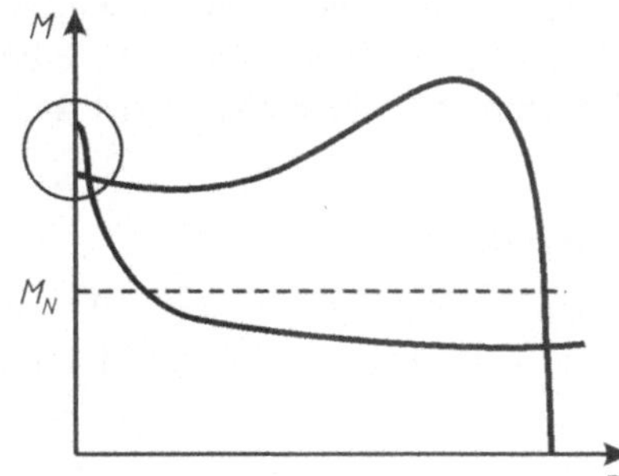

Bild 3-130 Losbrechmoment

Es ist wesentlich, dass im ganzen Bereich vom Stillstand bis zum Schnittpunkt ein Überschussmoment vorhanden ist. Wenn dies nicht der Fall ist, wird der Betrieb instabil und der stationäre Zustand kann sich bei einer zu niedrigen Drehzahl einstellen. Dies u. a., weil das Überschussmoment für die Beschleunigung benötigt wird.

Speziell für Arbeitsmaschinen der Gruppen 1 und 2 ist es notwendig, diesen Startzustand zu beachten. Diese Belastungstypen können nach Bild 3-130 ein Losbrechmoment in der gleichen Größe wie das Anlaufmoment des Motors haben. Wenn das Losbrechmoment der Belastung größer als das Anlaufmoment des Motors ist, kann der Motor nicht starten.

Bei der Energiewandlung entstehen im Motor Wärmeverluste, welche die Motortemperatur erhöhen können. Die sich einstellende Motortemperatur ist von seiner Verlustleistung sowie von seiner Wärmekapazität und Wärmeabgabefähigkeit abhängig. Die Verlustleistung stimmt seine Baugröße und damit auch seine Kosten. Die günstigsten Motorkosten werden i. A. in einem Leistungsbereich von 1...1000 kW bei einer Nenndrehzahl von 1500 U/min erreicht.

Bei Antrieben mit häufigen Anlauf- und Bremsvorgängen beeinflusst auch das Massenträgheitsmoment J_M des Motors seine Verlustleistung und die elektromechanische Zeitkonstante T_M in den Übergangsvorgängen. Sein Massenträgheitsmoment steigt überproportional mit der Typenleistung an.

Um die Motordrehzahl und das Motordrehmoment an die Arbeitsmaschine anzupassen, ist in vielen Fällen die Zwischenschaltung eines Getriebes erforderlich. Hier müssen auch die Baugröße, der Platzbedarf und der Wirkungsgrad des Getriebes sowie sein Einfluss auf das Gesamtträgheitsmoment und das Beschleunigungsmoment des Antriebs mit in die Überlegungen zur Auswahl des Gesamtsystems einbezogen werden.

Toleranzen

Die elektromechanischen Angaben für einen Motor sind oft nur berechnet und unterliegen wegen der Blechqualität Toleranzen. Es wird eine zulässige Abweichung von ±10 % toleriert. Ein Wirkungsgrad von 91 % kann also 90 % bis 92 % sein. Die Nenndrehzahl 1.450 U/min kann bei der Asynchronmaschine zwischen 1.445 U/min und 1.455 U/min liegen.

Leistungsreduktion

Bei Umgebungstemperaturen über 40°C und Unterdrücken, welche Höhenlagen von über 1000 m ü. M. entsprechen, muss der Motor deklassiert werden.

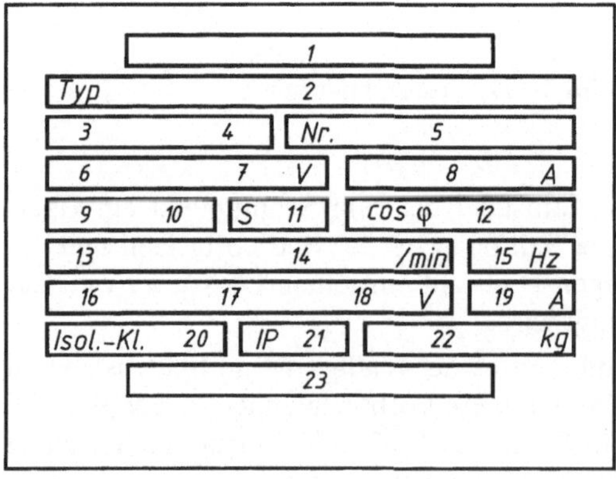

Bild 3-131 Typenschild nach DIN

Leistungsschild für elektrische Maschinen *Rating plates for rotating electrical machines*	**IEC 60034/ DIN 42 961/06.80**
lfd. Nr.	**Erklärung**
1	Name des Herstellers
2	Kennzeichen für den Typ ergänzt durch Baugröße, Bauform
3	Stromart, siehe DIN 40 900 Teil 2
4	Art der Maschine, z. B. Gen., Mot., usw.
5	Fertigungsnummer
6	Kennzeichnung der Schaltart der Wicklung nach DIN 40 900 Teil 6
7	Nennspannung
8	Nennstrom
9	Nennleistung; Abgabe in kW bei Motoren, Gleichstrom- und Induktionsgeneratoren Scheinleistung in kVA bei Synchrongeneratoren und Blindleistungsmaschinen
10	Einheit der Leistung, z. B. kW
11	Nennbetriebsart
12	Leistungsfaktor
13	Drehrichtung nach VDE 0530 Teil 8
14	Nenndrehzahl in min^{-1}
15	Nennfrequenz
16	„Err“ (Erregung) bei Gleichstrommaschinen und Synchronmaschinen „Lfr“ (Läufer) bei Asynchronmaschinen
17	Schaltart der Läuferwicklung (siehe lfd. Nr. 6)
18	Nennerregerspannung (Gleichstrom- und Synchronmaschinen) Läuferstillstandsspannung Nennbetrieb (Schleifringläufermotoren)
19	Nennerregerstrom (Gleichstrom- und Synchronmaschinen) Läufer-Nennstrom (Schleifringläufermotoren)
20	Wärmeklasse
21	Schutzart nach EN 60529 / DIN 40 050
22	Gewicht in kg bzw. t
23	Nr. und Ausgabejahr der zugrunde gelegten VDE-Bestimmung

Weitere Motordaten können dem Motorkatalog entnommen werden.

Typ		bei Nennleistung								Trägheits-moment J	Netto-gewicht
	P	n	η	cos φ	I bei 400V	I_A/I_N	M	M_A/M_N	M_{max}/M_N		
	kW	1/min	%	-	A	-	Nm	-	-	kgm²	kg
160M	15	2910	88	0,90	29	6,2	49	1,8	2,0	0,055	85

Weitere Daten

- Wirkungsgrad als Quotient aus abgegebener Wellenleistung (mechanische Leistung) zur zugeführten elektrischen Leistung
- Verhältnis zwischen Anlaufstrom (I_A) und Nennstrom (I_N) liegt in der Regel zwischen fünf und sieben.
- M = Volllastmoment (Nennmoment) kann auch nach Typenschild berechnet werden.
- Verhältnis zwischen dem Anlaufmoment (M_A) und dem Nennmoment (M_N).
- Das Anlaufmoment M_A ist somit $1{,}8 \cdot 49\ \text{Nm} = 88\ \text{Nm}$ und erfordert einen Anlaufstrom I_A
- von $6{,}2 \cdot 29\,\text{A} = 180°$.
- Verhältnis zwischen dem maximalen Moment (M_{max}) auch Kippmoment (M_K) genannt und dem Nennmoment (M_N).
- Das Trägheitsmoment J des Motors wird bei Beschleunigungsberechnungen und Stabilitätsberechnungen in Regelsystemen benötigt.

Die konstruktiven Anforderungen der Arbeitsmaschine bestimmen die Bauform der elektrischen Maschinen. Von der Industrie werden Motoren mit Füßen und/oder Flansch für waagrechte oder senkrechte Wellenanordnungen mit einem oder zwei freien Wellenenden gefertigt. Flanschmotoren kommen insbesondere bei kleineren Leistungen zum Einsatz.

Motoren großer Leistung haben häufig externe Stehlager. Die Bauformen sind nach einem IM-Code u. a. nach DIN 42950 (IEC 60034-7) für verschiedene Achshöhen und Gehäuselängen genormt, so dass i. a. innerhalb der EU ein Austausch von Motoren unterschiedlicher Hersteller ohne konstruktive Änderungen an der Arbeitsmaschine möglich ist. Die Codebezeichnung IM B3 gilt z. B. für einen Motor mit Füßen, zwei Lagerschilden und einem freien Wellenende.

Wirkungsgrad η, Leistungsfaktor cos φ und Wärmeklasse

Auf dem Typenschild der Motoren wird nach EN 60034 als Bemessungsleistung P_N die Abtriebsleistung, d. h. die zur Verfügung stehende mechanische Wellenleistung, angegeben.

Bei großen Motoren sind Wirkungsgrad η und Leistungsfaktor cos φ günstiger als bei kleinen Motoren. Wirkungsgrad und Leistungsfaktor ändern sich auch mit der Auslastung des Motors, d. h. sie werden bei Teillast ungünstiger.

Wärmeklassen nach DIN IEC 60085/VDE 0301 Teil 1

Am häufigsten eingesetzt werden heute Motoren mit der (Isolations-)Wärmeklasse B. Bei diesen Motoren darf die Wicklungstemperatur, ausgehend von einer Umgebungstemperatur von 40°C, maximal 80K zunehmen. In der DIN IEC 60085 sind die Wärmeklassen festgelegt. In der unten stehenden Tabelle sind die Übertemperaturen nach DIN aufgeführt.

Tabelle 3-6 Wärmeklassen

Wärmeklasse	**Grenzübertemperatur bez. auf Kühllufttemperatur 40°C**	**Abschalttemperatur der Kaltleiter**
B	80 K	130°C
F	105 K	150°C
H	125 K	170°C

Die Klasse F ist bei umrichtergespeisten Motoren empfehlenswert während Klasse H nur in besonderen Fällen erforderlich ist.

Ermittlung der Wicklungstemperatur

Mit einem geeigneten Widerstandsmessgerät kann die Temperaturzunahme $\Delta\vartheta$ eines Motors mit Kupferwicklung über die Widerstandszunahme ermittelt werden. Der Einfluss der Umgebungstemperatur kann vernachlässigt werden, wenn sich die Umgebungstemperatur während der Messung nicht ändert. Damit ergibt sich eine die einfache Formel.

Wicklungstemperatur $$\vartheta_2 = \frac{R_2 - R_1}{R_1} \cdot (235 + \vartheta_1) + \vartheta_1$$

Temperaturzunahme $$\Delta\vartheta = \vartheta_2 - \vartheta_1$$

ϑ_1 = Temperatur der kalten Wicklung in °C
ϑ_2 = Wicklungstemperatur in °C am Prüfungsende
R_1 = Widerstand der kalten Wicklung (ϑ_1) in Ω
R_2 = Widerstand am Ende der Prüfung (ϑ_2) in Ω

Erwärmung

Die in elektrischen Maschinen auftretenden Verluste werden in Wärme umgesetzt. Diese Erwärmung ist abhängig von folgenden Verlustarten:

- Kupfer- oder Wicklungsverluste
- Eisen- oder Ummagnetisierungsverluste
- mechanische Verluste (Reibungsverluste)

Die Temperaturen von Wicklungen, Eisenteilen, Stromwendern, Lagern usw. nehmen mit der Betriebsdauer zu. Nach VDE 0530 dürfen Isolierstoffe (und auch Schmiermittel) eine bestimmte Grenzerwärmung nicht überschreiten, da sie mit höherer Erwärmung schneller altern, d. h. ihre Lebensdauer geringer wird.

Der Erwärmungsvorgang kann in drei Stufen eingeteilt werden:

- Die entwickelte Wärme erhöht die Temperatur der Maschinenmasse. Die Maschinenmasse hat gegenüber der Umgebung noch keine Übertemperatur, gibt also noch keine Wärme ab.
- Es tritt gleichzeitig Wärmespeicherung und Wärmeabgabe an die Umgebung ein, wodurch sich die Temperaturzunahme verlangsamt.
- Es halten sich zugeführte Verlustwärme und abgegebene Wärme das Gleichgewicht. Die Maschine erreicht die Beharrungstemperatur ϑ_{max}.

  Bei kleineren Maschinen tritt dieses Stadium nach ein bis drei Stunden, bei Größeren nach ca. zehn Stunden ein. Dieses Verhalten stimmt mit dem eines homogenen Körpers überein, der einer Erwärmung ausgesetzt wird. Die jeweilige Übertemperatur ist also eine Funktion der Zeit.

Da beim Abkühlen andere Kühlverhältnisse vorliegen, ist die Abkühlungszeit bei stillstehendem Motor entsprechend größer. Man kann bei Motoren bis 25 kW mit einer 7 - 9mal längeren Abkühlungszeit als Erwärmungszeit rechnen. Da Elektromotoren mit Wicklungskupfer, Isolation und Eisen keine homogenen Körper darstellen, wird der Erwärmungsvorgang nur annähernd beschrieben.

Betriebsarten nach IEC 34 (EN 60034)

Die Bemessungsleistung (Nennleistung) steht immer im Zusammenhang mit einer Betriebsart und Einschaltdauer.

Normal wird für Dauerbetrieb S1 ausgeführt, d. h. es liegt Betrieb mit konstantem Belastungszustand vor, dessen Dauer ausreicht, dass der Motor den thermischen Beharrungszustand erreicht.

S2 ist Kurzzeitbetrieb, d. h. Betrieb mit konstantem Belastungszustand für begrenzte, festgelegte Zeit mit anschließender Pause, bis der Motor die Umgebungstemperatur wieder erreicht hat.

S3 ist Aussetzbetrieb ohne Einfluss des Anlaufvorgangs auf die Erwärmung. Charakteristikum ist die „relative Einschaltdauer ED“. S3 ist gekennzeichnet durch eine Folge gleichartiger Lastspiele, von denen jedes eine Zeit mit konstanter Belastung und eine Pause umfasst, in der der Motor stillsteht.

S4 ist Aussetzbetrieb mit Einfluss des Anlaufvorgangs auf die Erwärmung, gekennzeichnet durch relative Einschaltdauer ED und Zahl der Schaltungen pro Stunde.

Außerdem gibt es noch die Betriebsarten S5...S10 mit teilweise analogen Bedingungen zu S1...S4.

S 7 Ununterbrochener Betrieb mit Anlaufen und Bremsen

Der Motor wird belastet mit einer periodischen Folge von gleichartigen Spielen, die sich aus Anlaufzeit, Betriebszeit mit gleich bleibender Nennlast und Bremszeit mit elektrischen Bremsen zusammensetzt. Während eines Spiels wird die Beharrungserwärmung nicht erreicht.

Das Leistungsschild muss Angaben zur Schalthäufigkeit und zum vorhandenen Trägheitsmoment enthalten.

S 8 Ununterbrochener Betrieb mit wechselnden Drehzahlen und Leistungen

Der Motor wird mit einer periodischen Folge von gleichartigen Spielen belastet. Jedes Spiel umfast verschiedene Betriebszeiten mit unterschiedlicher Drehzahl und Last. Jeder Belastungsfall muss für sich betrachtet werden.

Das Leistungsschild muss darüber für die einzelnen Belastungsfälle genaue Angaben über Schalthäufigkeit, Trägheitsmoment, relative Einschaltdauer, verschiedene Leistungen und Drehzahlen enthalten.

Kühlungsarten

Die auf dem Leistungsschild angegebene Nennleistung einer elektrischen Maschine wird durch die zulässige Wicklungstemperatur bestimmt.

Mit dieser Aussage können direkte Folgerungen abgeleitet und gewonnen werden.

- Die Nennleistung (Leistung an der Welle) eines Elektromotors wird aufgrund der Erwärmungsverhältnisse mit festgelegt und nicht nur durch das aufzubringende Drehmoment.
- Durch geeignete Isolation kann ein Motor evtl. stärker belastet werden.
- Eine geeignete Kühlung ermöglicht stärkere Belastung und bessere Ausnutzung eines Motors.

Die Kühlungsarten lassen sich unterscheiden in

- Selbstkühlung
  Die Wärme wird durch Strahlung und natürliche Luftbewegung abgeführt.
- Eigenkühlung
  Die Kühlmittel (Luft) werden durch einen am Läufer angebrachten Lüfter bewegt. Diese Kühlung ist drehzahlabhängig.
- Fremdkühlung
  Über einen besonderen Lüftermotor wird die Kühlung bewirkt. Sie ist von der Drehzahl des Antriebsmotors unabhängig. Als Kühlmittel wird im allgemeinen Luft verwendet. Bei ganz großen Einheiten wird auch direkte Wasserkühlung angewandt. Diese Maßnahmen haben durch die Verminderung der Lüfterverluste einen erhöhten Wirkungsgrad zur Folge.

Schutzart

Abhängig von den Umgebungsbedingungen – hohe Luftfeuchtigkeit, aggressive Medien, Spritz- oder Strahlwasser, Staubanfall usw. – werden Drehstrommotoren und Drehstromgetriebemotoren mit und ohne Bremse in den Schutzarten IP54, IP55, IP56 und IP65 nach EN 60034 Teil 5 EN 60529 geliefert. Die erste Ziffer steht für den Grad des Berührungs- und Fremdkörperschutzes und die zweite Ziffer für den Schutz gegen das Eindringen von Wasser und anderen Flüssigkeiten.

Der Schutzgrad kennzeichnet den Berührungsschutz von Personen gegenüber den spannungsführenden Teilen sowie den Schutz gegenüber dem Eindringen von festen Fremdkörpern, Flüssigkeiten und explosiven oder aggressiven Gasen bzw. Stäuben in den Motor.

An die elektrischen Betriebsmittel in einer explosiven Umgebung (Kohlebergwerke, Getreidemühlen, Zuckerverarbeitung, chemische Anlagen usw.) werden besondere Anforderungen hinsichtlich des Explosionsschutzes gestellt. Sie sind in der erforderlichen Schutzart, z. B. nach der VDE 0170/0171 oder den Europanormen EN 50014...50020, festgelegt. Motoren für diesen Einsatz tragen auf dem Typenschild eine genormte Kurzbezeichnung. So steht z. B. die Kurzbezeichnung EEX d IIB T3 für einen Explosionsschutz (EEX) durch druckfeste Kapselung (d) für gasexplosionsgefährdete Arbeitsstätten der Gruppe II B bei einer maximalen Wicklungs- oder Oberflächentemperatur der Klasse T3.

Erhöhter Korrosionsschutz für Metallteile und zusätzliche Wicklungsimprägnierung (Feucht- und Säureschutz) sind ebenso möglich wie die Lieferung von explosionsgeschützten Motoren und Bremsmotoren nach ATEX 100a.

Tabelle 3-7 Schutzarten

IP =	International Protection	EN 60034 Teil 5 und EN 60529
	Kennziffer Fremdkörperschutz	Kennziffer Wasserschutz
0	Nicht geschützt	Nicht geschützt
1	Geschützt gegen feste Fremdkörper Ø 50 mm und größer	Geschützt gegen Tropfwasser
2	Geschützt gegen feste Fremdkörper Ø 12 mm und größer	Geschützt gegen Tropfwasser, wenn das Gehäuse bis zu 15° geneigt ist
3	Geschützt gegen feste Fremdkörper Ø 2,5 mm und größer	Geschützt gegen Sprühwasser
4	Geschützt gegen feste Fremdkörper Ø 1 mm und größer	Geschützt gegen Spritzwasser
5	Staubgeschützt	Geschützt gegen Strahlwasser
6	Staubdicht	Geschützt gegen starkes Strahlwasser
7		Geschützt gegen zeitweiliges Untertauchen in Wasser
8		Geschützt gegen dauerndes Untertauchen in Wasser

Eine weitere Kategorie der Schutzart betrifft den Klimaschutz insbesondere für den Einsatz in den Tropen, sowie den Schutz bei hoher Luftfeuchtigkeit und aggressiven Umgebungsbedingungen, z. B. durch Säuren, Laugen, Pilzbefall usw.

Die Schutzart nimmt keinen Bezug auf die Beständigkeit gegenüber Lösungsmittel und Korrosion. Für die Schutzart ist die Wellendichtung die kritische Stelle. Ein wasserdichter Motor braucht eine spezielle Dichtung, welche regelmäßig ersetzt werden müsste und eine relativ hohe Reibung (Verluste) hat. In vielen Fällen genügt da auch eine Schleuderscheibe auf der Welle.

Motorschutz

Die Auswahl der richtigen Schutzeinrichtung bestimmt im Wesentlichen die Betriebssicherheit des Motors. Unterschieden wird zwischen stromabhängiger und motortemperaturabhängiger Schutzeinrichtung. Stromabhängige Schutzeinrichtungen sind z. B. Schmelzsicherungen oder Motorschutzschalter. Temperaturabhängige Schutzeinrichtungen sind Kaltleiter oder Bimetallschalter (Thermostate) in der Wicklung.

Motorschutzrelais bieten aufgrund ihrer Konstruktion wirkungsvollen Schutz bei Ausfall einer Phase. Ihre so genannte Phasenausfallempfindlichkeit entspricht den Anforderungen von IEC 947-4-1 und VDE 0660 Teil 102.

Motorschutzrelais, in den Normen Überlastrelais genannt, zählen zur Gruppe der stromabhängigen Schutzeinrichtungen. Sie überwachen die Temperatur der Motorwicklung mittelbar über den in den Zuleitungen fließenden Strom und bieten einen bewährten und preiswerten Schutz vor Zerstörung durch

- Nichtanlauf
- Überlastung
- Phasenausfall.

Motorschutzrelais nutzen die Eigenschaft des Bimetalls aus, Form und Zustand bei Erwärmung zu ändern. Wird ein bestimmter Temperaturwert erreicht, betätigen sie einen Hilfsschalter. Erwärmt wird das Bimetall durch vom Motorstrom durchflossene Widerstände.

Wird die Ansprechtemperatur erreicht, löst das Relais aus. Die Auslösezeit ist von der Stromstärke und der Vorbelastung des Relais abhängig. Sie muss für alle Stromstärken unterhalb der Gefährdungszeit der Motorisolation liegen. Aus diesem Grund sind in EN 60 947 für Überlastung Maximalzeiten angegeben.

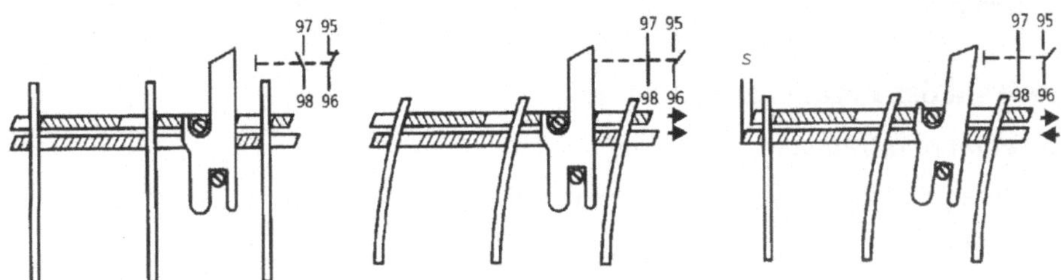

Bild 3-132 Prinzip eines Motorschutzrelais (nach Unterlagen der Fa. Moeller KG)

Wenn sich die Bimetalle im Hauptstromteil des Relais nach Bild 3-132 infolge dreiphasiger Motorüberlastung ausbiegen, wirken sie alle drei auf eine Auslöse- und eine Differenzialbrükke. Ein gemeinsamer Auslösehebel schaltet bei Erreichen der Grenzwerte den Hilfsschalter um. Auslöse- und Differenzialbrücke liegen eng und gleichmäßig an den Bimetallen an. Wenn nun z. B. bei Phasenausfall ein Bimetall nicht so stark ausbiegt (oder zurückläuft) wie die beiden anderen, legen Auslöse- und Differenzialbrücke unterschiedliche Wege zurück, d. h. die Auslösung erfolgt schneller.

Bei der direkten Messung wird die Temperatur in der Motorwicklung mittels eines oder mehrerer PTC-Kaltleiter (Thermistor) erfasst. Kaltleitertemperaturfühler oder Thermistoren sind temperaturabhängige Widerstände mit positivem Temperaturkoeffizienten, d. h., sie vergrößern bei einer bestimmten Nenn-Ansprechtemperatur NAT (z. B. 130°C bei Motoren mit Wärmeklasse B) plötzlich sehr stark ihren Widerstand.

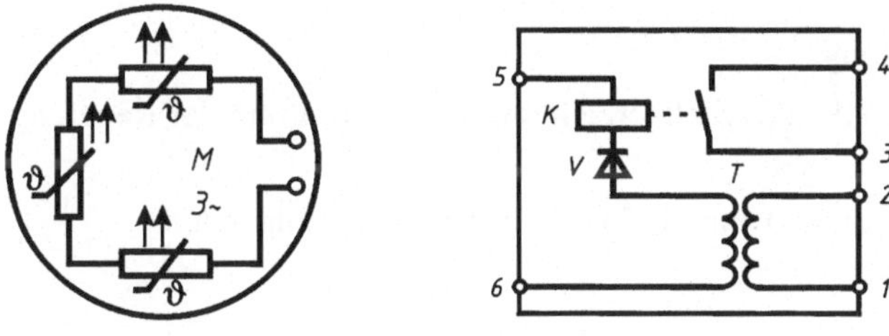

Bild 3-133 Elektronische Temperaturüberwachung

Gemäß Bild 3-133 liegen die Temperaturfühler in Reihe mit der Relaisspule eines Auslösegerätes. Beim Erreichen der Ansprechtemperatur oder bei einer ungewollten Leitungsunterbrechung fällt das Relais ab (Ruhestromprinzip) und Kontakt 3-4 trennt den gefährdeten Motor vom Netz. Drei Kaltleiter-Temperaturfühler sind hier im Motor in Reihe geschaltet und vom Klemmenkasten aus an die elektronische Temperaturüberwachung im Schaltschrank (5-6) angeschlossen.

Die Kaltleiter sprechen bei der maximal zulässigen Wicklungstemperatur an. Dies hat den Vorteil, dass die Temperaturen dort gemessen werden, wo sie auftreten.

Schmelzsicherungen schützen den Motor nicht vor Überlastungen. Sie dienen ausschließlich dem Kurzschlussschutz der Zuleitungen.

Motorschutzschalter sind eine ausreichende Schutzeinrichtung gegen Überlast für Normalbetrieb mit geringer Schalthäufigkeit, kurzen Anläufen und nicht zu hohen Anlaufströmen. Für Schaltbetrieb mit höherer Schalthäufigkeit und für Schweranlaufbetrieb sind Motorschutzschalter ungeeignet.

3.3.7 Auswahl des Frequenzumrichters

Selection of a frequency converter

Für Einzelantrieb sind die notwendigen Vorgaben einzuholen:

- technische Daten und Anforderungen
- Positioniergenauigkeit
- Stellbereich (Rundlaufgenauigkeit)
- Berechnung des Fahrzyklus

Hieraus kann die Berechnung der relevanten Applikationsdaten erfolgen:

- statische, dynamische, generatorische Leistung
- Drehzahlen
- Drehmomente
- Ermitteln des Fahrdiagramms

Nunmehr kann die Getriebeauswahl erfolgen.

- Festlegung von Getriebeausführung, Getriebegröße, Getriebeübersetzung
- Überprüfung der Positioniergenauigkeit
- Drehzahlen
- Überprüfung der Getriebebelastung

Die Positioniergenauigkeit der Motorwelle, der Stellbereich und die Ausführung der Regelung bestimmen die Systemauswahl.

- Für eine spannungsgeführte Regelung kann die Motorauswahl nach folgenden Kriterien vorgenommen werden:
  - o max. Drehmoment < 150 % M
  - o max. Drehzahl < 140 % n_{Eck}
  - o thermische Belastung (Stellbereich, Einschaltdauer)
  - o Auswahl des richtigen Gebers
- Für eine stromgeführte Regelung kann die Motorauswahl nach folgenden Kriterien vorgenommen werden:
  - o max. Drehmoment < 300 % M

- o effektives Drehmoment < M bei mittlerer Drehzahl
- o Drehmoment-Kennlinien
- o Auswahl des richtigen Gebers

- Optionen
  - o EMV-Maßnahmen (Netzfilter, Ausgangsdrosseln, geschirmte Motorleitung)
  - o Optionen für die Bedienung und Kommunikation
  - o Zusatzfunktionen (z. B. Synchronlauf, Positionierung etc.)

Anhand der Applikationsdaten muss entschieden werden, ob eine spannungsgeführte feldorientierte Regelung (mit oder ohne Geber) ausreicht oder eine stromgeführte feldorientierte Regelung (immer mit Geber) benötigt wird. Nachfolgend werden die Antriebsapplikationen in fünf Gruppen unterteilt und eine Entscheidungshilfe gegeben.

1. Antriebe mit Grundlast und einer drehzahlabhängigen Belastung, z. B. Förderbandantriebe.
   - geringe Anforderungen an den Stellbereich → spannungsgeführt ohne Geber
   - hohe Anforderungen an den Stellbereich → spannungsgeführt mit Geber

2. Dynamische Belastung, z. B. Fahrwerke;

kurzzeitige hohe Drehmomentanforderung für die Beschleunigung, danach geringe Belastung.

- geringe Anforderungen an den Stellbereich → spannungsgeführt ohne Geber
- hohe Anforderungen an den Stellbereich → spannungsgeführt mit Geber
- hohe Dynamik gefordert → stromgeführt

3. Statische Belastung, z. B. Hubwerke;

hauptsächlich gleich bleibende hohe statische Last mit Überlastspitzen.

- geringe Anforderungen an den Stellbereich → spannungsgeführt ohne Geber
- hohe Anforderungen an den Stellbereich → spannungsgeführt mit Geber oder stromgeführt

4. Umgekehrt mit der Drehzahl fallende Belastung, z. B. Wickel- oder Haspelantriebe.
   - Momentenregelung → stromgeführt mit Momentenregelung

5. Quadratische Belastung, z. B. Lüfter und Pumpen;

kleine Belastung bei kleinen Drehzahlen und keine Lastspitzen.

→ spannungsgeführt ohne Geber mit 125 %-Auslastung

Weitere Entscheidungskriterien für die System-Auswahl sind:

- geforderte Positioniergenauigkeit der Motorwelle
- geforderter Stellbereich
- geforderte Regelung
  - o keine

- o Positionsregelung (Pos.-Reg.)
- o Drehzahlregelung (n-Reg.)
- o Momentenregelung (M-Reg.)

Mithilfe der Applikationsdaten

- statische, dynamische und generatorische Leistung,
- Drehzahlen und
- Drehmomente (max. Drehmoment, effektives Drehmoment, Beschleunigungsmomente)

und unter Berücksichtigung der System-Auswahl wird der richtige Motor ausgewählt.

Dimensionierung des Motors

Voraussetzung für konstantes Drehmoment ist gleich bleibende Kühlung der Motoren auch im unteren Drehzahlbereich. Dies ist bei Motoren mit Eigenbelüftung nicht möglich, da mit abnehmender Drehzahl die Belüftung ebenfalls abnimmt. Wird kein Fremdlüfter eingesetzt, so muss auch das Drehmoment reduziert werden. Auf eine Fremdbelüftung kann bei konstantem Drehmoment nur verzichtet werden, wenn der Motor überdimensioniert wird. Die im Vergleich zur abgegebenen Leistung größere Motoroberfläche kann die Verlustwärme auch bei niedrigen Drehzahlen besser abführen, allerdings bei höherem Massenträgheitsmoment.

Bei der Wahl der maximalen Frequenz müssen die Belange des Getriebemotors mitberücksichtigt werden. Die hohe Umfangsgeschwindigkeit der eintreibenden Stufe mit den daraus resultierenden Folgen (Planschverluste, Lager- und Dichtringbeeinflussung, Geräuschbildung) begrenzt die höchstzulässige Motordrehzahl. Die untere Grenze des Frequenzbereiches wird vom Gesamtsystem selbst bestimmt.

Die Rundlaufgüte bei kleinen Drehzahlen wird durch die Qualität der erzeugten sinusförmigen Ausgangsspannung beeinflusst. Die Stabilität der Drehzahl bei Belastung wird durch die Güte der Schlupf- und IxR-Kompensation oder alternativ durch eine Drehzahlregelung unter Verwendung eines am Motor angebauten Drehzahlgebers bestimmt.

Die thermische Belastung ergibt sich aus dem Drehmoment-Verlauf, dem Stellbereich, der Betriebsart und der Kühlungsart des Motors. Jede Überschreitung der zulässigen Grenzübertemperatur schädigt dauerhaft die Wicklungsisolation und kann zur Zerstörung des Motors führen. Ein wirksamer Schutz ist der Einsatz von Wicklungsthermostaten oder Temperaturfühlern. Moderne Umrichter können diese Geräte direkt auswerten und den Motor somit zuverlässig schützen.

Motorauswahl für stromgeführte Regelung

Folgende Kriterien müssen hierbei beachtet werden:

- maximales Drehmoment < 300 % M_N Motor
- effektives Drehmoment < M_N bei mittlerer Drehzahl
- Drehmoment-Kennlinien

M_N wird durch den Motor bestimmt. M_{max} und n_{Eck} sind von der Umrichter-Motor-Kombination abhängig. Die Maximaldrehzahl des Motors sollte hier ebenfalls nicht höher als das 1,4-fache der Eckdrehzahl projektiert werden.

Gruppenantrieb

Wird eine Gruppe von Motoren von einem Frequenzumrichter versorgt, so sind einige Regeln zu beachten.

- Der Frequenzumrichter ist für die Summe der Motorströme zu dimensionieren.
- Die I_{max}-Begrenzung des Umrichters gilt für die Summe der Motoren. Deshalb muss jeder Motor der Gruppe mit Motorschutzschalter oder Überstromrelais einzeln geschützt werden. Thermofühler oder Wicklungsthermostate als Motorschutz sind ebenfalls geeignet. Bei Gruppenantrieben mit gemeinsamer Überwachung der Motoren sind Wicklungsthermostate besonders geeignet, da deren Kontakte (Öffner) keiner Beschränkung unterliegen.
- Verwendet man einen Ausgangsfilter für die gesamte Gruppe der Motoren, so werden die Umladeströme in den Motorkabeln unterdrückt. Die Summe der Motornennströme darf den Durchgangsnennstrom des Ausgangsfilters nicht überschreiten.
- Hier ist eine ungeschirmte Motorleitung zu verwenden.
- Die Parametereinstellungen des Umrichters gelten immer für alle Motoren gemeinsam. Die Einstellwerte müssen also für alle Motoren geeignet sein. Dies ist nur möglich, wenn die Motoren annähernd gleiche Leistung haben. Die Motoren dürfen deshalb nicht mehr als drei Typensprünge auseinander liegen.

3.3.8 Projektierungsablauf

Sequential procedure for engineering project

Als Checkliste für die schrittweise Vorgehensweise bei der Projektierung eines Antriebs kann die folgende Übersicht dienen.

Notwendige Informationen über die anzutreibende Maschine

- technische Daten und Umgebungsbedingungen
- Positioniergenauigkeit/Stellbereich
- Berechnung des Betriebszyklus

Berechnung der relevanten Applikationsdaten

- statische, dynamische, generatorische Leistung
- Drehzahlen
- Drehmomente
- Betriebsdiagramm (effektive Belastung)

Getriebeauswahl

- Festlegung von Getriebegröße, Getriebeübersetzung und Getriebeausführung
- Überprüfung der Positioniergenauigkeit
- Überprüfung der Getriebebelastung

System-Auswahl in Abhängigkeit von

- Positioniergenauigkeit

- Stellbereich
- Regelung (Position/Drehzahl/Drehmoment)

Antriebsart asynchron oder synchron

- Beschleunigung
- max. Drehmoment
- betriebsmäßige minimale Motordrehzahl

Motorauswahl

- maximales Drehmoment < 300 % M_N
- effektives Drehmoment < M_N bei mittlerer Drehzahl
- Verhältnis der Massenträgheitsmomente J_L/J_M
- maximale Drehzahl
- thermische Belastung (Stellbereich/Einschaltdauer)
- Motorausstattung
- Getriebe-Motor-Zuordnung

Umrichterauswahl

- Motor-Umrichter-Zuordnung
- Dauerleistung und Spitzenleistung
- Auswahl des Bremswiderstands oder Rückspeisegeräts
- Auswahl der Optionen (Bedienung/Kommunikation/Technologiefunktionen)

→ **Prüfen, ob alle Anforderungen erfüllt sind.**

3.3.9 Elektromagnetische Verträglichkeit (EMV)

Electromagnetic compatibility (EMC)

Definition:

„Die elektromagnetische Verträglichkeit ist die Fähigkeit einer elektrischen Einrichtung, in einer elektromagnetischen Umgebung zufrieden stellend zu funktionieren, ohne diese Umgebung, zu der auch andere Einrichtungen gehören, unzulässig zu beeinflussen.“

Diese Formulierung macht deutlich, dass elektrische Einrichtungen sich gegenseitig, in der Intensität unterschiedlich, beeinflussen können.

Diese Beeinflussung geschieht über

- elektrische Felder
- magnetische Felder
- elektromagnetische Felder
- Ströme in gemeinsam benutzten Leitungen.

In diesem Zusammenhang findet man auch Begriffe wie „Sender“ und „Empfänger“. Sender und Empfänger tauschen beabsichtigt elektromagnetische Energie aus, haben allerdings auch die unerwünschte Nebeneigenschaft, Störenergie auszusenden bzw. zu empfangen oder aufzunehmen (Störquelle/Störsenke).

Um diese unerwünschten Wechselwirkungen zu minimieren, muss für jedes Gerät die Störaussendung (Emission) und die Störempfindlichkeit (Suszeptibilität) minimiert werden. Die dazu notwendigen Maßnahmen können im Ursprung der Störung (Störquelle) oder am Ort der Störeinwirkung (Störsenke) oder am Übertragungsweg der Störgröße ergriffen werden.

Störgrößen

Störgrößen können elektrische, magnetische als auch elektromagnetische Größen sein. Störungen werden ausgelöst durch schnelle Änderungen von Strom, Spannung oder Frequenz über die Zeit ($\frac{di}{dt}; \frac{du}{dt}$).

Koppelmechanismen von Störgrößen

Die Übertragung von Störgrößen kann erfolgen durch

- Induktive Kopplung (H-Feld)
  Die induktive (magnetische) Kopplung tritt zwischen mindestens zwei stromführenden Leiterschleifen auf. Das sich um einen stromdurchflossenen Leiter bildende Magnetfeld induziert in der daneben liegenden Leiterschleife eine für diese Schleife unerwünschte Spannung.
- Kapazitive Kopplung (E-Feld)
  Eine kapazitive (elektrische) Kopplung tritt zwischen zwei Stromkreisen auf, deren Leiter sich auf unterschiedlichem Potenzial befinden.
- Galvanische Kopplung
  Die galvanische Kopplung tritt dann auf, wenn zwei Stromkreise einen gemeinsamen Leitungsweg haben.
- elektromagnetische oder Strahlungskopplung
  Bei dieser Kopplungsart stehen die elektrischen und magnetischen Felder in einem festen Verhältnis zueinander.

In der technischen Realität wird nie eine Kopplungsart alleine auftreten. Diese Tatsache erfordert daher eine Abstimmung von unterschiedlichen Maßnahmen zur Minimierung von Störeinflüssen.

Ausbreitung von Störgrößen

In der Praxis trifft man generell auf zwei verschiedene Mechanismen der unerwünschten Ausbreitung von Störsignalen.

Die Ausbreitung erfolgt leitungsgebunden als niederfrequente Störung und durch Abstrahlung über Antennen (höher-/hochfrequente Störung). Als Antennen sind nicht nur die dafür entwikkelten Geräte zu sehen, sondern jeder stromdurchflossene Leiter kann als Antenne betrachtet werden und ist in der Lage, die unerwünschten, parasitären Störgrößen zu übertragen und zu empfangen.

Die EMV ist auf die Minimierung der unerwünschten Ausbreitung von Störsignalen ausgerichtet. Hieraus resultieren die nachfolgend beschriebenen Maßnahmen. Besonderes Augenmerk ist auf den Schaltschrank (-aufbau), die Geräteanordnung, die Leitungsführung, die Massung, die Abschirmung, den Einsatz von Filtern, die Schutzbeschaltungen und die elektrostatische Entladung zu richten.

Schaltschrank (-aufbau)

- Verwendung finden metallische Schaltschränke.
- Zu verbinden sind alle inaktiven Metallstrukturen (Montageplatte, Schaltschrankgehäuse, -tür) großflächig und niederimpedant zu einer Bezugspotenzialfläche. Herzustellen ist eine großflächige und niederimpedante Verbindung zum Schutzleitersy-stem (Erdpotenzial). Geteilte Montageplatten sind ebenfalls großflächig und niederimpedant miteinander und mit dem Schutzleitersystem zu verbinden.
- Zu verwenden sind verzinkte Montageplatten.
- Zu vermeiden sind lackierte Metalloberflächen, da die Lackschicht eine niederohmige Verbindung verhindert. Andernfalls ist die Lackschicht großflächig an den Verbindungsstellen zu entfernen.
- Zur Vermeidung von Korrosion an den Verbindungsstellen ist geeignetes, elektrisch leitendes Fett zu verwenden.
- Verwendung finden zur Verbindung aller inaktiven metallischen Teile verzinnte Massebänder mit großem Querschnitt (bessere HF-Eigenschaften).
- Der Schirm von abgeschirmten Leitungen ist mit geeignetem Befestigungsmaterial (z. B. metallische Kabelschellen) niederimpedant mit der Bezugspotenzialfläche zu verbinden. Es ist darauf zu achten, dass die Kabelschelle den Kabelschirm rundum großflächig kontaktiert.
- Kommen Kunststoffgehäuse zum Einsatz, ist auch hier eine verzinkte Metallmontageplatte zu verwenden. Diese Montageplatte ist mit dem Massebezugspotenzial (Erdpotenzial) zu verbinden.

Geräteanordnung

Im Schaltschrank werden Komponenten (Steuer- und Schaltgeräte, Klemmleisten) für den Steuerungs- und Leistungsbereich getrennt angeordnet. Ist dies nicht möglich, sind stark störende oder empfindliche Geräte mit Trennblechen abzuschotten. Diese Trennbleche sind wiederum gut leitend mit dem Massebezugspotenzial zu verbinden.

Leitungsführung

Grundsätzlich sollte eine räumlich getrennte Verlegung der Leitungen durchgeführt werden. Dies gilt sowohl für die Leitungsführung innerhalb als auch außerhalb des Schaltschrankes.

Grundsätzlich sollte bei der Verlegung von Leitungen Folgendes beachtet werden:

- getrennte Verlegung der Gleich- und Wechselspannungsleitungen
- getrennte Verlegung der Leitungen mit großem Potenzialunterschied
- 10 cm Abstand zwischen Starkstrom- und Signal-Digital-Leitungen
- 30 cm Abstand zwischen Starkstrom- und Signal-Analog-Leitungen

- Parallelführung von Leitungen mit unterschiedlichen Potenzialen und Funktionen vermeiden
- Kreuzungen von Leitungen mit unterschiedlichen Potenzialen und Funktionen möglichst rechtwinklig
- Hin- und Rückleitung eines Stromkreises im selben Kabelkanal und nahe am Masse-Potenzial verlegen, keine fliegenden Leitungen
- Verwendung von Kabelkanälen aus Stahlblech, wobei diese Kabelkanäle gut leitend mit der Masse zu verbinden sind
- eventuelles Verdrillen von Hin- und Rückleitungen
- Vermeiden von Leiterschleifen
- Einsatz von abgeschirmten Leitungen.

Massung

Die Massung ist die Verbindung aller inaktiven, metallisch leitenden Teile in einem elektrischen System. Die Masse führt auch im Fehlerfalle keine Berührungsspannung. Der Potenzialunterschied aller Massepunkte ist im Idealfall gleich und sollte 0V betragen. Hieraus ergibt sich die Forderung, dass alle Masseverbindungen niederimpedant, d. h. großflächig (Skin-Effekt) herzustellen sind. Hierzu eignet sich verzinntes Masseband. Der Masseanschluss dient zusätzlich als Funktions- und Schutzerdung (Mindestquerschnitte beachten).

Abschirmung

Die Abschirmung von Leitungen erfüllt zwei Aufgaben

- sie verhindert das Einwirken von Störsignalen auf die Leitung
- sie verhindert das Aussenden von Störsignalen, die von der Leitung ausgehen können.

Der Kabelschirm wird zur Ableitung der Störungen auf Masse gelegt. Dabei sind folgende Regeln zu beachten:

- Kabelschirme bis zum zentralen Massepunkt getrennt verlegen und großflächig, niederimpedant mit der Masse verbinden.
- die Verbindung Kabelschirm mit Masse-Bezugspotenzial ist mit entsprechenden Hilfsmitteln z. B. Metallkabelschelle oder hierfür vorgesehene federnde Klemmbügel, rundum kontaktierend, niederimpedant herzustellen.
- Kabelschirm bis unmittelbar an die Geräteklemme heranführen.
- abgeschirmte Leitungen nicht über Klemmen führen.
- Schirmzöpfe (Pig-Tails) sind zu vermeiden, da sie nur bei niederfrequenten Störungen wirksam sind. Sind diese Pig-Tails länger als max. 5 cm, wirken diese wie Antennen.
- Nicht benutzte Adern einer abgeschirmten Leitung beidseitig auf Masse legen.
- Kabelschirm von Analogleitungen (niederfrequente Signalleitung) nur einseitig auf Massepotenzial legen, wenn kein genügender Potenzialausgleich zwischen Leitungsanfang und -ende vorhanden ist, sonst beidseitig.
- Kabelschirm von Busleitungen (hochfrequente Signalleitung) immer beidseitig auf Massepotenzial legen.

- niederimpedante Verbindung des Kabelschirms von extern kommenden Kabeln direkt nach dem Eintritt in das System (Schaltschrank, Schaltgerüst, Montageplatte) mit dem lokalen Masse-Bezugspotenzial herstellen.
- gebäudeübergreifende Signalleitungen sind im Hinblick auf den Blitzschutz immer abgeschirmt zu verlegen.
- gebäudeübergreifende Leitungen, die in den Potenzialausgleich einbezogen werden, müssen in Metallrohre verlegt werden; Metallrohre sind dann beidseitig zu erden, die Mindestquerschnitte der Blitzschutz-Potentialausgleichsleitung betragen nach IEC/ ENV 61 024-1; VDE V 0185 Teil 100:
  - 16mm^2 bei Kupfer
  - 25mm^2 bei Aluminium
  - 50mm^2 bei Eisen.
- der Kabelschirm darf nicht als Potenzialausgleichsleitung zwischen zwei Erdungsstellen dienen; weisen die beiden Erdungsstellen unterschiedliches Potenzial auf, ist eine zusätzliche Potenzialausgleichsleitung mit einem Querschnitt von 10mm^2 Kupfer zu verlegen; oder Leitungen mit doppeltem Schirm verwenden, wobei ein Schirm stromtragfähig sein muss.
- für den Blitzschutz gemäß ENV 50 142 sind geeignete Schutzelemente einzusetzen, hierfür eignen sich z. B. Geräte der Firma Dehn & Söhne oder der Firma Phoenix Contact GmbH & Co.

Einsatz von Filtern

Die Aufgabe eines Filters (Netz- oder Gerätefilter) ist das Fernhalten von Störungen von einer Anlage oder einem Gerät oder von Störungen, die von einem Gerät ausgehen. Filter leiten Störungen über das Filtergehäuse oder über den Masseanschluss zur Masse hin ab. Die Anbindung an Masse hat niederimpedant d. h. großflächig zu erfolgen.

Netzfilter sind unmittelbar nach dem Gehäuseeintritt des Netzkabels anzuordnen, um somit ein Überkoppeln von Störungen innerhalb des Gehäuses zu vermeiden. Bei Geräteschutzfiltern ist die Leitungslänge zwischen Filter und Gerät so kurz wie möglich zu halten.

Ferromagnetische Komponenten umschließen als Ring die zu schützende Signalleitung. Der ferromagnetische Ring (Hülse) bedämpft sowohl das Nutz- wie auch Störsignal. Um den Einfluss auf das Nutzsignal zu mindern, sind Ferrithülsen entsprechend dem unerwünschten, frequenzabhängigem Störsprektrum auszuwählen. Induktive Verbraucher haben die Eigenschaft, bei Schalthandlungen Überspannungsspitzen zu generieren.

Diese Spannungsspitzen können elektronische Betriebsmittel, die im gleichen Stromkreis betrieben werden, stören bzw. zerstören. Schutzbeschaltungen (RC-Glieder, VDR) bedämpfen solche unerwünschte Spannungsspitzen.

3.3.10 Störmechanismen bei Frequenzumrichtern

Interference effects in frequency converters

Beim Betrieb von Frequenzumrichtern mit Gleichspannungs-Zwischenkreis treten einige Effekte auf, die nur mit genauer Kenntnis der Funktionsweise erklärbar sind. Er erzeugt aus der sinusförmigen Netzwechselspannung eine Ausgangsspannung, deren Amplitude und Frequenz in einem weiten Bereich verstellt werden kann. Hierzu wird die Netzspannung zu der so genannten Zwischenkreisspannung gleichgerichtet. Aus dieser Zwischenkreisspannung wird mithilfe eines Wechselrichters eine pulsförmige Ausgangsspannung erzeugt. Mit einem Regler wird die Pulsbreite der Ausgangsspannung so variiert, dass sich an der Induktivität des Motors ein annähernd sinusförmiger Strom einstellt (Pulsweitenmodulation = PWM). Das Schalten der Ausgangsspannung ist notwendig, um die Verluste im Wechselrichter klein zu halten und damit einen hohen Wirkungsgrad zu erreichen. Die Flankensteilheit der Rechteckimpulse ist sehr groß, es werden Werte von einigen kV/ms erreicht.

Je größer die Spannung und die Flankensteilheit des Signals ist, um so mehr hochfrequente Anteile enthält ein Signal. Da bei einem Frequenzumrichter beide Größen sehr hohe Werte annehmen, ist der Störpegel entsprechend hoch.

Abstrahlung

Die Ausgangsspannung eines Frequenzumrichters enthält funktionsbedingt hochfrequente Komponenten. In Abhängigkeit von der Schaltgeschwindigkeit der Leistungshalbleiter im Wechselrichter (meist IGBTs) besitzen die Spannungskomponenten nicht vernachlässigbare Anteile bis zum Frequenzbereich um 100 MHz. Also erfolgt schon bei kleinen Leitungslängen eine merkliche Abstrahlung. Dies kann dazu führen, dass für das Einsatzgebiet existierende Abstrahlungsgrenzwerte überschritten werden und Störungen auf benachbarte Leitungen koppeln können. Hier sind Gegenmaßnahmen zu ergreifen.

Schirmung

Durch sachgerechte Schirmung kann die Abstrahlung deutlich vermindert werden. Der Schirm muss dazu beidseitig aufgelegt werden. Die Schirmwirkung kann bei größeren Leitungslängen dadurch verbessert werden, dass der Schirm über der Länge mehrmals aufgelegt wird. Auch die Verlegung mit einer Stahlarmierung, in einem metallischen Rohr oder in einem metallischen Kabelkanal dämpfen die Abstrahlung, wenn auch nicht so effektiv wie ein Kupferschirm.

Ferritkerne

Ferritkerne wirken für hohe Frequenzen wie die Serienschaltung einer Induktivität und eines Widerstandes. Zusammen mit der Leitungskapazität bildet der Ferritkern einen Tiefpassfilter, mit dem die Flanken der Ausgangsspannung verschliffen werden. Es ist damit bei geeigneter Auslegung möglich, die existierenden Abstrahlungsgrenzwerte zu erfüllen. Auch das Störpotenzial der Ausgangsleitung wird dadurch deutlich verringert.

Ausgangsfilter (Sinusfilter)

Ein Sinusfilter erzeugt aus der getakteten Ausgangsspannung eine annähernd sinusförmige Ausgangsspannung. Bei geeignetem Filteraufbau wird der Störpegel auf der Leitung und damit auch die Abstrahlung sehr stark verringert.

Ableitstrom

Jede Leitung besitzt eine Parasitärkapazität. Über diese Kapazität fließen, verursacht durch die getaktete Ausgangsspannung, hochfrequente Ströme gegen Erde ab, so genannte Ableitströme. Diese Ströme können in Form von kurzen, spitzen Nadelimpulsen gemessen werden. In einer Anlage mit ungenügendem, nicht HF-gerechtem Potenzialausgleich können diese Ableitstromspitzen Potenzialsprünge hervorrufen, die zu Störungen führen. Die Ableitströme verursachen außerdem hochfrequente Magnetfelder, die in Leiterschleifen Störspannungen induzieren können.

Die Parasitärkapazität einer Leitung wird durch Schirmung deutlich (typisch Faktor 2-3) erhöht. Es kann daher in ungünstigen Fällen durch Schirmung der Ausgangsleitungen zu Störungen kommen, da durch eine Erhöhung der Parasitärkapazität die Ableitströme zunehmen und einen größeren HF-Anteil bekommen. In solchen Fällen müssen Ausgangsfilter oder Ferritkerne anstatt geschirmter Leitungen zur Entstörung verwendet werden.

Das wichtigste Entstörmittel gegen die Auswirkungen von hochfrequenten Ableitströmen ist ein hochfrequenzgerechtes Erdungskonzept in Schaltschrank und Anlage.

Netzstromharmonische

Im Netzeingang eines Umrichters arbeitet ein Gleichrichter auf einen Zwischenkreiskondensator zur Energiepufferung. Diese Anordnung kann nur dann vom Netz nachgeladen werden, wenn der Momentanwert der Netzspannung über dem Momentanwert der Zwischenkreisspannung liegt.

Der Netzstrom ist nicht sinusförmig. Er enthält hochfrequente Harmonische, die zu einer Verzerrung der Netzspannung führen. Dies hat erhöhte Verluste und Funktionseinschränkungen zur Folge. Die Netzharmonischen verursachen außerdem einen im Vergleich zum Ausgangsstrom deutlich höheren Netzstrom.

3.3.11 Vorschriften, Richtlinien, EN-Normen

Regulations, directives and EN norms

Produkt-Normen enthalten Sicherheitsanforderungen an konkrete Maschinenarten. Für die jeweilige Maschinenart ist zuerst die Produkt-Norm einzuhalten. Diese bezieht sich in der Regel auf die zutreffenden Gruppen-Normen (Typ „B“).

Enthält die C-Norm dazu abweichende Forderungen, gilt die C-Norm.

Liegt für die Maschine noch keine Produktnorm (Typ „C“) vor oder es werden signifikante Gefährdungen der Maschine dort nicht behandelt, so geben die Festlegungen der relevanten Gruppennormen Typ „B“ Entscheidungshilfen.

Liegt eine Produktnorm als Entwurf vor, gelten weiterhin die nationalen Vorschriften. In der Praxis werden aber auch Entwürfe prEN... zur Konformitätsbewertung herangezogen.

Die Gefahren-Analyse

Die sicherheitstechnischen Anforderungen der Maschinen-Richtlinie und EN-Normen sind unterschiedlich hoch, abhängig vom jeweiligen Unfallrisiko.

In den meisten C-Normen werden die konkreten Risiken der Maschinenart berücksichtigt. Entsprechend hoch oder niedrig sind die sicherheitstechnischen Anforderungen.

In jedem Fall und besonders, wenn keine C-Norm vorliegt, muss der Maschinen-Konstrukteur selbst aufgrund einer Gefahren-Analyse die Höhe des Risikos abschätzen und Maßnahmen zur Risikoverminderung ergreifen, prüfen und dokumentieren.

Steuerfunktionen nach IEC/EN 60 204-1/9.2 und sicherheitsgerichtete Maßnahmen

Als Grundlage für die Sicherheitsbetrachtungen dient eine Fehleranalyse:

- Statistiken zeigen, dass von 100 % Fehlern in einer Gesamtanlage/-maschine nur 5 % auf die elektrische Ausrüstung entfallen
- 95 % aller Fehler in der elektrischen Ausrüstung treten außerhalb der Steuerung in der Befehlsein- und Ausgabeebene auf (externe Fehler)
- Die restlichen 5 % (interne Fehler) treten innerhalb des Schaltschrankes auf.

90 % der internen Fehler sind innerhalb der zahlreichen Ein- und Ausgabeschaltungen zu finden. 10 % aller Fehler betreffen die Zentraleinheit, Funktionsbaugruppen und Speicher als Bestandteile des Zentralteiles.

Folgerung: Nur 5 Promille aller elektrischen Fehler treten im SPS-Zentralteil auf.

NOT-AUS-Funktion für Maschinensteuerungen allgemein

In der bis 1994 gültigen VDE 0113 Teil 1 mussten in Hilfsstromkreisen, die der Sicherheit dienen (z. B. NOT-AUS), bei Zwischenschaltung von Hilfsschützen mindestens zwei Hilfsschütze so eingesetzt werden, dass der Sicherheitsstromkreis beim Versagen eines Schützes wirksam bleibt. Das Schlagwort für diese Forderung war: „Schützsicherheitskombinationen".

Mit der Herausgabe von IEC/EN 60 204-1 ist diese definitive Forderung nicht mehr festgeschrieben. Dafür gibt es die Forderung, dass für jede Maschine einschließlich der elektrischen Ausrüstung eine Risikobetrachtung durchzuführen ist. Auf Grund dieser Risikobetrachtung, die nur mit dem Hersteller der Maschine sachgerecht durchgeführt werden kann, ergibt sich, welche Anforderung der jeweilige Steuerstromkreis (für Steuerstromkreise, die der Sicherheit dienen) erfüllen muss. Die Grundlage für die Risikoabschätzung ist die EN 954-1.

START

START-Funktionen müssen durch Erregen des entsprechenden Kreises erfolgen. Bei digitalen elektronischen Baueinheiten kann dies durch Setzen eines H-Signales (1-Signal) realisiert werden.

Alle Schutzvorrichtungen müssen angebracht und funktionsbereit sein, bevor der Betriebsstart (nicht Einrichtbetrieb) möglich ist. Maschinen, die beim Starten mehr als eine Steuerstelle erfordern, müssen folgende Kriterien erfüllen:

- jede Steuerstelle muss eine gesonderte, manuell betätigte Starteinrichtung haben
- alle Starteinrichtungen müssen in Ruhestellung sein, bevor ein Start möglich ist
- alle Starteinrichtungen müssen gemeinsam betätigt werden
- Steuerstellen sind über einen verschließbaren Steuerschalter vorzuwählen.

Zweihandschaltung

Eine einfache und wirksame Vermeidung von (Hand)-Verletzungen ist die Befehlsgabe mit beiden Händen. Um Fehlbedienungen und Manipulationen zu vermeiden, gelten für die Konstruktion der Tasterpulte spezielle Normen EN 574 (DIN 24 980).

Die IEC/EN 60 204-1 unterteilt die Zweihandschaltung in drei Anforderungsstufen (Typen):

- **Typ 1**
  - zwei Stellteile; gleichzeitige Betätigung durch beide Hände
  - dauernde Betätigung während des gefährlichen Zustandes
  - Loslassen eines Stellteiles bewirkt STOPP
- **Typ 2**
  - Eine Typ-1-Steuerung, die das Loslassen beider Stellteile erfordert, bevor ein Wiederanlauf des Betriebes erfolgen kann.
- **Typ 3**
  - Eine Typ 2-Steuerung mit synchroner Betätigung.
  - Beide Tasten müssen innerhalb 0,5 s betätigt werden.
  - Nach überschrittener Gleichzeitigkeit müssen zuerst beide Taster losgelassen werden, bevor ein Wiederanlauf eingeleitet werden kann.

STOPP

STOPP-Funktionen müssen durch Entregen des entsprechenden Kreises erfolgen. Bei digitalen elektronischen Baueinheiten kann dies durch Rücksetzen eines Signals (0-Signal) bewirkt werden. STOPP-Funktionen haben Vorrang vorzugeordneten START-Funktionen.

Die STOPP-Funktionen sind in drei Kategorien aufgeteilt:

- **STOPP-Kategorie 0**

  Ungesteuertes Stillsetzen durch sofortiges Ausschalten der Energiezufuhr. Jede Steuerung muss mit einer Kategorie 0 STOPP-Funktion ausgerüstet sein. Diese Funktion muss unabhängig von der Betriebsart funktionsfähig sein.

  Typische Kategorie 0 STOPP-Funktionen sind:

  - Betätigung des Hauptschalters
  - Wegnahme der gesamten Steuerspannung
  - Auskuppeln, Einfall der Bremse

- **STOPP-Kategorie 1**

  Gesteuertes Stillsetzen mit Beibehaltung der Energiezufuhr zu den Maschinenantrieben bis zum Stillstand. Diese Funktion muss unabhängig von der Betriebsart funktionsfähig sein.

  Typische Kategorie 1 STOPP-Funktionen sind:

  - Gegenstrombremsung von Drehstrommotoren
  - Nutzbremsung von geregelten Gleichstromantrieben
  - Gleichstrombremsung von Drehstrommotoren

- **STOPP-Kategorie 2**

  Gesteuertes Stillsetzen, bei dem die Energiezufuhr zu den Maschinenantrieben erhalten bleibt.

  Typische Kategorie 2 STOPP-Funktionen sind:

  - Fahren auf Druck nach Ausführung der Bewegung
  - Anhalten durch mechanischen Eingriff
  - Anhalten durch Vorgabe von Sollwert Null

Die STOPP-Kategorie muss anhand der Risikoeinschätzung der Maschine/Anlage festgelegt werden. Es sind geeignete Maßnahmen vorzusehen, um ein zuverlässiges Stillsetzen sicherzustellen.

Maßnahmen zur Risikominderung im Fehlerfall nach IEC/EN 60 204-1

- Schutzeinrichtungen an der Maschine
  - Schutzgitter, Lichtvorhänge, Abdeckungen, ...
- Verwendung von erprobten Schaltungstechniken und Bauteilen
  - Masseverbindung der Steuerstromkreise für Betriebszwecke
  - alle Schaltfunktionen auf der nicht geerdeten Seite
  - Stillsetzen durch Entregen
  - Verwendung von Schaltungseinrichtungen mit zwangsläufig öffnenden Kontakten

  - o Schalten aller aktiven Leiter zu dem zu steuernden Gerät
  - o unerwünschte Betriebszustände im Fehlerfall durch geeignete Maßnahmen verringern
  - o konsequente Beachtung der Drahtbruch- und Erdschlusssicherheit
  - o Fehler (Erdschluss, Drahtbruch, Kurzschluss) dürfen nicht zu unbeabsichtigtem Anlauf oder zu gefahrbringenden Bewegungen einer Maschine führen
  - o Steuerstromkreise sind an einer Seite mit dem Schutzleitersystem zu verbinden oder über Transformator gespeiste Steuerstromkreise müssen mit einer Isolationsüberwachungseinrichtung versehen sein, wenn eine Seite des Steuerstromkreises nicht mit dem Schutzleitersystem verbunden ist
  - o Erdschlüsse wie Drahtbrüche dürfen weder zu einer unbeabsichtigten Befehlseingabe (Einschaltung) führen, noch eine Ausschaltung verhindern

- redundanter Aufbau
  - o Einsatz von mehr als für den normalen Betrieb notwendigen Mitteln versagt ein Gerät, stellt das andere den sicheren Zustand her und der Fehler wird erkannt

- Anwendung von Diversität
  - o Aufbau von Steuerstromkreisen nach verschiedenen Funktionsprinzipien oder unterschiedlicher Art von Geräten

- Funktionsprüfungen
  - o Automatische Funktionsprüfung bei einer sich selbst zu überwachenden Redundanz oder individuelle Prüfungen im festgelegtem Zeitraster

NOT-AUS

Können an der Maschine/Anlage Gefahren für den Bedienenden oder für die Maschine/Anlage selbst entstehen, so ist eine NOT-AUS-Einrichtung erforderlich. Die NOT-AUS-Einrichtung ist kein Ersatz für eine fehlende oder mangelhafte Schutzeinrichtung. Die NOT-AUS-Einrichtung kann hauptstrommäßig als NOT-AUS-Schalter und/oder steuerstrommäßig als NOT-AUS-Befehlsgerät vorgesehen werden. Die zwangsläufige Öffnung der Schaltstücke bei beiden Ausführungsarten ist gefordert.

Für NOT-AUS-Funktionen und -Einrichtungen gelten folgende Anforderungen:

- Vorrang gegenüber allen anderen Funktionen und Betätigungen
- jederzeit verfügbar und bedienbar ohne Rücksicht auf die Betriebsart
- Verwechselungen von wirksamen und nicht wirksamen NOT-AUS-Einrichtungen vermeiden
- mechanische Verrastung in AUS-Stellung
- das Rücksetzen darf keinen Wiederanlauf einleiten
- NOT-AUS-Einrichtungen in genügender Anzahl und leicht erreichbar
- zwangsöffnende Kontakte
- es darf keine Entscheidung der Bedienperson hinsichtlich Funktion und Wirkung erforderlich sein

- Sicherheitseinrichtungen und sicherheitsbezogene Funktionen müssen wirksam bleiben
- der Zustand, in den die Maschine durch ein NOT-AUS-Signal versetzt wird, darf sich nicht unbeabsichtigt ändern
- die Funktionsfähigkeit der NOT-AUS-Funktion ist festzustellen und zu dokumentieren
- bei Unterteilung in mehrere NOT-AUS-Bereiche muss das gesamte System so beschaffen sein, dass die Zuordnung zu den Bereichen zu erkennen ist.

Kategorien

Der NOT-AUS muss als ein STOPP der Kategorie 0 oder 1 wirken. Die Auswahl erfolgt durch eine Risikoeinschätzung der Maschine.

- **STOPP-Kategorie 0**

  Es dürfen nur festverdrahtete, elektromechanische Bauteile verwendet werden, die Auslösung hat direkt zu erfolgen und darf nicht von irgendeiner Logik oder von der Übertragung von Befehlen über ein Kommunikationsnetzwerk oder eine Datenverbindung abhängig sein.

- **STOPP-Kategorie 1**

  Die endgültige Abschaltung der Energieversorgung muss sichergestellt sein und muss durch Verwendung von elektromechanischen Bauteilen erfolgen. Das Abschalten darf zu keiner weiteren Gefahr führen.

- **STOPP-Kategorie 2**

  Für NOT-AUS-Funktionen nicht erlaubt.

Drahtbruchsichere Verdrahtung von SPS-Eingangssignalen

SPS-Eingangssignale, die erhöhten Anforderungen an die Funktionssicherheit unterworfen sind, wie z. B. Drahtbruchsicherheit, sind hard- wie auch softwaremäßig entsprechend zu behandeln. Hardwareseitig ist die Kontaktgabe über einen Öffner-Kontakt zu realisieren, in der Anwendersoftware sind diese Signale als Schließer zu programmieren. Diese Maßnahme ist jedoch nicht als Sicherheitsfunktion im Sinne von Personen- und/oder Maschinen-/ Anlagensicherheit zugelassen.

Interne Fehler

Trotz aller konstruktiven Maßnahmen und Ausschaltung von Frühausfällen durch künstliche Alterung von elektronischen Baugruppen können vereinzelt Bauelemente wie z. B. Ausgangstransistoren ausfallen. Die physikalische Beschaffenheit von Transistoren und Triacs lässt eine Vorausbestimmung über das Verhalten des Transistors/Triacs beim Übergang in den Fehlerzustand (Zerstörung) nicht zu. Der ausgefallene Baustein kann dauernd leitend oder dauernd gesperrt sein.

Fehler in den Ein- und Ausgabebaugruppen entstehen durch

- Überspannung
- nicht bestimmungsgemäßen Gebrauch

- Rückspannung auf Halbleiterausgängen, wenn keine entsprechende Vorsorge getroffen wird
- Überall dort, wo Fehler Personen- und/oder Materialschäden verursachen können müssen die einschlägigen Normen und gegebenenfalls darüber hinaus spezielle Unfallverhütungsvorschriften beachtet werden.

Bei elektromechanischen Steuerungsmitteln ist das Auftreten eines aktiven Fehlers nicht möglich, da

- ein Schütz ohne anliegende Betätigungsspannung nicht anzieht,
- ein Verschweißen von Schützkontakten projektierungsmäßig verhindert werden kann.

Die EN 50 178 (VDE 0160) „Ausrüstung von Starkstromanlagen mit Elektronischen Betriebsmitteln (EB)“ berücksichtigt das spezielle Fehlverhalten von elektronischen Steuerungen in 4.2.1: „Personenschäden“. Hinsichtlich der Begrenzung der Auswirkungen von Fehlfunktionen gelten für „EB“ die gleichen Anforderungen wie für andere Betriebsmittel.

Jedoch muss bei der Bewertung im Zusammenhang mit „EB“ das Durchbruch- und Kurzschlussverhalten elektronischer Bauelemente, z. B. von Halbleiterübergängen, berücksichtigt werden.

Welche sicherheitstechnischen Maßnahmen zu treffen sind, muss beim Entwurf der Gesamtanlage festgelegt werden, wobei vorausgesetzt wird, dass im „EB“ selbst keine besonderen sicherheitstechnischen Maßnahmen getroffen sind.

Zur Abwehr von Personenschäden weist die EN 50 178 auch auf entsprechende Schutzeinrichtungen hin, z. B.:

- Anordnung elektromechanischer Sicherheits-Positionsschalter „Wegfühler“
- Einsatz von Näherungsschalter als berührungslos wirkende Positionsschalter für Sicherheitsfunktionen nach VDE 0660 Teil 209 (1/88). Diese Norm ist noch eine nationale Norm und weiterhin gültig.
- Schutzgitter mit und ohne Grenztaster
- Mechanische Anschläge
- Schutzeinrichtung gegen Überfahren nach IEC/EN 60 204-1
- Einsatz sicher kontrollierter, zwei- oder mehrkanaliger Steuerungen.

Berührungslose Näherungsschalter

Die Einhaltung der VDE 0660, Teil 209 wird durch eine Baumusterprüfung sowie anhand der mit dem Baumuster eingereichten Fertigungsunterlagen und Prüfanweisungen von den autorisierten Prüfstellen des TÜV, der VDE und gegebenenfalls der Berufsgenossenschaft durch ein entsprechendes Zertifikat bestätigt.

Die handelsüblichen Näherungsschalter, unabhängig von ihrer Wirkungsweise (induktiv, kapazitiv, optisch), dienen in der Regel nicht der Begrenzung von gefährlichen Bewegungen. Ihre kontaktlosen Ausgänge können aktives oder passives Fehlverhalten in Bezug auf Bauelementeausfall aufweisen. Ein weiterer Positionsschalter mit zwangsläufig öffnenden Kontakten ist vorzusehen, der die Bewegung stillsetzt.

Eine weitere Forderung für Wegfühler definiert die IEC/EN 60 204-1:

- Wegfühler (z. B. Positionsschalter, Näherungsschalter) müssen so angeordnet werden, dass sie beim Überfahren nicht beschädigt werden.

Schutzeinrichtung gegen Überfahren

Falls Überfahren zu einem gefährlichen Zustand führen kann, muss eine Begrenzungseinrichtung angebracht sein, die den Hauptstromkreis der entsprechenden Maschinen-Antriebe unterbricht.

Sicher kontrollierte zwei- oder mehrkanalige Steuerung

Sicher kontrollierte 2- oder mehrkanalige Elektronik-Steuerungen beinhalten die notwendigen Sicherheitsmaßnahmen gegen Fehlverhalten bei Bauelementeausfall. Diese Lösung ist in den meisten Fällen sehr aufwändig. Aus diesem Grunde werden die erforderlichen Sicherheitsfunktionen aus der Elektronik herausgenommen und der Steuerungs-Ebene der elektromechanischen Schaltgeräte zugeordnet. Nicht immer lassen sich die notwendigen Sicherheitsfunktionen steuerungstechnisch lösen. Das führt zu einer weiteren Verantwortlichkeit sowohl des Steuerungslieferanten als auch des Maschinenherstellers.

Verantwortlichkeit des Steuerungslieferanten

Lassen sich die erforderlichen Sicherheitsmaßnahmen in der Gesamtsteuerung alleine nicht erfüllen, so muss der Steuerungslieferant den Kunden darauf hinweisen, ggf. schon im Angebotsstadium, dass zusätzliche Maßnahmen durchzuführen sind.

Verantwortlichkeit des Maschinenherstellers

Die Verantwortung der sicherheitstechnischen Anforderungen liegt gemäß § 3 des Gerätesicherheitsgesetzes beim Maschinenhersteller. Hier steht im Absatz 1:

„Der Hersteller oder Einführer von technischen Arbeitsmitteln darf diese nur in Verkehr bringen oder ausstellen, wenn sie nach den allgemein anerkannten Regeln der Technik sowie den Arbeitsschutz- und Unfallverhütungsvorschriften so beschaffen sind, dass Benutzer oder Dritte bei ihrer bestimmungsmäßigen Verwendung gegen Gefahren aller Art für Leben oder Gesundheit soweit geschützt sind, wie es die Art der bestimmungsmäßigen Verwendung gestattet. Von den allgemein anerkannten Regeln der Technik sowie den Arbeitsschutz- und Unfallverhütungsvorschriften darf abgewichen werden, soweit die gleiche Sicherheit auf andere Weise gewährleistet ist“.

4 Speicherprogrammierbare Steuerungen (SPS)

Stored program control

Das Transportsystem aus Kapitel 1 ist ein typisches System, dass mit einer SPS gesteuert werden kann, da Systemerweiterungen jederzeit möglich sind. Die SPS übernimmt die Kontrolle der Umgebungssensoren und leitet daraus die Regelung des Systems her. Am Beispiel des Temperaturfühlers des Elektroantriebs soll eine Aufgabe der SPS näher erläutert werden.

Wenn durch eine Überlast des Förderbandes der Elektroantrieb droht zu überhitzen, dann soll die SPS das Band gezielt leer laufen lassen und das Auflegen von neuem Material durch eine Warnleuchte unterbinden. Diese Aufgabe könnte selbstverständlich auch eine einfache elektronische Schaltung übernehmen. Aber wenn die Fehlerursache zusätzlich zentral auf einem Bedienpanel visualisiert werden soll, ist eine SPS unumgänglich.

Speicherprogrammierbare Steuerungen (SPS) finden einen weiten Einsatzbereich in der Steuerungs- und Automatisierungstechnik. Ihr Vorteil gegenüber Hardwaresteuerungen (z. B. Pneumatik, elektronische Schaltungslogik) liegt in deren universellen Einsatz.

Vorteile einer SPS gegenüber Hardwaresteuerung

- kleiner Platzbedarf
- schnelle Veränderungsmöglichkeiten der Funktion
- geringe Fehlerquote
- durch Programmerweiterung sind zusätzliche Funktionen möglich
- Geräteselbstüberwachung
- lange Lebensdauer (keine mechanischen Verschleißteile)
- höherer Automatisierungsgrad

Die zentralen Funktionen einer SPS in erster Linie das Steuern und Regelen von technischen Prozessen. Dabei liefert die zu regelnde Maschine Informationen, die nach bestimmten Kriterien ausgewertet werden. Mit einer Ausgabefunktion kann die SPS nach Bedarf Befehle an die Anlage senden. Um diese Funktionen mit einem möglichst hohen Automatisierungsgrad erledigen zu können, werden meistens zusätzliche Kommunikations- und Datenbankfunktionen mit integriert. Eine SPS lässt sich den gegebenen Umständen individuell anpassen.

Ein Mikroprozessor übernimmt die Koordination der einzelnen Funktionen. Dabei ist der interne Aufbau einer SPS mit dem eines Computers vergleichbar. Wie dort gibt es RAM (sog. Arbeitsspeicher), ROM (sog. Nur-Lese-Speicher) und EEPROM (entspricht der Festplatte). Jede Steuerung ist in ihrem Ablauf von den Eingangssignalen abhängig. Für sicheres Erkennen eines Signals und zur Vermeidung von Fehlauslösungen ist bei industriellen SPS-Systemen jeder Eingang mit einer Eingangsverzögerung versehen und aus sicherheitstechnischen Gründen durch Optokoppler vom internen System getrennt. Weiterhin ist jeder Eingang mit einer Anzeige (LED) versehen, an welcher der Signalzustand erkannt werden kann.

Ebenso wie bei den Eingängen ist auch bei Ausgängen die Trennung vom internen System durch Optokoppler und die Erkennung des Signalzustandes durch eine Anzeige (LED) notwendig. Von vielen Herstellern werden darüber hinaus die Ausgänge mit einer Überlast- bzw. Kurzschlussschutzbeschaltung versehen.

Die Programmierung erfolgt entweder über ein spezielles Programmiergerät oder über einen PC, der mit dem Programmierport der SPS über eine Schnittstelle verbunden ist. Da die Programmierung über einen PC wesentlich komfortabler ist, setzt sich diese Programmierschnittstelle zunehmend durch.

Die Programmabläufe werden in bestimmten Bausteinen (Programmbereiche) abgelegt, die unterschiedliche Aufgaben haben. Es gibt Bausteine, die für den normalen Ablauf eingesetzt werden(bei Siemens Step 7 OB1) und es gibt Bausteine für besondere Anlässe (z. B. Maschinenanlauf, Hardwarestörung, Zeitintervalle etc.).

Zum Einsatz einer SPS in der Regelung siehe Kapitel 7.5.4.

4.1 Aufgabenstellung: Abfüllanlage

Problem definition/Example: A bottling plant

In einer Abfüllhalle soll eine neue Abfüllanlage installiert werden. Da es sich bei dieser Anlage um einen Prototyp handelt, soll zunächst eine einfache Abfüllvorrichtung für Industriesirup aufgebaut werden.

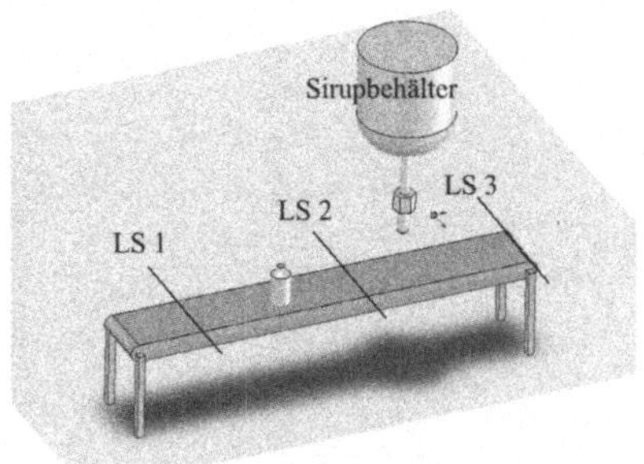

Bild 4-1
Vereinfachte Darstellung einer Abfüllanlage

Die Anlage wird über einen Hauptschalter eingeschaltet. Das Band läuft mit dem Einschalten an, der Motor startet, und das Band fährt bis die Flasche die Lichtschranke LS erreicht hat. Dies ist die Position unterhalb des Zulaufrohres, das mit einem Ventil verschlossen ist. Nach Stillstand des Bandes öffnet sich das Ventil für 15 Sekunden und startet das Band im Anschluss des Füllvorganges. Und gibt im Anschluss daran die Zuführung für die nächste Sirupflasche frei.

4.2 Zustandsdiagramm

State diagram

Mit einem Zustandsdiagramm kann übersichtlich der zeitliche und funktionale Zusammenhang zwischen den einzelnen Aktoren dargestellt werden. Auf der linken Seite werden die Bauglieder, also die Aktoren, eingetragen. Im rechten Bereich des Diagramms stehen die einzelnen Ablaufschritte. Senkrecht, mit schmalen Volllinien und Pfeilspitzen in Richtung der Wirkungsrichtung werden die Signalglieder dargestellt (z. B. Endlagenschalter, Lichtschranken etc.). Nur durch Veränderung von Signale kann in einer Ablaufsteuerung sich der Zustand von Baugliedern ändern.

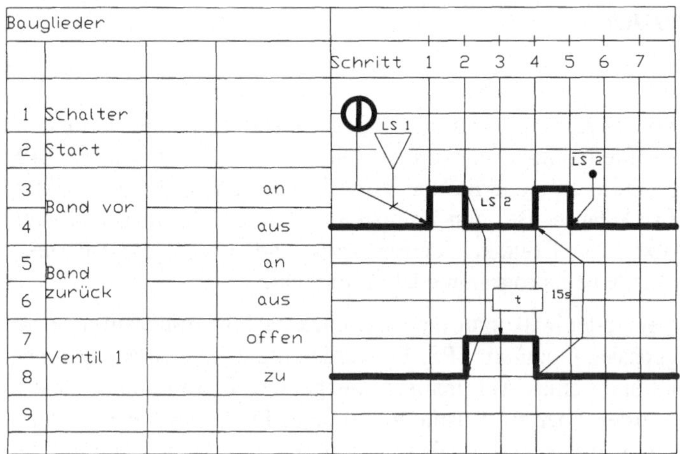

Bild 4-2 Zustandsdiagramm der Abfüllanlage

Ein		Wahlschalter	
Aus		Gefahrabschaltung	
Ein / Aus		Verzweigung	
Tippen		Oder-Verknüpfung	
Automatik Ein		Und-Verknüpfung	

Tabelle 4-1
Symbole für Zustands-diagramme

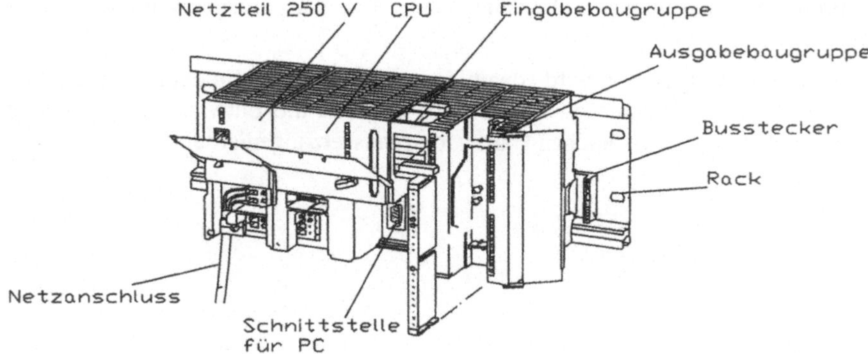

Bild 4-3
Schematische Darstellung einer SPS

4.3 Hardwarekonfiguration

Hardware configuration

Es gibt verschiedene Bauarten von Speicherprogrammierbaren Steuerungen. Die kompakte Bauform wird für einfache, binäre Steuerungen verwendet. Die Leistung einer solchen SPS reicht aus, einfache Handhabungsgeräte zu steuern. Der Vorteil liegt hier in der kompakten Bauweise in einem geschlossenen Gehäuse. Bei den kompakten Geräten, die meistens auch kleine Flächen belegen, ist die Anzahl der Kontakte für Eingangs- und Ausgangssignale festgelegt. Auch der Speicherbereich für Arbeitsprogramme ist beschränkt.

Benötigt man spezielle Baugruppen, oder will man eine komplexere Steuerungsaufgabe, so benötigt man eine individuell angepasste modulare SPS. Es werden die einzelnen Baugruppen an ein Rack angehängt. Die Funktionen eines Automatisierungsgerätes sind in abgeschlossenen Modulen untergebracht und werden über ein Busmodul zu einer Funktionseinheit zusammengesteckt. An der Rückseite ist ein Busstecker angebracht, mit dem die Baugruppen mit der SPS verbunden werden. Es können so acht Baugruppen angebracht werden. Benötigt man noch mehr Baugruppen, so kann man mehrere Racks mit Zusatzmodul koppeln.

Zur Realisierung der Aufgabenstellung

Da in der Abfüllanlage eine modulare SPS integriert ist, benötigt diese Informationen über die Baugruppen, die auf dem Rack zusammengestellt worden sind. Ohne diese Information kann die CPU nicht die Komponenten mit den richtigen Informationen versorgen. Gleichzeitig benötigt die Programmierschnittstelle für die spätere Bearbeitung des Programmierprojektes eine umfangreiche Datenstruktur. Ein Projektmanager legt diese Struktur entsprechend der Hardwareausstattung automatisch an.

Während der Hardwarekonfiguration setzt der Programmierer alle Baugruppen symbolisch auf ein „Rack“ (Bild 4-3).Wichtig dabei ist, dass die Versionsnummern der Baugruppen mit denen der Software übereinstimmen. Ist die Versionsnummer in der Software nicht vorhanden, so kann man notfalls die nächst kleinere Versionsnummer wählen. Dabei verzichtet man gegeben Falls auf technologische Erweiterungen, die dann nicht aktiviert werden.

In der Hardwarekonfiguration wird die Hardware parametriert. Das heißt, die einzelnen Baugruppen werden entsprechend den Anforderungen angepasst. Wenn die SPS über ein Netzsystem (MPI, Profibus, Ethernet...) mit anderen Steuerungen kommunizieren soll, dann muss sie eindeutige Netznummern erhalten.

Beim Verlassen der Hardwarekonfiguration überprüft die Software mittels einer Plausibilitätskontrolle die Einstellungen und übersetzt die Eingaben in eine maschinenverständliche Sprache (compilieren).

Die übersetzte Maschinenkonfiguration wird sowohl in der SPS als auch in dem Projektordner abgelegt. Dadurch wird erreicht, dass sowohl die SPS als auch die Entwicklungsumgebung zum Programmieren unter exakt den gleichen Hardwarevoraussetzungen arbeitet.

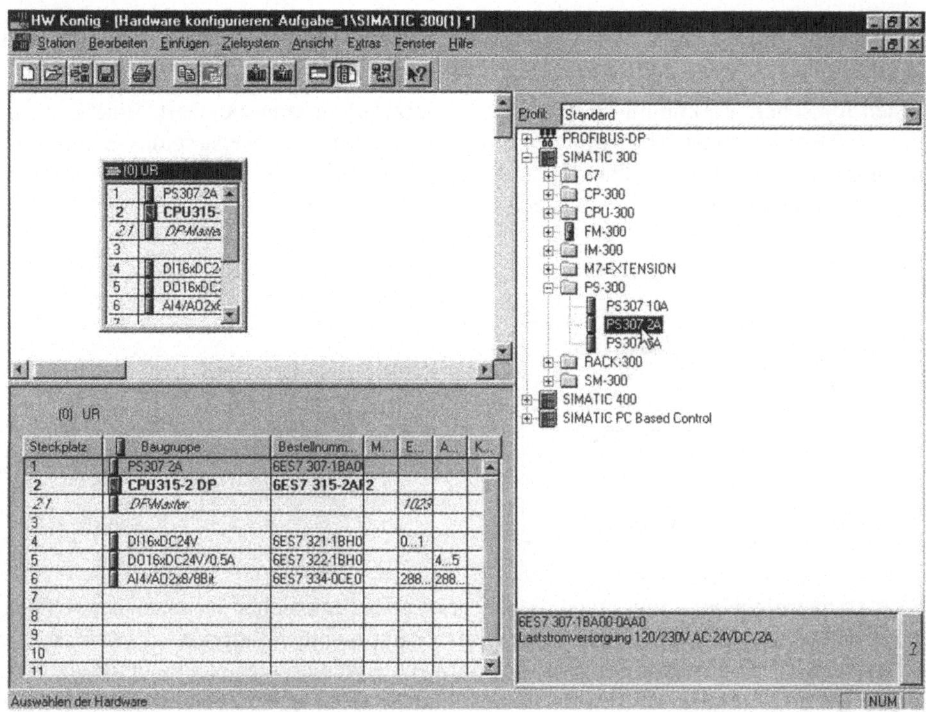

Bild 4-4 Hardwarekonfiguration mit gefülltem Rack

4.4 SPS Programmierung

SPS programming

Die Programmierung einer SPS erfolgt über ein Programmiergerät. Dieses kann aus einem separaten Handgerät oder aber auch aus einer Kopplung mit einem PC bestehen. In diesem Fall übernimmt eine Software die Umsetzung von der Programmiersprache in die für die SPS verständliche Maschinensprache.

In den Programmierumgebungen kann man zwischen verschiedenen Programmiersprachen wählen, die sich weitestgehend ineinander übertragen lassen können. Je nach eigenem Kontext kann man zwischen Anweisungsliste, Funktionsplan und Kontaktplan wählen. Die Anweisungsliste (AWL) ist die flexibelste Sprache da sie unmittelbar von der SPS umgesetzt werden kann. Jedoch ist sie als zeilenorientierte Sprache recht aufwendig vom Syntax. Der erfahrene SPS-Programmierer bevorzugt diese Sprache, da er mehr Informationen auf dem Anzeigefeld darstellen kann. Einfache Programmierhandgeräte beherrschen nur diese Art der Programmierung.

Übersichtlicher sind die symbolischen Programmiersprachen Funktionsplan (FUP) und Kontaktplan (KOP). Der Kontaktplan bildet die Verdrahtung einer Schützsteuerung nach. Lediglich wird die Darstellung nicht von links nach rechts, sondern von oben nach unten gewählt.

In dem Funktionsplan (FUP) werden die logischen Verknüpfungen wie in der Datentechnik üblich dargestellt. Jedoch spielt die logisch richtige Reihenfolge der Verknüpfungen in dieser

Programmiersprache eine ganz herausragende Rolle. Ergebnisse, die weiterverarbeitet werden sollen, müssen vorher ermittelt worden sein.

Die einzelnen logischen Verknüpfungen werden in Netzwerken abgespeichert. Eine einfache Verknüpfung besteht aus einer Abfrage eines Einganges und einer Zuweisung des Ergebnisses auf einen Ausgang. Dabei werden die Operanden (Ein/Ausgänge/Merker) mit einem Operandenkennzeichen und einer Adresse gekennzeichnet.

Tabelle 4-2 Operandenkennzeichen

Operandenkennzeichen		**Bedeutung**
Deutsch	Englisch	
A	Q	Ausgang
E	I	Eingang
M	M	Merker

Je nach Programmierumgebung muss man die deutschen oder englischen Kennzeichen wählen. Die Adressierung erfolgt durch eine Kodierung, die direkt auf die Baugruppen verweist. Sie besteht aus zwei teilen. Die erste Angabe ist des richtigen Bytes gefolgt von einem Punkt. Die zweite Angabe gibt Aufschluss welches Bit innerhalb des Bytes angesprochen werden soll. Bei der Angabe dieser Adresse ist die Kenntnis der Verdrahtung und die Kenntnis der Hardwarekonfiguration wichtig. Eine typische Fehlerquelle ist die falsche Angabe einer Adresse. Werden an der SPS keine Eingangs- bzw. Ausgangssignale angezeigt, obwohl das Programm in einer Simulation richtig funktioniert, so ist häufig ein Fehler in der Parametrierung der Hardware zu suchen.

Kritischer sind die Fehler, in den der Programmierer Adressen verwechselt. Diese Fehler sind äußerst schwierig nachzuvollziehen, da sich die Logik stark verändern kann. Leider tritt dieser Fehler sehr häufig auf.

Eine nützliche Hilfe bietet in diesem Zusammenhang eine Symboltabelle. Sie liefert eine Übersetzung der eigentlichen Adresse zu besser verständlichen Symbolen. Durch die Verwendung von selbsterklärenden Symbolen wird nicht nur die Lesbarkeit der Programme gesteigert, sondern die Wahrscheinlichkeit von Fehlern sinkt deutlich. Aufgrund dieser Vorteile, sollte es als eine Pflicht betrachtet werden, ausschließlich mit symbolischen Adressen zu arbeiten.

Tabelle 4-3 Symboltabelle für Abfüllanlage

Symbol	**Adresse**	**Datentyp**	**Eingangsvariable**
Licht1	E0.0	Bool	Lichtschranke am Ventil
Ein/Aus	E0.1	Bool	Ein-Ausschalter
			Ausgangsvariable
Band	A0.0	Bool	Laufband startet
Ventil	A0.1	Bool	Ventil mit Sirup öffnet

Vorteile der Symbolischen Adressierung

- Bessere Übersicht
- bessere Lesbarkeit des Programms
- geringere Fehlerwahrscheinlichkeit
- bessere Portierbarkeit der Programme
- einfaches Umverdrahten ist möglich

Das Anwenderprogramm ist das Programm auf das der Programmierer wesentlichen Einfluss hat. Es beinhaltet alle Verknüpfungsanweisungen die man für ein sicheres Funktionieren der Software benötigt. Die Programme werden in einem remanenten Bereich des Arbeitsspeichers abgelegt. Dieser Teil des Arbeitsspeichers behält durch eine Batteriepufferung den Inhalt auch nach dem Ausschalten.

Ein Programm kann man in verschiedene Phasen unterteilen: Anlauf, Lauf und Auslauf der Steuerung. Darüber hinaus bietet die SPS verschiedene Ereignisse, wie Zeitereignisse, Störungsereignisse und Alarmereignisse an, auf welche die Anwendungsprogramme reagieren können.

Als Schnittstelle zwischen den Phasen und der Anwendungssoftware stehen die Organisationsbausteine OB nnn. Diese Organisationsbausteine sind frei programmierbar. Lediglich die Endnummern geben an welches Ereignis oder welche Aktion gestartet werden sollen.

Tabelle 4-4 Übersicht über die Organisationsbausteine

Baustein-nummer	Beschreibung	Priorität
OB1	Bearbeitung des Hauptprogramms. Dieser Baustein wird immer wieder zyklisch aufgerufen.	1
OB 100/101	Anlauf: dieser Baustein wird als erstes Aufgerufen und nur einmalig ausgeführt.	1
OP 10-17	Uhrzeitalarme: Zu einer bestimmten Uhrzeit wird der normale Programmfluss unterbrochen und einer der OBs aufgerufen	2
OB 30-38	Weckalarme: Periodische Werkalarme in bestimmten Zeitrastern	8-15
OB 80	Fehleralarm: Die Verarbeitungszeit dauerte länger als die Dauer des Zeitrasters	26

Die Steuerung der SPS ruft die Organisationsbausteine in umgekehrter Reihenfolge ihrer Priorität auf. Also wird die Priorität 29 vor der Priorität 1 aufgerufen. Aus Tabelle 4 kann man entnehmen, dass die Bausteine für außergewöhnliche Ereignisse zuerst aufgerufen werden. Fehleralarme oder Störungen müssen bearbeitet werden, bevor der normale Programmablauf gestartet werden darf.

Organisationsbausteine legen die Struktur des Anwenderprogramms fest. Schreibt man das Programm ausschließlich in dem Organisationsbaustein OB 1, so spricht man von einer linearen Programmierung. Diese Methode eignet sich vor allen Dingen für einfache, überschaubare Problemstellungen. Sind die Anforderungen jedoch komplexer, so bedarf es einer geplanten Programmstruktur. Diese strukturierte Programmierung erreicht man, indem einzelne Teilprobleme in eigenen Programmbausteinen abgelegt werden.

Programmierung der Abfüllanlage

Wie man dem Zustandsdiagramm Bild 4-2 entnehmen kann, ist die Programmierung der Bandanlage wenig komplex. Es sind keine Signalüberschneidungen zu erwarten. Signalüberschneidungen treten dann auf, wenn für verschiedene Maschinenzustände die gleichen Signale zuständig sind. Eine Eindeutigkeit des Programms kann nur durch Maßnahmen wie z. B. mit Schrittketten (siehe Kapitel 4.4.1) hergestellt werden.

Ein Programm ist organisiert in einzelnen Netzwerken. Jedes Netzwerk besteht aus verschiedenen logischen Elementen, die sich aus einer Abfrage und einer Zuweisung zusammensetzen (Bild 4-5).

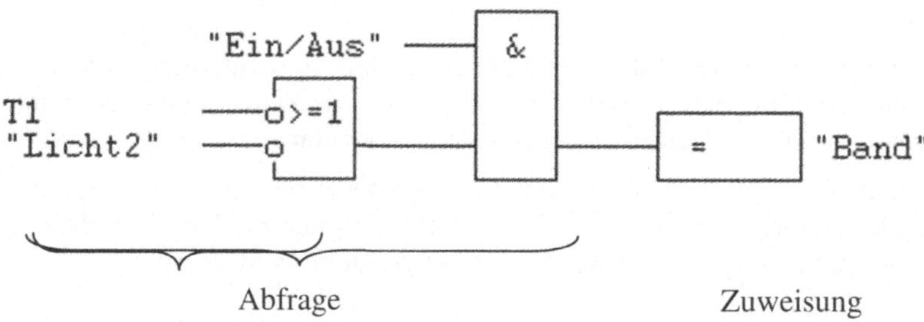

Bild 4-5 Netzwerk 1: Bandsteuerung

In der Zuweisung wird das Ergebnis der Abfrage an einen Ausgang oder Merker geleitet.

Die Forderung nach der Eindeutigkeit des Programmablaufes hat auch hat auch Einfluss auf die Programmierung der Netzwerke. Es muss innerhalb eines Programms sichergestellt werden, dass Ausgänge und Merker nur einmal pro Programmzyklus gesetzt werden. Anderenfalls wird lediglich der zuletzt gesetzte Zustand an die Anlage weitergegeben. Diese Tatsache führt in der Praxis zu schwer nachvollziehbaren Fehlern. In Bild 4-5 kann man sehen, dass alle Bedingungen, die zu einem Starten des Laufbandes führen in einem Netzwerk zusammengefasst wurden. Bei der Planung von Programmen sollte man darauf achten, dass in erster Linie das Anschalten einer Maschineneinrichtung mit logischen Operationen definiert wird. Trifft diese logische Operation nicht zu, so soll diese Einrichtung stoppen.

Neben dem Verarbeiten von Signalen, die über Sensoren in die Anlage gelangen, besteht noch die Möglichkeit, Zeiten direkt zu programmieren. Die zwei wichtigsten Elemente dieser Zeitsteuerung sind die Einschalt- und die Ausschaltverzögerung.

Tabelle 4-5 Zeitgeber

Bezeichnung	Schaltverlauf	Erklärung
Einschaltverzögerung	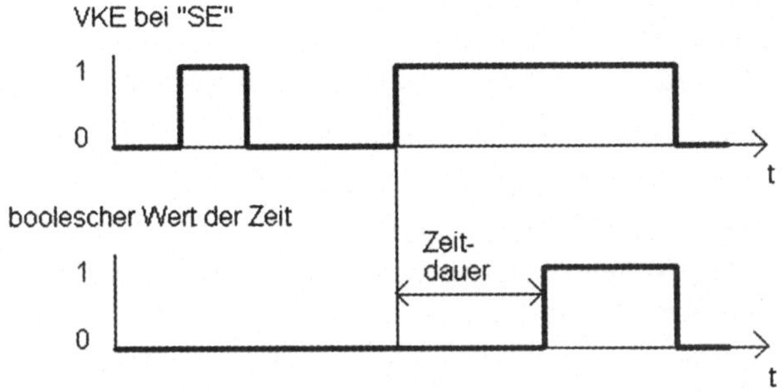 VKE bei "SE" 1 0 t boolescher Wert der Zeit Zeit- dauer 1 0 t	Liegt ein Aktivierungssignal an, so schaltet der Ausgang Q nach der vordefinierten Zeit.
Ausschaltverzögerung	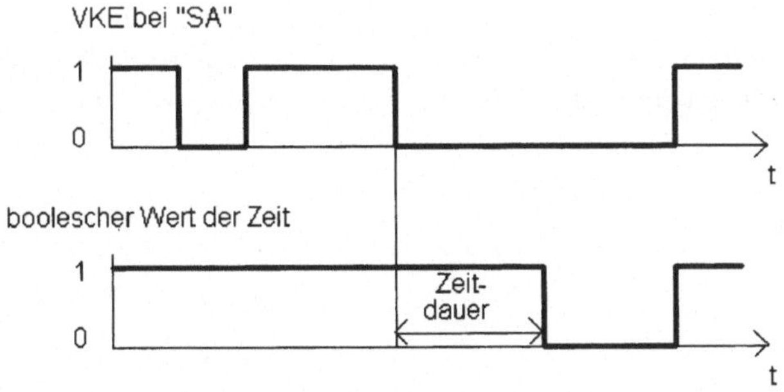 VKE bei "SA" 1 0 t boolescher Wert der Zeit 1 Zeit- dauer 0 t	Wird das Eingangssignal inaktiv, so folgt der Ausgang des Timers nach der vordefinierten Zeit.

Die vordefinierten Zeiten werden meist in einer von Siemens geprägten Weise definiert. Dabei wird zunächst das Kürzel S5T# angegeben, gefolgt von der gewünschten Zeit und der Einheit, in der man die Zeit bearbeiten möchte.

S5T#1H10M20S Bedeutet 1 Stunde, 10 Minuten und 20 Sekunden.

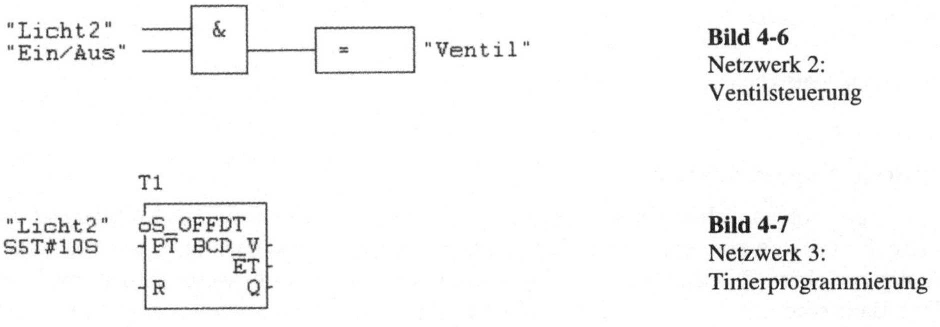

Bild 4-6
Netzwerk 2:
Ventilsteuerung

Bild 4-7
Netzwerk 3:
Timerprogrammierung

4.4.1 Schrittkettenprogrammierung mit der SPS

SPS programming by linking subprogrammes

Es gibt in der Automatisierungstechnik viele Probleme, die mit einem SPS Programm gelöst werden können. Jedoch müssen komplexe Problemstellungen strukturiert programmiert werden, um einen fehlerfreien Ablauf garantieren zu können. Eine wichtige und weit verbreitete Möglichkeit der strukturierten Programmierung bei sequentiellen Abläufen stellen die Schrittketten dar. Diese Methode wird an dem folgenden Beispiel dargestellt.

Problemstellung: Programmierung einer Baustellenampel

Wegen Bauarbeiten muss der Verkehr auf einer Hauptstraße über eine Fahrspur geleitet werden. Da am Tage das Verkehrsaufkommen sehr Hoch ist, wird eine Bedarfsampel installiert. Beim Einschalten der Anlage sollen beide Ampeln Rot signalisieren. Wird ein Initiator betätigt, soll die entsprechende Ampel nach 12 Sekunden auf Gelb für 2 Sekunden und dann auf Grün schalten. Die Grünphase soll mindestens 20 Sekunden andauern, bevor durch eventuelle Betätigung des anderen Initiators beide Signalampeln nach einer Gelbphase von 2 Sekunden auf Rot schalten. Nach 12 Sekunden wird dann die andere Fahrspur im Anschluss nach einer Gelb-Rot Phase von 2 Sekunden mit Grün bedient. Liegt keine Meldung eines Initiators vor, soll die Ampelanlage in dem jeweiligen Zustand bleiben. Das Ausschalten der Anlage soll aus Sicherheitsgründen nur nach der Grün-Phase einer Fahrspur möglich sein.

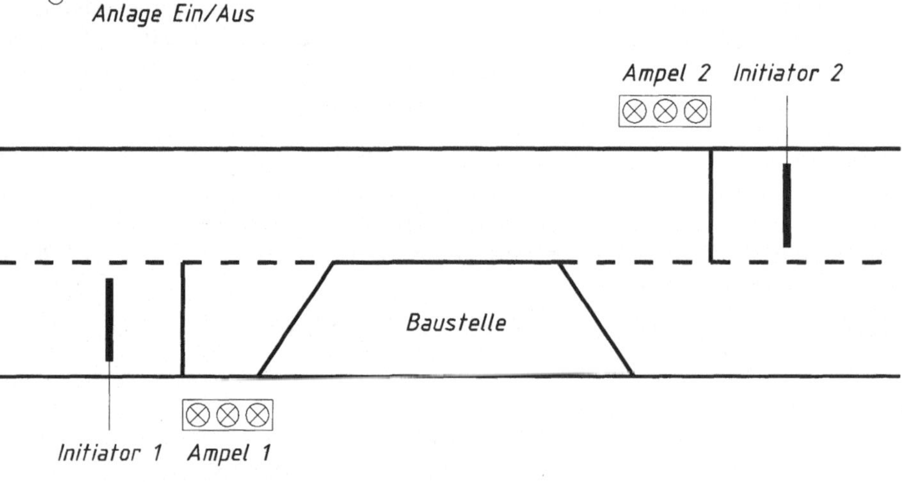

Bild 4-8 Technologieschema

Strukturierte Programmierung

Bei komplexen Problemstellungen benötigt der Programmierer Hilfen, um die Problemstellung in kleinere Teilprobleme zu unterteilen. Diese Teilprobleme werden separat in einzelnen Bausteinen abgespeichert. Zur Strukturierten Programmierung werden im wesentlichen zwei verschiedene Bausteine mit unterschiedlichem Speichermanagement eingesetzt. Man unterscheidet zwischen Bausteinen mit eigenem lokalen Speicher und ohne. Die Bausteine ohne Speicher (FC) verwendet man für einfache Funktionen, die ausschließlich mit absoluten Variablen programmiert werden. Die Funktionsbausteine (FB) sind Bausteine mit einem eigenen Speicherbereich (Datenbaustein). Sie eignen sich besonders für die Unterprogrammtechnik, da sie innerhalb ihrer Funktion auf eine eigene Datenbasis zurückgreifen kann.

Der Aufruf der Bausteine erfolgt in einem Organisationsbaustein oder in einem Baustein. Die Organisationsbausteine werden vom Betriebssystem der SPS aufgerufen. Eine besondere Bedeutung kommt dem Organisationsbaustein OB100 zu. Er wird nur einmal beim Start der SPS durchlaufen. Der Organisationsbaustein OB1 dagegen wird zyklisch aufgerufen.

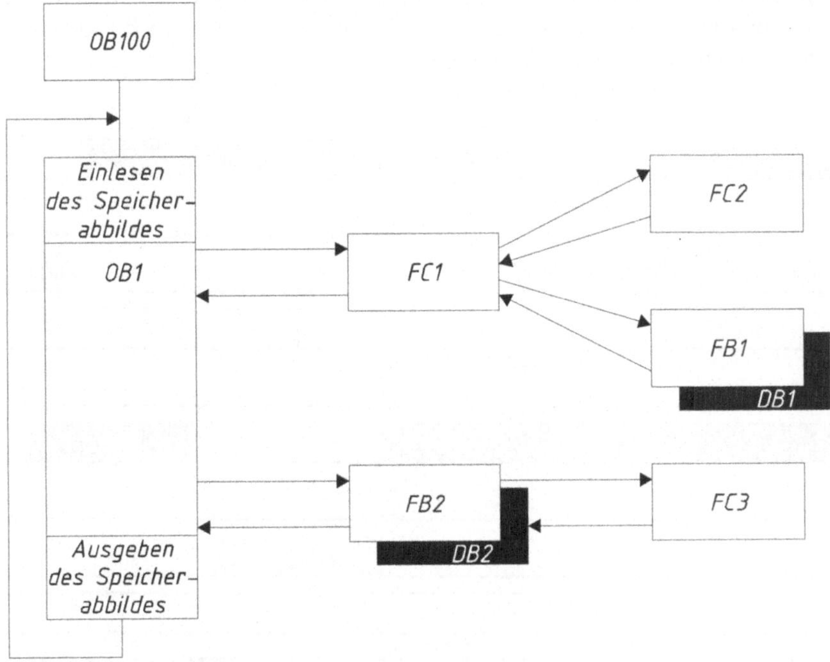

Bild 4-9 Beispiel eines strukturierten Programmaufbaus

Vorteile der Strukturierten Programmierung

- einfache und übersichtliche Programmierung
- leichte Änderungsmöglichkeiten
- Standardisierung von Programmmodulen
- Unterprogrammtechnik möglich (Rekursion)
- Vereinfachte Fehlersuche
- Separate Bearbeitung und Kontrolle der einzelnen Funktionen
- Separate Bearbeitung und Kontrolle der einzelnen Funktionen
- Zentrale Not-Aus-Programmierung

Analyse der Problemstellung

Bei der Analyse der Problemstellung zeigt sich, dass die Ampelsteuerung wenn sie durch einen Initiator angestoßen wird nach einem festen Programm, einer Schrittkette, abläuft. Um einen genauen Einblick über die einzelnen Phasen zu bekommen ist es sinnvoll , die beschriebenen Zustände in einem Zeitdiagramm darzustellen.

Aus dem Zeitdiagramm ergeben sich insgesamt 9 verschiedene Schritte für eine Schrittkette neben dem Grundschritt.

Bevor die einzelnen Schritte in einem Ablaufdiagramm nach IEC 1131 mit den Aktionen und Transitionen dargestellt werden, ist das Anlegen einer Symboltabelle mit den Ein- und Ausgängen, Merkern und Timern unumgänglich.

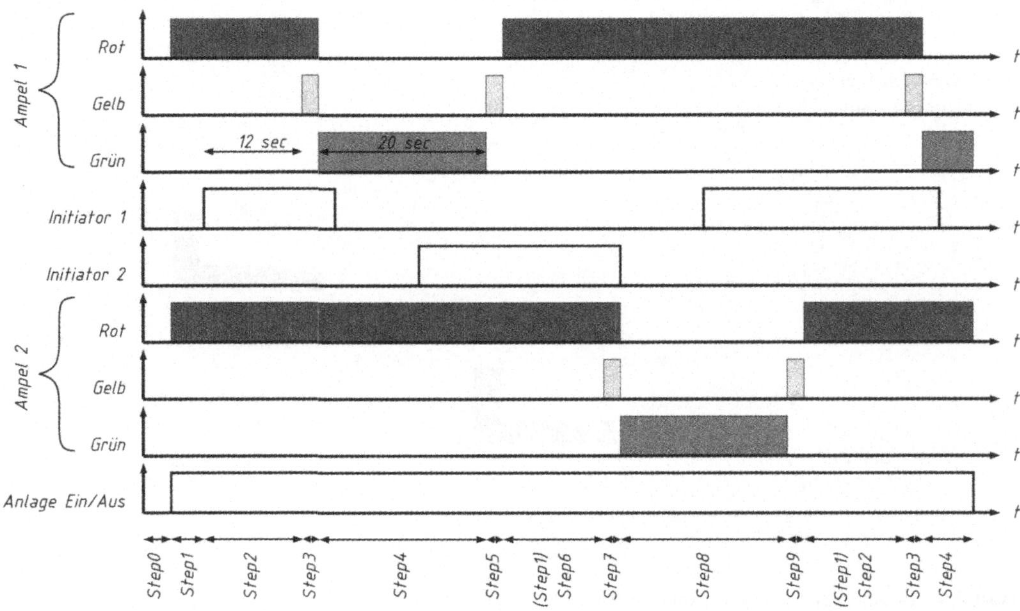

Bild 4-10 Zeitdiagramm der Ampelsteuerung

Tabelle 4-6 Symboltabelle der Ampelsteuerung

Symbol	Adresse	Datentyp	Eingangsvariable
S0	E0.0	Bool	Anlage Ein/aus
Init1	E0.1	Bool	Initiator 1
Init2	E0.2	Bool	Initiator 2
			Ausgangsvariable
H1Rot	A0.0	Bool	Ampel 1 Rot
H1Gelb	A0.1	Bool	Ampel 1 Gelb
H1Gruen	A0.2	Bool	Ampel 1 Grün
H2Rot	A0.3	Bool	Ampel 2 Rot
H2Gelb	A0.4	Bool	Ampel 2 Gelb
H2Gruen	A0.5	Bool	Ampel 2 Grün
			Merker
Step0	M0.0	Bool	Schrittketteninitialisierung
Step1	M0.1	Bool	Doppelrot
...			
Step9	M1.1	Bool	H2 gelb; H1 rot
			Timer
R_Phase	T1	Timer	Zeit für die Rot-Phase
RG_Phase	T2	Timer	Zeit für die Rot-Gelb-Phase
Gr_Phase	T3	Timer	Zeit für die Grün-Phase
Ge_Phase	T4	Timer	Zeit für die Gelb-Phase

Elemente der Ablaufsprache

Die Ablaufsprache wird meistens als eine Programmiersprache der IEC 1131 gesehen. Sie ist allerdings ein Element der Strukturierung, eine Unterteilung des Programms in eine Art Flussdiagramm, wobei in den Diagrammblöcken eine andere Programmiersprache verwendet wird. Zu dieser Einteilung in eine Struktur werden im Wesentlichen drei Elemente der Ablaufsprache benötigt:

Die Schritte

Sie beinhalten das eigentliche Programm, die so genannten Aktionen. Ziel ist es, dass ein gewisses Ergebnis in diesem Schritt erreicht wird, das notwendig ist, um in den nächsten Schritt überzuwechseln und im Programm fortzufahren. Ist dieses Ergebnis erreicht, so wird eine Weiterschaltbedingung erfüllt und somit eine Transition geschaltet.

Transitionen

Die Transitionen sind Weiterschaltbedingungen, die ein gewisses Ereignis aus dem vorangegangenen Schritt abwarten und, sobald dieses erfüllt ist, in den nächsten Schritt weiterschalten.

Aktionsbedingungen

Zusätzlich können den einzelnen Schritten so genannte Aktionsbedingungen zugeordnet werden. Neben der ganz normalen Abarbeitung eines Schrittes, können z. B. auch Bedingungen gesetzt werden, die Schritte zeitverzögert starten, zeitbegrenzt abarbeiten oder speichern lassen. Diese Aktionsbedingungen dienen dazu, weitere Programmteile zu sparen und verkürzen damit das Programmieren.

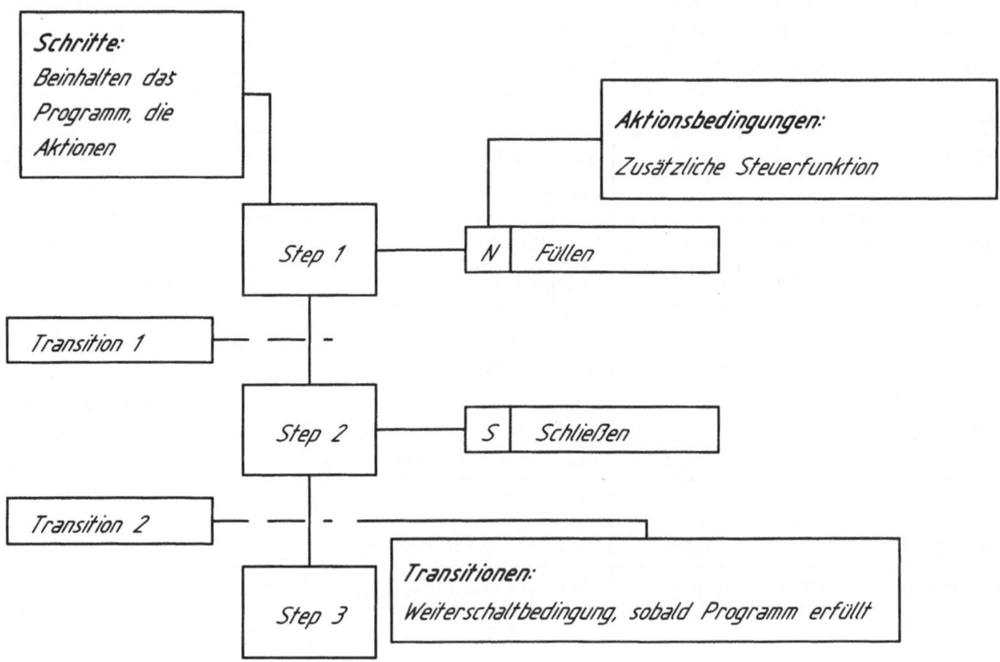

Bild 4-11 Programmablaufplan nach IEC 1131

Tabelle 4-7 Genormte Aktionsbedingungen

N	nicht gespeichert (not stored)		L	zeitbegrenzt (limited)
S	gespeichert (stored)		P	Puls, Flanke (pulse)
R	zurückgesetzt (restored)		C	bedingt (conditional)
D	zeitverzögert (delay)			Konbinationen

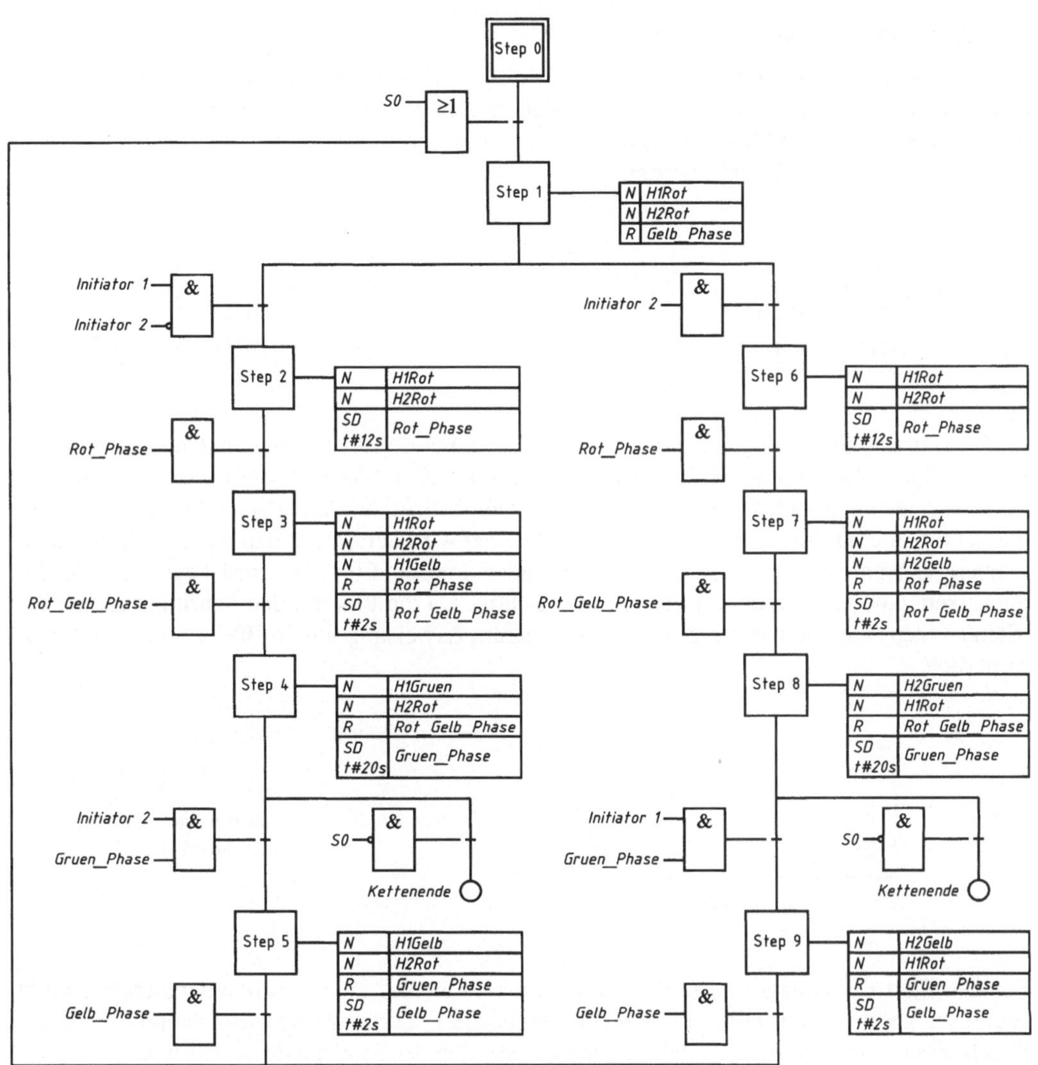

Bild 4-12 Zustandsdiagramm der Ampelsteuerung

Damit die Schrittkette nicht mehrfach angestoßen werden kann, überprüft der Grundschritt ob schon ein Schrittkettenablauf angestoßen wurde. Das Besondere dieser Steuerung ist, dass zwei Initiatoren den Programmablauf beeinflussen. In der Schrittkette definiert eine Verzweigung die unterschiedlichen Verhaltensweisen der linken und der rechten Ampel. Besonderes Augenmerk ist bei einer Verzweigung auf die Eindeutigkeit der Startbedingung zu richten. Es darf zu jedem beliebigen Zeitpunkt nur ein Schritt aktiv sein. Dazu wurde in der Schrittkette eine Vorrangschaltung für Initiator 2 eingeführt.

SPS Programm der Ampelsteuerung

Das Programm für die Ampelsteuerung wurde in vier Bausteinen geschrieben. Im OB100 wird das Merkerwort Null (Schrittkettenmerker siehe Symboltabelle) auf Null gesetzt, damit auch beim ersten Start der SPS die Schrittkettenmerker den definierten Zustand Null haben. Dies wird mit einem Move-Befehl realisiert.

Bild 4-13
Netzwerk 1 OB100

Im OB1, der zyklisch aufgerufen wird, wird die Funktion FC1, die Ablaufsteuerung aufgerufen. Am Ende der Funktion FC1 wird die Funktion FC2 aufgerufen, die für die Ansteuerung der Ausgänge eingesetzt wird. Damit immer nur ein Schritt der Ablaufsteuerung aktiv ist wird die Schrittkette mit SR-Flip-Flops aufgebaut. Gesetzt wird der Schritt und damit der Schrittkettenmerker, wenn die Bedingung am Set-Eingang logisch Eins ist. Zurückgesetzt wird der Schrittkettenmerker von dem nachfolgenden Schritt. Da die FFs mit den Schrittkettenmerkern (Step0 - Step9) bezeichnet werden, ist eine separate Zuweisung wie in Bild 4-5 nicht mehr erforderlich.

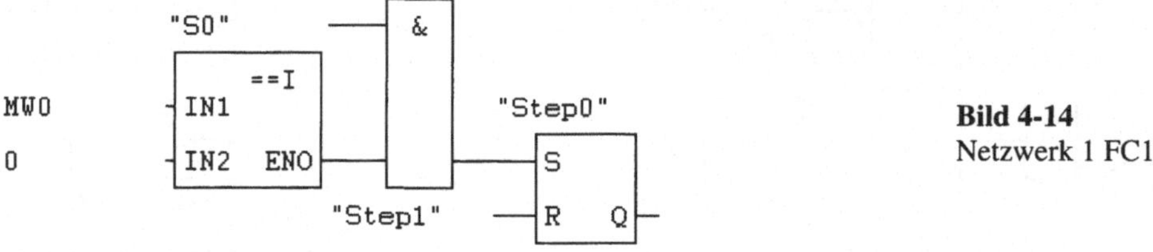

Bild 4-14
Netzwerk 1 FC1

Für den Start der Anlage muss S0 gesetzt sein und er darf kein Schrittkettenmerker gesetzt sein. Dies geschieht mit Hilfe eines 16Bit-Vergleichers. Zurückgesetzt wird Step0 von Step1. Durch diese Verschaltung wird ein mehrmaliges Starten der Schrittkette unterdrückt.

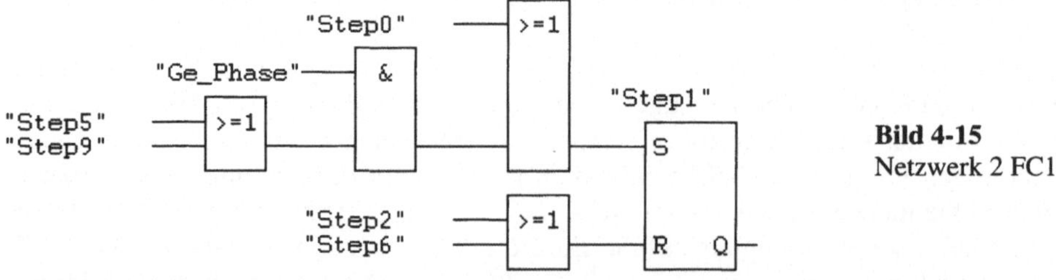

Bild 4-15
Netzwerk 2 FC1

Step1 wird gesetzt, wenn Step0 gesetzt wurde oder wenn die Einschaltverzögerung der Gelb-Phase und Step5 oder Step9 gesetzt sind. Je nach Verzweigung der Schrittkette wird Step1 von Step2 oder Step6 zurückgesetzt. Ist Step1 gesetzt, signalisieren beide Ampeln Rot.

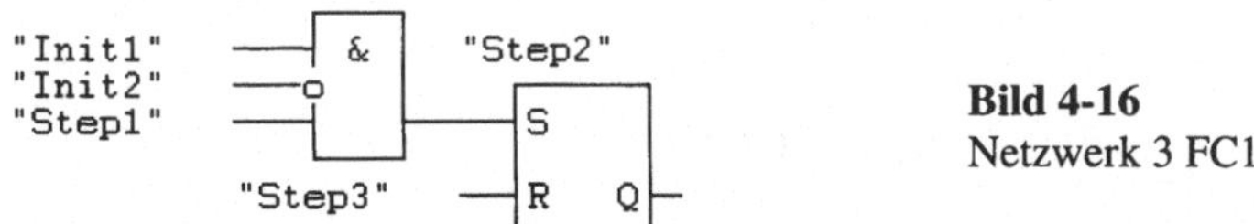

Bild 4-16
Netzwerk 3 FC1

Da der Ablauf der Steuerung von den Initiatoren beeinflusst werden soll, wird Step2 nur gesetzt wenn Initiator 1 gesetzt und Initiator 2 nicht gesetzt ist und Step1 aktiv ist. Damit wird eine Verriegelung der Verzweigung bewirkt. Während Step2 aktiv ist signalisieren beide Ampeln Rot.

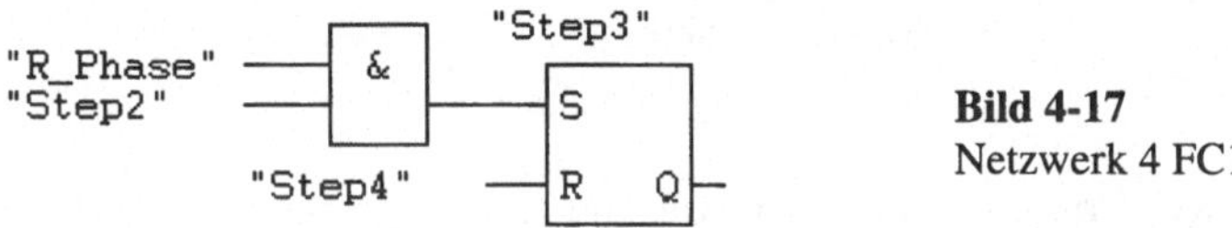

Bild 4-17
Netzwerk 4 FC1

Nachdem die Einschaltverzögerung der R_Phase (12 Sekunden Rot) gesetzt ist und Step2 aktiv ist, wird Step3 gesetzt. Jetzt signalisieren beide Ampeln Rot und Ampel 1 zusätzlich Gelb.

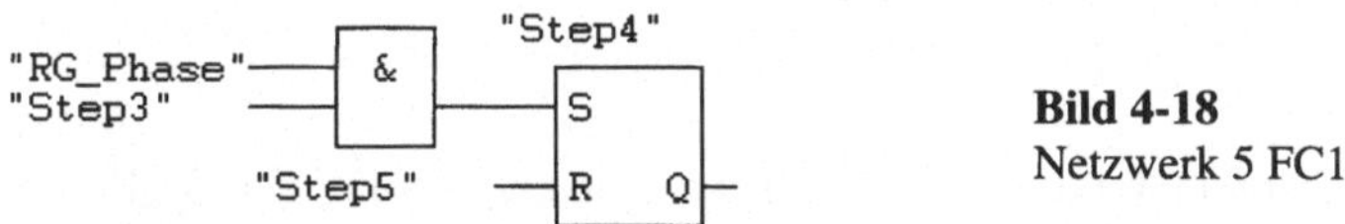

Bild 4-18
Netzwerk 5 FC1

Ist die Einschaltverzögerung der RG_Phase (2 Sekunden Rot und Gelb) und Step3 gesetzt ist wird Step4 gesetzt. Jetzt signalisiert Ampel 1 Grün und Ampel 2 Rot.

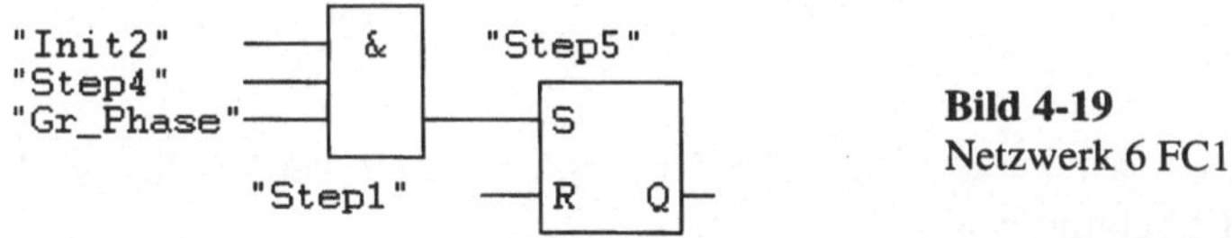

Bild 4-19
Netzwerk 6 FC1

Nach der Problemstellung soll die Grün-Phase einer Ampel solange bestehen bleiben, bis eine Anforderung des anderen Initiators gestellt wird, mindestens aber 20 Sekunden. Step5 wird daher erst aktiv, wenn die Einschaltverzögerung der Gr_Phase (20 Sekunden Grün) aktiv ist, Step4 gesetzt ist und der Initiator 2 Eins signalisiert. Damit erfolgt der Rücksprung zu Step1. Ampel 1 signalisiert Gelb und Ampel 2 Rot während Step5 aktiv ist.

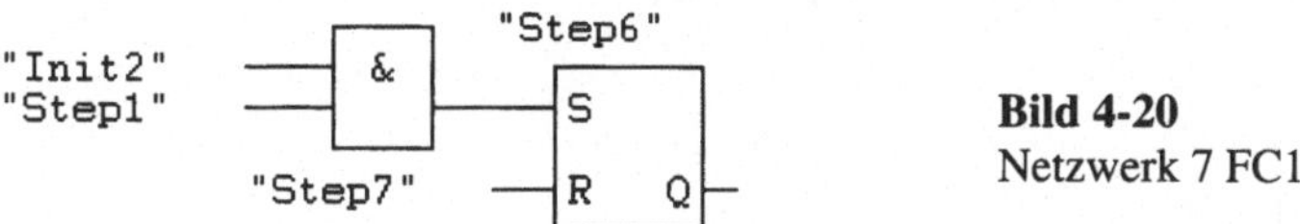

Bild 4-20
Netzwerk 7 FC1

Ist Initiator 2 gesetzt und Step1 so wird Step6 gesetzt. Sollten beide Initiatoren gleichzeitig aktiv werden, so wird Step6 aktiviert, da Initiator2 nicht gleichzeitig Null und Eins sein kann. Während Step6 aktiv ist signalisieren beide Ampeln Rot.

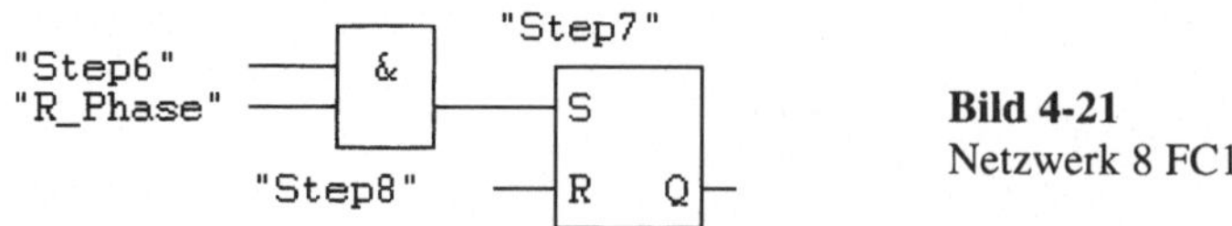

Bild 4-21
Netzwerk 8 FC1

Nachdem die Einschaltverzögerung der R_Phase (12 Sekunden Rot) gesetzt ist und Step6 aktiv ist, wird Step7 gesetzt. Jetzt signalisieren beide Ampeln Rot und Ampel 2 zusätzlich Gelb.

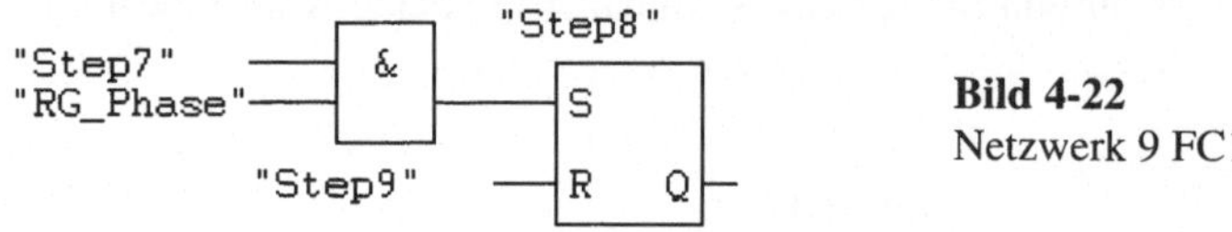

Bild 4-22
Netzwerk 9 FC1

Ist die Einschaltverzögerung der RG_Phase (2 Sekunden Rot und Gelb) und Step7 gesetzt ist wird Step8 gesetzt. Jetzt signalisiert Ampel 2 Grün und Ampel 1 Rot.

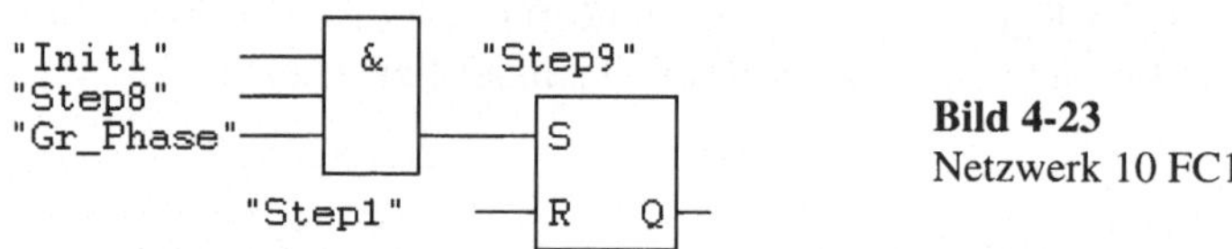

Bild 4-23
Netzwerk 10 FC1

Ähnlich wie in Step5 wird auch Step9 erst aktiv, wenn die Einschaltverzögerung der Gr_Phase aktiv ist Step8 gesetzt ist und Initiator 1 aktiv ist. Damit erfolgt der Rücksprung zu Step1. Ampel 2 signalisiert Gelb und Ampel 1 Rot während Step9 aktiv ist.

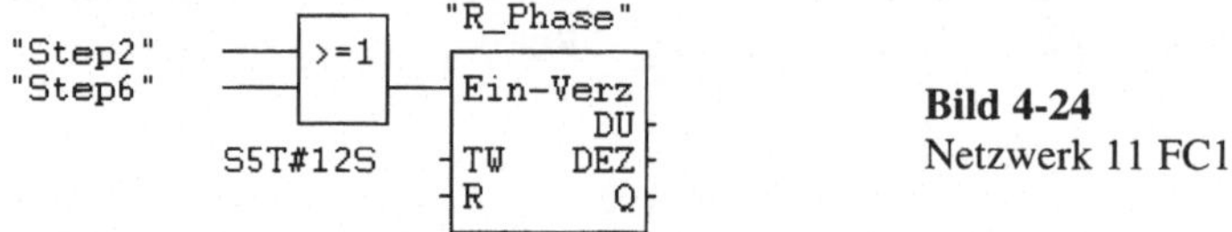

Bild 4-24
Netzwerk 11 FC1

Die Einschaltverzögerung der Rot-Phase kann von Step2 oder Step6 gestartet werden. Sie wird nach Ablauf von einer Zeit von 12 Sekunden aktiv geschaltet.

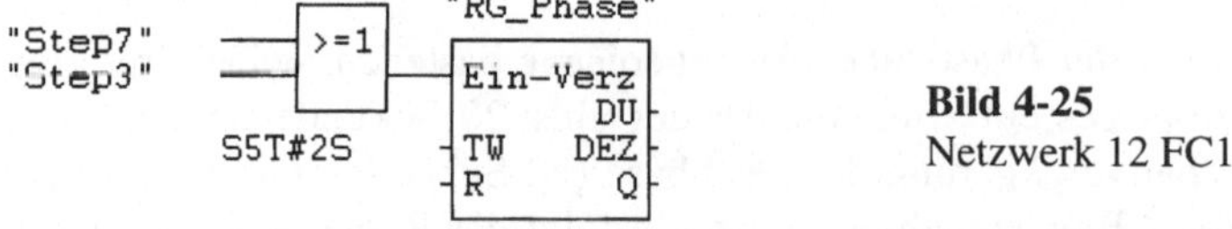

Bild 4-25
Netzwerk 12 FC1

Die Einschaltverzögerung der Rot-Gelb-Phase kann von Step7 oder Step3 gestartet werden. Sie wird nach Ablauf von einer Zeit von 2 Sekunden aktiv geschaltet.

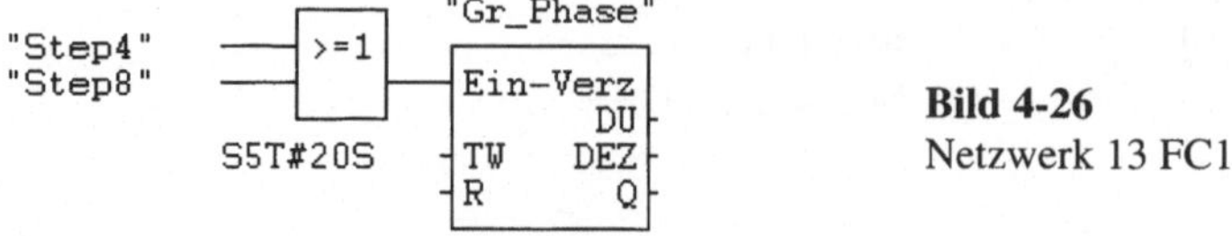

Bild 4-26
Netzwerk 13 FC1

Nach Ablauf von 20 Sekunden wird Einschaltverzögerung der Grün-Phase aktiv geschaltet, wenn sie von Step4 oder Step8 gestartet wurde.

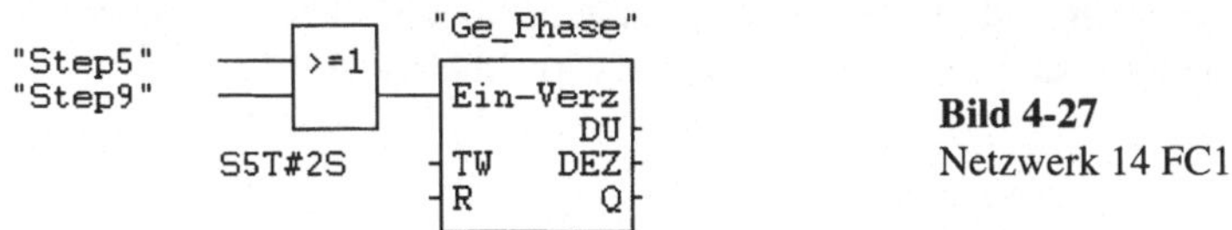

Bild 4-27
Netzwerk 14 FC1

Für die Gelb-Phase nach der Grün-Phase wird diese Einschaltverzögerung gestartet, wenn Step5 oder Step9 aktiv ist.

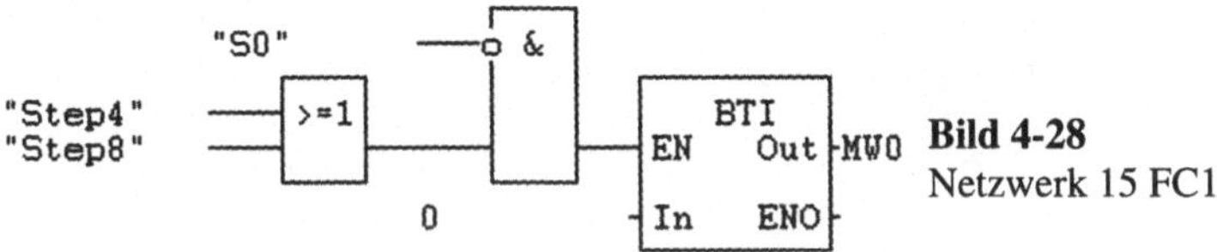

Bild 4-28
Netzwerk 15 FC1

Die Anlage darf aus Sicherheitsgründen nur während einer Grün-Phase einer Ampel, wie in der Problembeschreibung gefordert, ausgeschaltet werden. Damit nach dem Ausschalten ein Einschalten möglich ist, werden mit Hilfe des Move-Befehls die Schrittkettenmerker auf Null gesetzt. Dieses Setzten erfolgt nur, wenn am Enabel Eingang (EN) des Move-Befehls ein Eins Signal anliegt, dazu muss S0 Null sein und Step4 oder Step8 aktiv sein.

Bild 4-29
Netzwerk 16 FC1

Mit diesem Netzwerk wird die Funktion FC2 aufgerufen, womit die Ausgänge für die Ampel 1 und Ampel 2 gesetzt werden. Dabei werden die Ausgänge H1Rot, H1Gelb, H1Gruen, H2Rot, H2Gelb und H2Gruen in Abhängigkeit der aktiven Schritte gesetzt.

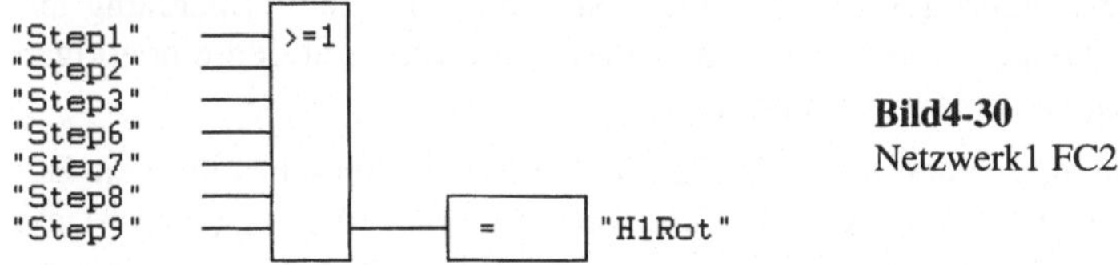

Bild4-30
Netzwerk1 FC2

4.4.2 Analogwertverarbeitung in der SPS-Technik

The control of analog quantities using SPS

Problemstellung: Für die Getränkeabfülleinrichtung (Bild 4-31) soll der Vorratsbehälter in einem konstanten Temperaturbereich von 80° bis 90° C gehalten werden. Dafür wird ein elektrischer Heizstab in den doppelwandigen Kessel eingebaut. Dieser Heizstab lässt sich über die SPS per Thyristorsteuerung ein- und ausschalten. Die Temperatur wird über einen PTC-Widerstand gemessen, der über eine elektrische Schaltung eine Spannung von 0 bis 10 V liefert. Die Aufgabe der Steuerung besteht darin, die Heizung einzuschalten, wenn der Sensor eine Temperatur unter 80°C feststellt und sie so lange zu halten, bis die obere Temperaturgrenze erreicht ist. (Das Übersteuern der Temperatur wird hier vernachlässigt)

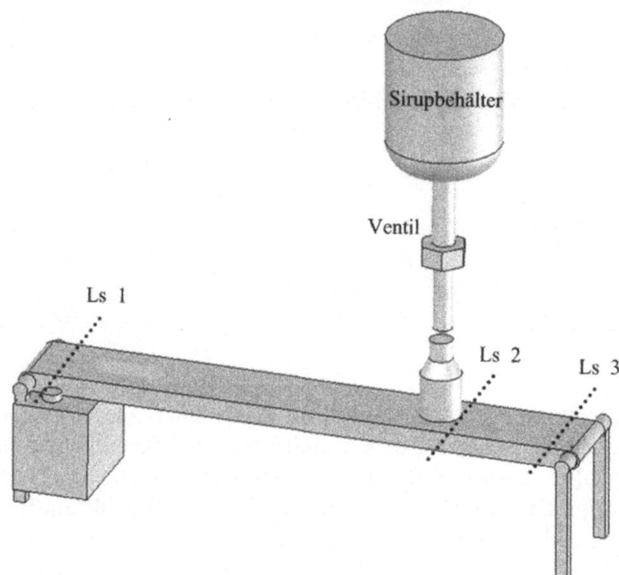

Bild 4-31
Abfüllanlage mit Heizung

Analyse der Problemstellung

Für die Ermittlung der Temperatur benötigt man einen Sensor, der nicht nur eine diskrete Temperatur, sondern jede beliebige Temperatur in einem Temperaturbereich ermitteln kann. Das Ergebnis ist ein analoges Signal, dass nur mit einer speziellen Hardware, der Analoggruppe, ausgewertet werden kann.

Analoge Signale

Die bisher behandelten Signale können nur den Zustand Spannung oder keine Spannung annehmen. Man nennt sie *binäre Signale.* Sie haben den Vorteil, dass man mit den eindeutigen Signalpegeln direkt logische Operationen durchführen kann.

Im Gegensatz zu diesen Signalen, können *analoge Signale* innerhalb eines bestimmten Bereichs beliebig viele Werte annehmen. Ein typisches Beispiel für einen Analoggeber ist ein Drehpotentiometer. Je nach Stellung des Drehknopfes kann hier bis zum Maximumwert ein beliebiger Widerstand stufenlos eingestellt werden.

Viele physikalischen Größen in der Steuerungstechnik sind nicht exakt auf einen Wert festzulegen. Damit kann man sie auch nicht durch eine einfache logische Operation in der SPS überprüfen.

Beispiele für analoge Größen:

- Temperatur -50 ... +150°C
- Verbrauch 0 ... 300 l/min
- Drehzahl 500 ... 1500 1/min

Um diese Größen in eine für die SPS auswertbare Größe umzuwandeln, benötigt man einen Messumformer, der alle ermittelten Werte in Spannungen, Ströme oder Widerstände umwandelt. In der SPS-Technik werden meist Spannungen verwendet, da sie in einen Analogbaustein direkt eingegeben werden können.

Soll eine Drehzahl ermittelt werden, kann der Drehzahlbereich von 1000 ... 2000 1/min über einen Messumformer in einen Spannungsbereich von 0 ... +10 V umgewandelt werden. Bei einer gemessenen Drehzahl von 1213 1/min würde dann der Messumformer einen Spannungswert von + 2,13 V ausgeben.

Die SPS kann ausschließlich digitale Informationen, also z. B. binäre Werte, verarbeiten. Damit nun der von der SPS eingelesene Spannungs-, Strom- oder Widerstandswert verarbeitet werden kann, muss er in eine digitale Information umgewandelt werden.

Diesen Vorgang nennt man eine Analog-Digital Wandlung (A-D Wandlung). Dabei ist die Genauigkeit des Ergebnisses stark abhängig von der Anzahl der Speicherstellen (Binärstellen) in denen das Ergebnis abgelegt werden kann.

Dies bedeutet, das z. B. der Spannungswert von 2,13 V in eine definierte Anzahl von Binärstellen als Information hinterlegt wird. Je mehr Binärstellen hierbei für die digitale Darstellung verwendet werden , umso genauer wird die Auflösung. Nutzt man für die Auswertung der Wandlung nur eine Information von einer Größe von einem Bit, so kann man eine Aussage treffen, ob der Wert bei einem Wertebereich von 10 V über, oder unter 5 V liegt. Mit 2 Bit kann der Bereich schon in 4 Bereiche unterteilt werden, also in 0 ... 2,5 / 2,5 ... 5 / 5 ... 7,5 / 7,5 ... 10 V. Gängige A/D-Wandler in der Steuerungstechnik wandeln mit 8 oder 12 Bit.

Rechnerisch lässt sich die Anzahl der Einzelbereiche mit 2^n , wobei n die Anzahl der verwendeten Bits darstellt ermitteln.

Datentypen in der SPS

In der SPS-Steuerung werden Informationen unterschiedlich behandelt, je nach der Aufgabe, die diese Informationen haben. Damit die Steuerung die Art der Information richtig interpretieren kann, muss der Programmierer den entsprechenden Datentyp definieren. Soll das Ergebnis einer logischen Operation gespeichert werden, so reicht das Ergebnis *richtig* oder *falsch (true/ false).* Soll hingegen ein umgewandelter Analogwert gespeichert werden, so benötigt man je nach A-D Wandler z. B. einen Datentyp mit 8 Bit Länge.

Die nachfolgende Tabelle gibt Aufschluss über die in der SPS gebräuchlichen Datentypen.

Tabelle 4-8 Datentypen

Typ	Bezeichnung	Bereich und Zahlendarstellung niedrigster bis höchster Wert	Größe in Bit
BOOL	Bit	TRUE/FALSE	1
BYTE	Byte	B#16#0 bis B#16#FF	8
WORD	Wort	2#0 bis 2#1111_1111_1111_1111	16
		W#16#0 bis W#16#FFFF	
DWORD	Doppelwort	2#0 bis 2#1111_1111_1111_1111_1111_1111_1111_1111	32
		DW#16#0000_0000 bis DW#16#FFFF_FFFF	

Typ	Bezeichnung	Bereich und Zahlendarstellung niedrigster bis höchster Wert	Größe in Bit
INT	Integer	-32768 bis 32767	16
DINT	Integer 32 Bit	L#-2147483648 bis L#2147483647	32
REAL	Rationale Zahl	Oberer Grenze: +/-3.402823e+38 Untere Grenze: +/-1.175495e-38	32
S5TIME	Siemens typische Zeit	S5T#0H_0M_0S_10MS bis S5T#2H_46M_30S_0MS und S5T#0H_0M_0S_0MS	16
TIME	IEC-Zeit	-T#24D_20H_31M_23S_648MS bis T#24D_20H_31M_23S_647MS	32
DATE	IEC-Datum	D#1990-1-1 bis D#2168-12-31	16
TIME_OF_DAY	Uhrzeit	TOD#0:0:0.0 bis TOD#23:59:59.999	32
CHAR	Zeichen	‚A' bis 'z'	8

Eine Besonderheit in der SPS Programmierung ist aus der Tabelle zu entnehmen. Im Bild 4-7 wurde eine Programmierung eines Timers dargestellt. Wie man dort erkennen kann, wird die Zeit über die, bei der von Siemens geprägten Definitionsart definiert. Dies hat den Vorteil, dass diese Definition im Wertebereich variabel ist. Definiert man einen langen Zeitraum, so werden die abfragbaren Zeitfenster gröber, definiert man eine kurze Laufdauer, so steigt die Genauigkeit. Gegenüber der von der IEC 1131 vorgeschrieben Definitionsart, hat die den Vorteil, dass nur halb soviel Speicherplatz belegt wird.

Analogwertverarbeitung

Analogwerte können von einer SPS nicht direkt ermittelt und verarbeitet werden. Zunächst muss der umgesetzte Spannungswert von der SPS aus der Analogbaugruppe eingelesen werden. In der Programmiersprache FUP gibt es kein Symbol um den Ladevorgang zu aktivieren, da man jedoch zwischen den Sprachen wechseln kann, wechselt man für das Netzwerk zu der Programmiersprache AWL und dort kann man den Ladevorgang ausführen

```
L        PEW        256
```

Lade **P**eripherie**e**ingangs**w**ort von Adresse in Akkumulator

Die Adressierung richtet sich nach der Parametrierung der Analogbaugruppe. Die Adressierung der Ein- bzw. Ausgangsworte richtet sich nach der Baugruppen- Anfangsadresse. Steckt die Analogbaugruppe bei der Siematic Step 7 auf Steckplatz 4, dann hat sie die Default-Anfangsadresse 256. Die Anfangsadresse jeder weiteren Analogbaugruppe erhöht sich je Steckplatz um 16.

Das Ergebnis wird der SPS als ein Integerwert übergeben, der bei einem Bereich von 0 bis 10 V von in einen Wertebereich von 0 bis 27648 umgewandelt wird. Für die Weiterverarbeitung ist dieses Ergebnis allerdings für eine exakte Auswertung nur eingeschränkt brauchbar, da weitere Berechnungen in dem Integerformat mit Rundungsfehlern behaftet sind. Normalerweise wandelt man das Ergebnis in eine rationale Zahl um, also in das Zahlenformat *Real*.

```
L  PEW 256
//Analogwert einlesen 0 bis 10 V
//SPS: 0 bis 27648 (Integer 16 Bit)
ITD
//Wert von Integer in Integer 32 Bit
DTR
// Wert in rationale Werte umwandeln
L  2.7648e+4
/R
//Division durch höchsten Wert. Hier: 27648
L  1.000e+1
*R
// Multiplikation mit Größe des Wertebereichs
L  8.000e+1
+R
// Addition mit Anfang des Wertebereichs
T  MD10
//Ausgabe normierter Wert 80 bis 90 an
//Speicherplatz 10
```

In AWL kann man diese Umwandlung nur in zwei Stufen realisieren. Zuerst wandelt man die Integerzahl in ein Doppelwort um (ITD). Im nächsten Schritt wird dieses Ergebnis in einen Realwert umgewandelt (DTR).

Für die Weiterverarbeitung in der SPS wäre es wünschenswert, wenn man mit den real existierenden Messwerten arbeiten könnte. Also in diesem Fall, sollte die gemessene Temperatur vom Zahlenwert entsprechend in der SPS dargestellt werden. Diese Anpassung an die tatsächlichen Werte nennt man *Normierung*. Eine Normierung erhöht die Übersichtlichkeit und reduziert die Fehlerwahrscheinlichkeit.

Wenn man einen ermittelten Wert analog ausgeben möchte, so sollte ebenfalls eine Normierung durchgeführt werden, nur dass nun auf die Werte von 0 bis 27648 umgewandelt werden sollte.

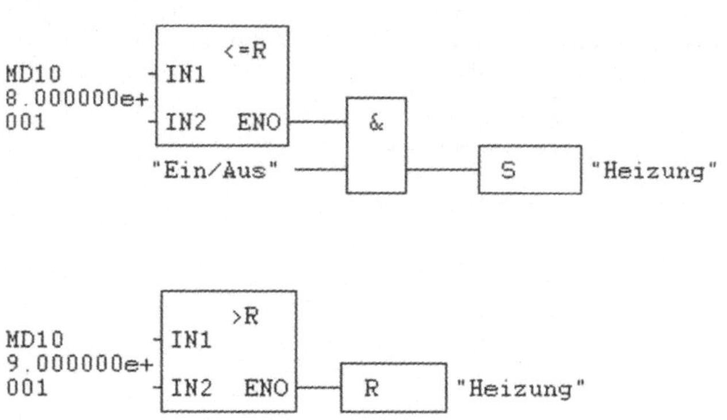

Bild 4-32
Netzwerke zur Steuerung der Heizung

5 Bussysteme

Bus systems

Um in größeren Unternehmen die komplexen Informationsströme in den Griff zu bekommen werden innerhalb des gesamten automatisierten Bereichs verschiedene Hierarchieebenen gebildet. Der Informationsaustausch erfolgt innerhalb und zwischen den einzelnen Hierarchieebenen d. h. vertikal und horizontal. Jeder Hierarchieebene wird eine weitere Ebene zugeordnet, welche die Anforderungen an die Kommunikation festlegt. Da die unterschiedlichen Kommunikationsaufgaben nicht mit einem Netz gelöst werden können, wurden verschiedene Kommunikationssysteme entwickelt.

In den oberen Ebenen befinden sich komplexe Rechnersysteme. Es dominieren große Datenmengen mit unkritischen Reaktionszeiten, großen Teilnehmerzahlen und eine weite Ausdehnung der Netzwerke.

Die Kommunikation in den unteren Ebenen ist durch geringe Datenmengen und einem hohen Nachrichtendurchsatz sowie kleineren Teilnehmerzahlen geprägt. Hier stehen Echtzeitanforderungen im Vordergrund. Die Netzausdehnung ist meist eher klein.

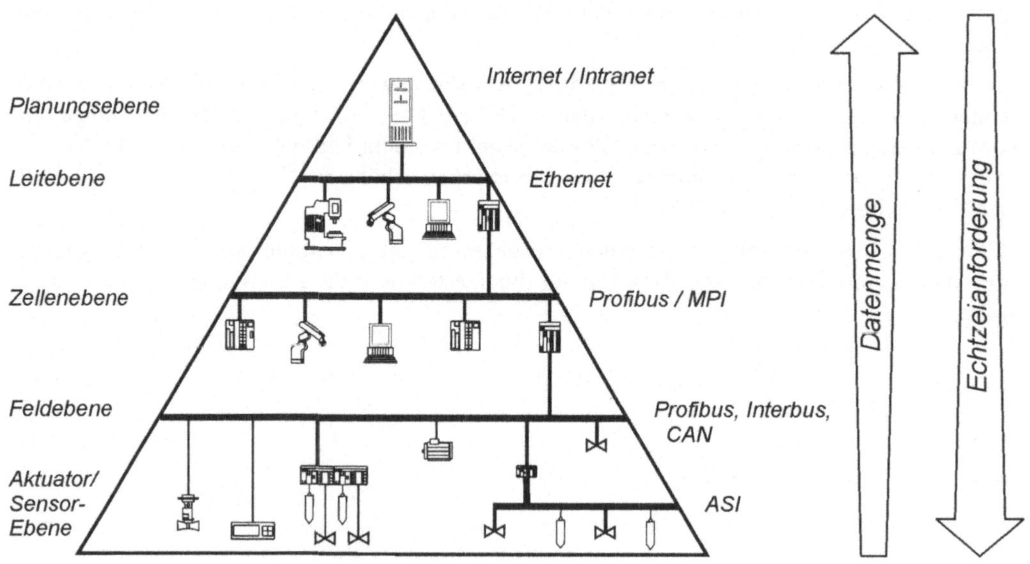

Bild 5-1 Hierarchieebenen

5.1 Die fünf Hierarchieebenen in der Automatisierung

The five hierarchical levels of automation in a system

Die Auswertung der Informationen aus dem Produktionsprozess, die Auftragsplanung, sowie die Festlegung von Richtlinien und Strategien für die Fertigung erfolgt in der **Planungsebene**. In längeren Zeiträumen werden hier über große Entfernungen große Datenmengen übertragen.

Die Koordinierung einzelner Produktionsbereiche erfolgt in der **Leitebene**. Hier wird die Zellenebene mit Auftrags- und Programmdaten versorgt und es wird entschieden, wie die Produktion zu erfolgen hat. Die Prozessleitrechner sowie die Rechner für Projektierung, Diagnose, Bedienung und Protokollierung sind in dieser Ebene angesiedelt.

Die **Zellenebene** verbindet die einzelnen Fertigungszellen, die von Zellenrechnern oder SPSen gesteuert werden. Hier steht die gezielte Kommunikation zwischen intelligenten Systemen im Vordergrund.

In der **Feldebene** befinden sich programmierbare Geräte zum Steuern, Regeln und Überwachen, wie SPSen oder Industrie-Rechner, die die Daten der Sensor-/Aktuatorebene auswerten. Zur Anbindung an die überlagerten Systeme werden größere Datenmengen mit kritischen Reaktionszeiten übertragen.

Die **Aktuator-/Sensorebene** ist Bestandteil der Feldebene und verbindet den technischen Prozess mit den Steuerung. Dies erfolgt mit einfachen Feldgeräte wie Sensoren und Aktoren,. Die schnelle, zyklische Aktualisierung der Ein- und Ausgangsdaten steht hier im Mittelpunkt, wobei kurze Nachrichten übertragen werden, Die Dauer für die Aktualisierung der Ein- und Ausgangsdaten muss unwesentlich kürzer sein als die Zykluszeit der Steuerung.

5.2 Feldbussysteme

Field bus systems

Ein Feldbussystem ist ein Datennetzwerk auf der industriellen Feldebene. An diesem Netzwerk können über Interface und I/O Module Sensoren, Motor, Regler, usw. mit einer SPS oder einem Industrie PC verbunden werden. Durch die Vielzahl von Anwendungsbereichen, bei der Vernetzung von Systemkomponenten in Geräten, Maschinen und Automatisierungssystemen, sind Feldbussysteme leistungsfähiger, flexibler und kostengünstiger als konventionelle Verdrahtung. Prozesse, Anlagen und Produktionsvorgänge lassen sich mittels Feldbustechnik leichter überwachen, warten und Fehler beheben. Daten und Informationen können direkt an die Prozessleitebene übertragen werden.

Es werden mit Feldbussystemen Gebäude automatisiert, Pkws und Lkws nutzen das CAN-Bus Profil zur Steuerung der Elektronik und mit dem Industrial Ethernet können große Datenmengen über große Entfernungen zur Anlagenüberwachung transportiert werden. In manchen bereichen der Automation ist ein echtzeitfähiges Bussystem gefordert während in der Bürokommunikation eine Zeitverzögerung kaum von Bedeutung ist.

Jeder dieser beispielhaft genannten Anwendung stellt unterschiedliche Anforderungen an die Übertragungstechnik, an die Reaktionszeit und die Echtzeitfähigkeit. Um den jeweiligen Ansprüchen gerecht zu werden, wurden unterschiedliche Busprofile entwickelt. Die Basis für alle Bussysteme bildet das sogenannte ISO-OSI Schichtenmodell.

5.3 Das ISO/OSI Schichtenmodell

The ISO/OSI layer model

Man kann nicht grundsätzlich davon ausgehen, dass die einzelnen Baugruppen für eine Datenübertragung problemlos zusammengeschaltet werden können und funktionieren. Innerhalb eines geschlossenen Systems, bei dem nur Baugruppen eines Herstellers entsprechend der vorgeschriebenen Betriebsbedingungen verwendet werden, gibt es normalerweise keine Probleme. Das kann sich aber grundlegend ändern, wenn man Baugruppen unterschiedlicher Hersteller in einem System verwendet. Verantwortlich dafür sind die verschiedenen Ausführungen der Schnittstellen und die internen Prozesse sowohl mechanisch als auch elektrisch, d. h. es kann vorkommen, dass die Baugruppen nicht miteinander kommunizieren können. Um diesen Mangel zu beheben, hat die International Standard Organisation – ISO – ein Referenzmodell entwickelt, um die Kommunikation von Teilnehmern und Baugruppen in öffnen, d. h. von beliebigen Herstellern bestückten Systemen zu beschreiben. Der abgekürzte Name OSI-Referenzmodell kommt dabei von **O**pen **S**ystem **I**nterconnection.

Die Architektur der Bussysteme orientiert sich an dem OSI-Referenzmodell, entsprechend der internationalen Norm ISO. Das ISO-OSI Referenzmodell für Kommunikationsstandards besteht aus 7 verschiedenen Schichten und lässt sich in zwei Gruppen einteilen.

Tabelle 5-1 ISO/OSI Referenzmodell

Schicht 7	Anwendung	anwenderorientiert
Schicht 6	Darstellung	
Schicht 5	Sitzung	
Schicht 4	Transport	netzorientiert
Schicht 3	Vermittlung	
Schicht 2	Sicherung	
Schicht 1	Bitübertragung	

Schicht 1, die Bitübertragungsschicht

Die Bitübertragungsschicht definiert die Kodierung der zu übertragenden Informationen (Darstellung der Bits als Signalzustand, z. B. Manchester Code). Sie definiert das Übertragungsmedium (twisted pair, KOAX, Lichtwellenleiter(LWL), Funkkanal, usw. und ggf. auch die Stecker und Steckerbelegung.

Schicht 2, Die Sicherungsschicht

Diese Schicht sichert die fehlerfreie Übertragung der Daten von einem Netzwerkknoten zum anderen. Auf der Sendeseite übergibt die Sicherungsschicht der Bitübertragungsschicht Paketweise einem Bitstrom. Dieser Bitstrom setzt sich zusammen aus, zu übertragenden Daten plus angehängter Sicherungsinformationen zur Fehlererkennung/-Korrektur auf der Empfängerseite (z. B. Prüfsummen, CRC (cyclic redundancy check), Hamming-Codierung o. ä.). Ein solches Datenpaket, auch Rahmen genannt, besitzt am Rahmenanfang und am Rahmenende spezielle Bitmuster, die im sonstigen Datenstrom nicht vorkommen. Neben der Datensicherung muss auch die Zugriffsteuerung auf das Übertragungsmedium geleistet werden. Dies ist dann notwendig, wenn das Netzwerkprotokoll einen nicht koordinierten Zugriff auf das Übertragungsmedium erlaubt (CSMA, Ethernet, CAN-Profil).

Schicht 3, die Vermittlungsschicht

Diese Schicht ist zuständig für die Vermittlung des Nachrichtentransportes von einem Netzknoten zum anderen (Punkt-zu-Punkt Verbindung). Aufbau der Verbindung, Aufrechterhaltung/Überwachung und Abbau der Verbindung. ggf. auch Abrechnung der Nutzungsdauer und -Kosten.

Schicht 4, die Transportschicht

Die Transportschicht teilt z. B. große Datenmengen in kleinere, nummerierte Pakete die ggf. auf unterschiedlichen Netzwerkpfaden zum Empfangsknoten gelangen können. Dort werden sie wieder zum ursprünglichen Datenstrom zusammengefügt. Probleme treten bei der unterschiedlichen Laufzeit der Datenpakete auf, deshalb erfolgt eine Nummerierung der Pakete.

Schicht 5, die Sitzungsschicht

Die Aufgabe dieser Schicht ist die Steuerung der Kommunikation. Sie organisiert und synchronisiert den Dialog im Datenaustausch. In dieser Schicht werden z. B. Synchronisationspunkte in den Datenstrom gepackt um bei Unterbrechungen der Datenübertragung an definierten Stellen der Kommunikation neu aufsetzen zu können.

Schicht 6, die Darstellungsschicht

Da in offenen Netzen Rechner unterschiedlicher Hersteller kommunizieren sollen, ist es sinnvoll, notwendige Anpassungen der Datenformate nicht in jeder Anwendung getrennt vorzunehmen sonder dies einer entsprechenden Schicht des Protokolls zuzuweisen. Diese Schicht beinhaltet u. a. Zeichen- und/oder Datenkonvertierung (z. B. Umsetzung von Steuerzeichen, Anpassung von Zeichensätzen, Konvertierung von Grafikformaten etc.), Datenkompression und -Expansion.

Schicht 7, die Anwendungsschicht

Die Dienste des Netzwerks, in Form von Funktionen, werden dem Anwender in dieser Schicht zur Verfügung gestellt. Dienste sind z. B. auch die Übertragung von Daten und Zugriff auf Dateien in einem Rechner im Netz in der gleichen Weise wie der Zugriff im eigenen Rechner, Austausch von Nachrichten im Netz (E-Mail).

5.4 Netz-Zugriffs-Steuerung

Network access control

5.4.1 Verfahrensgruppen

Types of procedure

Die Netz-Zugriffs-Steuerung teilt sich in drei, verschiedene Gruppen von Verfahren.

1. Zufallssteuerung (random control)

Jede Station kann zu beliebigen Zeiten senden. Sie muss ggf. den Kanal überwachen um festzustellen, ob dieser frei ist. Die Verfahren welche nach diesem Konzept arbeiten heißen:

- CSMA/CD (carrier sense multiple access/collision detection)
- Slotted ring
- Register insertation

2. Verteilte Steuerung (distributed control)

Nur eine einzige Station hat zu einem bestimmten Zeitpunkt das Recht auf dem Kanal zu senden. Die Verfahren mit diesem Konzept heißen:

- Token passing (token bus, token ring)
- CSMA/CA (carrier sense multiple access/collision avoidance)

3. Zentrale Steuerung (centralized control)

Eine Station kontrolliert das ganze Netzwerk. Andere Stationen erhalten von dieser die Sendeberechtigung individuell zugeteilt.

- Polling
- Circuit switching
- TDMA (time division multiple access)

5.4.2 Die wichtigsten Feldbussysteme

The most important field bus systems

Gerade im Bereich der Feldbussysteme gibt es eine Vielzahl an Systemen mit konkurrierenden Standards die sich in diesem hart umkämpften Markt behaupten wollen. Ohne Anspruch auf Vollständigkeit sollen im Folgenden die wichtigsten Feldbussysteme in Europa kurz vorgestellt werden.

Interbus

Schon 1985 wurde der Interbus von der Firma Phoenix Contact mit dem Ziel entwickelt, aufwendige Parallelverkabelung in der SPS-Peripherie zu vermeiden. Das Haupteinsatzgebiet des Interbus ist die Fertigungsautomatisierung auf der Systemebene und als objektnaher Feldbus zum Anschluss von Sensoren und Aktoren.

Dabei will der Interbus kein universelles Kommunikationsmedium darstellen sondern lediglich SPS, CNC-Steuerungen oder Prozessautomatisierungssysteme mit ihrer Peripherie verbinden. Die Stärke des Interbus liegt in einer sehr hohen Übertragungseffizienz, bei sehr kleinen Datenmengen pro Teilnehmer. Der Interbus eignet sich somit nur für die unterste Hierarchieebene. Er verbindet Sensoren und Aktoren mit den dazugehörigen Steuerungen. Zur Vernetzung der Steuerungen untereinander ist er nicht vorgesehen.

Eigenschaften:

- Ringstruktur mit aktiver Kopplung der Teilnehmer
- Fernbus mit max. 512 Teilnehmern, max. Abstand 400 m, max. Gesamtausdehnung 13 km mit Kupferkabel und 100km mit Glasfaser
- Lokalbus mit max. 8 Teilnehmern, max. Abstand 1,5 m, max. Gesamtausdehnung 10 m
- Adressierung der Teilnehmer entsprechend Anordnung ihrer Reihenfolge im Ring
- Übertragungsrate: Fernbus mit 500 Kbit/s, Lokalbus mit 300 Kbit/s

- Fernbus verwendet eine auf RS 485 basierende Schnittstelle mit Zweidrahttechnik
- Lokalbus verwendet CMOS-Pegel und benutzt zur Übertragung 4 Adernpaare
- Schutzgrad bis IP 65 möglich
- Hohe Datensicherheit, mehrere Schutzmechanismen (CRC u. a.)
- Offenes System (DIN E 19528)

CAN-Feldbus

Das CAN-Bussystem (Controller Area Network) wurde ursprünglich von Bosch in Zusammenarbeit mit Intel entwickelt, um im Automobilbau die Kabelbäume zu reduzieren. Das Einsatzgebiet hat sich stark erweitert. Heute wird das CAN-Bussystem in mobilen Systemen, als maschinen- oder anlageinternes Kommunikationssystem, im Feldbereich als Fertigungsautomatisierung, in der Gebäudeleittechnik und in vielen anderen Bereichen eingesetzt.

Eigenschaften:

- Linienstruktur (mit passiver Buskopplung)
- Teilnehmeranzahl nur durch Leistungsfähigkeit der Treiberbausteine begrenzt.
- Ausdehnung abhängig von der Übertragungsrate: 40 m bei 1 Mbit/s; 1000 m bei 50 Kbit/s
- Verdrillte Zweidrahtleitung
- Objektorientierte Nachrichten, Broad- und Multicasting mit Akzeptanzprüfung
- Multimasternetzwerk
- Buszugriff durch bitweise Arbitrierung nach CSMA/CA-Verfahren (echtzeitfähig für hochpriore Nachrichten)
- Maximale Übertragungsrate 1 Mbit/s
- Sehr hohe Datensicherheit (HD 6); Fehlererkennung und -signalisierung, automatisches Abschalten defekter Stationen
- Offenes System(ISO 11898)

AS-Interface

Auf die Anforderungen in der untersten Ebene ist AS-I (Aktuator-Sensor-Interface) abgestimmt. AS-I verknüpft Aktoren und Sensoren mit der ersten Steuerungsebene und ersetzt damit Kabelbäume, Verteilerschränke und Klemmleisten. Da der AS-I ein offener Standard ist bieten mittlerweile auch viele Hersteller intelligente, zu AS-I kompatible Sensoren und Aktoren an, um mehr Informationen übertragen zu können als nur 1 / 0. AS-I ist besonders leicht in der Handhabung. Feldgeräte werden in Schneidklemmtechnik einfach auf das ungeschirmte 2-Leiter-Flachkabel geklemmt. Die Installation kann demzufolge auch von Personen ohne Spezialkenntnisse durchgeführt werden. AS-I ist schnell, einfach, kostengünstig und auch zukunftssicher, weil mehr als die Hälfte des Weltmarktbedarfs an Sensoren von Herstellern gedeckt wird, die AS-I unterstützen.

Der Profibus

Das Verbundprojekt Profibus wurde im Jahr 1987 von der deutschen Industrie initiiert und die erarbeiteten Standards wurden in einer DIN 19245 festgehalten. 1996 wurde die nationale Norm durch die EN 50170 zum internationalen Standard. Der Profibus ist ein Bussystem, dessen Anwendungsbereich sich von der Feldebene bis zur Leitebene erstreckt. Dabei ist er mit seinem Protokollprofil Profibus-DP (Dezentrale Peripherie) prinzipiell bis hinunter zur Sensor/Aktor-Ebene einsetzbar. Für die kostengünstigere Anschaltung einer größeren Anzahl von Sensoren und Aktoren bietet sich hier jedoch die Einbindung eines Busses auf niedriger Ebene wie zum Beispiel dem AS-I an. Für den Profibus gibt es drei Protokollprofile.

Profibus-FMS (Fieldbus Message Specification)

Wegen der umfangreichen Telegramme und deren Telegrammhandling in Kombination mit relativ geringen Datentransferraten besitzt Profibus-FMS seine Stärken im Bereich der übergeordneten Systemebene des Feldbereichs oder auch der Zellenebene bzw. der Prozessleitebene mit geringer Echtzeitanforderung.

Eigenschaften:

- Linienstruktur (mit passiver Buskopplung)
- Max. Gesamtausdehnung 4800 m bei Einsatz von maximal 3 Repeatern, ohne Repeater maximal 1200 m bei einer Datenübertragungsrate von ≤ 93,75 kbit/s, 600 m bei 187,5 kbit/s, 200 m bei 500 kbit/s
- Maximaler Teilnehmerabstand 1200 m
- Maximal 124 Teilnehmer anschließbar (4 Bussegmente zu je max. 32 Teilnehmer)
- Buszugriff nach Token-Passing-Verfahren: Masterweitergabe im logischen Token-Ring mit unterlagerten Master-Slave-Zugriff (Polling)
- Datenübertragungsrate 9,6 kbit/s ... 500 Kbit/s
- Minimale Reaktionszeit 1,9 ms..10 ms
- Buszykluszeit < 100 ms
- Datenübertragung über geschirmte, verdrillte Zweidrahtleitung oder Lichtwellenleiter
- RS 485-Schnittstelle, genormte 9-polige SUB-D Steckerbelegung
- Bitcodierung im NRZ-Code (Non Return to Zero)
- Rückwirkungsfreie An- und Abkoppelbarkeit von Slaves im laufenden Betrieb (nicht bei LWL aufgrund aktiver Buskopplung)
- Hilfsenergieversorgung für die Teilnehmer über zusätzliche Leitungen
- Offenes System (DIN 19245, Teil 1 und 2; Euronorm EN 50170)

Profibus-DP (Dezentrale Peripherie)

Der Profibus-DP verwendet die Schichten 1 und 2 sowie das User Interface. Schicht 3 und 7 sind nicht ausgeprägt. Der Direct Data Link Manager (DDLM) stellt den Zugang zur Schicht 2 dar. Die nutzbaren Anwendungsfunktionen sowie das System- und Geräteverhalten der verschiedenen Profibus-DP Gerätetypen sind im User Interface hinterlegt .

Eigenschaften:

- Linienstruktur (mit passiver Buskopplung)
- Maximallänge bei elektrischem Aufbau 9,6 km, bei optischen Aufbau 90 km
- Flächendeckende Vernetzung durch Aufteilung des Bussystems in maximal 5 Bussegmente (über Repeater) bis 1,5 Mbit/s

- Anzahl der maximal einsetzbaren Repeatern und damit die Übertragungsentfernung ist von von der Übertragungsrate abhängig
- Maximal 126 Teilnehmer anschließbar über Bussegmente zu je max. 32 Teilnehmer, nach jedem Segment muss ein Repeater gesetzt werden, max. Abstand zwischen zwei Repeatern 1200 m, dadurch max. Segmentlänge 1200 m
- Buszugriff nach Token-Passing-Verfahren: Masterweitergabe im logischen Token-Ring mit unterlagerten Master-Slave-Zugriff (Polling), Normalbetrieb mit nur einem Master und Polling
- Hohe Übertragungsgeschwindigkeit (Echtzeitfähigkeit von SPSen ist das Hauptmotiv für den Profibus-DP)
- Datenübertragung über geschirmte, verdrillte Zweidrahtleitung oder Lichtwellenleiter
- RS 485-Schnittstelle, genormte 9-polige SUB-D Steckerbelegung bei elektrischem Aufbau
- Bitcodierung im NRZ-Code (Non Return to Zero)
- Rückwirkungsfreie An- und Abkoppelbarkeit von Slaves im laufenden Betrieb (nicht bei LWL aufgrund aktiver Buskopplung)
- Umfangreiche Diagnosemöglichkeiten
- Offenes System (DIN 19245, Teil 1 und 2; Euronorm EN 50170)

Profibus-PA (Process Automation)

Der Profibus-PA wurde konstruiert, um in explosionsgefährdeten Bereichen der Prozessautomatisierung, die durch den Feldbus gewonnenen Vorteile nutzen zu können. Hauptsächlich die Betriebe der chemischen Industrie sowie Betriebe mit Lackiertechnik nutzten den Profibus-PA.

Eigenschaften:

- Linien bzw. Baumstruktur (mit passiver Buskopplung)
- Maximale Segmentleitungslänge von 1900 m
- Maximal 32 Teilnehmer pro Segment
- 6-12 Teilnehmer pro Segment Für EExi Gruppe IIC (20 Teilnehmer mit Gruppe IIB) bei Teilnehmer-Stromversorgung über den Bus (Fernspeisung)
- Signalübertragung (0,75 ..1 Vss Sendepegel) und über Fernspeisung der Teilnehmer mit 9..15 V (bei EExi) ...32 V DC über verdrillte (un-) geschirmte Zweidrahtleitung
- Übertragungstechnik nach IEC 1158-2 (Datenrate 31,25 Kbit/s, bitsynchron, Manchester-Codierung)
- Nur eine Speisegerät pro Bussegment
- Feldgeräte im laufenden Betrieb auswechselbar
- Offenes System als eigensichere Profibus-Variante (Euronormentwurf als neuer Teil der EN 50170).

6 Robotik

Robotics

Die Robotertechnik ist ein Teil der Automatisierungstechnik. Infolge der steigenden Automatisierung der Betriebe wurde es nötig, flexible Bewegungsautomaten zu entwickeln, welche die häufig monotonen, gefährlichen oder besonders schnellen Bewegungen dem Menschen abnehmen. Die Einführung von Robotersystemen erfolgte in drei Entwicklungsgenerationen.

In der ersten Generation wurden Handhabungssysteme entwickelt, die einfache „pick and place“ Aufgaben durch Anfahren fester Haltepunkte ohne Sensoren erledigten. Ab ca. 1980 werden Roboter der zweiten Generation (Bild 6-1) hergestellt. Ein Steuerrechner koordiniert die komplexen Bewegungsabläufe. Die Programmierung erfolgt in höheren Programmiersprachen, die auch den Umgang mit Sensoren berücksichtigen. Die dritte Generation von Robotern wird zurzeit in Forschungsabteilungen entwickelt. Diese Roboter zeichnen sich durch ihr anpassungsfähiges Verhalten aus. So ist es möglich, mobile und autonome Service-Roboter zu entwickeln. Neuere aufgabenorientierte und implizite Programmierungstechniken sind hierfür notwendig.

Bild 6-1 Industrieroboter in einer Karosseriefertigung

Typische Einsatzbereiche von Robotern sind die Bestückung von Paletten, Montagearbeiten, Schweißarbeiten etc.. Mit der stetigen Verbesserung der Roboter werden immer häufiger Montage- und Bearbeitungsvorgänge von den Robotern übernommen. Nach der VDI-Richtlinie 2860 ist definiert bei welchem Automatisierungsgerät es sich um einen Roboter handelt.

Definition nach VDI-Richtlinie 2860

„*Ein Roboter ist ein universell einsetzbarer Bewegungsautomat mit mehreren Achsen, dessen Bewegungen hinsichtlich Folge und Wegen beziehungsweise Winkeln frei programmierbar und gegebenenfalls sensorgeführt sind.*"

Diese Definition reicht für eine genaue Abgrenzung der Maschinen nicht aus. Im laufe der Entwicklung sind unterschiedliche Robotertypen entstanden, die immer komplexere Aufgaben übernommen haben. Die nachfolgende Tabelle (Tabelle 6-1) gibt einen Einblick in die Einteilung. Der Manipulator gehört nach der Definition nach VDI 2860 nicht in die Reihe der Roboter, gilt jedoch als Vorläufer der heutigen Roboter.

Tabelle 6-1 Übersicht der Robotertypen

Bezeichnung	**Beschreibung**
Manueller Manipulator	Ein Gerät, mit dem Objekte in gewünschter Weise gehandhabt werden können, ohne sie direkt berühren zu müssen (z. B. Einsetzen von Brennelementen in einem Atomkraftwerk)
pick and place Roboter	Ein Manipulator, der vorgegebene Punkte der Reihenfolge nach anfährt.
Playback Roboter	Ein Manipulator, der auf Befehl Bewegungsabläufe wiederholen kann. (Lackierroboter)
Numerisch gesteuerter Roboter	Ein Manipulator, der aufgrund der numerisch geladenen Arbeitsinformationen bestimmte Bewegungsabläufe ausführen kann. (heute übliche Handlingroboter)
Intelligenter Roboter	Ein Roboter, der eigenständig handeln kann. (z. B. Service-Roboter) Dabei benutzt er seine Kenntnisse, Erfahrungen und seine eigene Wahrnehmungsfähigkeit. Es handelt sich hier um einen Roboter der dritten Generation.

6.1 Arten der Roboter-Kinematik

Types of robot kinematics

Neben der technisch/historischen Aufteilung kann man die Roboter auch nach ihrer Kinematik, also nach der Art ihrer Bewegungen unterscheiden.

Grundsätzlich gibt es zwei Arten der Kinematik, die rotatorische und translatorische. Die **rotatorische Bewegung** ist eine Bewegung die sich kreisförmig um einen Punkt vollzieht, wie die Bewegung aller menschlichen Gelenke. Die **translatorische Bewegung** hingegen ist eine geradlinige Bewegung wie zum Beispiel der Zylinderhub oder eine Linearführung. Linearführungen werden nur in Bereichen eingesetzt, in denen rotatorische Gelenke nicht eingesetzt werden können, da sie neben den deutlich höheren Bauteil- und Steuerungskosten auch technologische Nachteile, wie eine schlechtere Momentenübertragung und Abdichtprobleme, haben.

Um die einzelnen Bewegungsrichtung definieren zu können, werden alle unabhängigen Bewegungsmöglichkeiten als **Achsen** bezeichnet.

Der Portalroboter ist so aufgebaut, dass drei translatorische Achsen rechtwinklig zueinander stehen. Damit ergibt sich ein quaderförmiger Arbeitsraum. Diese Roboter eignen sich besonders für Palletieraufgaben. Vorteilhaft bei dieser Bauweise ist die weitgehende Bodenfreiheit, der beliebig erweiterbare Arbeitsraum und der geringe steuerungstechnische Aufwand. Nachteil dieser Bauform liegt in der relativ langsamen Arbeitsweise.

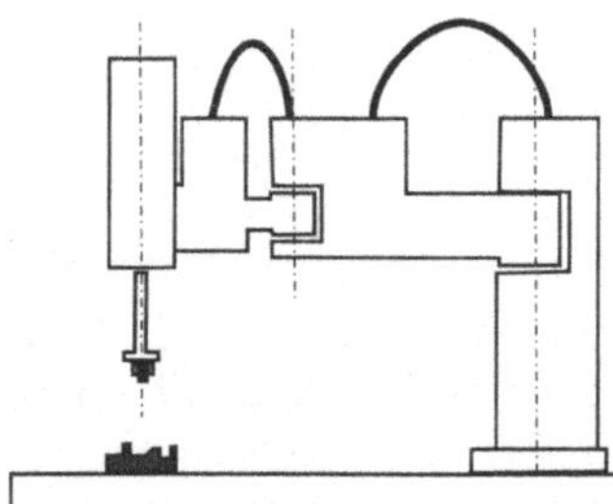

Bild 6-2
SCARA Roboter

Ein typischer Anwendungsbereich für Schwenkarmroboter ist das Palettieren und Bestücken auf horizontaler Ebene. Beim Greifen oder Ansaugen und anschließendem Ablegen kommt ihm seine hohe Geschwindigkeit optimal zugute. Aber auch beim Entgraten von Kunststoffteilen und dem Auftragen von Klebern und Dichtmitteln stellt er seine Qualitäten unter Beweis. Er besitzt zwei rotatorische Achsen und eine translatorische. Der Arm kann sich nur in horizontaler Richtung einknicken. Damit erreicht dieser Robotertyp in vertikaler Fügerichtung eine hohe Kraftaufnahme bei hohen Verfahrgeschwindigkeiten und der Fähigkeit zur Nachregelung seitlicher Auslenkung. Der Arbeitsraum eines Schwenkarmroboters ist weitgehend zylinderförmig. Häufig wird dieser Robotertyp auch SCARA-Roboter genannt. (**S**elective **C**ompliance **A**ssembly **R**obot **A**rm).

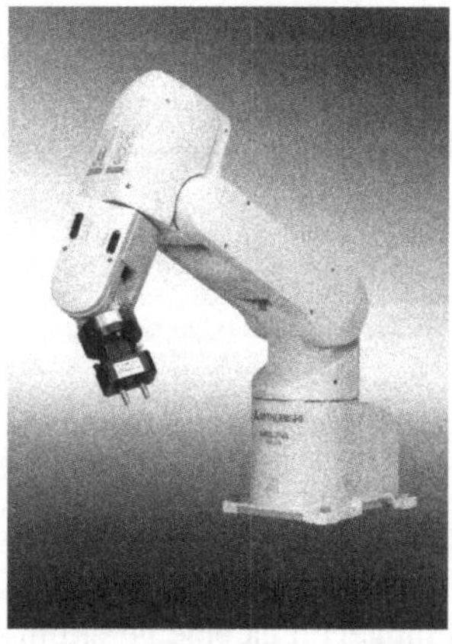

Bild 6-3
Vertikal-Knickarmroboter
mit sechs Achsen

Der am häufigsten verwendete Industrieroboter ist der Vertikal-Knickarmroboter (Bild 6-3). Vertikal-Knickarmroboter sind immer mit 3 Kopfachsen ausgerüstet. Die Kopfachsen-Baugruppe schwenkt in einer vertikalen Ebene des Arbeitsraumes; hieraus resultiert auch der Name dieser Robotergruppe. Der Arbeitsraum der Vertikal-Knickarmroboter ist grundsätzlich „hohlkugelförmig". Die Größe des Arbeitraumes, vor allem der nicht zugänglich innere Bereich der Hohlkugel ist stark abhängig von der Bewegungsfreiheit der Achsen des Roboters, dabei gibt es zwischen den Produkten verschiedener Hersteller gravierende Unterschiede.

Durch seine typischerweise 6 Achsen kann der Roboter jede Position in seinem Arbeitsraum in einer beliebigen Winkellage erreichen. Damit ist dieser Robotertyp universell einsetzbar.

Typische Einsatzgebiete sind beispielsweise das Handling an Spritzgussmaschinen, die Spektralanalyse von Metallproben und der Laborbereich. In dem Bereich der Qualitätskontrolle werden diese Roboter eingesetzt, da sie auch an kompliziert zu erreichenden Messpunkten Messungen durchführen können.

6.2 Das System Roboter

The robot as a system

Robotersysteme bekommen den Auftrag technische Prozesse (Transport/Bearbeitung von Material) zu realisieren. Aus physikalischer Sicht gibt es einen Material-, Energie- und Informationsfluss. Man kann den Aufbau eines Roboters zerlegen in seine Funktionseinheiten (Tabelle 6-2). Wenn man die einzelnen Funktionseinheiten in eine Beziehung setzt, so erkennt man (Bild 6-4), dass es einen Energie- und einen Informationsfluss bei diesem technischen System gibt. Für die Programmierung eines Roboters sind in erster Linie die Funktionseinheiten von Interesse, die sich mit der Informationsverarbeitung beschäftigen. Die Funktionseinheiten für den Energiefluss sind im normalen Umgang mit Robotern dann von Bedeutung, wenn man die erlaubten oder tatsächlich vorhandenen Belastungen ermitteln will (z. B. Ermittlung der maximalen Traglast eines Roboterarms). Bei der Auswahl eines geeigneten Robotersystems ist die energetische Betrachtung von großer Bedeutung.

Tabelle 6-2 Funktionseinheiten

Funktionseinheit	**Aufgabe**
Leistungsteil	Transformation der Netzspannung in die benötigte Antriebsspannung.
Antriebe	Umwandlung der elektrischen Energie in Mechanische
Getriebe	Reduktion der Motordrehzahl bei gesteigertem Drehmoment
Kraftübertragung	Übertragung der Energie
Regelung	Reduktion der Differenz von der Soll- und Istposition
Interpolation	Umrechnung der jeweiligen Fahrdaten unter Berücksichtigung der gewünschten Fahrstrategie
Transformation	Umwandlung der kartesischen Koordinatenwerte in maschinenabhängige Achskoordinaten
Roboterprogramm	Umwandlung der Ablaufbefehle in Maschinenbefehle
Effektor/Greifer	Arretieren und Positionieren des Werkstückes

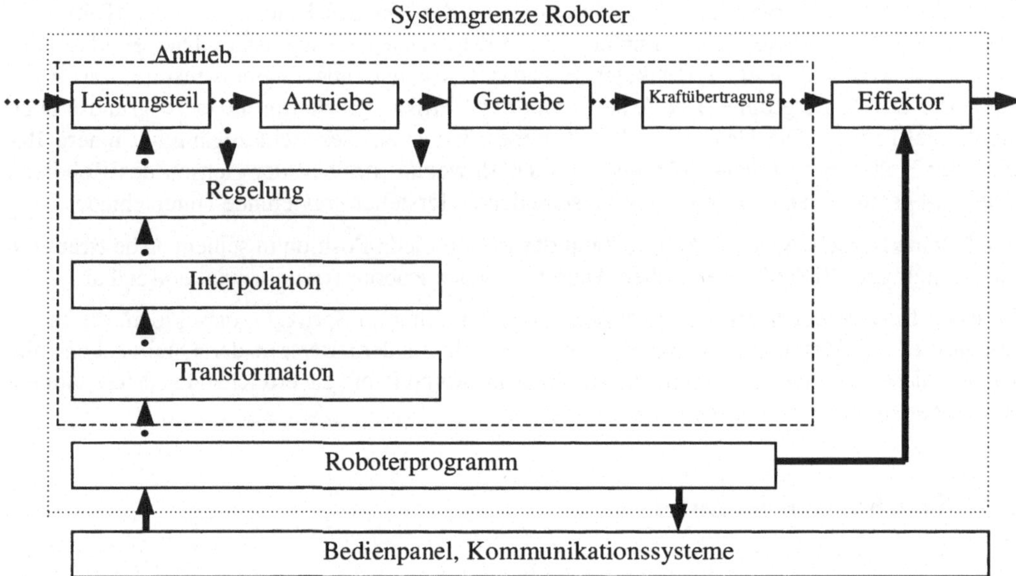

Bild 6-4 Schematische Darstellung des technischen Systems Roboter

6.3 Greifer

Effectors

Der Greifer (Effektor) hat die Aufgabe, eine vorübergehende Verbindung zwischen dem Roboter und dem zu bewegenden Werkstück herzustellen. Dabei bedient sich die Technologie dem Vergleich des menschlichen Körpers. Im diesem Sinn wird der Greifer teilweise als Hand und die beweglichen Teile als Finger bezeichnet. Technologisch ist das Greifen das Herstellen einer Verbindung zwischen einer oder mehrerer Wirkflächen des Greifers mit dem Werkstück.

Bei dem Herstellen der Verbindung können beide Grundprinzipien der Verbindungstechnik angewandt werden: der Form- und der Kraftschluss.

Die Kombination von beiden Greifprinzipien hat sich in der Praxis weitestgehend durchgesetzt. In der Praxis hat das Halten durch Reibkräfte und das Halten durch Paaren von Formelementen bewährt. Das alleinige Halten durch Reibkraft erweist sich häufig als zu unsicher, da schlecht fluchtende Flächen die notwendige feste Zuordnung der Komponenten zueinander nicht immer gewährleistet werden kann. Besitzt dagegen der Greifer eine Anlagekante, kann diese die zusätzlichen Kräfte und Momente aufnehmen.

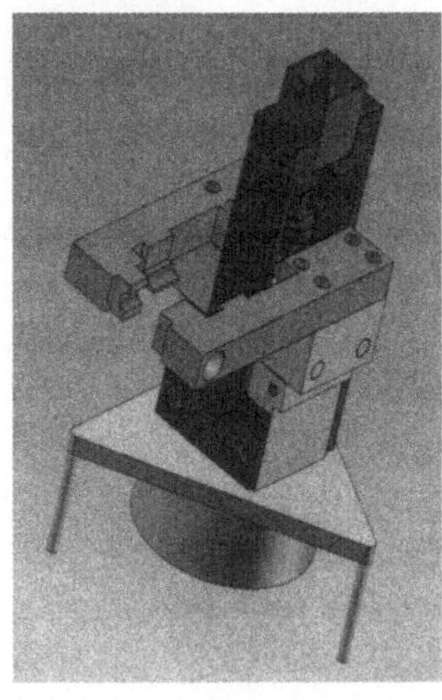

Bild 6-5
Schematische Darstellung eines Greifers

Bei der Entwicklung von Greifsystemen ist nach VDI 2740 darauf zu achten, dass die hergestellte Verbindung in einer bestimmten Zuordnung vorübergehend erhalten bleibt. Dabei sind die statischen Kräfte und Momente, die durch das Werkstück hervorgerufen werden, z. B. Gewichtskraft genauso zu berücksichtigen, wie die dynamischen und die prozessbedingten Kräfte und Momente die durch Bewegung und Beschleunigung bzw. durch Fügeprozesse hervorgerufen werden.

Aus sicherheitstechnischen Aspekten sollte der Effektor sogar bei Ausfall der Energieversorgung in der Lage sein, das Werkstück zu fixieren.

Entwicklung und Auswahl von Greifersystemen:
Damit man eine gesicherte Aussage über die Funktionalität des Greifersystems treffen kann, muss man sich beim Einsatz von Greifersystemen mit den grundsätzlichen Merkmalen eines Greifers auseinandersetzen:

- Greifkraft
- Greiferform
- Greifkraftsicherung
- Wiederholgenauigkeit

Greifkraft: Die Greifkraft hängt im Wesentlichen vom Gewicht des Werkstückes und der maximal erlaubten Druckkraft, die auf das Werkstück ausgeübt werden darf. Zusätzlich sind die auftretenden statischen und dynamischen Kräfte und Momente zu berücksichtigen. Die Ermittlung der Kräfte und Momente lässt sich mit den Methoden der Statik und Dynamik zuverlässig ermitteln. Für eine Bewertung muss man die Kräfte immer in Relation zu dem Eigengewicht des Greifers und der Baugröße gesetzt werden. Dabei gilt ein Greifer, der ein Verhältnis Greifkraft in Newton zu dem Gewicht des Werkstückes in Gramm von ca. eins aufweist als gut.

In vielen Fällen muss man die Greifkraft begrenzen, um ein Verformen bzw. Beschädigen des Werkstückes zu vermeiden. Bei pneumatischen Greifen erreicht man dies am einfachsten durch vorgeschaltete Drosseln.

Greiferform -gewicht und -größe: Das Greifervolumen hängt im mit der Größe des Werkstückes zusammen. Grundsätzlich kann man sagen, dass die Nutzlast des Roboters sinkt, je schwerer der Greifer ist. Häufig müssen an die Greifer weitere Komponenten angebracht werden, wie z. B. Sensoren. Da die Manövrierfähigkeit in den beengten Roboterräumen mit zunehmender Greifergröße immer schwieriger wird, sollte man darauf achten, dass sämtliche Komponenten möglichst klein und kompakt gebaut werden, damit die Funktionalität der Greifer nicht leidet. Bei der Konstruktion der Griffflächen ist darauf zu achten, dass nur statisch eindeutige Flächen einen sicheren Griff erlauben. Das bedeutet für die Praxis, dass man die Greiferbacken so konstruiert, dass in der Bewegungsrichtung der Backen drei definierte Punkte die Kraft auf das Werkstück übertragen. Wenn man Greiferbacken für Achsen bzw. Wellen entwickelt, die eine prismatische Form haben, so muss man von vier Anlagepunkten ausgehen. Mehr als diese Anlagepunkte führen meist zu einer schlechteren Wiederholgenauigkeit.

Greifkraftsicherung: Die Greifkraftsicherung dient im Falle eines Ausfalls der Versorgungsenergie dazu, dass das Werkstück weiterhin in der Griffposition gehalten werden kann. Dies kann man u. a. durch Federpakete erreichen, welche die erforderliche statische Haltekraft aufbringen. Bei der Konstruktion hat man darauf zu achten, dass die Baugröße und das Gewicht durch die Greifkraftsicherung nicht zu stark anwachsen.

Wiederholgenauigkeit: Sind die Wirkprinzipien sinnvoll gewählt, und der Greifer kann sein Werkstück sicher fixieren, so steigt die Wiederholgenauigkeit. Die Wiederholgenauigkeit ist ein Maß für die Fertigung um eine Aussage über die Sicherheit der Fertigung treffen zu können. Die häufigsten Ursachen für Probleme im Greifprozess liegen in der Greiferkinematik, in der Form des Greiforgans und in der Werkstückgestaltung. Aus kostentechnischen Gründen sollte man an dieser Stelle eine Abwägung treffen, zwischen der erreichbaren und der technisch sinnvollen Wiederholgenauigkeit. So macht es zum Beispiel wenig Sinn, einen Lackierroboter auf eine möglichst hohe Wiederholgenauigkeit zu trimmen.

Die häufig zu beobachtende Konstruktionsweise, bei der vom Konstrukteur neben der Erfahrung ein hohes Maß an intuitiver Begabung vorausgesetzt wird, bringt häufig zufallsabhängige Lösungen hervor. Im Gegensatz dazu steht das methodische Konstruieren, bei dem methodengeleitet, der Entwicklungsprozess durchgeführt wird. Dadurch dass die Transparenz der Entwicklung von Anfang an angestrebt wird, ist es möglich während des Entwicklungsprozesses in die Planung optimierend eingreifen zu können.

Will man einen Greifer entwickeln so gibt es die Möglichkeit sich an die Richtlinie VDI 2222 Blatt 1 anzulehnen und wie folgt vorgehen:

Tabelle 6-3 Entwicklungsrichtlinie nach VDI 2222 Blatt 1

Planen	Beschreibung der zu greifenden Werkstücke mit deren genauen Griffpositionen
	Planung der groben Abläufe und Bewegungen
	← **Entscheiden** ↑
Konzipieren	Aufgliedern der Gesamtfunktion in Teilfunktionen hier z. B.: Halten, Bewegen, Energieübertragen, Energie wandeln, Tragen von Sensoren
	Suche nach Lösungsprinzipien und Bausteinen zum Erfüllen der Teilfunktionen (Orientierende Berechnungen und / oder Versuche) Überschlägige Ermittlung der Kräfte am Greifer (statisch und dynamisch) Entwicklung verschiedener Wirkpaarungen

Tabelle 6-3 Fortsetzung

	Kombinieren von Lösungsprinzipien zum Erfüllen der Gesamtfunktion
	Erarbeiten von Konzeptvarianten für die Prinzipkombinationen
	Technisch-wirtschaftliche Bewerten der Konzeptvarianten Falls erforderlich: genauere Berechnung der dynamischen Belastung
╳	**← Entscheiden** ↑
Entwerfen	Erstellen eines maßstäblichen Entwurfs
	Technisch-wirtschaftliches Bewerten des Entwurfes (Ausmerzen von Schwachstellen) Ermittlung der notwendigen Greifkraft
	Optimierungen der Gestaltungszonen unter Berücksichtigung der genauen räumlichen Verhältnisse
	Festlegen des Bereinigen Entwurfes Auswahl des geeigneten Greifsystems
╳	**← Entscheiden** ↑
Ausarbeiten	Gestalten und optimieren der Einzelteile
	Ausarbeiten der Ausführungsunterlagen
	Herstellen des Prototyps
	Überprüfung der Kosten
╳	**← Entscheiden** ↑
Auslieferung	

6.4 Freiheitsgrade

Degrees of freedom

Der Freiheitsgrad definiert die Anzahl der unabhängigen Bewegungen. Nach der VDI-Richtlinie 2861 ist der Freiheitsgrad f die Anzahl der möglichen unabhängigen Bewegungen eines starren Körpers gegenüber einem Bezugssystem. Wenn ein Körper den Freiheitsgrad 6 hat, dann ist er im Raum vollständig und eindeutig beschrieben. Ausgehend von einem festen Bezugssystem benötigt man 3 Verschiebungen in x-, y- und z-Richtung, sowie drei Drehungen in den Orientierungsrichtungen A, B und C.

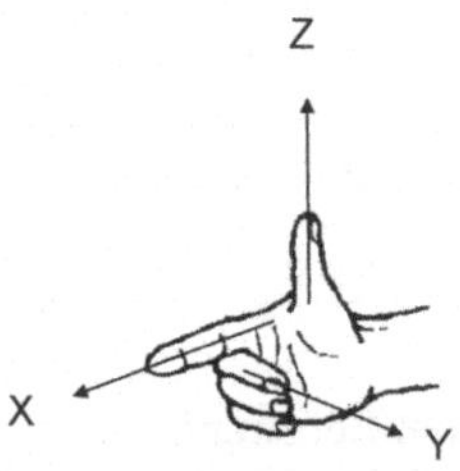

Bild 6-6 Rechte Hand Regel

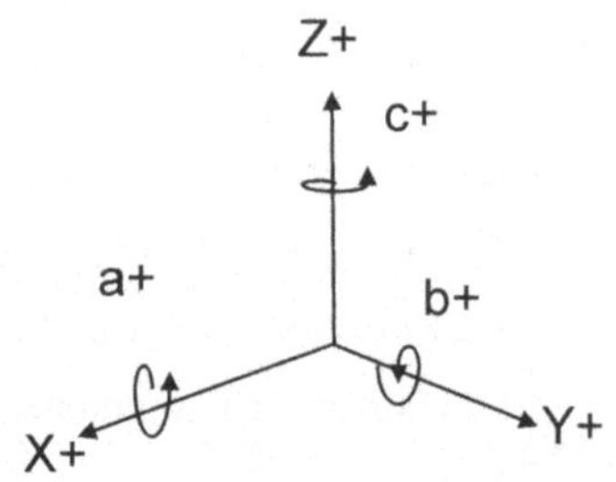

Bild 6-7 Drehungen um die Koordinatenachsen

Um ein Greifersystem, frei im Raum zu positionieren, benötigt man folglich 6 unabhängige Achsen. Dies ist zum Beispiel bei den Knickarmrobotern mit sechs Achsen realisiert. Da ein Schwenkarmroboter üblicherweise nur vier Achsen installiert hat, kann er Montagearbeiten ausschließlich in der Ebene ausführen. Er hat den Freiheitsgrad $f = 4$. Sind mehr als sechs Achsen installiert, so spricht man von einem Roboter mit redundanten Achsen. In diesem Fall werden die zusätzlichen Achsen nicht für das Erreichen einer bestimmten Position im Arbeitsraum benötigt, sondern entweder als Arbeitsraumerweiterung oder zur genaueren bzw. schnelleren Positionierung. Neben der komplizierteren Programmierung dieses Systems sprechen heute noch die deutlich höheren Kosten gegen redundante Systeme.

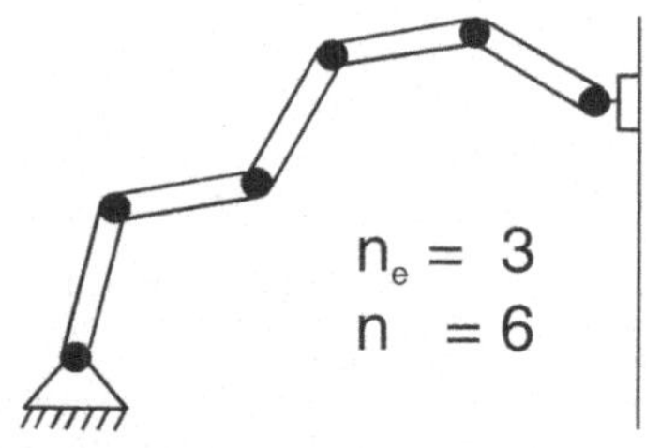

Bild 6-8
Beispiel für einen redundanten Roboter

6.5 Programmierung von Robotersystemen

Programming of robot systems

Bewegungstypen:

Die Programmierung bei Robotern befasst sich bei Robotern der zweiten Generation in erster Regel mit der Planung von Bewegungsabläufen. Grundsätzlich unterscheidet man zwischen zwei unterschiedlichen Bewegungstypen. Bei der Gelenkbewegung wird durch direkte Angabe des Zielwertes eines Gelenkes eine Bewegung erzeugt. Bei einem Rotationsgelenk bedeutet dies, dass ein Zielwinkel angegeben wird. Eine genaue Positionierung ist hierbei in der Regel sehr umständlich. Besser ist es meist die Zielvorgabe in einem kartesischen (rechtwinkligen) Koordinatensystem anzugeben. Man nennt diese Bewegung kartesische Bewegung. Ein Steuerrechner übernimmt hierbei die Umrechnung der einzelnen Gelenkbewegungen und der Gelenkkoordinaten. Der Rechenaufwand ist hierfür beträchtlich. Der Vorteil dieser Bewegungsart ist neben der einfacheren Programmierung, dass man über einfache Koordinaten Transformation Zielpunkte ermitteln kann, wenn man die Koordinaten des Greifers und des Werkstückes bekannt sind. Damit reduziert sich der Einrichtungs- und Wartungsaufwand von Programmen beträchtlich.

Die Bewegung des Roboters kann nach zwei verschiedenen Strategien erfolgen. Die einfachste Bewegung ist die Bewegung ohne Interpolation. Dabei werden alle Achsen des Roboters unabhängig voneinander auf das Ziel hin bewegt. Da bei dieser Bewegung die einzelnen Achsen zu unterschiedlichen Zeiten ihren Endwert erreichen, ergibt sich bei dieser Bewegung eine schlangenförmige Bahn. Normalerweise wird dieser Bewegungstyp, obwohl er der schnellste ist, nicht eingesetzt, da nur sehr schwer vorauszusagen ist, welche Bahn der Effektor nehmen wird. Damit besteht für Objekte im Arbeitsbereich des Roboters unmittelbare Gefahr eines Crashes.

Ein Kompromiss zwischen einer exakten Bahnvorgabe und der zufälligen Bahn ohne Interpolation ist die Gelenkinterpolation.

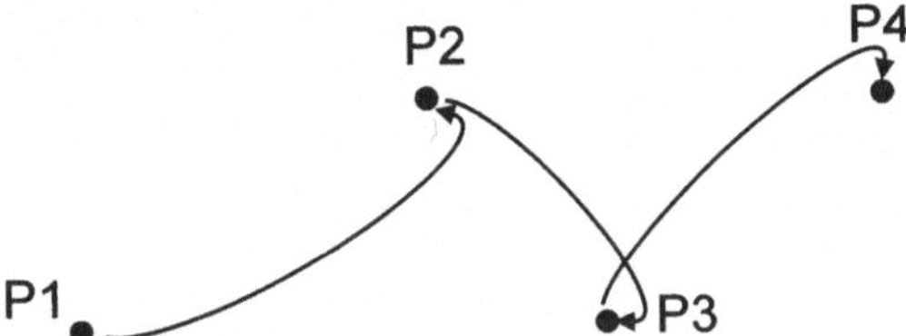

Bild 6-9 Gelenkinterpolation

Mit Gelenkinterpolation werden die einzelnen Gelenkbewegungen des Roboterarms vom Steuerrechner so synchronisiert, dass alle gleichzeitig ihr Ziel erreichen. Damit ergibt sich eine sichelförmige Bewegung, die noch sehr schnell ausgeführt werden kann, aber nicht so weit von einer geradlinigen Bewegung abweicht.

Wesentlich mehr Rechenaufwand benötigen andere Interpolationsarten, bei denen der Effektor sich auf einer festgesetzten Bahn bewegen soll. Diese Bahnen können gerade (Bild 6-10), auf einer Kreisbahn (Bild 6-11) oder auf einer angenäherten Bogenbahn (Splineinterpolation) ausgeführt werden. Die Bewegung wird exakt auf der vorbestimmten Bahn ausgeführt, ist aber wesentlich langsamer, als bei allen anderen Bewegungstypen.

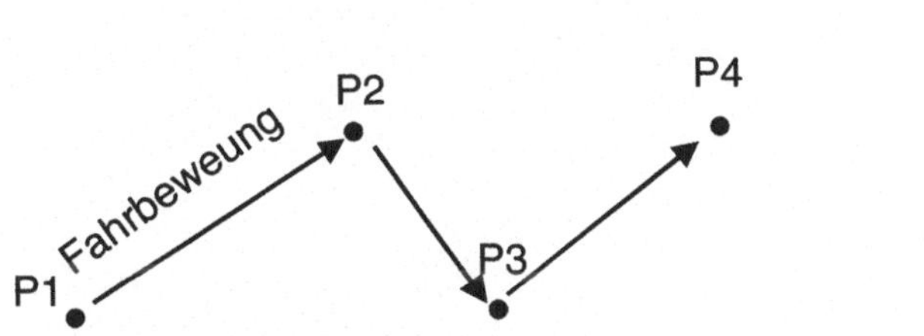

Bild 6-10 Lineare Interpolation

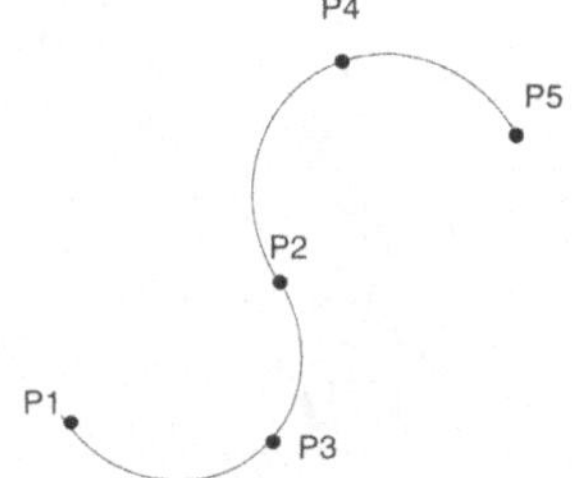

Bild 6-11 Kreisinterpolation

Bezugskoordinatensysteme

Grundsätzlich gibt es verschiedene Koordinatensysteme, die bei der Roboterprogrammierung von Bedeutung sind. Zwei verschiedene Koordinatensysteme stellen die Basis des Roboterraums dar. Grundsätzlich unterscheiden sich die beiden Koordinatensysteme durch den Blickwinkel aus dem man den Roboterraum betrachtet. Das Weltkoordinatensystem hat das Zentrum in der Mitte des Roboters und das Werkzeug ändert seine Orientierung. Die Winkel A, B und C geben die Rotation um die einzelnen Achsen an (Bild 6-11).

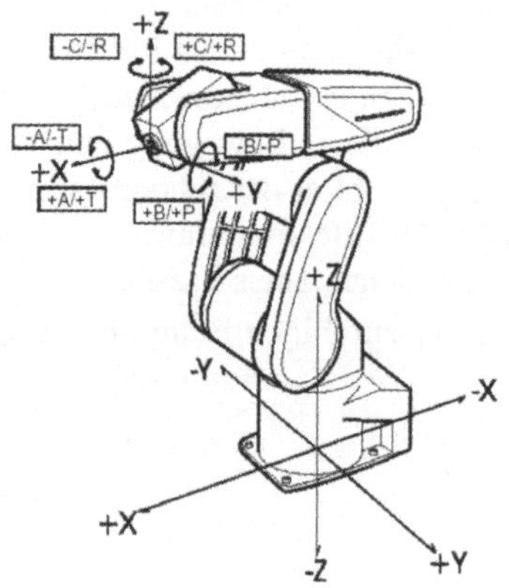

Bild 6-12
Weltkoordinaten an einem Knickarmroboter

Winkel A: Drehung des Werkzeuges um die x-Achse

Winkel B: Drehung des Werkzeuges um die y-Achse

Winkel C: Drehung um die z-Achse des kartesischen Koordinatensystems

Das TCP Koordinatensystem erfährt seine Orientierung aus der Lage des Effektors. Hierbei wird das Zentrum des Werkzeuges (Tool Center Point) als Drehachse des Koordinatensystems angenommen. Der Vorteil dieses Systems liegt in der Tatsache, dass man direkt relativ zum Werkzeug und seiner Orientierung eine Bewegung durchführen kann. Durch geeignete Koordinatentransformationen (Translation und Rotation) kann man die Koordinatensysteme ineinander überführen.

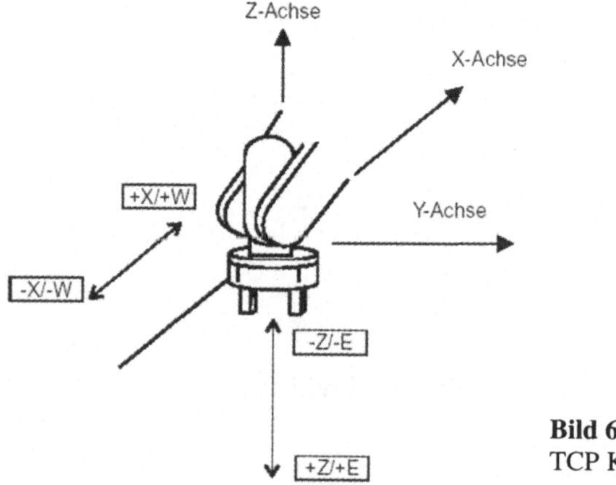

Bild 6-13
TCP Koordinatensystem

Beispielhaft soll im Folgenden die Programmiersprache Movemaster von Mitsubishi verwendet werden. Die meisten Programmiersprachen von Robotersteuerungen sind in der Anwendung sehr ähnlich und unterscheiden sich nur im Syntax. Dieser Teil der Programmierung umfasst sowohl die Definition von Positionen und Bewegungen, sowie die Steuerung von Wartezeiten, Geschwindigkeiten und Interpolationsmodi.

6.6 Programmiertechniken

Programming techniques

Roboter sind komplexe Maschinen, deren Bedienung zu umständlich wäre, wenn Steuergeräte nicht unterstützend eingreifen würden. Ist eine Anweisung ausgeführt (z. B. eine Position erreicht) nimmt das Steuergerät den nächsten Befehl. Durch dieses sequentielle Lesen der Anweisungen erhält man einen vorher definierten Ablauf. Dabei sind in der Steuerung Sicherungssysteme integriert, die Beschädigungen von den Maschinen abhalten sollen.

Man unterscheidet zwischen der Offline- und der Onlineprogrammierung.

Bei der **Onlineprogrammierung** werden die Befehle und die Positionen mit einem Handhabungsgerät (Teach in Box) eingegeben, die direkt mit der Robotersteuerung verbunden ist. Die Robotersteuerung kann die einzelnen Schritte speichern und zu einem späteren Zeitpunkt im Play Back Verfahren ablaufen lassen. Mit dieser Methode sind einfache Programme ohne Verzweigungen und Sensorabfragen schnell realisiert. Schweiß und Lackierroboter werden häufig im Play Back Verfahren programmiert. Die Art der Daten und Bahneingabe kann hier je nach Roboter stark variieren.

Werden komplizierte Roboterprogramme benötigt, so wird normalerweise im **Offline**-Verfahren programmiert. Ein PC stellt dabei die Entwicklungsumgebung dar. Dort werden die Programme ohne Verbindung zum Roboter (offline) programmiert und compiliert, also in einen maschinenabhängigen Code übersetzt. Der übersetzte Code wird über eine Schnittstelle zu der Robotersteuerung übertragen.

Dieses Verfahren hat mehrere Vorteile. Zum Einen ist der Eingabekomfort eines PC wesentlich höher als bei einem Handhabungsgerät. Zum anderen stehen bei der Programmierung die Ressourcen des PCs (z. B. Drucker, Brenner, Diskettenlaufwerk) zur Verfügung.

Grundsätzlich sind Roboterprogramme zweigeteilt. Es umfasst zum einen eine Definitionstabelle von Positionen und zum Anderen das eigentliche Roboterprogramm. Die Trennung der Positionen von dem Programm Code hat im Umgang mit Robotern einen hohen praktischen Nutzen. Das Programm kann ohne Kenntnis der exakten Position des Werkstückes programmiert werden. Die genauen Positionen können entweder im Programm definiert oder später mit dem Roboter angefahren und gespeichert werden.

Die Aufgabe des Programmierers ist es, Programme so zu schreiben, dass die sicher ablaufen. Der Quelltext sollte so codiert werden, dass auch andere Personen die Programme nachvollziehen können. Um diese beiden Forderungen erfüllen zu können, sollte man von vornherein die Methoden der strukturierten Programmierung anwenden.

Dabei wird das Problem zu nächst grob umrissen und in sinnvolle Teilprobleme aufgeteilt. Dieses können dann immer weiter unterteilt werden, bis alle Einzelprobleme offensichtlich werden. Die entstandenen Lösungsebenen kann man nun in einzelnen Funktionsblöcken abbilden. In ihnen wird der Programmablauf dargestellt. Also das Umsetzen des gegebenen Problems in einen Ablauf, der dieses Problem lösen kann. Die praktische Anwendung wird im folgenden Kapitel behandelt.

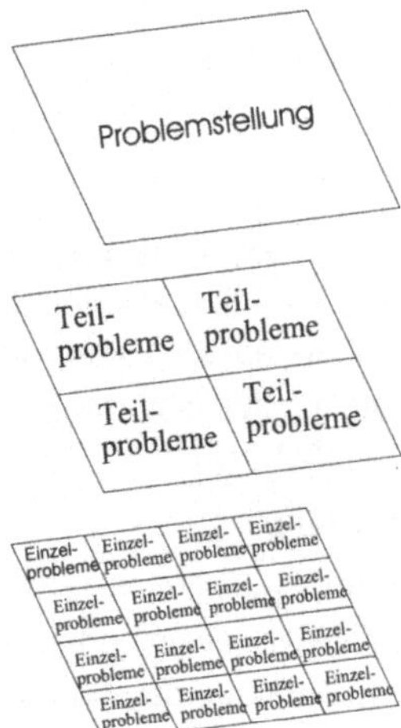

Bild 6-14 Systematische Problemlösung

Die Systematisierung der Problemstellung hat aus mehreren Gründen Vorteile gegenüber der mehr intuitiven Programmierung. Durch die klare Trennung der Problemstellung kann man jedes einzelne Teilproblem lösen und wenn man es codiert hat auch unabhängig von anderen Problemstellungen testen. Aufwendige Fehlersuche reduziert sich also auf die übersichtlicheren Einzelprobleme. Programme, die gut und systematisch Strukturiert sind, erlauben es auch anderen Programmieren, die Programme zu lesen und zu modifizieren.

6.7 Planen und Programmieren eines Fertigungsablaufes

Planning and programming of a production flow sequence

Aufgabenstellung

Der Roboter steht als eine Maschine in einem Flexiblen Montagesystem. Diese Schulungsanlage soll aus Spielzeugbausteinen ein Haus zusammensetzen. Jede Fertigungszelle erhält hierfür einen eigenen Auftrag. Der Roboter erhält den in der Produktionsreihenfolge ersten Auftrag, eine Grundmauer zu errichten. Die Bauteile werden der Zelle auf einem Fahrzeug (Shuttle) des Transportsystems zugeführt und in einer genauen Position arretiert.

Auswahl des richtigen Greifers

Die Bausteine besitzen an der Oberseite runde Erhöhungen wenn man zwei der Erhöhungen mit zwei Planen Greiferbacken greift, so hat man eine sichere Griffposition. Bei komplexeren Bauteilen müssen meist die Greifer dem Werkstück angepasst werden.

Ablaufplanung

Da sich die Roboterzelle in einem flexiblen Transportsystem eingebunden ist, muss man ein paar Vorkehrungen treffen, damit das zu entwickelnde Programm nicht mit anderen Programmen kollidiert, die ganz andere Aufgaben haben. Der einfachste Weg dies zu erreichen ist die Definition des Zustandes in dem der Roboter am Ende jedes Programms übergeben wird, z. B. Position, Greiferstatus. Jedes Programm trägt hierfür die Verantwortung. Stimmt die Position und der Greiferstatus nicht, so kann das nachfolgende Programm durch nicht definierte Bewegungen des Roboterarms Schaden produzieren.

Man geht also davon aus, dass der Roboter in einer definierten Position, der Null-Position, steht und in einem bestimmten Zustand ist. Das heißt, der Roboter darf kein Werkzeug gegriffen haben, die Luftzufuhr ist abgeschaltet.

Nach der Gesetzmäßigkeit der strukturierten Programmierung sollte man das Programm in sinnvolle Teilprobleme unterteilen:

1. Hole Greifer
2. Verarbeite Stein 1
3. Verarbeite Stein 2
4. Verarbeite Stein 3
5. Verarbeite Stein 4
6. Greifer ablegen und zur Null-Position fahren

Es fällt bei dieser Unterteilung auf, dass die Schritte 10/20 und 110/120 mit der eigentlichen Problemstellung nicht direkt in Verbindung stehen, mit ihnen wird der Roboter mit dem von uns benötigten Greifer bestückt und in 110 legt er ihn wieder ab, um den Urzustand wieder herzustellen. Es fällt weiter auf, dass in den Schritten 20-100 eigentlich das Gleiche gemacht wird mit veränderten Positionen. Man könnte nun auf die Idee kommen, ein Unterprogramm mit veränderlichem Zugriff auf die Punktetabelle zu schreiben. Darunter würde jedoch die Lesbarkeit leiden. An dieser Stelle sollte der Programmierer abwägen, inwieweit der kürzere Programmcode, oder die bessere Lesbarkeit von Bedeutung ist.

Roboterprogramme sollten in Anlehnung an die strukturierte Programmierung unterteilt werden in ein Hauptprogramm, dass die zentrale Aufgabenverteilung übernimmt und Unterprogramme, die jeweils eigene Problemlösungen darstellen. Durch diese Trennung der Probleme kann man in einem Entwicklungsteam Aufgaben sinnvoll aufteilen und später zu einem ganzen zusammenfügen.

Links ist das Hauptprogramm abgebildet. Es besteht aus Bemerkungen die sind mit dem Hochkomma gekennzeichnet und Sprungbefehlen in die Unterprogramme (20 GS 200).

Mit dieser Zeile wird die Robotersteuerung angewiesen, aus dem laufenden Unterprogramm in die Zeile 200 zu springen und so lange die Befehlszeilen abzuarbeiten, bis ein Return Befehl (RT) kommt. Danach kann dann das Hauptprogramm hinter dem GS Befehl weiter bearbeitet werden. Die Bemerkungen sind für den Programmablauf nicht von Bedeutung. Jedoch in Anbetracht der besseren Lesbarkeit und der besseren Nachvollziehbarkeit sollte man möglichst lückenlos mit Bemerkungen die komplexen Zusammenhänge dokumentieren.

```
10 ' Hole Greifer
20 GS 200
30 ' Verarbeite Stein 1
40 GS 300
50 ...
110 ' Lege Greifer ab und Null Position
120 GS 800
130 ED
200 ' Hole Greifer
210 MO 2,O
220 MS 3,O
225 ' Griffposition
230 TI 5
240 GC 0
250 TI 5
260 MS 4,C
270 MO 1,C
280 RT
```

Es empfiehlt sich das Hauptprogramm in Etappen zu schreiben (z. B. bis einschließlich Zeile 20). Damit kann man dann die einzelne Routine wie z. B. „Hole Greifer" testen.

Bevor nun die einzelnen Unterprogramme geschrieben werden können sollte man den Bewegungsablauf innerhalb des zu schreibenden Unterprogramms festlegen. Und, das ist im Hinblick der nachfolgenden Arbeiten besonders wichtig, die anzufahrenden Punkte festlegen und benennen (P1..P999). Diese Überlegungen gehören in einer Dokumentation an eine ganz zentrale Stelle. Es muss darauf geachtet werden, dass Punkte eindeutig sind. Das heißt, dass eine Punktebezeichnung für genau eine Position steht.

Das erste Unterprogramm beginnt mit der Programmzeile 200. Man kann erkennen, dass der Roboter grundsätzlich parallel zu den Wirkflächen des Greifers sich dem zu greifenden Objekt nähern muss. In diesem Fall bedeutet dies, dass der Roboter zunächst eine Position (P2) senkrecht oberhalb der eigentlichen Griffposition (P3) anfahren muss. Da bei dieser Bewegung ist eine lineare Interpolation nicht notwendig ist, wird in Zeile 210 der Befehl MO 2,O verwendet. Übersetzt bedeutet das der Roboter fährt gelenkinterpoliert von seiner aktuellen Position zu der Position P2, wobei der Hauptgreifer, das ist in diesem Fall der Roboter das gesamte Greifersystem nicht gepackt hat. Hat der Roboter die Position erreicht, so soll er linearinterpoliert, also geradlinig senkrecht nach unten fahren bis in die Position P3 (220 MS 3,O).

Um die für den Greifvorgang des Greifersystems notwendige Positioniergenauigkeit und einen definierten Stillstand des Roboters zu gewährleisten, folgt nun eine definierte Pause von 5/10 Sekunden (250 TI 5). Wenn ein Roboter eine Position anfährt, dann erreicht er nicht unmittelbar die absolut genaue Position, sondern er schwingt so lange um die Position, bis er mit einer definierten Genauigkeit erreicht hat. Je geringer die Toleranz, desto länger dauert der Einschwingvorgang. Um den normalen Programmfluss nicht unnötig zu stören, ist die allgemeine Toleranz recht großzügig bemessen. Lediglich in den kritischen Einzelfällen muss man dem Roboter genügend Zeit geben, damit er die gewünschte Genauigkeit erreichen kann. Zeitglieder werden auch dort benötigt, wo neben der normalen Roboterbewegung eine zusätzliche Bewegung durchgeführt wird, wie z. B. den Greifvorgang. Für den Aufbau des Druckes und das Anziehen des Greifsystems benötigt der Roboter etwa 5/10 Sekunden (250 TI 5). Dies kann je Nach Greifersystem sehr stark variieren. Hat das System einen Kollisionsschutz, der über ein Luftpolster funktioniert, so kann der Greifvorgang bis zu 10 Sekunden dauern.

Hat der Roboter das Greifersystem gepackt, so kann der Roboter wagerecht aus dem Greiferhalter herausfahren (260 MS 4,C). Es fällt auf, dass hinter der Positionsnummer nun ein „C" steht. Dies teilt dem Roboter mit, dass das Greifersystem mit dem Roboter verbunden ist. Die folgenden Fahrbefehle benötigen alle diesen Hinweis.

Bevor das Unterprogramm nun beendet werden kann muss der Roboter wieder in eine Position gebracht werden, von der alle anderen Unterprogramme ungefährdet starten können (P1). Der Befehl „RT" teilt der Robotersteuerung mit, dass das Unterprogramm abgearbeitet ist, und das Hauptprogramm in der nächsten Zeile weiterarbeiten kann.

Die folgenden Unterprogramme sind vom Ablauf her sehr ähnlich. Es müssen wiederum Punkte und Bewegungsabläufe definiert werden. Diese Punkte müssen der Reihenfolge nach angefahren werden. Zu achten ist darauf, dass die jeweiligen Griffpositionen senkrecht und geradlinig angefahren werden müssen. In der Nähe der Griffposition sind die Bewegungen besonders genau zu Planen, um Kollisionen und Beschädigungen zu vermeiden. Dies Betrifft sowohl das Annähern als auch das Entfernen von der Griffposition. Fährt man z. B. aus einer Fügeposition diagonal weg, so führt dies zu einem Crash.

Übertragen

Ist das Programm fertig codiert, so muss man nun die Programmdaten und die Positionsdaten zu der Robotersteuerung übertragen. In diesem Fall sind in der Programmierumgebung noch keine Punkte definiert, da zur Zeit der Programmerstellung die genauen Positionsdaten nicht bekannt sind. Damit die Robotersteuerung in der internen Programmverwaltung die Dateien richtig anlegen kann, benötigt die Steuerung jedoch von dem Off-Line Computer eine leere Punktetabelle, die im weiteren Verlauf mit Definitionen gefüllt werden können.

Aus sicherheitstechnischen Gründen darf nur ein Gerät oder Bediener die Verantwortung über die Steuerung übernehmen. Wenn also ein Maschineneinrichter mit dem Programmierhandgerät Einstellung im Roboterraum vornimmt, so würde ein zeitgleicher Eingriff in die Steuerung von einem anderen Benutzer für unvorhersehbare Situationen führen. Deshalb achtet die Steuerung darauf, das nur ein Benutzer arbeiten kann.

Um nun von dem Off-Line Computer eine Verbindung aufbauen zu können, muss das Programmierhandgerät (PHG) abgeschaltet (disabled) werden. Danach kann der Computer eine Verbindung aufbauen und die Programme und die Punktetabelle können übertragen werden. Während der Übertragung wird das Programm auf eventuelle Syntax(Programmier)fehler getestet und in eine Maschinensprache übersetzt. Erfolgt keine Fehlermeldung, so ist die Aufgabe des Off-Line Computers erledigt und kann im Prinzip von dem Roboter getrennt werden. Die Steuerung des Roboters übernimmt nun die weiteren arbeiten.

Bevor nun die einzelnen Positionen definiert werden, sollte man einige wichtige Aspekte der Arbeitssicherheit zur Kenntnis nehmen.

Beim Arbeiten mit Robotern kann von Personal Gefahren für Leib und Leben ausgehen, wenn er nicht von geschultem oder zumindest eingewiesenem Personal betrieben wird oder unsachgemäß bzw. zu nicht bestimmungsgemäßem Gebrauch eingesetzt wird.

Schutzmaßnahmen bei der Programmierung und Eingabe über das Handprogrammiergerät

- Wenn Programmierarbeiten durchgeführt werden, dürfen sich generell keine Personen innerhalb des Schutzbereiches aufhalten. Lässt es sich nicht vermeiden, dass sich Personal bei der Programmierung innerhalb des Schutzbereiches aufhält, so sind Vorkehrungen für sichere Arbeitsabläufe zu treffen und diese zu überwachen.

  Das beinhaltet die folgenden Punkte:

  - Betriebsart und Durchführung; dazu gehören Autorisierung eines Bedieners.
  - Geschwindigkeit bei Langsamfahrt (ein Automatikbetrieb ist nicht erlaubt!)
  - Warnsignale für das Arbeitspersonal
  - Maßnahmen für den Notfall
  - Maßnahmen zur Verhinderung von Fehlfunktionen

- Auch wenn die Möglichkeit der Wahl des Automatikbetriebs über das Handprogrammiergerät gegeben ist, darf der Automatikbetrieb niemals aktiviert werden, solange sich Personal innerhalb des Schutzbereiches aufhält!

- Wenn der Schutzbereich mit dem Handprogrammiergerät betreten wird, muss vorher sichergestellt sein, dass die vorrangige Steuerung über das Handprogrammiergerät freigegeben ist. Ansonsten kann der Roboter unerwartet aktiviert werden, wobei sich äußerst gefährliche Situationen ergeben können.

- Alle Bewegungen von Zusatzeinrichtungen innerhalb des Schutzbereiches müssen entweder verhindert werden oder sich unter der alleinigen Kontrolle des Programmierers befinden. Bei der Kontrolle durch den Programmierer müssen alle Aktionen eindeutig und separat von den Roboteraktionen steuerbar sein.

- Es ist empfehlenswert, eine Hilfsperson unmittelbar an einen NOT-AUS-Schalter zu platzieren, um in einem Notfall die Sicherheit des Handprogrammiergerät-Bedieners zu gewährleisten. Diese Hilfsperson muss mit einer tragbaren NOT-AUS-Steuereinheit ausgerüstet sein, um im Notfall diese zu betätigen.
- Für eine ausreichende Beleuchtung der Arbeitsbereiche ist zu sorgen.
- Es ist dafür zu sorgen, dass das Personal geeignete Kleidung, Sicherheitsschuhe, einen Helm und gegebenenfalls eine Schutzbrille trägt.
- Aus Sicherheitsgründen sollten Sie während des Handprogrammiergerät-Betriebs dem Roboter niemals den Rücken zukehren. Halten Sie sich immer einen Fluchtweg offen.
- Für Wartungszwecke muss immer eine Kopie der Anwendungsprogramme mit allen Änderungen zur Verfügung stehen (z. B. auf einem PC).
- Das Robotersystem darf solange nicht in den Automatikbetrieb geschaltet werden, bis alle Schutzmaßnahmen durch den Programmierer wieder in Funktion gesetzt wurden.

(Auszug aus den Sicherheitsanweisungen der Bedienungs- und Programmieranleitung für den Roboter RV-E2 von Mitsubishi Electric)

Teachen der Positionsdaten

Das Roboterprogramm ist zu der Robotersteuerung übertragen worden. Jedoch fehlt bisher dem Roboter die Kenntnis des Ortes und der Lage der einzelnen Positionen. Die Positionsliste umfasst mindestens den Anfangs- und Endpunkt der Bewegung, häufig noch Zwischenpunkt zur Umfahrung von Hindernissen. Die einzelnen Positionen sind definiert durch die drei Koordinaten eines Raumpunktes sowie durch die Winkel der Orientierungsachsen. Bei Bedarf kann auch der Zustand des Greifers (offen – geschlossen) mit angegeben werden.

Es gibt drei Möglichkeiten diese Positionsdaten der Steuerung mitzuteilen.

Die erste, die direkte Eingebe in die Positionsliste (*offline*), gestaltet sich im Allgemeinen schwierig, da die erforderlichen Daten für die genaue Bestimmung im Raum (x,y,z und die Drehwinkel) nicht bekannt sind.

Es bietet sich an die zweite Methode zu wählen. Bei dieser wird der Roboter mittels eines Programmierhandgerätes manuell in die entsprechende Position gefahren. Hierbei kann man an dem Programmierhandgerät zwischen mehreren Verfahrstrategien entsprechend den verschiedenen Interpolationsarten wählen. Wenn die Positionen leicht im kartesischen Koordinatenraum zu erreichen sind, so empfiehlt es sich linearinterpoliert zu verfahren. Das bedeutet, dass man entsprechend den Koordinatenachsen x,y,z und den entsprechenden Rotationen um die Achsen eine Fahrbewegung erreichen kann. Versucht man Gelenkinterpoliert eine genaue Greifposition zu erreichen, so bedeutet jede Veränderung eines Gelenkes eine kombinierte Bewegung aus translatorischen und rotatorischen Anteilen. Eine exakte Vorhersage der Position und Lage des Greifers ist somit nicht ohne weiteres möglich. Eine Besonderheit stellt das Verfahren entlang des TCP Koordinatensystems dar. Hierbei richtet sich das Koordinatensystem in Richtung der Greiferöffnung aus. Damit kann man Greifpositionen erreichen, die schiefwinklig zum roboterraumbezogenen kartesischen Koordinatensystem liegen.

Die Position des Bedieners sollte während des Teachens im rechtwinklig zur Verfahrrichtung sein, denn nur so kann der Bediener die Bewegung einschätzen und eine exakte Position anfahren.

Um das Einrichten von Roboterprogrammen zu beschleunigen, sollte der Programmierer überprüfen welche Positionen er aus den geteachten Positionen heraus errechnen kann. Je mehr Positionen automatisch per Programm ermittelt werden, desto einfacherer und sicherer gelingt die Installation des Programms.

Probelauf

Im Anschluss der Einrichtungsarbeiten, muss das Programm zunächst in Einzelschritten getestet werden. Hierbei werden alle Programmschritte in einer stark verlangsamten Geschwindigkeit ausgeführt. Der Bediener hat den Programmfluss am Programmierhandgerät unter Kontrolle. Hat Programm im Einzelschrittmodus fehlerfrei gearbeitet, so muss man im letzten Schritt die zeitlichen Abhängigkeiten testen. Dafür führt man unter erhöhter Aufmerksamkeit einen Probelauf in Originalgeschwindigkeit durch. Die Praxis hat gezeigt, dass viele Programme, die im Einzelschrittmodus exakt funktionierten, durch viele zeitlichen Verzögerungen (z. B. beim Greifen eines Werkstückes) eine unbefriedigende Positioniergenauigkeit aufweisen.

7 Regelung

Closed loop control

Regelungen kommen an vielen Stellen in mechatronischen Systemen vor. In der Förderanlage aus Kapitel 1 muss z. B. die Geschwindigkeit des Bandes geregelt werden. Die Kernaufgabe in der Regelungstechnik besteht darin, für eine bestimmte Regelungsaufgabe den geeigneten Regler auszuwählen und die Parameter anzupassen.

In diesem Kapitel werden zunächst Begriffe im Zusammenhang mit Regelkreisen erläutert. Danach werden Regler und Strecken getrennt betrachtet, um im dritten Teil in ihrem Zusammenwirken untersucht zu werden.

7.1 Grundbegriffe

Fundamentals

DIN 19226 definiert: Das **Regeln** (die Regelung) ist ein Vorgang, bei dem eine Größe, die **Regelgröße**, fortlaufend erfasst, mit einer zweiten Größe, der **Führungsgröße**, verglichen und im Sinne der Angleichung an die Führungsgröße beeinflusst wird. Der sich daraus ergebende **Wirkungsablauf** findet im so genannten **Regelkreis** statt (Bild 7-1).

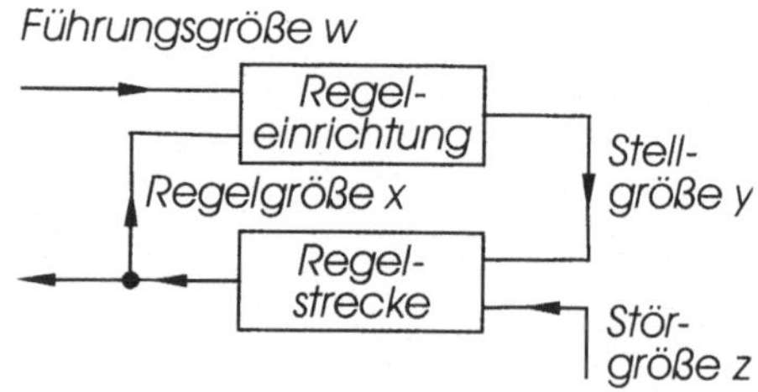

Bild 7-1 Vereinfachter Regelkreis im Wirkungsplan

Unter *Größen* werden hier physikalische Größen wie elektrischer Widerstand, Spannung, Dichte, Druck, Temperatur verstanden. Die Führungsgröße w ist eine von der Regelung nicht beeinflusste Größe, die von außen zugeführt wird und der die Ausgangsgröße der Regelung in vorgegebener Abhängigkeit folgen soll. Die Führungsgröße ist nicht notwendig konstant. In vielen Fällen ist sie zeitlich veränderlich. Die Angleichung der Regelgröße an die Führungsgröße ist die eigentliche Regelaufgabe. Dabei bedeutet Angleichung nicht notwendig Deckungsgleichheit. Entsprechend der Regelaufgabe werden Abweichungen in festgelegten Grenzen zugelassen. Auf Grund der ermittelten Abweichung zwischen Regelgröße und Führungsgröße bildet die Regeleinrichtung die Stellgröße.

Diese Stellgröße muss so gewählt werden, dass sich die Regelgröße der Führungsgröße annähert. Auf den Regelkreis wirken auch nichtplanbare Störungen ein, die man zu einer Störgröße zusammenfasst, die auf die Strecke einwirkt. Auch diesen Einfluss muss der Regelkreis ‚ausregeln'.

Regeln ist demnach ein Kreisprozess aus

- fortlaufendem Messen der Regelgröße,
- ständigem Vergleichen mit der Führungsgröße,
- Angleichen der Regelgröße an die Führungsgröße.

7.2 Beschreibung des Verhaltens von Regelkreisgliedern

Description of the behaviour of elements used in closed loop control circuits

Ein Regelkreis setzt sich aus vielen Komponenten zusammen, deren Zusammenwirken die Eigenschaften und die Wirkung des Regelkreises ausmachen. Unabhängig vom Detail ist es wichtig zu wissen, wie der Regelkreis als Gesamtheit auf veränderte Eingangsgrößen reagiert, um ggf. ungewollte Effekte beseitigen zu können oder auch nur, um sein Verhalten beschreiben zu können.

Meist ist der Regelkreis zu komplex, um sein Gesamtverhalten geeignet vorhersagen und einstellen zu können. Deshalb wird methodisch so vorgegangen, dass zunächst das Verhalten der Komponenten untersucht und beschrieben wird. Aus deren Kenntnis lässt sich dann vieles über das Zusammenwirken in einem Kreisprozess aussagen.

Es ist sinnvoll, bei diesen Untersuchungen nicht von Regel-, Stell-, Führungs- und Störgrößen zu sprechen, sondern allgemein von Eingangs- und Ausgangsgrößen. Diese werden mit u und v bezeichnet.

Statisches Verhalten

Das statische Verhalten von Regelkreisgliedern wird durch **Kennlinien** beschrieben. Eine Kennlinie beschreibt im Beharrungszustand die Abhängigkeit der Ausgangsgröße v von der Eingangsgröße u.

Als **Beharrungszustand** eines Gliedes gilt derjenige beliebig lange aufrechtzuerhaltende Zustand, der sich bei zeitlicher Konstanz der Eingangssignale nach Ablauf aller Einschwingungsvorgänge ergibt.

Hat ein Glied mehrere Eingangsgrößen, so ergibt sich ein **Kennlinienfeld**. Dabei trägt man das Ausgangssignal in Abhängigkeit einer einzigen Eingangsgröße auf. Die übrigen Eingangsgrößen fasst man als Parameter auf.

Bild 7-2 zeigt die Klemmspannung U eines Stromkreises (als Ausgangsgröße v). Diese wird in Abhängigkeit von der durch die Lage x des Abgriffkontaktes (als Eingangsgröße u_1) gekennzeichneten Einstellung eines Widerstandes aufgetragen. Die im Kreis wirksame Spannung U_e (als Eingangsgröße u_2) und der Belastungsstrom I (als Eingangsgröße u_3) sind hier die Parameter.

Ein Kennlinienfeld eines Transistors findet sich auch in Kapitel 3.2.3.

Kennlinie: $U=U(x,I,Ue)$

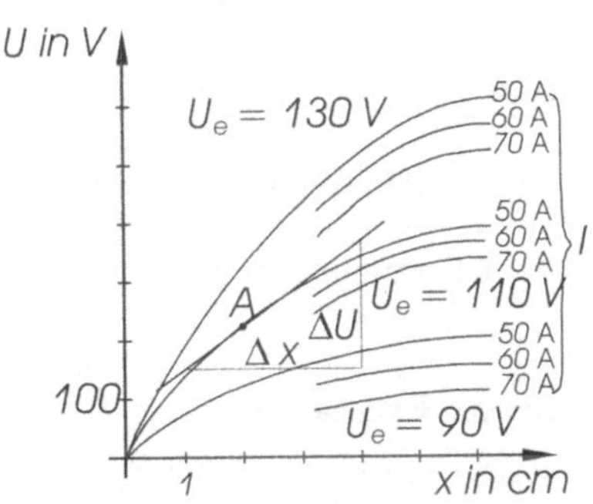

Bild 7-2 Kennlinienfeld

Meist sind Kennlinien gekrümmt. Sie werden vielfach, vor allem zur Berechnung, durch Geraden ersetzt. Man spricht hierbei von Linearisieren. Dabei wird im Arbeitspunkt eine Tangente an die Kennlinie gelegt. Aus der Steigung ergibt sich der so genannte Übertragungsbeiwert K.

$$K = \frac{\Delta v}{\Delta u} \quad (1)$$

In Bild 7-2 wurde der Arbeitspunkt bei $x = 2$ cm, $U_e = 110$ V und $I = 50$ A gewählt. An der Geraden liest man ab:

$$K = \frac{\Delta v}{\Delta u} = \frac{\Delta U_e}{\Delta x} = \frac{200\,\text{V}}{3\,\text{cm}} = 66{,}7\,\frac{\text{V}}{\text{cm}}.$$

Zeitverhalten

Das Zeitverhalten der Regelkreisglieder wird dadurch untersucht, dass man die jeweiligen Eingangsgrößen typisch ändert und zwar

- sprunghaft,
- ansteigend,
- impulsförmig oder
- sinusförmig.

Das Übergangsverhalten beschreibt dann den zeitlichen Verlauf des Ausgangssignals bei Aufschaltung charakteristischer zeitlicher Verläufe des Eingangssignals.

Sprungantwort

Viele Regelvorgänge verhalten sich so, dass die Eingangsgröße u sich **sprunghaft** ändert von einem Anfangswert u_0 auf einen festen Endwert u_1. Die Reaktion der Ausgangsgröße darauf wird hier **Sprungantwort** genannt. Diese kann sehr unterschiedlich ausfallen. Die Sprungantwort kann schlagartig erfolgen, sie kann sich langsam und gleichmäßig ihrem Endwert nähern, oder sie kann erst über den Endwert hinauswandern, um sich ihm dann schwingend zu nähern.

Die Aufschaltung eines Sprunges ist – zumindest bei theoretischen Betrachtungen – eine häufig angewandte Testmethode bei der Untersuchung von Regelkreisgliedern. Um aus der Funktionsgleichung den Einfluss der konstanten Eingangssprunghöhe u zu eliminieren, führt die DIN eine neue Funktion $h(t)$ ein, die Übergangsfunktion genannt wird.

$$h(t) = \frac{v(t)}{u(t)} \qquad (2)$$

Für große t und stabiles Verhalten gilt

$$h(\mathrm{t}) = K \qquad (3),$$

wobei K der Übertragungsbeiwert aus (1) ist.

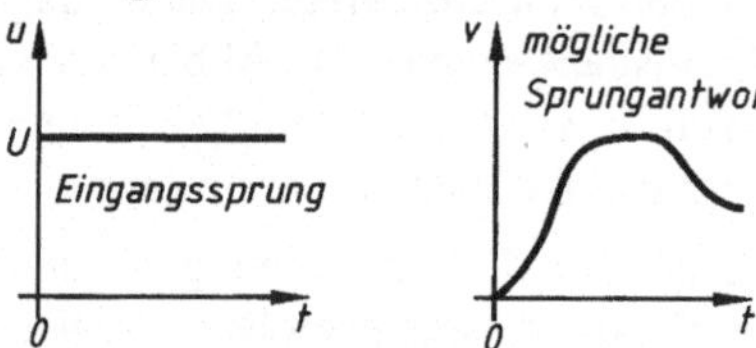

Bild 7-3 Sprungantwort

Beispiel für die Berechnung eines Übertragungsbeiwertes

Der Übertragungsbeiwert des Zahnradpaares aus Bild 7-4 soll berechnet werden.

Lösung

Das obere Zahnrad mit der Zähnezahl z_1 drehe mit der konstanten Drehzahl n_e. Dieses ist die Eingangsgröße $u(t)$. Die Ausgangsgröße $v(t)$ ist die sich einstellende konstante Drehzahl n_a. Für die Übergangsfunktion $h(t)$ gilt nach (2)

$$h(t) = \frac{v(t)}{u(t)}.$$

Für die Übersetzung an einem Zahnradpaar gilt

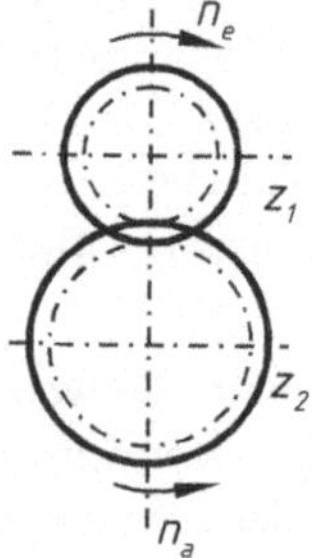

Bild 7-4
Übergangsfunktion am Zahnradpaar

$$\frac{n_a}{n_e} = \frac{z_1}{z_2} \quad (4).$$

Also ist die Übergangsfunktion $h(t) = \frac{z_1}{z_2}$.

Laut (3) ist $h(t) = K$, also ist der Übertragungsbeiwert hier das umgekehrte Übersetzungsverhältnis.

Anstiegsantwort

Steigt die Eingangsgröße linear an, so nennt man die Reaktion des Gliedes darauf **Anstiegsantwort** (Bild 7-5). Diese kann wiederum sehr unterschiedlich sein, steigt sie überproportional, nennt man ihren Verlauf progressiv, steigt sie weniger als linear an, degressiv.

$$u(t) = \begin{cases} 0 & \text{für } t \leq 0 \\ K \cdot t & \text{für } t > 0 \end{cases} \quad (5)$$

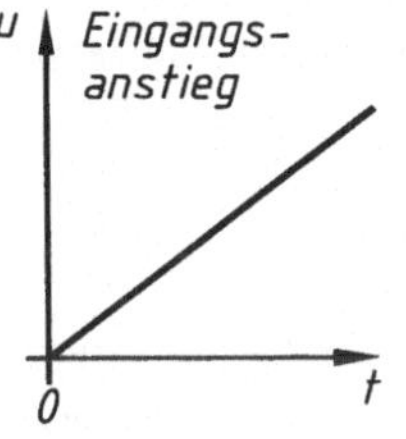

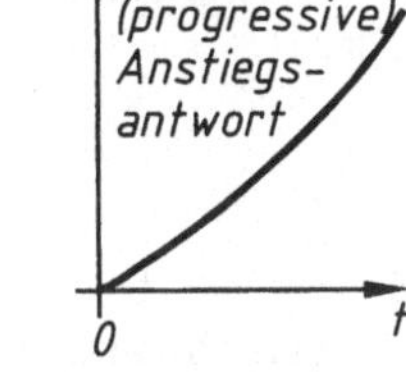

Bild 7-5 Anstiegsantwort

Impulsantwort

Ein Impuls (Bild 7-6) ist eine sprunghafte, jedoch zeitlich begrenzte Änderung. Ein kurzzeitig steil hoch schnellender Impuls heißt Nadelimpuls. Das Übergangsverhalten bei einem impulsförmigen Eingangssignal heißt entsprechend **Impulsantwort**.

$$u(t) = \begin{cases} 0 & \text{für } t \neq 0 \\ \infty & \text{für } t = 0 \end{cases} \quad (6)$$

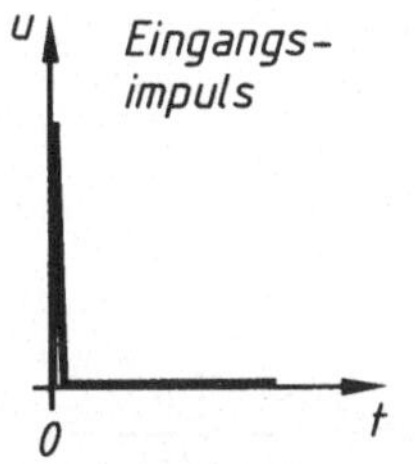

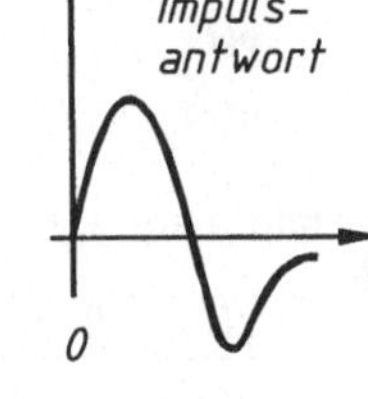

Bild 7-6 Impulsantwort

Frequenzantwort

Neben den oben beschriebenen Arten kann das Zeitverhalten eindeutig auch durch die Zuordnung des Ausgangssignals zu einer sinusförmigen Änderung des Eingangssignals beschrieben werden. Dabei muss das Eingangssignal alle Frequenzen zwischen Null und Unendlich durchlaufen.

Ein sinusförmiges Eingangssignal kann beschrieben werden durch

$$u(t) = A \cdot \sin(\omega t) \quad (7),$$

wobei A die Amplitude und $\omega = 2\pi f$ die Kreisfrequenz ist (Bild 7-7).

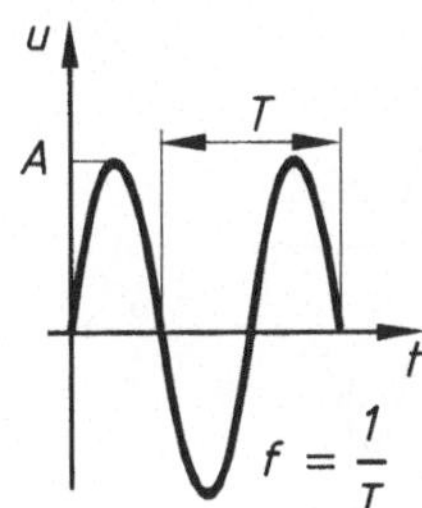

Bild 7-7 Funktionsgraf bei reeller Darstellung

Die folgenden Rechnungen werden erheblich einfacher, wenn man diese Schwingung mittels komplexer Zahlen beschreibt.

$$\underline{u}(t) = A \cdot \left(\cos(\omega t) + \mathrm{j} \cdot \sin(\omega t)\right), \quad (8)$$

oder in Exponentialform

$$\underline{u}(t) = A \cdot \mathrm{e}^{\mathrm{j}\omega t}. \quad (9)$$

Die Zusammenhänge sind in Bild 7-8 dargestellt.

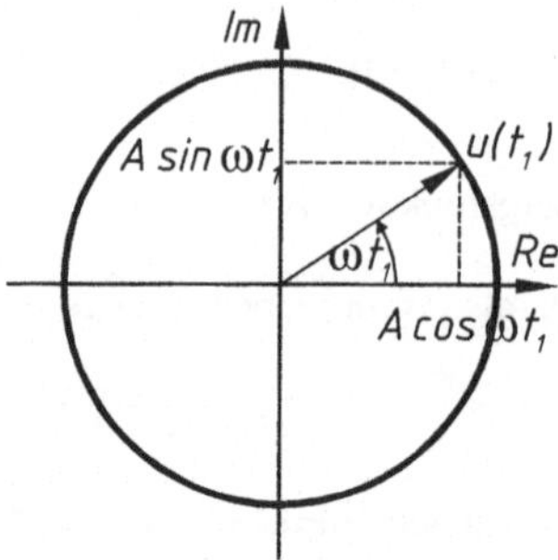

Bild 7-8 Funktionsgraf bei komplexer Darstellung (heißt hier Ortskurve)

Für die hier betrachteten linearen Systeme kann man zeigen, dass die Ausgangsgröße $v(t)$ im eingeschwungenen Zustand auch einen sinusförmigen Verlauf mit gleicher Frequenz hat. Allerdings ist sie meist phasenverschoben. Damit gilt

$$\underline{v}(t) = B \cdot \mathrm{e}^{\mathrm{j}(\omega t + \varphi)}. \quad (10)$$

Der Verlauf der Ausgangsgröße wird auch **Frequenzantwort** genannt. In Bild 7-9 sind die Zusammenhänge in reeller Darstellung, in Bild 7-10 in komplexer Darstellung aufgeführt.

Bildet man den Quotienten

$$\frac{\underline{v}(t)}{\underline{u}(t)}$$

so erhält man

$$\frac{\underline{v}(t)}{\underline{u}(t)} = \frac{B \cdot \mathrm{e}^{\mathrm{j}(\omega t + \varphi)}}{A \cdot \mathrm{e}^{\mathrm{j}(\omega t)}} = \frac{B \cdot \mathrm{e}^{\mathrm{j}(\omega t)} \cdot \mathrm{e}^{\mathrm{j}(\varphi)}}{A \cdot \mathrm{e}^{\mathrm{j}(\omega t)}} = \frac{B}{A} \cdot \mathrm{e}^{\mathrm{j}(\varphi)}.$$

Dieses Verhältnis, das von t unabhängig ist, nennt man **Frequenzgang** und bezeichnet es mit $\underline{G}(\mathrm{j}\omega)$. Es gilt also

$$\underline{G}(\mathrm{j}\omega) := \frac{\underline{v}(t)}{\underline{u}(t)} = \frac{B}{A} \cdot \mathrm{e}^{\mathrm{j}(\varphi)}. \quad (11)$$

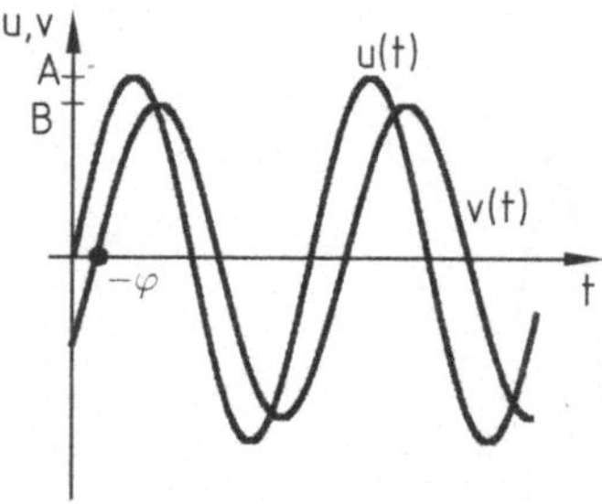

Bild 7-9 Funktionsgraf der Frequenzantwort in reeller Darstellung

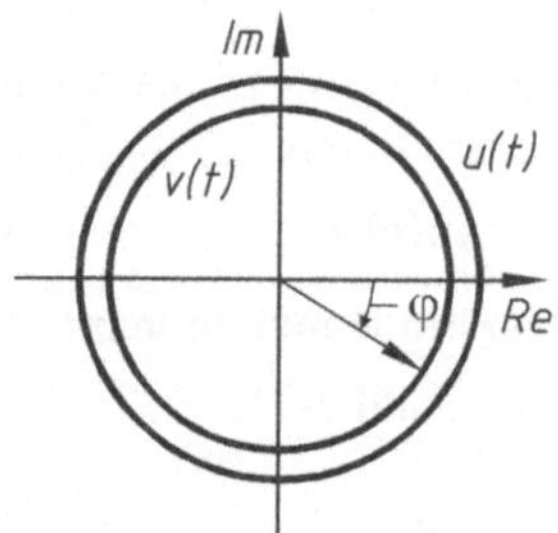

Bild 7-10 Ortskurve der Frequenzantwort bei komplexer Darstellung

Darstellung des Frequenzganges

Der Frequenzgang $\underline{G}(j\omega)$ ist eine komplexe Funktion der Frequenz ω. Der Wert einer komplexen Funktion bei einem bestimmten ω-Wert wird durch einen **Zeiger** dargestellt. Zeichnet man die Zeiger zu verschiedenen Frequenzen in ein Koordinatensystem und verbindet die Endpunkte der Zeiger, so entsteht eine Kurve, die **Ortskurve des Frequenzgangs** (Bild 7-11).

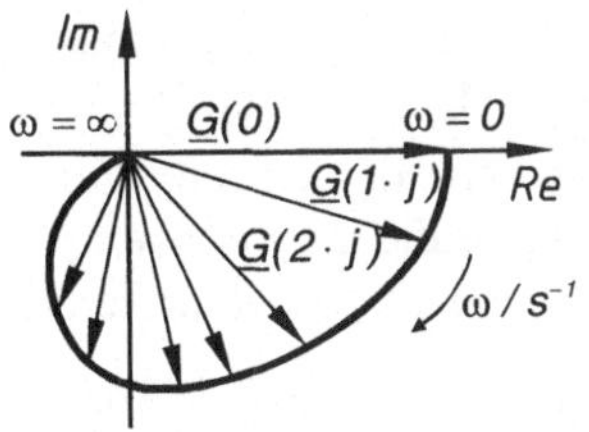

Bild 7-11 Ortskurve

Eine andere Darstellung bildet das **Bode-Diagramm**. Dort wird von der komplexen Funktion $\underline{G}(j\omega)$ einmal der Betrag $|\underline{G}(j\omega)|$, zum anderen der Phasenwinkel φ in Abhängigkeit von der Frequenz ω gezeichnet (Amplitudengang (Bild 7-12), bzw. Phasengang (Bild 7-13)).

Charakteristisch ist, dass der Betrag des Frequenzganges $|\underline{G}(j\omega)|$ und die Frequenz ω im logarithmischen Maßstab, der Phasenwinkel φ im linearen Maßstab aufgetragen werden.

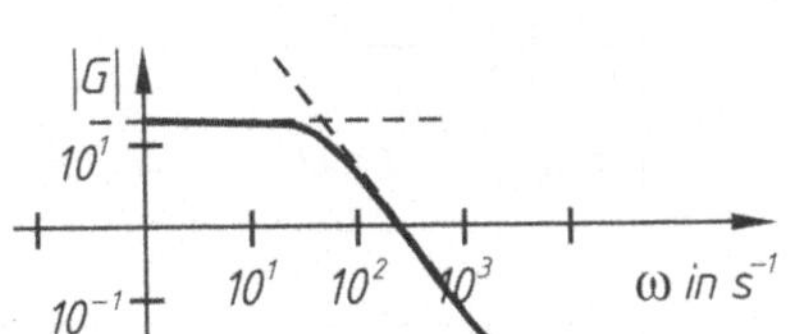

Bild 7-12 Amplitudengang

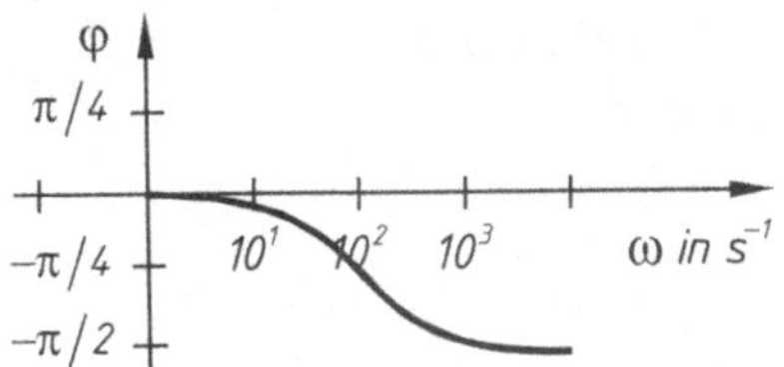

Bild 7-13 Phasengang

Weitere Beispiele für Bode-Diagramme findet man in Kapitel 3.2.6 Operationsverstärker.

7.3 Regelstrecken

Controlled systems

Laut DIN 19226 gilt: Die **Regelstrecke** ist derjenige Teil des Wirkungsweges, welcher den aufgabengemäß zu beeinflussenden Teil der Anlage darstellt.

Die regelungstechnische und auch mathematische Behandlung von Regelstrecken gibt in zweierlei Hinsicht Probleme auf. Einerseits ist die Art der Strecke oft durch das zu regelnde Problem vorgegeben und in ihren Parametern nur wenig veränderbar. Andererseits sind die Kenngrößen der Strecken fast immer unbekannt, sie werden meist nicht – wie bei Reglern – von den Händlern mitgeliefert und müssen zunächst entweder durch physikalische Gesetzmäßigkeiten oder experimentell ermittelt werden.

Es interessiert hierbei sowohl das Zeit- als auch das statische Verhalten. Das *statische Verhalten* dient in erster Linie zur Beurteilung der generellen Eignung, d. h., ob der Stellbereich überhaupt sinnvoll durch die Strecke abgedeckt werden kann. Diese Information kann aus dem Kennlinienfeld nach Wahl des Arbeitspunktes ermittelt werden. Das *Zeitverhalten* dient zur

Beurteilung der Frage, ob eine gegebene Strecke im Zusammenwirken mit den anderen Teilen des Regelkreises sinnvolle Ergebnisse liefert. Notwendig dafür ist stets eine mathematische Beschreibung des dynamischen Verhaltens der Strecke.

Das unterschiedliche dynamische Verhalten bildet auch die Grundlage für eine Systematisierung der unterschiedlichen Streckentypen. Diese erfolgt nicht nach der zu regelnden physikalischen Größe, sondern nach dem Zeitverhalten der Strecke.

Regelstrecken mit Ausgleich (P-Strecken)

Die mathematisch und meist auch technisch einfachste Strecke besitzt eine Regelgröße, die sich proportional zur Stellgröße verhält.

$$x = K_{\mathrm{PS}} \cdot y \qquad (12)$$

Übertragungsbeiwert		Blocksymbol
Der Proportionalitätsfaktor K_{PS} ist der Übertragungsbeiwert (Index *P* für *P*-Verhalten, *S* für Strecke). Er kann aus der Steigung der Kennlinie im Arbeitspunkt bestimmt werden. 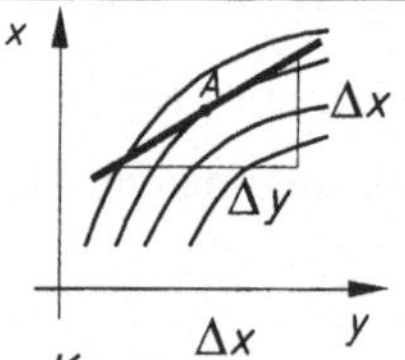	$K_{PS} = \dfrac{\Delta x}{\Delta y}$ **Bild 7-14** Kennlinienfeld	Als Blocksymbol für den Wirkungsplan sind folgende Darstellungen gebräuchlich: 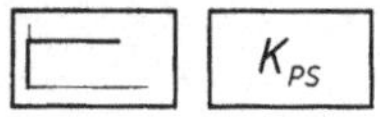 K_{PS} **Bild 7-15** Blocksymbole für P-Strecken

Sprungantwort	Frequenzgang	Bode-Diagramm
Aufgrund des einfachen mathematischen Zusammenhangs lässt sich die Sprungantwort einer solchen Strecke leicht angeben. 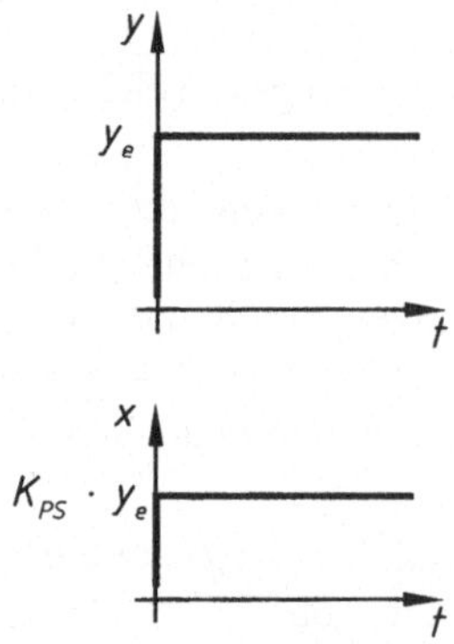 **Bild 7-16** Sprungantwort einer P-Strecke	Es lässt sich zeigen, dass für den Frequenzgang einer P-Strecke gilt $\underline{G}(\mathrm{j}\omega) = K_{\mathrm{PS}}$ Damit ergibt sich die Ortskurve. Sie ist zu einem Punkt entartet. 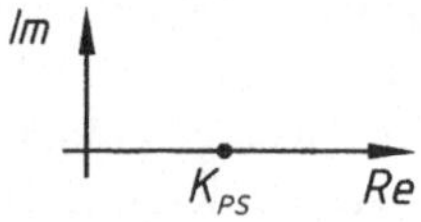 **Bild 7-17** Ortskurve einer P-Strecke	Mit $\lvert\underline{G}\rvert = K_{\mathrm{PS}}$ und $\varphi = 0$ ergibt sich das Bode-Diagramm. 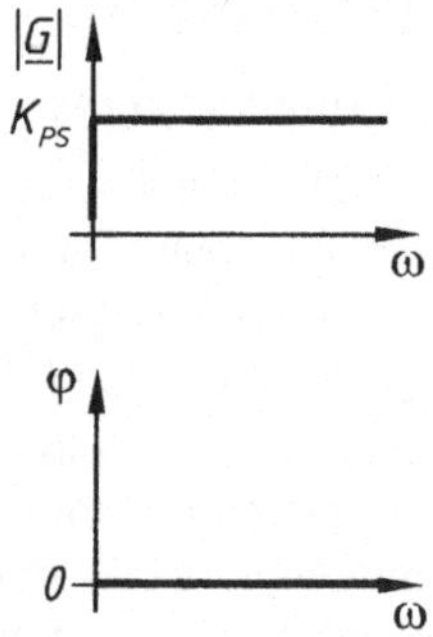 **Bild 7-18** Bode-Diagramm einer P-Strecke

Lehrbeispiel

Für den Spannungsteiler als P-Strecke werden die charakterisierenden Größen und Diagramme erstellt.

$$R_1 = 200\,\Omega \quad R_2 = 500\,\Omega \quad U_0 = 12\text{ V}$$

Die Spannung U_0 steige zum Zeitpunkt $t = 0$ sprunghaft von 0 V auf 12 V.

Bestimmen Sie

- U_2 (nach dem Ohmschen Gesetz),
- K_{PS}
- die Sprungantwort
- die Übergangsfunktion
- die Ortskurve
- das Bode-Diagramm

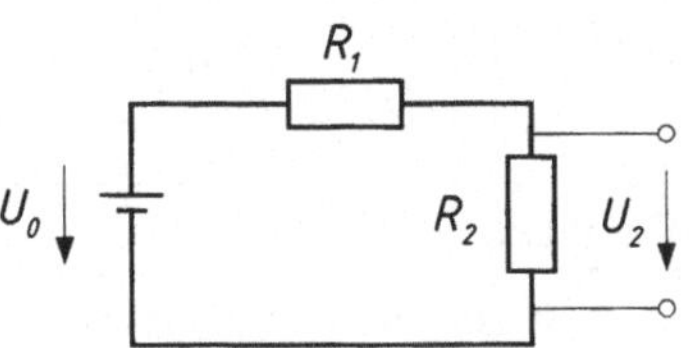

Lösung

Nach dem Ohmschen Gesetz in Verbindung mit der Maschenregel liefert die Beziehung zwischen der Eingangsgröße U_0 $(= x_e)$ und der Ausgangsgröße U_2 $(= x_a)$

$$U_2 = \underbrace{\frac{R_2}{R_1 + R_2}}_{K_{PS}} \cdot U_0 = \frac{500\,\Omega}{200\,\Omega + 500\,\Omega} \cdot 12\text{ V} = 0{,}714 \cdot 12\text{ V} = 8{,}6\text{ V}\,.$$

Somit ist $K_{PS} = 0{,}714$ und $U_2 = 8{,}6\text{ V}$.

Sprungantwort	**Übergangsfunktion**	**Bode-Diagramm**
U_0 in V; 12; t — U_2 in V; $K_{PS} \cdot U_0 = 8{,}6$; t	U/U_0; 1; $K_{PS} = 0{,}714$; t — Ortskurve: Im; $0{,}714$; Re	Wegen $\lvert \underline{G} \rvert = K_{PS} = 0{,}714$ und auch $\varphi = 0$ ergeben sich folgende Ortskurve und folgendes Bode-Diagramm. $\lvert \underline{G} \rvert$; 1; 0,714; 0,1; 1; 10; ω in s^{-1} — φ; 0; 1; ω in s^{-1}

Weitere Beispiele für P-Strecken

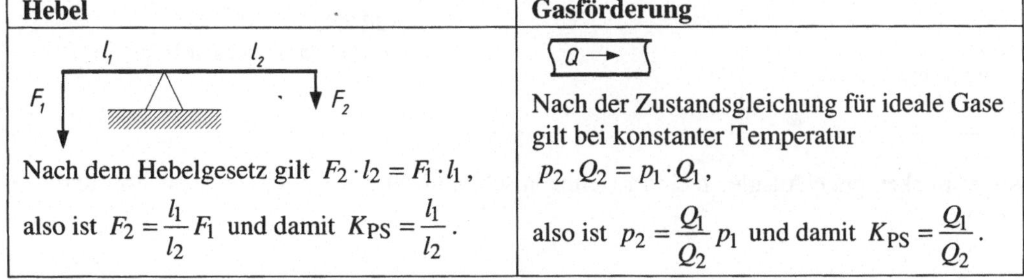

Hebel	**Gasförderung**
l_1, l_2, F_1, F_2	$Q \rightarrow$
Nach dem Hebelgesetz gilt $F_2 \cdot l_2 = F_1 \cdot l_1$, also ist $F_2 = \frac{l_1}{l_2} F_1$ und damit $K_{PS} = \frac{l_1}{l_2}$.	Nach der Zustandsgleichung für ideale Gase gilt bei konstanter Temperatur $p_2 \cdot Q_2 = p_1 \cdot Q_1$, also ist $p_2 = \frac{Q_1}{Q_2} p_1$ und damit $K_{PS} = \frac{Q_1}{Q_2}$.

Regelstrecken ohne Ausgleich (I-Strecken)

Bei einen I-Glied ist die Sprungantwort eine linear mit der Zeit ansteigende Gerade.

$$x(t) = K_{\mathrm{IS}} \cdot t \cdot y \qquad (13)$$

Für anderes Eingangsverhalten gilt allgemein

$$x(t) = K_{\mathrm{IS}} \cdot \int y(t)dt \qquad (14)$$

Übertragungsbeiwert	**Blocksymbol**
Der Faktor $K_{\mathrm{IS}} \cdot t$ ist der Übertragungsbeiwert (Index I für *I*-Verhalten, *S* für Strecke) Er kann aus der Steigung der Kennlinie der Änderungs*geschwindigkeit* im Arbeitspunkt bestimmt werden. $K_{\mathrm{IS}} \cdot t$ wächst über alle Grenzen.	Als Blocksymbol für den Wirkungsplan sind folgende Darstellungen gebräuchlich: K_{IS} **Bild 7-19** Blocksymbole für I-Strecken

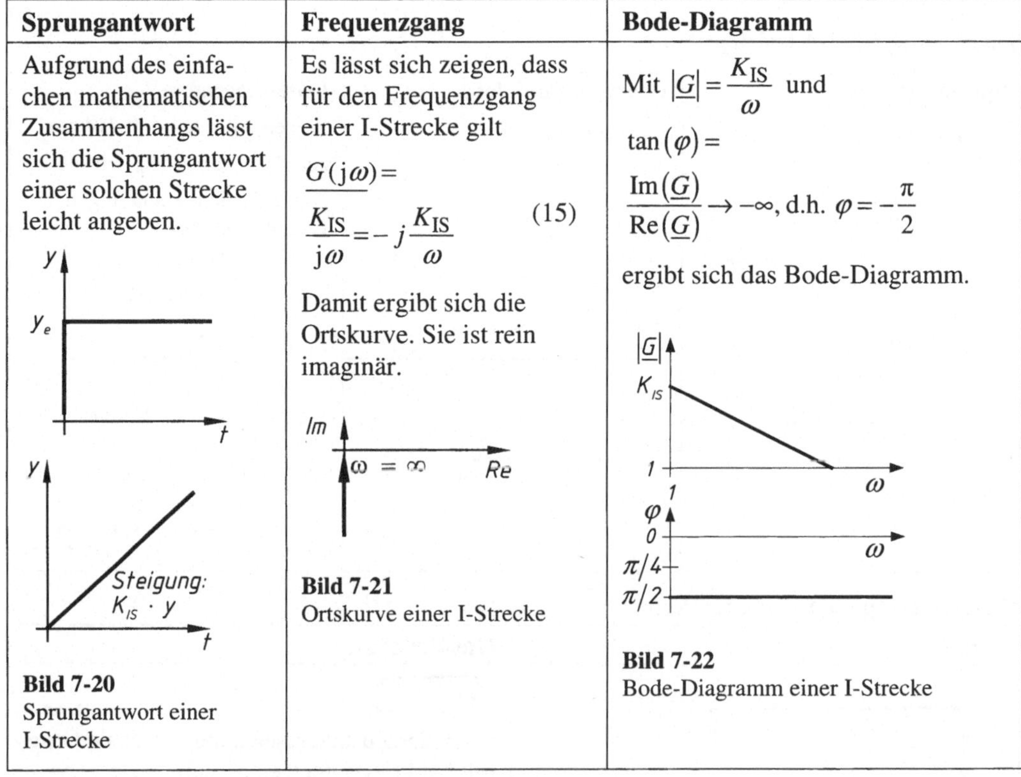

Sprungantwort	**Frequenzgang**	**Bode-Diagramm**
Aufgrund des einfachen mathematischen Zusammenhangs lässt sich die Sprungantwort einer solchen Strecke leicht angeben.	Es lässt sich zeigen, dass für den Frequenzgang einer I-Strecke gilt $\underline{G}(\mathrm{j}\omega) = \frac{K_{\mathrm{IS}}}{\mathrm{j}\omega} = -j\frac{K_{\mathrm{IS}}}{\omega}$ (15) Damit ergibt sich die Ortskurve. Sie ist rein imaginär.	Mit $\lvert\underline{G}\rvert = \frac{K_{\mathrm{IS}}}{\omega}$ und $\tan(\varphi) = \frac{\mathrm{Im}(\underline{G})}{\mathrm{Re}(\underline{G})} \to -\infty$, d.h. $\varphi = -\frac{\pi}{2}$ ergibt sich das Bode-Diagramm.

Bild 7-20 Sprungantwort einer I-Strecke

Bild 7-21 Ortskurve einer I-Strecke

Bild 7-22 Bode-Diagramm einer I-Strecke

Regelstrecken ohne Ausgleich sind regeltechnisch labil. Ihre Regelung ist schwierig durchzuführen.

Lehrbeispiel

Für die Niveauregelstrecke werden die charakteristischen Größen und Diagramme ermittelt.

- Behälterdurchmesser $d = 0{,}3$ m
- Stellgröße $Q_{zu} = 3$ l/s
- Regelgröße h: Füllhöhe

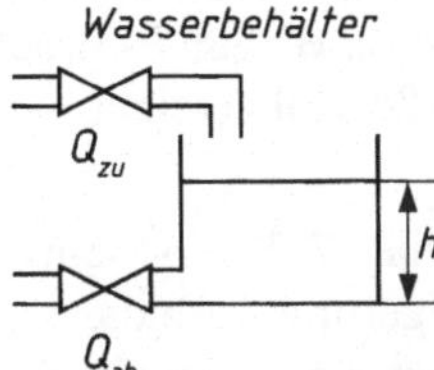

Lösung

Da hier über die Geometrie der Strecke der funktionelle Zusammenhang zwischen x – hier die Füllhöhe h – und y – hier Q_{zu} – bestimmbar ist, kann K_{IS} berechnet werden.

$$h = \frac{V}{A} = \frac{Q_{zu} \cdot t}{A} = \frac{1}{\pi\left(\frac{d}{2}\right)^2} \cdot Q_{zu} \cdot t$$

$$= \frac{1}{\pi\left(\frac{0{,}3\text{m}}{2}\right)^2} \cdot Q_{zu} \cdot t = \underbrace{14{,}15 \frac{1}{\text{m}^2}}_{K_{IS}} \cdot Q_{zu} \cdot t$$

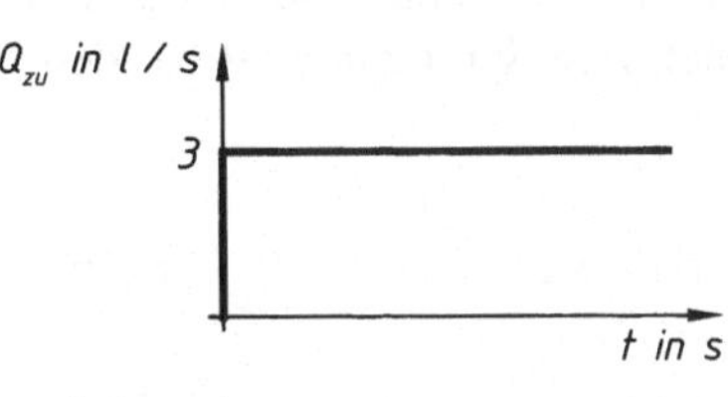

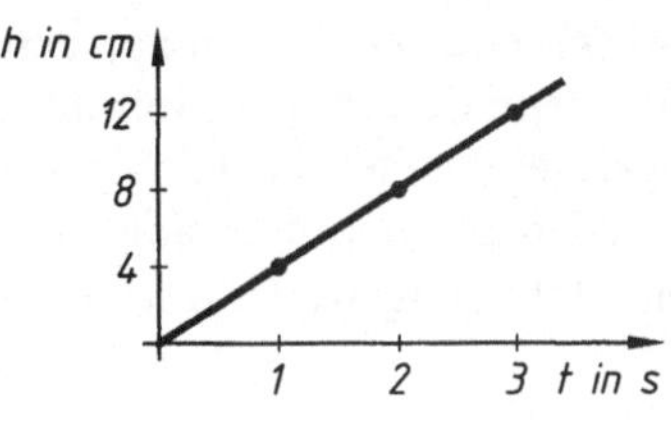

Als Sprungantwort ergibt sich damit

$$h(t) = K_{IS} \cdot Q_{zu} \cdot t = 14{,}15 \frac{1}{\text{m}^2} \cdot 3 \cdot 10^{-3} \frac{\text{m}^3}{\text{s}} \cdot t$$

$$= 0{,}042 \frac{\text{m}}{\text{s}} \cdot t = 4{,}2 \frac{\text{cm}}{\text{s}} \cdot t$$

Weitere Beispiele für *I*-Strecken

Motorgetriebene Spindel	**Schlingenbahn**
M, s Eine motorgetriebene Spindel bewegt einen Tisch.	M, M, v_1, v_2, v, 2l, s Schlingenregelung von elastischen Stoffbahnen mit großem Durchhang

Regelstrecken mit Verzögerung

Die Antwort einer Strecke auf Veränderungen der Stellgröße verlaufen nur in Ausnahmefällen verzögerungsfrei. Ursache dafür sind Glieder, welche die Eigenschaft der Speicherung besitzen. Sie sorgen dafür, dass z. B. bei *P*-Strecken der neue Beharrungswert nicht sofort nach Änderung der Eingangsgröße voll erreicht wird, sondern dass sich die Regelgröße erst allmählich diesem Wert annähert.

Der Druckluftspeicher (Bild 7-23) ist ein typisches Glied mit Verzögerungsverhalten. Der Druck im Behälter zeigt ein degressives Anstiegsverhalten. Die Ursache liegt in dem sich aufbauenden Gegendruck im Behälterinnern. Eingangsdruck und Innendruck gelangen ins Gleichgewicht.

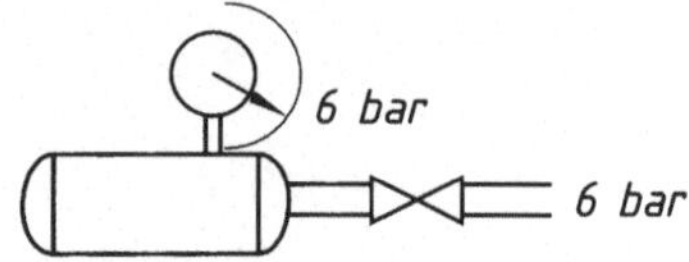

Bild 7-23 Druckluftspeicher

Strecken, die P-Verhalten zeigen und *ein* Speicherelement besitzen, werden als PT_1-Strecken bezeichnet. Ihre Sprungantwort hat den Verlauf einer Exponentialfunktion und wird beschrieben durch

$$x(t) = K_{PS} \cdot y \cdot \left(1 - e^{-\frac{t}{T_1}}\right) \qquad (16)$$

Dabei ist T_1 eine Zeitkonstante, deren Wert aus dem Grafen der Sprungantwort abgelesen werden kann. T_1 ist die Zeit, nach der die Ursprungstangente an $x(t)$ den Beharrungswert $K_{PS} \cdot y$ erreicht.

Blocksymbol

Als Blocksymbol für den Wirkungsplan ist folgende Darstellung gebräuchlich

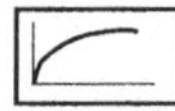

Bild 7-24 Blocksymbole für PT_1-Strecken

Sprungantwort	Frequenzgang	Bode-Diagramm
Bild 7-25 Sprungantwort einer PT_1-Strecke	Es lässt sich zeigen, dass für den Frequenzgang einer PT_1-Strecke gilt $\underline{G}(j\omega) = \frac{K_{PS}}{1 + j\omega T_1}$ (17) Damit ergibt sich die Ortskurve. **Bild 7-26** Ortskurve einer PT_1-Strecke	Mit $\lvert\underline{G}\rvert = \frac{\lvert K_{PS}\rvert}{\sqrt{1+\omega^2 T_1^2}}$ und $\varphi = \arctan\left(-\frac{1}{\omega T_1}\right)$ ergibt sich das Bode-Diagramm. **Bild 7-27** Bode-Diagramm einer PT_1-Strecke

Lehrbeispiel

Der Ladevorgang eines Kondensators an Gleichspannung zeigt PT_1-Verhalten

$$U_C = U_0\left(1-e^{\frac{t}{RC}}\right)$$

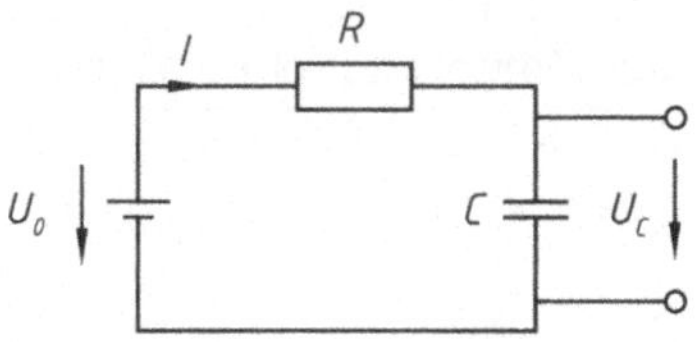

$K_{PS} = 1$

$T_1 = \tau = RC$

Man sieht, dass K_{PS} in diesem Falle gleich 1 ist. T_1 ist gleich RC. In der Elektrotechnik wird diese Zeitkonstante oft mit τ abgekürzt.

Für $C = 5\ \mu F$, $R = 20\ k\Omega$, $U_0 = 100$ V erhält man

$$T_1 = RC = 20\ k\Omega \cdot 5\ \mu F$$
$$= 20 \cdot 10^3 \Omega \cdot 5 \cdot 10^{-6} F = 0{,}1 s.$$

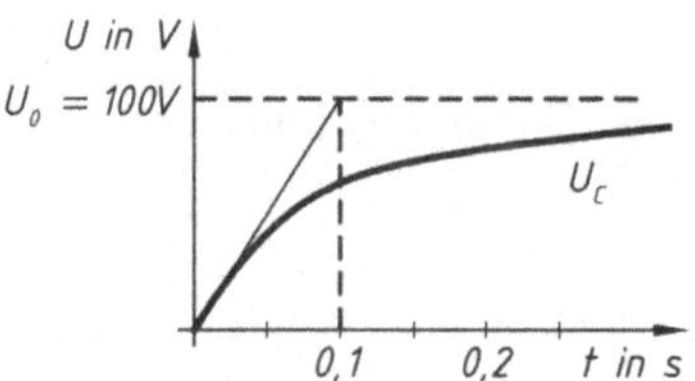

Sprungantwort

wird eine sinusförmige Eingangsspannung

$$U_0 = \hat{U}_0 \sin(\omega t)$$

an, so wird er Frequenzgang

$$\underline{G}(j\omega) = \frac{1}{1+j\omega T_1} = \frac{1}{1+j\omega 0{,}1s}$$
$$= \frac{1-j\omega 0{,}1s}{1+\omega^2 0{,}01s^2}$$
$$= \frac{1}{1+\omega^2 0{,}01s^2} - j\frac{\omega 0{,}1s}{1+\omega^2 0{,}01s^2}$$

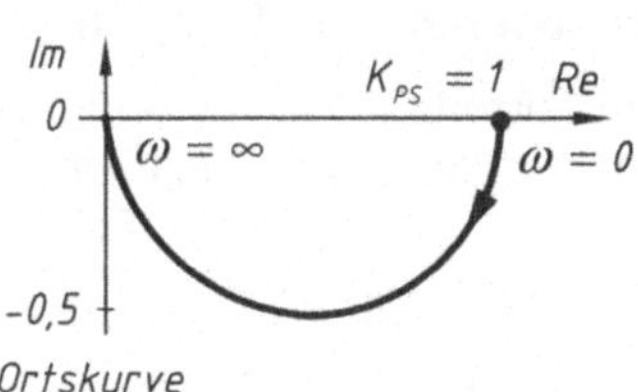

Ortskurve

also

$$\text{Re}(\underline{G}) = \frac{1}{1+\omega^2 0{,}01s^2}$$
$$\text{Im}(\underline{G}) = -\frac{\omega 0{,}1s}{1+\omega^2 0{,}01s^2}.$$

Damit lässt sich die Ortskurve konstruieren.

Um das Bode-Diagramm zeichnen zu können, wird der Betrag und der Winkel benötigt:

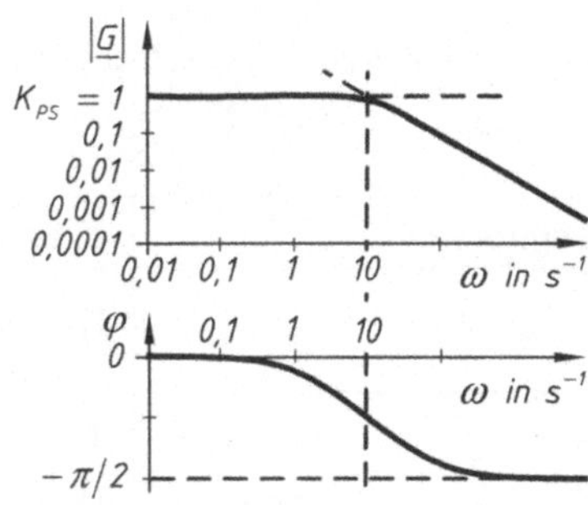

Bode-Diagramm

$$|\underline{G}| = \sqrt{[\text{Re}(\underline{G})]^2 + [\text{Im}(\underline{G})]^2}$$
$$= \sqrt{\left[\frac{1}{1+\omega^2 0{,}01s^2}\right]^2 + \left[\frac{\omega 0{,}1s}{1+\omega^2 0{,}01s^2}\right]^2}$$
$$= \frac{1}{\sqrt{1+\omega^2 0{,}01s^2}}$$

$$\varphi = -\arctan(\omega \cdot 0{,}1s)$$

Weitere Beispiele für PT_1-Strecken

Feder mit Dämpfung (ohne Masse)	**Stoffbahn**
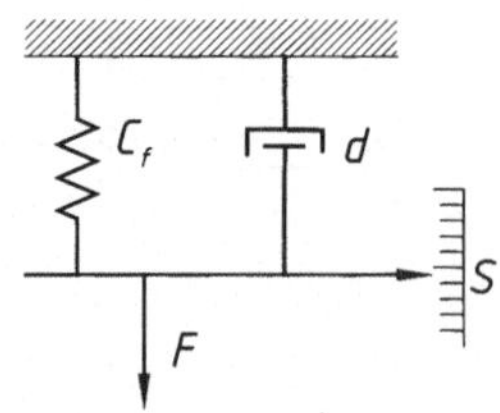 Feder mit Dämpfung und vernachlässigbar kleiner Masse. $s = \frac{F}{c_f}\left(1 - e^{-t \cdot T_1}\right)$ mit $T_1 = \frac{d}{c_f}$	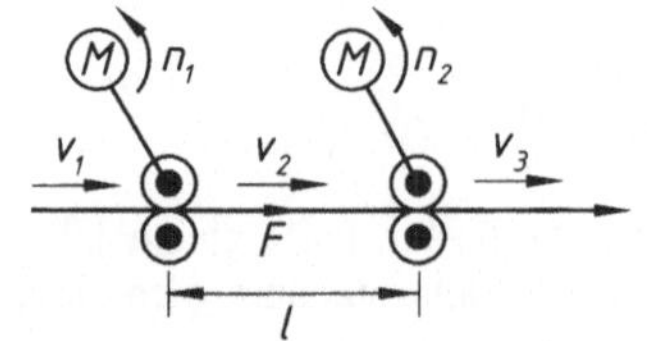 Regelung des Bandzuges einer Stoffbahn zwischen zwei angetriebenen Klemmstellen bei $v_1 \approx v_2 \approx v_3 =: v$. $F = \frac{\varepsilon \cdot v_{\text{nenn}} \cdot \Delta n}{v \cdot F_{\text{nenn}}}\left(1 - \mathrm{e}^{-\frac{t}{T}}\right)$ mit $T = \frac{1}{v}$ und $\Delta n = n_2 - n_1$

Regelstrecken mit Totzeit (T_t-Strecken)

Bei einem Totzeitglied ist die Sprungantwort x um die Totzeit T_t gegenüber y verschoben.

$$x(t) = \begin{cases} 0 & \text{für } t \le T_t \\ K_s \cdot y & \text{für } t > T_t \end{cases} \qquad 18)$$

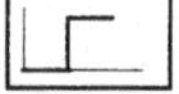

Bild 7-28 Blocksymbol einer T_t-Strecke

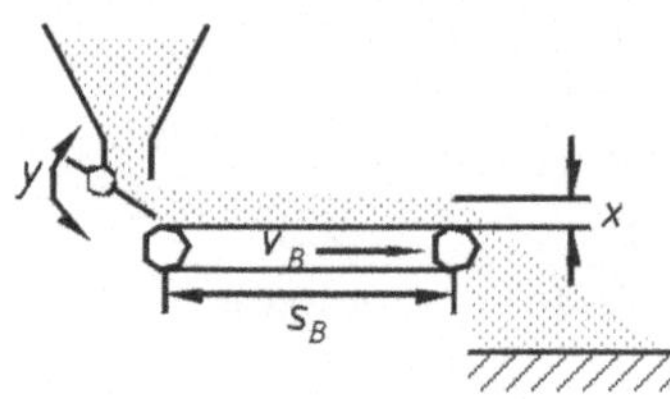

Bild 7-29 PT_t-Strecke

Sprungantwort	**Frequenzgang**	**Bode-Diagramm**
Bild 7-30 Sprungantwort bei einer PT_t-Strecke	Es lässt sich zeigen, dass für den Frequenzgang gilt $\underline{G}(\mathrm{j}\omega) = \mathrm{e}^{-\mathrm{j}\omega T_t}$ Damit ergibt sich die Ortskurve. **Bild 7-31** Ortskurve einer T_t-Strecke	Mit $\lvert\underline{G}\rvert = 1$ und $\varphi = -\omega T_t$ ergibt sich das Bode-Diagramm. **Bild 7-32** Bode-Diagramm einer T_t-Strecke

Diagnose der Regelstrecke

Das Studium der zu regelnden Anlage ist sowohl für den Regeltechniker als auch für den Anwender eine besonders wichtige Aufgabe.

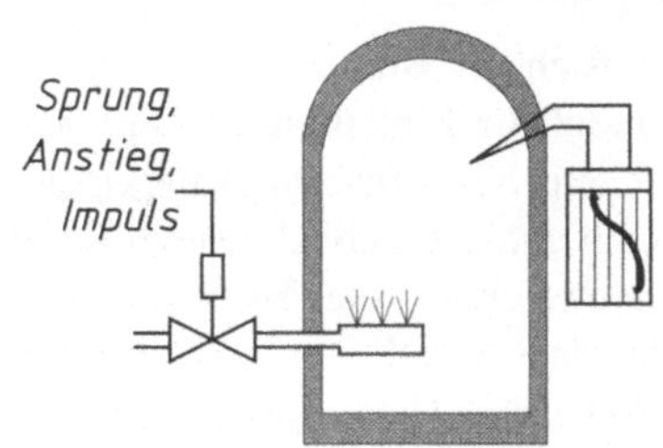

Bild 7-33 Die Aufnahme der Sprungantwort liefert die Diagnose

Folgende Fragen helfen, die richtige Diagnose zu finden:

- Wie antwortet die Strecke auf einen Eingangssprung, einen Eingangsanstieg und einen Eingangsimpuls?
- Sind Totzeiten vorhanden, und wie können diese gegebenenfalls verringert werden? Ist es beispielsweise möglich, den Abstand zwischen Messglied und Stellglied klein zu halten? Können Messglieder mit kleinen Ansprechzeiten eingesetzt werden?
- Strebt die Regelgröße nach der Eingangsänderung einem neuen Beharrungswert zu, und hat die Strecke somit einen selbstregulierenden Charakter?
- Neigt die Strecke zur Instabilität oder gar zur Schwingung?

7.4 Regler

Controllers

In einem Modell kann man die Strecke als „Patient" und den Regelungstechniker als „Arzt" ansehen. Die „Diagnose" in Form der Klassifizierung und Parameteridentifizierung der Strecke ist geschehen. Nun interessiert die Frage, welche Mittel zur „Therapie" zur Verfügung stehen. Oder: Welche Typen von Reglern gibt es?

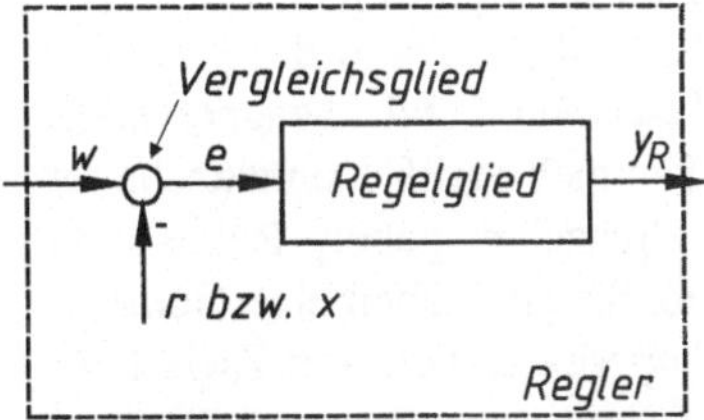

Bild 7-34 Funktionsblöcke eines Reglers

Einteilung der Regler

Diese Übersicht in Bild 7-35 beschreibt nur eine mögliche Einteilung der Grundtypen. Weitere Klassifizierungsmerkmale sind möglich und auch üblich. Beeinflusst die Regelabweichung die Stellgröße direkt, so handelt es sich um einen Regler ohne *Hilfsenergie.* Diese kostengünstige Anordnung ist nur für kleine Stellleistungen, -kräfte und -geschwindigkeiten geeignet.

Unstetige Regler üben die Stellfunktion in einer Folge von Energieimpulsen, von Einwirkzeiten mit festliegender Energiehöhe jedoch begrenzter Einwirkdauer aus Sie werden auch *schaltende Regler* genannt und sind im technischen Alltag sehr häufig eingesetzt.

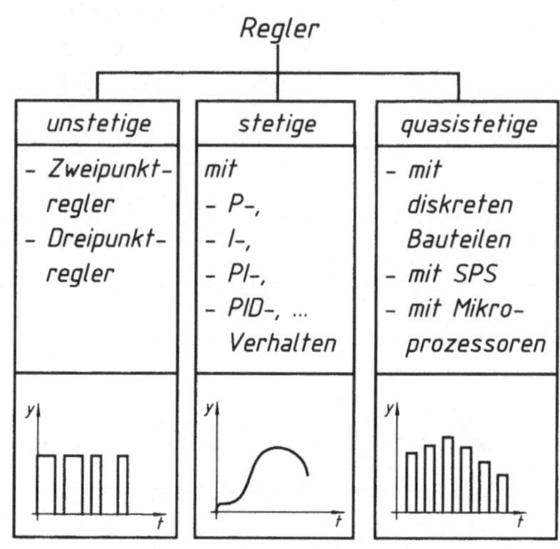

Bild 7-35 Einteilung von Reglern

Unstetige Regler sind normalerweise weniger aufwändig im Aufbau und in der Wartung als stetige. *Stetigkeit* im allgemeinen Sinne kennzeichnet den *kontinuierlichen* Verlauf eines Prozesses, einer Handlung, einer Änderung. *Unstetigkeit* dagegen kennzeichnet einen Verlauf, der sich *in Schritten* vollzieht.

Unstetige Regler am Beispiel des Zweipunktreglers

Die in der Hausgeräte- und Heizungstechnik dominierenden Zweipunktregler weisen nur zwei Werte der Stellgröße auf, die Werte *Ein* und *Aus*. Kennzeichnend für ein derartiges Stellverhalten sind die Stellglieder Kontaktschalter und Magnetventil. Unter den Sammelbegriff Kontaktschalter fallen hier Grenzsignalgeber, Relais und Schaltschütze. Sie alle haben eine Gemeinsamkeit: sie operieren nicht mit Zwischenstellungen. Zweipunktregler sind billig und anspruchslos. Nachteilig ist der stoßartige Betrieb mit dem sprunghaften Einschalten der vollen Höhe der Stellenenergie sowie das unvermeidbare Schwanken des Istwertes um den Sollwert. Der Zweipunktregler schaltet nicht zum selben Wert der Regelgröße ein oder aus. Die Differenz der Werte der Eingangsgröße, bei denen sich die Ausgangsgröße ändert, nennt man Schaltdifferenz x_{sd}.

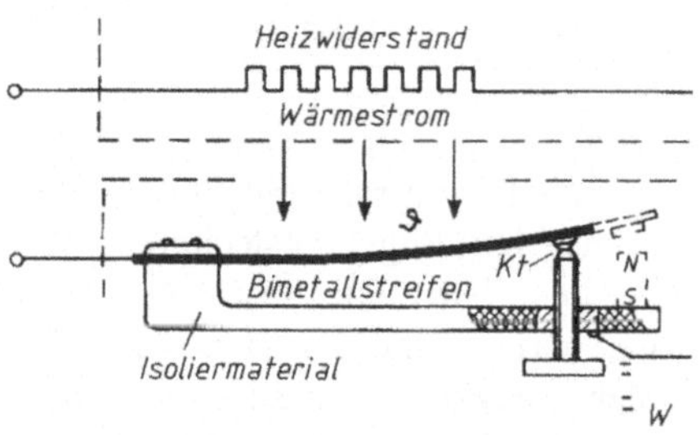

Bild 7-36 Bimetallschalter als Zweipunktregler

Trägheit und Beharrungsvermögen führen bei umkehrbaren Vorgängen oft dazu, dass zwischen dem zurück schreitenden und dem vorwärts schreitenden Teil des Gesamtvorganges eine Differenz entsteht, obwohl der geometrische Verlauf zumindest Ähnlichkeit aufweist.

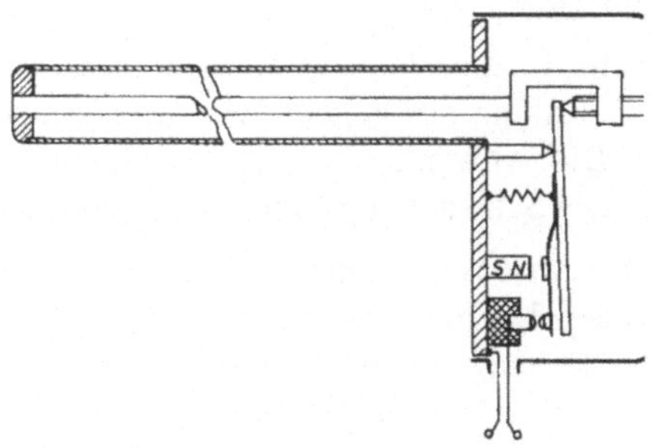

Bild 7-37 Stab-Temperaturregler

Das bekannteste Beispiel hierfür ist der Ummagnetisierungsvorgang mit der Richtungsumkehr im Wechselstrom. Dabei ist der Hystereseverlust durch die Größe der umschriebenen Fläche gekennzeichnet.

Bei unstetigen Reglern entsteht die Hysterese durch die Umkehr des Schaltvorganges. Sie ist die richtungsbedingte Differenz der Eingangssignale, bei denen das Ausgangssignal von Ein nach Aus und von Aus nach Ein springt.

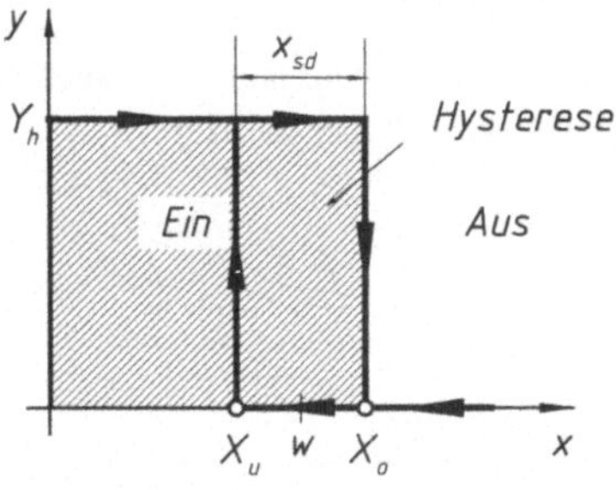

Bild 7-38 Kennlinie eines Zweipunktreglers

Je größer die geregelte Last ist, umso stärker wirkt sich beim Ein-Aus-Verfahren der stoßartige Betrieb aus. Für die Schalteinrichtung bedeutet das ein häufiges Einschalten der vollen Last und für die Regelgröße eine große Schwankungsbreite.

Bei großen Anlagen ist es vorteilhaft, nur den für die Lastschwankung vorausschaubar in Betracht kommenden Anteil im Zweipunktverfahren zu regeln und den größten Anteil der Last als Grundlast einfach durchlaufen zu lassen.

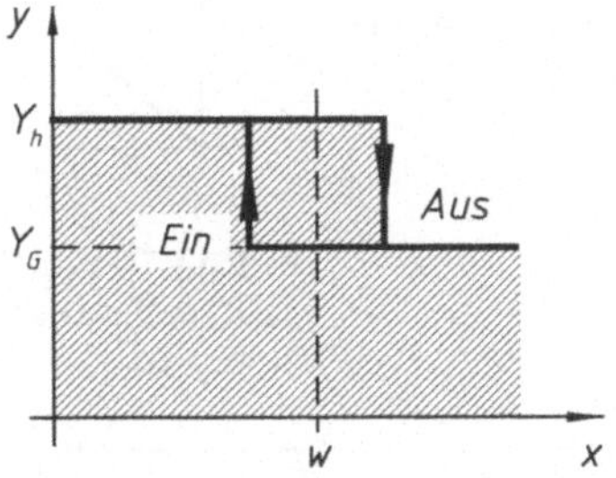

Bild 7-39 Zweipunktregler mit Grundlast

Wichtig ist dabei die Wahl des Anteils der Grundlast. Wählt man diesen Anteil zu groß, so können größere Störungen nicht mehr ausgeregelt werden. Bei zu kleiner Grundlast entfällt weitgehend der beabsichtigte Effekt.

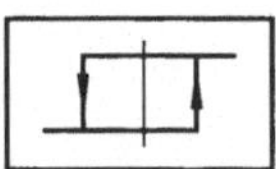

Bild 7-40 Blocksymbol eines Zweipunktreglers

Stetige Regler

Praktische Technik ist stets ein Kompromiss zwischen der Forderung nach höchster Präzision in der Erfüllung der gegebenen Aufgabe und dem wirtschaftlich vertretbaren Maß des Aufwands. Die Anwendung einer unstetigen Regelung ist immer eine derartige Kompromisslösung. Die Schwankungsbreite wird innerhalb der vertretbaren Grenzen hingenommen.

Nach der Art des regelnden Eingreifens unterscheiden sich die stetigen Regler in grundlegender Weise. Da gibt es zum Beispiel eine Gruppe, die sehr schnell auf jede Änderung in der Strecke reagiert, dabei jedoch keine höchste Präzision in der Erreichung des Sollwertes erzielt. Eine andere Gruppe benötigt eine verhältnismäßig große Operationszeit, um dann aber auch ein sehr genaues Resultat zu bringen. Optimale Ergebnisse lassen sich oft nur durch die Kombination der Arten unter Inkaufnahme eines beträchtlichen gerätetechnischen Aufwandes erzielen.

Regler mit P-Verhalten

Der mathematisch einfachste Regler besitzt eine Stellgröße y, die mit dem Proportionalitätsfaktor K_{PR} proportional zur Regeldifferenz e ist:

$$y = K_{PR} \cdot e \qquad (19)$$

Übertragungsbeiwert		**Blocksymbol**
Der Proportionalitätsfaktor K_{PR} ist der Übertragungsbeiwert. Er kann aus der Steigung der Kennlinie bestimmt werden. $K_{PR} = \dfrac{\Delta y}{\Delta e}$	 **Bild 7-41** Kennlinie eines P-Reglers	Als Blocksymbol für den Wirkungsplan ist die Darstellungen aus Bild 7-42 gebräuchlich. **Bild 7-42** Blocksymbole für P-Regler

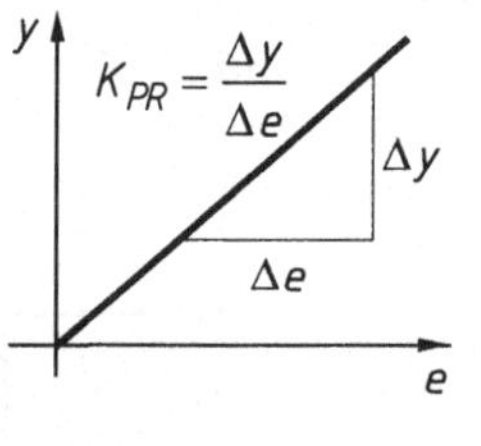

Sprungantwort	**Frequenzgang**	**Bode-Diagramm**
Auf Grund des einfachen mathematischen Zusammenhangs lässt sich die Sprungantwort eines P-Reglers leicht angeben (Bild 7-43). 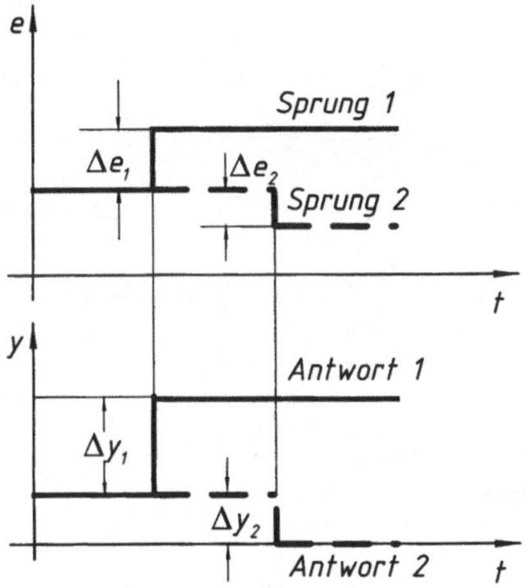 $K_{PR} = \frac{\Delta y_1}{\Delta e_1} = \frac{\Delta y_2}{\Delta e_2}$ **Bild 7-43** Sprungantwort eines P-Reglers	Es lässt sich zeigen, dass für den Frequenzgang eines P-Reglers gilt $\underline{G}(\mathrm{j}\omega) = K_{PR}$ (20) Damit ergibt sich die Ortskurve (Bild 7-45). Sie ist zu einem Punkt entartet. 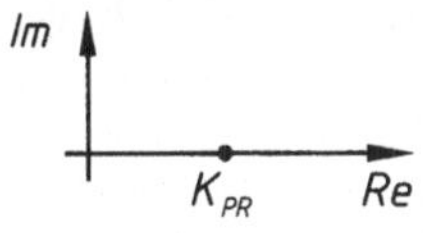 **Bild 7-44** Ortskurve eines P-Reglers	Weil für den Betrag der Frequenzantwort $\lvert\underline{G}\rvert = K_{PR}$ und für die Phasenverschiebung $\varphi = 0$ gilt, ergibt sich das Bode-Diagramm (Bild 7-45). 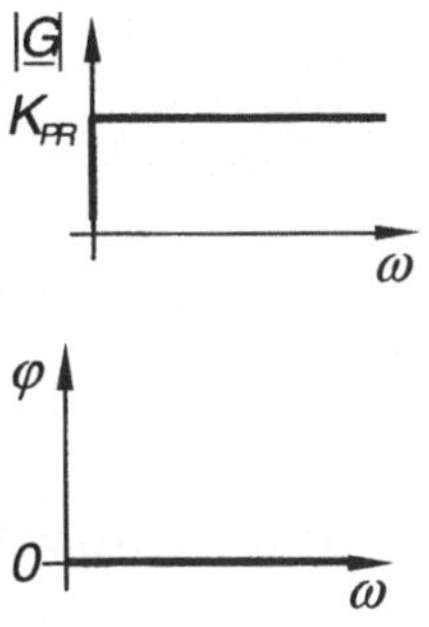 **Bild 7-45** Bode-Diagramm eines P-Reglers

Der klassische Regler mit P-Verhalten ist der von *James Watt* zuerst angewendete Fliehkraftregler. Die Regelgröße ist die geradlinige Hubbewegung der Gleithülse. Zwischen beiden besteht eine feste Beziehung. Jeder Wellendrehzahl entspricht eine bestimmte Lage der Fliehkraftpendel und dieser wiederum eine ganz bestimmte Stellung der Gleithülse.

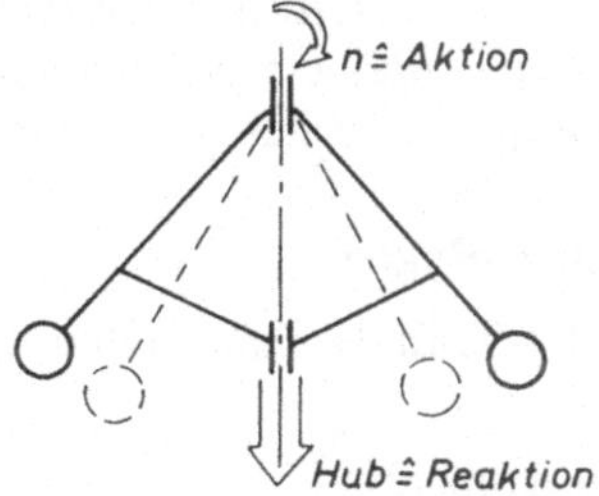

Bild 7-46 P-Regler von James-Watt

Proportionalbereich/Stellbereich

Jeder P-Regler arbeitet nur in einem gewissen Bereich proportional. Dies wird deutlich bei der Niveauregelung (Bild 7-47 und Bild 7-48).

Der Bereich des Niveaustandes, der durchfahren werden muss, um den Schieber zwischen den Stellungen *geschlossen* und *voll geöffnet* zu bewegen, ist der Proportionalbereich X_P. Innerhalb dieses Bereiches ändert sich die Stellgröße (Stellbereich Y_h) proportional zur Änderung der Regelgröße.

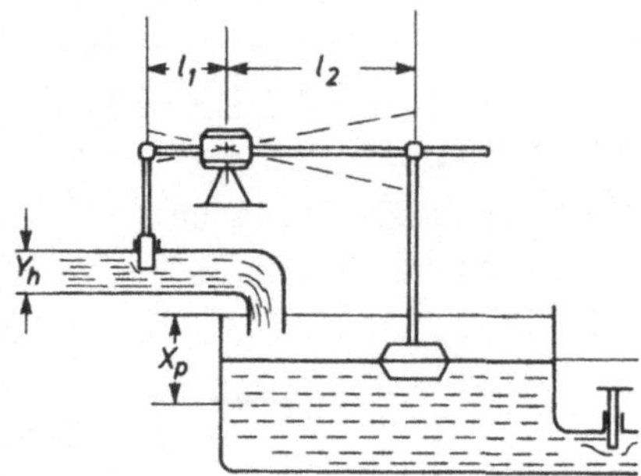

Bild 7-47 Niveauregelung mit großem Proportionalbereich

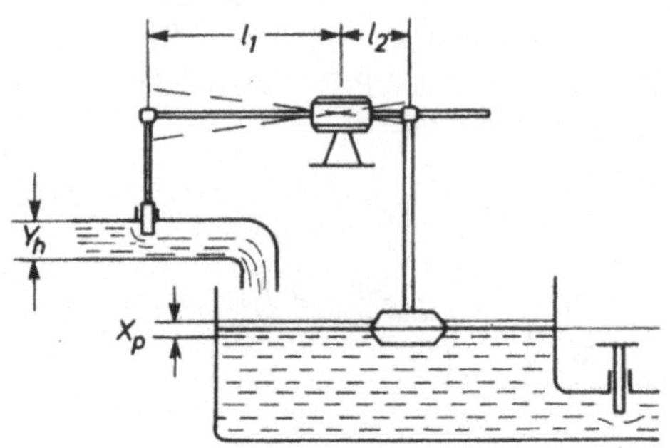

Bild 7-48 Niveauregelung mit kleinem Proportionalbereich

Bei großem Proportionalbereich greift der Regler schwach ein.

Bei kleinem Proportionalbereich greift der Regler stark ein.

Sind der Proportionalbereich X_P bzw. der Stellbereich Y_h bekannt bzw. durch die Regelaufgabe vorgegeben, so kann der Übertragungsbeiwert K_{PR} berechnet werden durch

$$K_{PR} = \frac{Y_h}{X_p} \qquad (21)$$

Bleibende Regelabweichung

Der P-Regler benötigt aufgrund der Beschreibungsgleichung $y = K_{PR} \cdot e$ eine Regel*differenz e*. Eine Stör- oder Führungsgröße, die in der Regelstrecke eine Regeldifferenz hervorruft, kann mit dem P-Regler nicht vollständig ausgeregelt werden. Diese so genannte *bleibende Regelabweichung* ist ein Nachteil des P-Reglers. Sie kann zwar durch Wahl eines großen K_{PR} klein gemacht werden, jedoch kann K_{PR} nicht beliebig erhöht werden, da sonst der Regler instabil wird.

Weitere Beispiele für P-Regler

In Bild 7-49 und Bild 7-50 findet man weitere Beispiele für P-Regler.

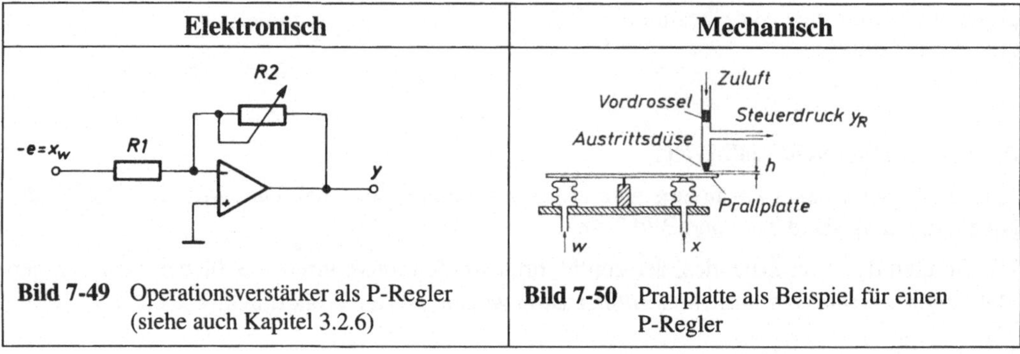

Bild 7-49 Operationsverstärker als P-Regler (siehe auch Kapitel 3.2.6)

Bild 7-50 Prallplatte als Beispiel für einen P-Regler

Regler mit I-Verhalten

Beim Regler mit I-Verhalten ist die Stellgröße proportional zur Fläche, welche die Regeldifferenz e in einer bestimmten Zeitspanne t bildet.

Für konstante Regeldifferenzen gilt die vereinfachte Formel

$$y = K_{IR} \cdot e \cdot t \tag{22}$$

$K_{IR} \cdot t$ ist der Übertragungsbeiwert K. Er wächst für $t \to \infty$ über alle Grenzen. Als Sprungantwort erhält man daher Bild 7-52.

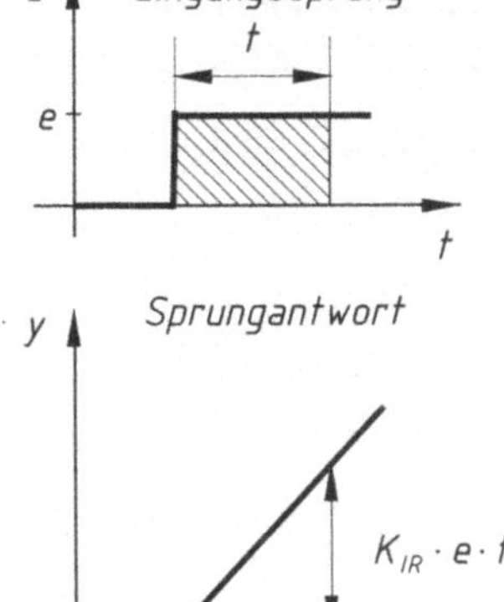

Bild 7-51 Sprungantwort eines I-Reglers

Frequenzgang	Bode-Diagramm
Es lässt sich zeigen, dass für den Frequenzgang des I-Reglers gilt $$\underline{G}(j\omega) = \frac{K_{IR}}{j\omega} = -j\frac{K_{IR}}{\omega}. \tag{23}$$ Die Funktion ist rein imaginär, d. h. die Ortskurve sieht wie Bild 7-52 aus. 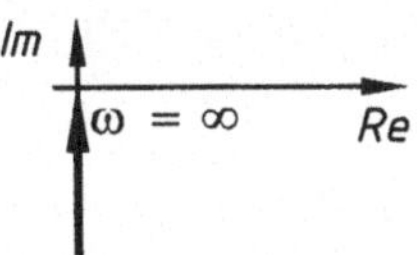 **Bild 7-52** Frequenzgang eines I-Reglers	Mit dem Betrag des Frequenzganges $$\lvert\underline{G}\rvert = \frac{K_{IR}}{\omega}$$ und der Phasenverschiebung φ mit $$\tan(\varphi) = \frac{\mathrm{Im}(\underline{G})}{\mathrm{Re}(\underline{G})} \to -\infty$$ $$\Rightarrow \varphi = -\frac{p}{2}$$ ergibt sich das Bode-Diagramm (Bild 7-53). 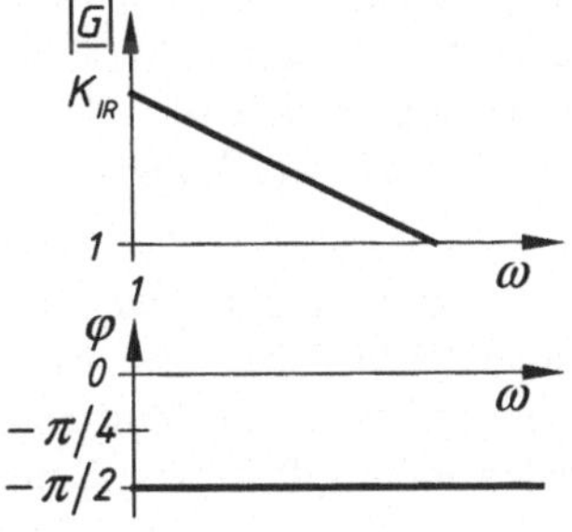 **Bild 7-53** Bode-Diagramm eines I-Reglers
Blocksymbol	
Als Blocksymbol für den ist die Darstellung aus Bild 7-55 gebräuchlich. 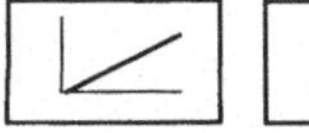 **Bild 7-54** Blocksymbol für I-Regler	

Beispiele für I-Regler

In Bild 7-55 und Bild 7-56 findet man Beispiele für I-Regler.

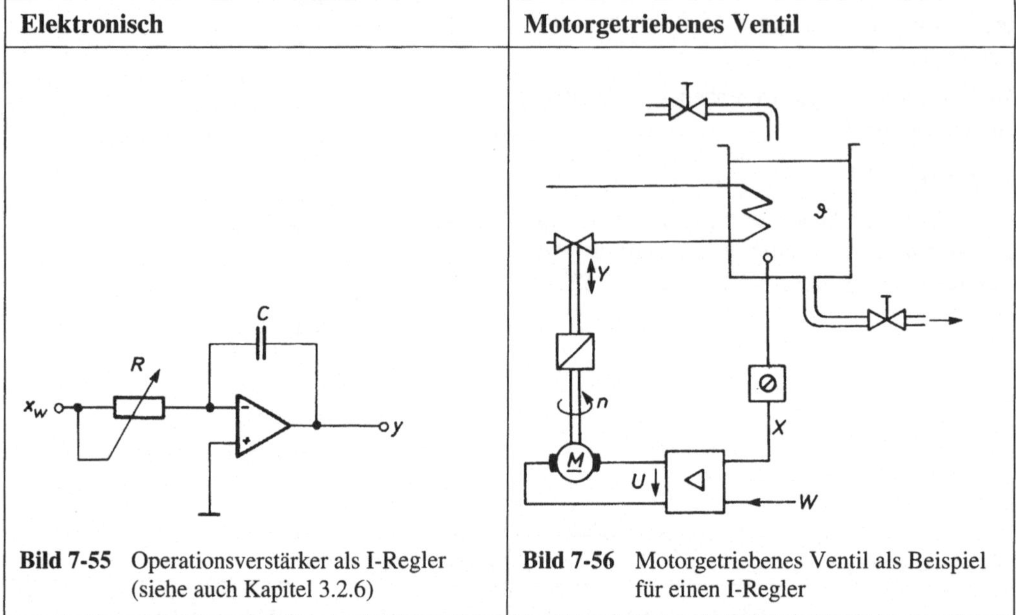

Bild 7-55 Operationsverstärker als I-Regler (siehe auch Kapitel 3.2.6)

Bild 7-56 Motorgetriebenes Ventil als Beispiel für einen I-Regler

Regler mit D-Verhalten

Beim Regler mit D-Verhalten ist die Stellgröße proportional zur *Änderungsgeschwindigkeit* v_e der Regeldifferenz *e*. Für diese Geschwindigkeit gilt $v_e = \Delta e / \Delta t$. Deshalb gilt:

$$y = K_{DR} \cdot \frac{\Delta e}{\Delta t} , \qquad (24)$$

wobei K_{DR} der Übertragungsbeiwert ist.

Bei einem Eingangssprung ist die Änderungsgeschwindigkeit nur bei $t = 0$ von Null verschieden, d. h., es ergibt sich die *ideale* Sprungsantwort (Bild 7-57) als Impuls der Breite 0.

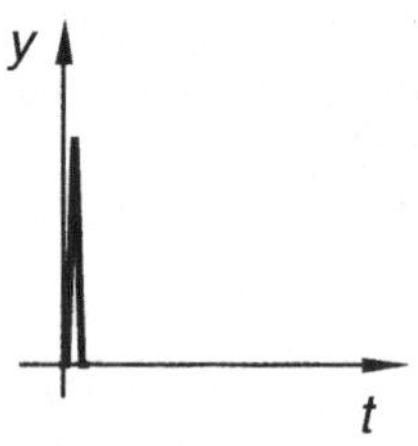

Bild 7-57 Ideale Sprungantwort eines D-Reglers

In der Realität ergibt sich aber immer eine „abgerundete" Kurve (Bild 7-58). Ein Maß für die Steilheit des Abfalls ist die Zeitkonstante T_D. Im idealen Falle gilt für die Zeitkonstante $T_D = 0$.

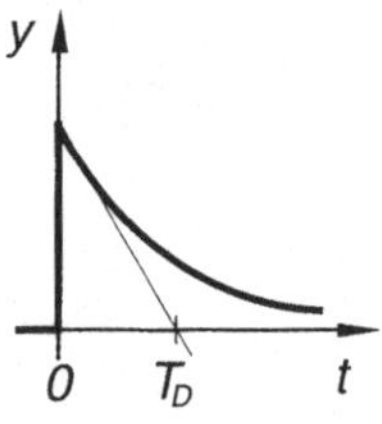

Bild 7-58 Reale Sprungantwort eines D-Reglers

Der Vorteil des D-Reglers liegt im schnellen Reagieren, da er änderungsgeschwindigkeitsabhängig ist.

Frequenzgang

Es lässt sich zeigen, dass für den Frequenzgang des D-Reglers gilt

$$\underline{G}(\mathrm{j}\omega) = \mathrm{j} \cdot \omega \cdot K_{\mathrm{DR}} \,. \qquad (25)$$

Die Funktion ist rein imaginär, d. h. die Ortskurve sieht wie in Bild 7-59 aus.

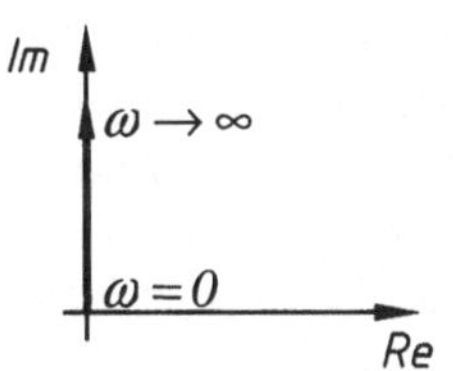

Bild 7-59 Frequenzgang eines D-Reglers

Blocksymbol

Als Blocksymbol für den Wirkungsplan ist die Darstellung aus Bild 7-62 gebräuchlich.

Bild 7-61 Blocksymbol für D-Regler

Bode-Diagramm

Mit dem Betrag des Frequenzganges

$$|\underline{G}| = \omega \cdot K_{\mathrm{DR}}$$

und der Phasenverschiebung φ mit

$$\tan(\varphi) = \frac{\mathrm{Im}(\underline{G})}{\mathrm{Re}(\underline{G})} = \frac{\omega \cdot K_{\mathrm{DR}}}{0} \rightarrow \infty$$

$$\Rightarrow \varphi = \frac{\pi}{2}$$

ergibt sich das Bode-Diagramm (Bild 7-60).

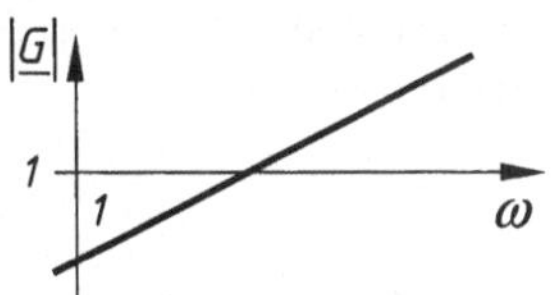

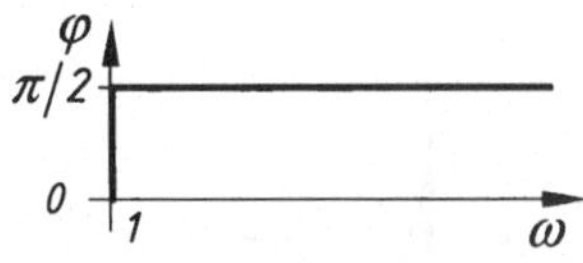

Bild 7-60 Bode-Diagramm eines D-Reglers

Zum Einsatz eines Operationsverstärker als D-Glied siehe auch Kapitel 3.2.6.

Regler mit PID-Verhalten

Regler mit PID-Verhalten vereinigen die Vorteile des P-Gliedes (Genauigkeit), des I-Gliedes (keine bleibende Regelabweichung) und des D-Gliedes (Schnelligkeit). Sie sind aber schwerer zu handhaben. Der PID-Regler wird gebildet aus einer Parallelschaltung von P-, I- und D-Regler (Bild 7-62).

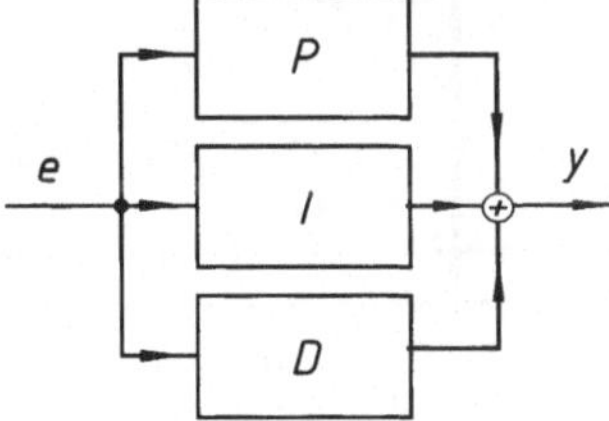

Bild 7-62 PID-Regler als Parallelschaltung

Die Gleichung für die Sprungantwort lässt sich mit den Formeln (19), (22)und (24) herleiten aus

$$y = y_{\mathrm{P}} + y_{\mathrm{I}} + y_{\mathrm{D}} = K_{\mathrm{PR}} \cdot e + K_{\mathrm{IR}} \cdot e \cdot t + K_{\mathrm{DR}} \cdot \frac{e}{t} = K_{\mathrm{PR}} \cdot \left[1 + \frac{K_{\mathrm{IR}}}{K_{\mathrm{PR}}} \cdot t + \frac{K_{\mathrm{DR}}}{K_{\mathrm{PR}} \cdot t} \right] \cdot e$$

mit den Abkürzungen

$$\frac{K_{\mathrm{PR}}}{K_{\mathrm{IR}}}=T_{\mathrm{n}} \quad \text{und} \quad \frac{K_{\mathrm{DR}}}{K_{\mathrm{PR}}}=T_{\mathrm{v}} \qquad (26) \text{ und } (27)$$

gilt

$$y=K_{\mathrm{PR}}\cdot\left[1+\frac{1}{T_{\mathrm{n}}}\cdot t+\frac{T_{\mathrm{v}}}{t}\right]\cdot e\,. \qquad (28)$$

T_{n} wird Nachstellzeit und T_{v} wird Vorhaltezeit genannt.

Dabei ist T_{n} diejenige Zeitspanne (Bild 7-63), welche bei der Sprungantwort benötigt wird, um auf Grund der I-Wirkung eine gleich große Stellgrößenänderung zu erreichen, wie sie infolge des P-Anteils entsteht. Und T_{v} ist diejenige Zeitspanne, um welche die Anstiegsantwort eines PD-Reglers einen bestimmten Wert der Stellgröße früher erreicht, als er infolge seines P-Anteils alleine erreichen würde.

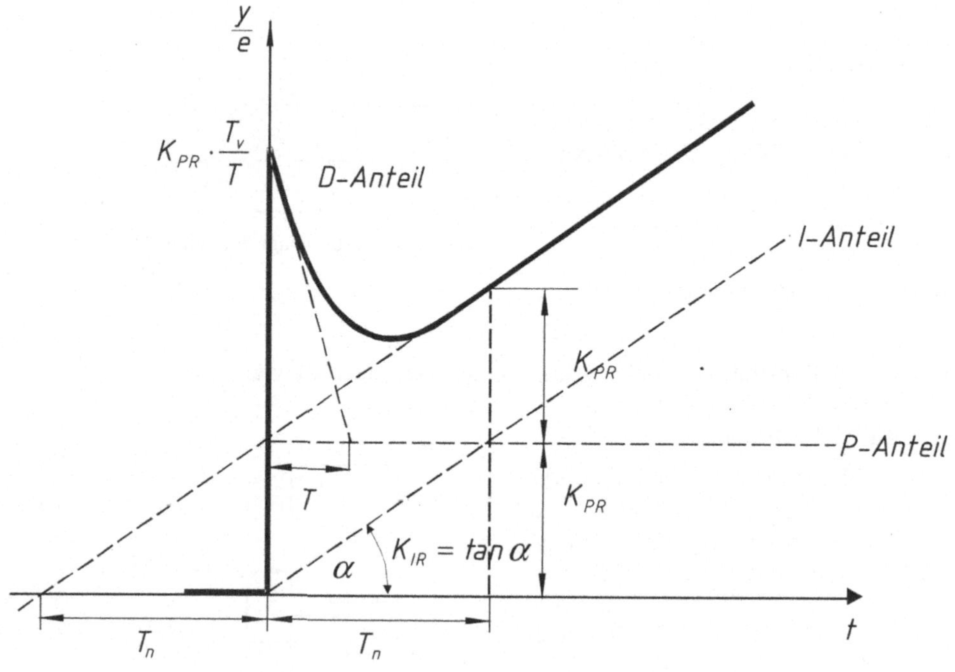

Bild 7-63 Übergangsfunktion eines PID-Reglers (real)

Frequenzgang	**Bode-Diagramm**
Es lässt sich zeigen, dass für den Frequenzgang des PID-Reglers gilt	Mit Betrag des Frequenzganges

$$\underline{G}(\mathrm{j}\omega) = \underline{G}_{\mathrm{P}} + \underline{G}_{\mathrm{I}} + \underline{G}_{\mathrm{D}}$$
$$= K_{\mathrm{PR}} - \mathrm{j}\frac{K_{\mathrm{IR}}}{\omega} + \mathrm{j}\omega K_{\mathrm{DR}}$$
$$= K_{\mathrm{PR}}\left[1 + \mathrm{j}\left(\frac{K_{\mathrm{DR}}}{K_{\mathrm{PR}}}\omega - \frac{K_{\mathrm{IR}}}{K_{\mathrm{PR}}}\cdot\frac{1}{\omega}\right)\right]$$

Und mit den Abkürzungen von oben gilt

$$\underline{G}(\mathrm{j}\omega) = K_{\mathrm{PR}}\left[1 + \mathrm{j}\left(T_{\mathrm{v}}\omega - \frac{1}{T_{\mathrm{n}}\omega}\right)\right]. \quad (29)$$

Da der Realteil konstant ist, ergibt sich eine Parallele zur *Im*-Achse als Ortskurve (Bild 7-64), welche die *Re*-Achse bei K_{PR} schneidet.

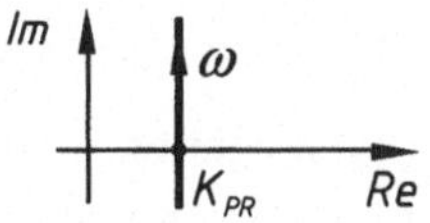

Bild 7-64 Frequenzgang eines PID-Reglers

Blocksymbol

Als Blocksymbol für den Wirkungsplan ist die Darstellung aus Bild 7-65 gebräuchlich.

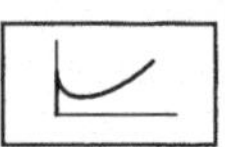
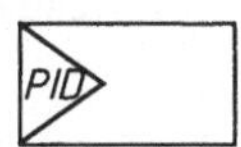

Bild 7-65 Blocksymbol für PID-Regler

Bode-Diagramm

Mit Betrag des Frequenzganges

$$|\underline{G}(\mathrm{j}\omega)| = K_{\mathrm{PR}}\sqrt{\left[1 + \left(T_{\mathrm{v}}\omega - \frac{1}{T_{\mathrm{n}}\omega}\right)\right]^2}$$

und Phasenverschiebung φ mit

$$\tan(\varphi) = \frac{\mathrm{Im}(\underline{G})}{\mathrm{Re}(\underline{G})} = T_{\mathrm{v}}\omega - \frac{1}{T_{\mathrm{n}}\omega} \quad (30)$$

$$\Rightarrow \varphi = \arctan\left(T_{\mathrm{v}}\omega - \frac{1}{T_{\mathrm{n}}\omega}\right)$$

ergibt sich das Bode-Diagramm (Bild 7-66).

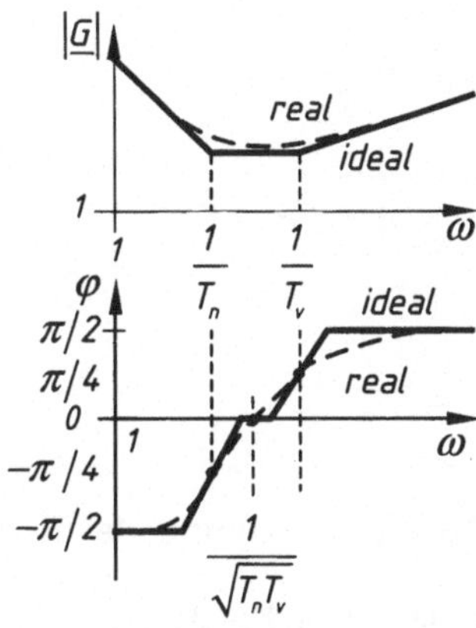

Bild 7-66 Bode-Diagramm eines PID-Reglers

Beispiele für PID-Regler

In Bild 7-67 und Bild 7-68 findet man Beispiele für PID-Regler.

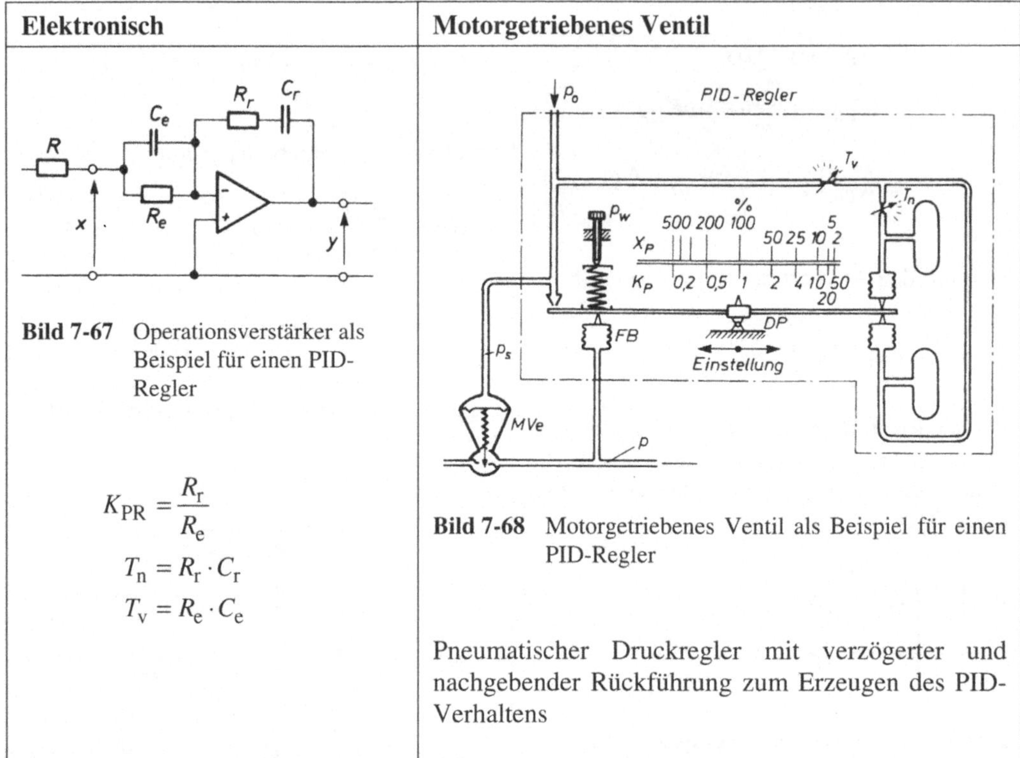

Bild 7-67 Operationsverstärker als Beispiel für einen PID-Regler

$$K_{PR} = \frac{R_r}{R_e}$$

$$T_n = R_r \cdot C_r$$

$$T_v = R_e \cdot C_e$$

Bild 7-68 Motorgetriebenes Ventil als Beispiel für einen PID-Regler

Pneumatischer Druckregler mit verzögerter und nachgebender Rückführung zum Erzeugen des PID-Verhaltens

Beispiel für die Berechnung der Kenngrößen eines PID-Reglers

Ein PID-Regler hat die Konstanten $K_{IR} = 5\,s^{-1}$, $K_{PR} = 0{,}255$ s, $K_{DR} = 1{,}25$ ms . Die zugehörigen Kenngrößen sollen berechnet werden.

Lösung

Mit $T_V = \frac{K_{DR}}{K_{PR}} = \frac{1{,}25\,\text{ms}}{0{,}225} = 5{,}56$ ms und $T_n = \frac{K_{PR}}{K_{IR}} = \frac{0{,}225\,\text{s}}{5} = 45$ ms erhält man.

für die Übergangsfunktion $h(t)$ mit Formel (28):

$$h(t) = \frac{y}{e} = K_{PR}\left[1 + \frac{1}{T_n}\cdot t + \frac{T_V}{t}\right] = 0{,}225 \cdot \left[1 + \frac{1}{45\,\text{ms}}\cdot t + \frac{5{,}56\,\text{ms}}{t}\right].$$

für den Frequenzgang $\underline{G}(j\omega)$ mit Formel (29):

$$\underline{G}(j\omega) = K_{PR}\left[1 + j\left(T_V\omega - \frac{1}{T_n\omega}\right)\right] = 0{,}225\left[1 + j\left(5{,}56\,\text{ms}\cdot\omega - \frac{1}{45\,\text{ms}\cdot\omega}\right)\right]$$

für den Realteil des Frequenzgangs $\text{Re}(\underline{G}(j\omega))$ mit Formel (29):

$$\mathrm{Re}\left(\underline{G}(\mathrm{j}\omega)\right) = K_{\mathrm{PR}} \cdot 1 = 0{,}225$$

für den Imaginärteil $\mathrm{Im}\left(\underline{G}(\mathrm{j}\omega)\right)$ des Frequenzgangs mit Formel (29):

$$\mathrm{Im}\left(\underline{G}(\mathrm{j}\omega)\right) = K_{\mathrm{PR}} \cdot \left(T_{\mathrm{v}}\omega - \frac{1}{T_{\mathrm{n}}\omega}\right) = 0{,}225 \cdot \left(5{,}56\,\mathrm{ms} \cdot \omega - \frac{1}{45\,\mathrm{ms} \cdot \omega}\right)$$

für die Phasenverschiebung φ nach Formel (30):

$$\mathrm{an}(\varphi) = \frac{\mathrm{Im}(\underline{G})}{\mathrm{Re}(\underline{G})} = \frac{0{,}225 \cdot \left(5{,}56\,\mathrm{ms} \cdot \omega - \frac{1}{45\,\mathrm{ms} \cdot \omega}\right)}{0{,}225} = 5{,}56\,\mathrm{ms} \cdot \omega - \frac{1}{45\,\mathrm{ms} \cdot \omega}$$

Quasistetige Regler

Bisher wurden analoge Regler vorgestellt. Eine Ausnahme bildeten die Zwei- bzw. Dreipunkt-Regler. Eine andere immer mehr an Bedeutung gewinnende Gruppe von Reglern wird als digitale oder quasistetige Regler bezeichnet (Bild 7-69). Hierbei wird der Regler durch eine elektronische Schaltung, einen Mikroprozessor, eine SPS oder einen Computer ersetzt. Das Verhalten des Reglers bestimmt ein Programm. Dadurch ergeben sich eine Reihe von Vorteilen. Durch die Programmsteuerung ist das Reglerverhalten beliebig einstellbar. Es lässt sich sogar zu verschiedenen Regelphasen ein jeweils unterschiedliches Programm fahren, das z. B. in der Anfahrphase den I-Anteil erhöht, um möglichst schnell zur Führungsgröße zu gelangen.

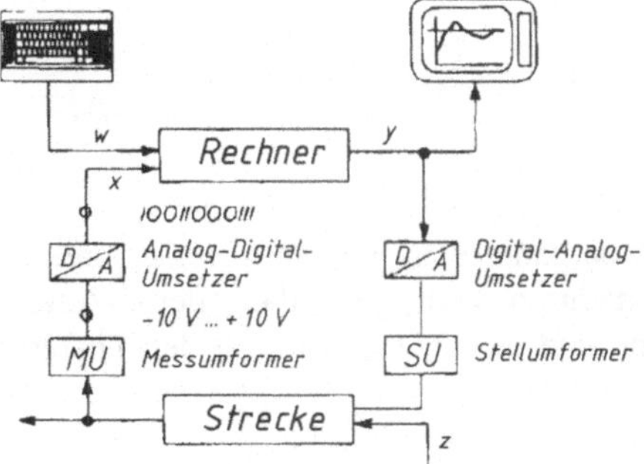

Bild 7-69 Computergesteuerte Regelung

Auch ist ein beliebiger Verlauf der Regelgröße einstellbar, welcher der Regelaufgabe angemessener ist. Dadurch, dass das Reglerverhalten als Software vorliegt, ist es leicht änderbar, da einfach nur das Programm ausgetauscht werden muss. Umbauarbeiten entfallen.

Durch den Einsatz von Computern ist die Möglichkeit der Vernetzung gegeben, sodass die Prozesse bzw. Daten von Ferne abgefragt oder beeinflusst werden können. Auch die Verbindung und gegenseitige Beeinflussung von Regelkreislaufen wie sie z. B. bei chemischen Prozessen oft auftreten, ist jetzt möglich. Die oft hohen Investitionskosten verlieren gegenüber den Vorteilen ständig an Bedeutung.

Idee der Programmierung

Über den Analog-Digital-Umsetzer bekommt der Rechner eine Folge von Ist-Werten *x(kT),* dabei ist *k* die Nummer des Wertes und *T* die Abtastzeit. Im Rechner gespeichert ist die Formel für die Führungsgröße w*(kT).* Im einfachsten Fall ist diese eine Konstante, aber auch Funktionen sind möglich. Daraus kann für jeden Zeitpunkt die Regeldifferenz

$$e(kT) = w(kT) - x(kT) \qquad (31)$$

gebildet werden. Anhand eines im Rechner gespeicherten Programmteils, dem Regelalgorithmus (Bild 7-70), kann nun die Stellgrößenfolge *y(kT)* berechnet werden. Im Folgenden soll kurz die Berechnung der Stellgrößenfolge für einen PID-Regler vorgestellt werden.

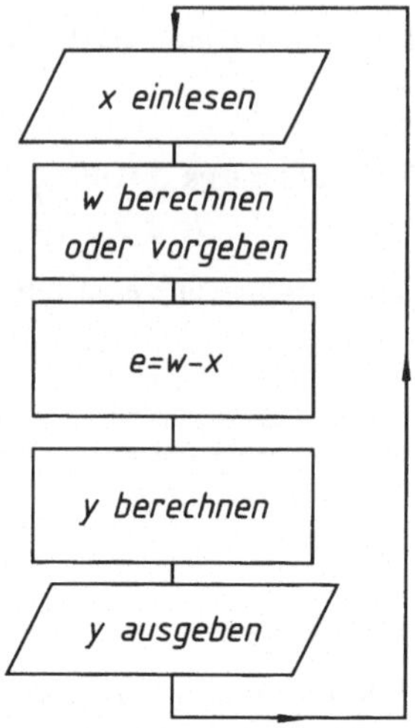

Bild 7-70
Regelalgorithmus

Der Übergang vom stetigen Regler zum quasistetigen wird dadurch vollzogen, dass der I-Anteil durch eine Summe und die D-Anteil durch den Differenzenquotienten ersetzt wird.

$$y(k) =$$

$$K_{\mathrm{PR}} \cdot \left[e(k) + \frac{T}{T_{\mathrm{n-1}}} \sum_{i=0}^{k-1} e(i) + \frac{T_{\mathrm{v}}}{T} \big(e(k) - e(k-1) \big) \right] \qquad (32)$$

Diese Formel kann mittels eines Unterprogramms ausgewertet werden. Die Grundstruktur eines PID-Algorithmus ist in Bild 7-71 abgebildet. P-, I-, PI- und PD-Regler werden durch Weglassen von Programmteilen gebildet.

Durch die Darstellung der Formel für die Stellgröße als Programm lässt sich ein Regler durch einen Rechner ersetzen.

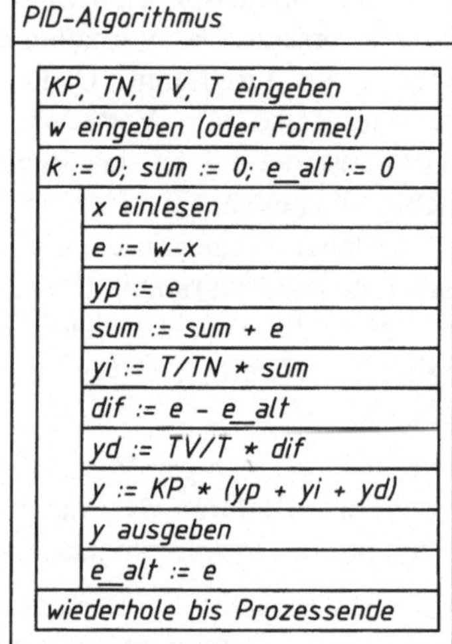

Bild 7-71
PID-Regelalgorithmus

Idee der Simulation (Bild 7-72)

Der Einsatz von Rechnern in der modernen Regelungstechnik zeigt sich an weiteren Anwendungsfällen. Nicht bei allen Regelstrecken ist es nämlich möglich, die Stellgröße sprunghaft zu ändern, um den Verlauf der Ausgangsgröße aufzuzeichnen, damit man die Kenngrößen der Strecke ermitteln kann. Auch die direkte Untersuchung von vermaschten technischen Anlagen ist meist nicht durchführbar. Oft sind aber die Gleichungen, die diesen Prozessen zu Grunde liegen, bekannt. Diese lassen sich wiederum als Programm in einem Rechner darstellen und bearbeiten.

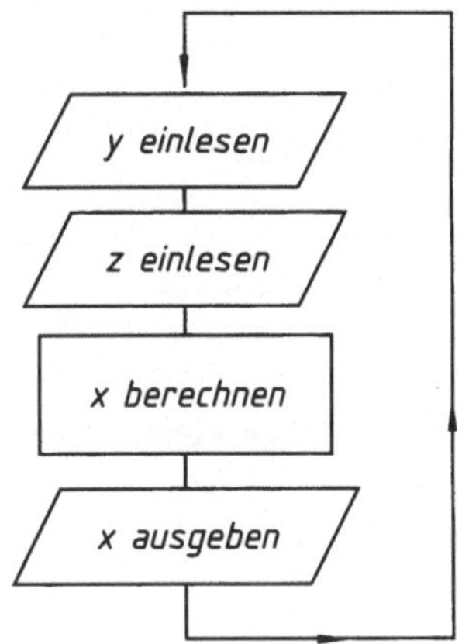

Bild 7-72 Simulation einer Regelstrecke

Am Rechner lassen sich viele Versuche durchführen, aus denen dann das Verhalten der Regelstrecke und ihre Kenngrößen ermittelt werden können. Sogar Störungen, die in der Wirklichkeit nur sehr schwer oder gar nicht dargestellt werden könnten, sind hier simulierbar.

Die Güte der Simulation hängt entscheidend von der Güte der Beschreibung der tatsächlichen Verhältnisse durch die mathematischen Gleichungen ab. Je genauer diese die Wirklichkeit widerspiegeln, desto besser ist die Simulation. Und hierin liegt das Problem der Simulation. Man ist sich in vielen Fallen nicht sicher, ob man wirklich alle Einflussgrößen in den Gleichungen berücksichtigt hat, ob nicht die Vereinfachungen, die man notgedrungen machen musste, die Wirklichkeit doch zu stark verzerren.

7.5 Zusammenwirken zwischen Regler und Strecke

Interaction of controller and path

In den vorigen Abschnitten wurden die Grundglieder von Strecken und Reglern einzeln behandelt. Aufgabe der Regelungstechnik ist, für eine meist vorgegebene Strecke ein der Aufgabe gemäß passenden Regler auszuwählen und seine Parameter für ein optimales Regelverhalten einzustellen.
Oft ist eine Strecke gegeben. Ihre Kennwerte müssen aber meist erst empirisch ermittelt werden. Die Ergebnisse werden entweder als Frequenzgang, im Bode-Diagramm oder in der Ortskurve dargestellt.

Folgende Fragen sind zu klären:

- Welche Aufgaben gibt es für den Regelkreis?
- Wie findet man einen zur Strecke passenden Regler?
- Welche Güte- oder Beurteilungskriterien gibt es für einen Regelkreis?
- Wie kann man das Verhalten des Regelkreises beschreiben (Bild 7-73 und Bild 7-74)?
- Was heißt ‚optimales' Verhalten?
- Wie kann man die dazu gehörenden Parameter ermitteln?

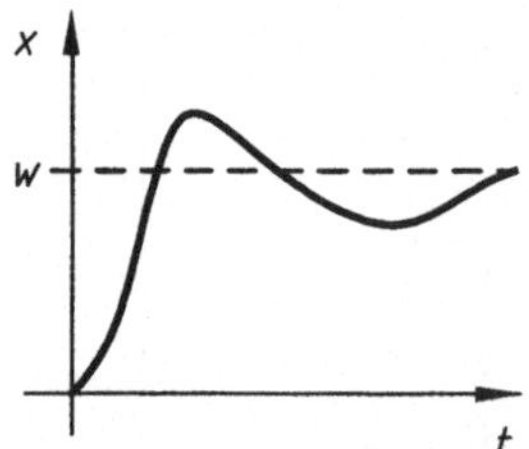

Bild 7-73 Schlechtes Regelverhalten

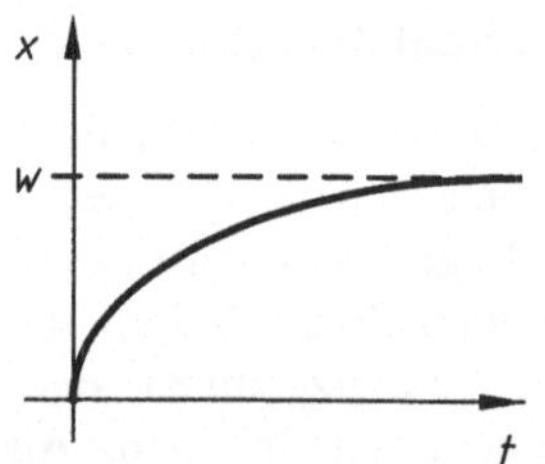

Bild 7-74 Gutes Regelverhalten

7.5.1 Beurteilungskriterien

Assessment criteria

Die Aufgaben und Einsatzgebiete von Regelkreisen sind vielfältig, jedoch müssen von **jedem** Kreis drei unterschiedliche Aufgaben bewältigt werden.

Anfahrverhalten (Bild 7-75)

Die Regelgröße x soll nach dem Einschalten den Sollwert erreichen.

Dies kann auf unterschiedliche Art und Weise geschehen. So ist es bei der einen Regelaufgabe zulässig, dass der Sollwert auch kurzfristig überschritten wird (z. B. Temperaturregelung), bei einer Drehmaschine ist dies sicherlich unerwünscht. In einem anderen Fall kann es darauf ankommen, den Sollwert möglichst schnell zu erreichen.

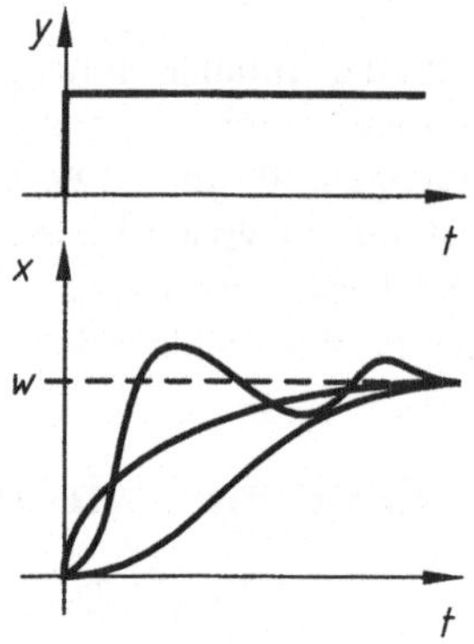

Bild 7-75
Anfahrverhalten bei einem Stellsprung

Führungsverhalten (Bild 7-76)

Der Regelkreis muss auf eine Veränderung der Führungsgröße *w* mit einer Änderung der Regelgröße *x* reagieren. Vom Einfluss einer Störgröße wird hier im Allgemeinen abgesehen.

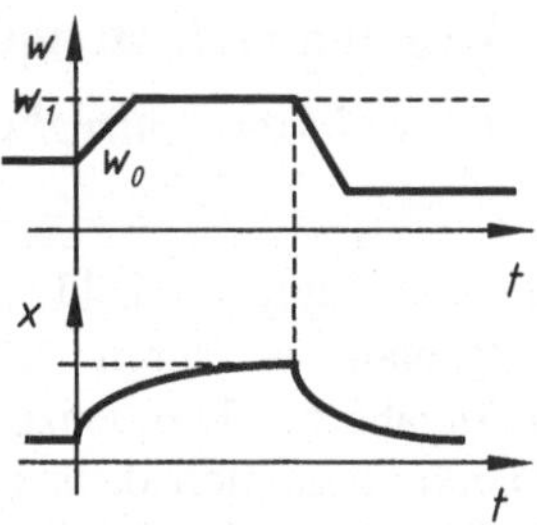

Bild 7-76 Führungsverhalten

Störverhalten (Bild 7-77)

Tritt eine Störung *z* auf, so soll die Regelgröße *x* möglichst schnell und fehlerfrei den alten Wert annehmen, den sie vor der Störung hatte. Hierbei wird meist von einer konstanten Führungsgröße ausgegangen.

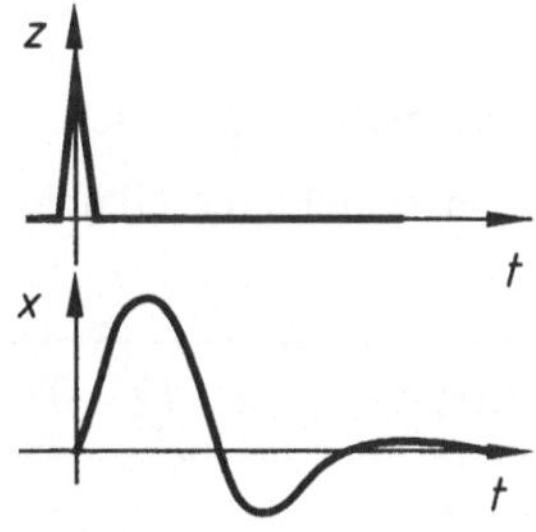

Bild 7-77 Störverhalten

Zu diesen allgemeinen Aufgaben kommt noch ein weiterer Begriff, der zur Beurteilung des Regelkreises wichtig ist.

Stabilität (Bild 7-78)

Damit ist die Eigenschaft eines Regelkreises gemeint, aus einem schwingenden Verhalten nach einer gewissen Zeit zu einem stabilen Zustand zu gelangen, d. h., falls eine Schwingung vorliegt, muss sie eine abklingende Amplitude aufweisen.

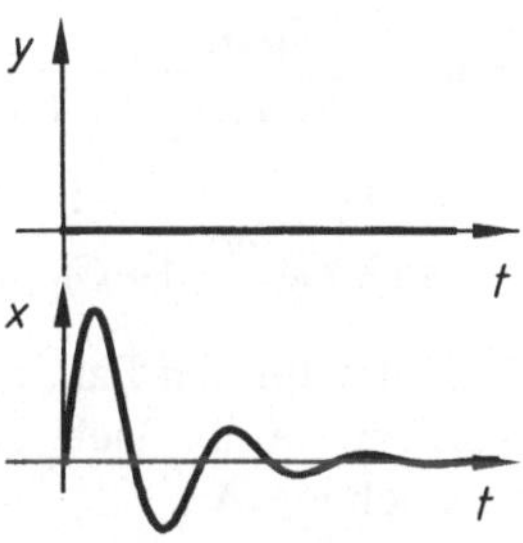

Bild 7-78 Stabilität

7.5.2 Regelung mit stetigen Reglern

Closed loop control with continuously variable action controllers

Regler und Strecke (Bild 7-79) sind im Wirkungsplan in ihrem Zusammenhang durch Angabe des Frequenzganges darstellbar. Daraus lässt sich dann eine Gleichung für die Regelgröße x aufstellen.

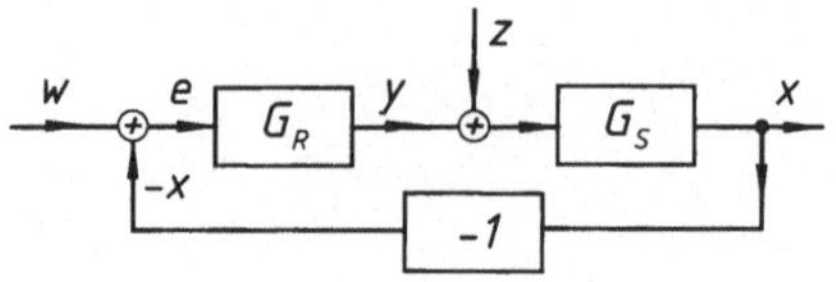

$$\left[\overbrace{(w-x)}^{e}\cdot G_\mathrm{R}+z\right]_{y}\cdot G_\mathrm{s}=x \qquad (33)$$

Bild 7-79 Regelkreis mit G_R und G_s

Nach x aufgelöst ergibt sich. (34)

Hieraus lässt sich eine Gleichung für das Führungs- und Störverhalten ableiten:

Führungsverhalten $(z=0)$	**Störverhalten** $(w=0)$
$\frac{x}{w}=\frac{1}{1+G_\mathrm{R}G_\mathrm{S}}G_\mathrm{R}G_\mathrm{S}$ (35)	$\frac{x}{z}=\frac{1}{1+G_\mathrm{R}G_\mathrm{S}}G_\mathrm{S}$ (36)

Ebenso lässt sich hieraus eine Gleichung für die bleibende Regelabweichung (Bild 7-80) ermitteln.

$$e=$$

$$w-x=w-\left(\frac{G_\mathrm{R}G_\mathrm{S}}{1+G_\mathrm{R}G_\mathrm{S}}w+\frac{G_\mathrm{S}}{1+G_\mathrm{R}G_\mathrm{S}}z\right) \qquad (37)$$

$$=\frac{1}{1+G_\mathrm{R}G_\mathrm{S}}w-\frac{1}{1+G_\mathrm{R}G_\mathrm{S}}G_\mathrm{S}\cdot z$$

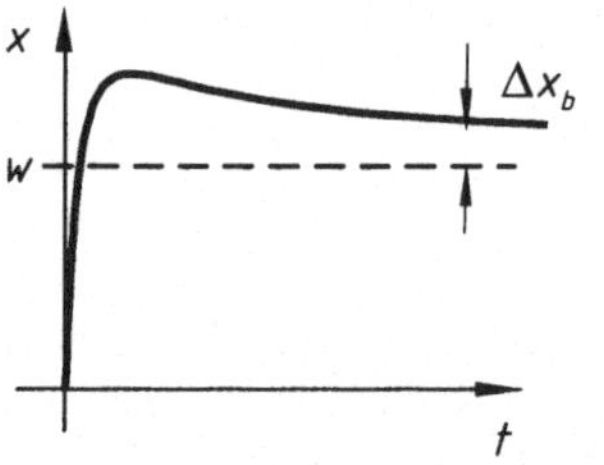

Bild 7-80 Bleibende Regelabweichung

Für z = 0, also für den Fall, dass keine Störung vorliegt, ergibt sich eine bleibende Regelabweichung Δx_b.

$$\Delta x_\mathrm{b}=\frac{1}{1+G_\mathrm{R}G_\mathrm{S}}w. \qquad (38)$$

Die Größe $\frac{1}{1+G_\mathrm{R}G_\mathrm{S}}$ wird Regelfaktor R genannt. Er kommt in der Gleichung für die bleibende Regelabweichung und in denen für das Stör- und Führungsverhalten vor.

Stabilitätsuntersuchungen

Ein Regelkreis hat dann seine *Stabilitätsgrenze* (Bild 7-81) erreicht, wenn bei sinusförmigem Eingang $y(t)$ für die Regelgröße $x(t)$ gilt

$$x(t) = y(t), \tag{39}$$

d. h. insbesondere für die Amplituden $\hat{y}$, $\hat{x}$ und den Phasenwinkel φ

$$V_0 = \frac{\hat{y}}{\hat{x}} = 1 \text{ und } \varphi = n \cdot 2\pi, \tag{40}$$

denn in diesem Fall schwingt die Regelgröße genau wie die Stellgröße und zwar amplituden- und phasengleich, d. h. es findet bei der Regelgröße weder ein Abklingen noch ein Aufschwingen statt. Die Bedingungen

$$\frac{\hat{y}}{\hat{x}} = 1 \text{ und } \varphi = n \cdot 2\pi \tag{41}$$

nennt man Stabilitätsbedingungen.

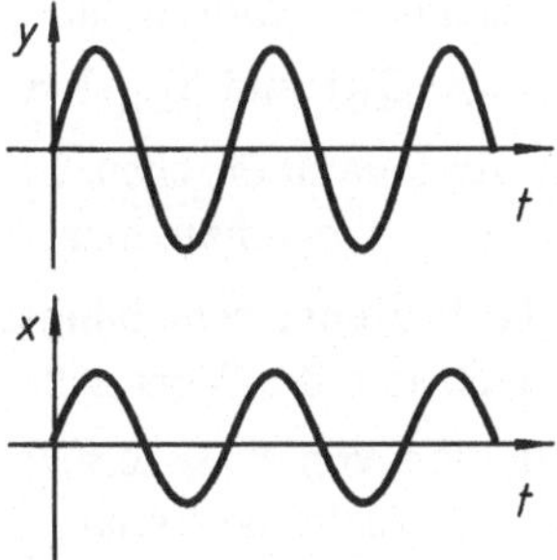

Bild 7-81 Regelkreis an der Stabilitätsgrenze

Stabilitätsuntersuchung mit der Ortskurve

In der Ortskurve (Bild 7-82) ist +1 auf der reellen Achse der Punkt, an dem die beiden Stabilitätsbedingungen erfüllt sind. Schneidet nun der Frequenzgang

$$\underline{G}_0 = -\underline{G}_R \, \underline{G}_S \tag{42}$$

die reelle Achse **links** von dem Punkt, so ist der Regelkreis **stabil**, **rechts** davon ist er **instabil**. Dieses Kriterium wird das vereinfachte **Nyquist-Kriterium** genannt.

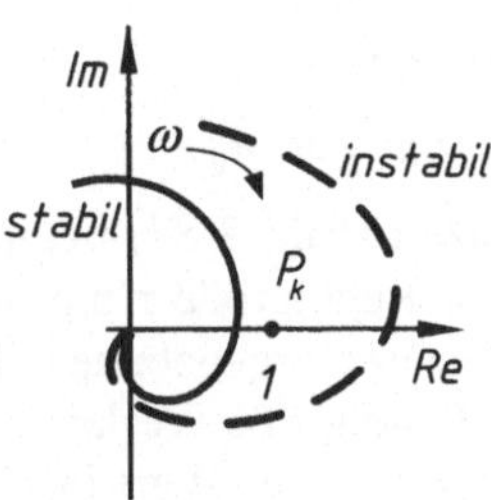

Bild 7-82
Stabilitätskriterien bei der Ortskurve

Stabilitätsuntersuchung mit dem Bode-Diagramm

Addiert man nämlich grafisch der Frequenzgangsbeträge $|\underline{G}_R|$ und $|\underline{G}_S|$ (das entspricht wegen der logarithmischen Teilung einer Multiplikation), so erhält man $-\underline{G}_0$. Addiert man die Phasenverschiebungen φ_R und φ_S und realisiert die Vorzeichenumkehr durch Addition von π, so erhält man φ_0 (Bild 7-83). Der kritische Punkt P_K ist nun der Punkt, bei dem der Phasengang φ_0 die ω-Achse schneidet $(\varphi = 0)$. Im Frequenzgang wird nun nachgesehen, welchen Wert $|G_0|$ hat. Ist dieser Wert < 1, so ist der Regelkreis stabil, ist er > l, instabil.

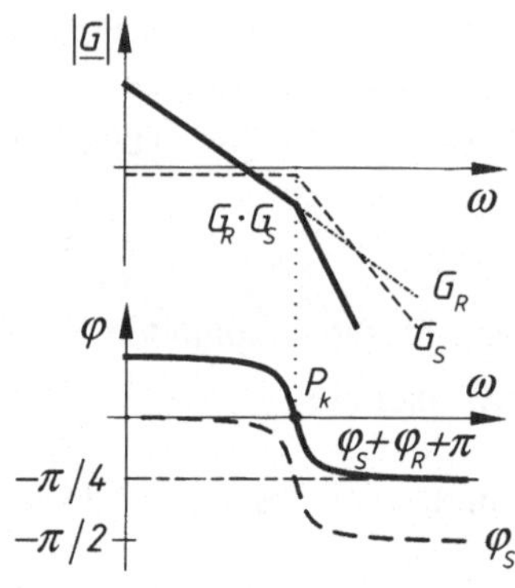

Bild 7-83
Stabilität im Bode-Diagramm

Weitere Parameter

Weitere, oft bei der Beurteilung eines Regelkreises herangezogene Werte sind

- Anregelzeit T_{an}
- Ausregelzeit T_{aus}
- Überschwingweite $x_{ü}$

An- und Ausregelzeit (Bild 7-84) beginnen, wenn der Wert der Regelgröße nach einem Eingangssprung einen vorgegebenen Toleranzbereich der Regelgröße verlässt. Die Anregelzeit endet, wenn der Wert in diesen Bereich erstmals wieder eintritt, die Ausregelzeit, wenn er in diesen Bereich dauerhaft wieder eintritt. Die Überschwingweite ist die größte vorübergehende Sollwertabweichung.

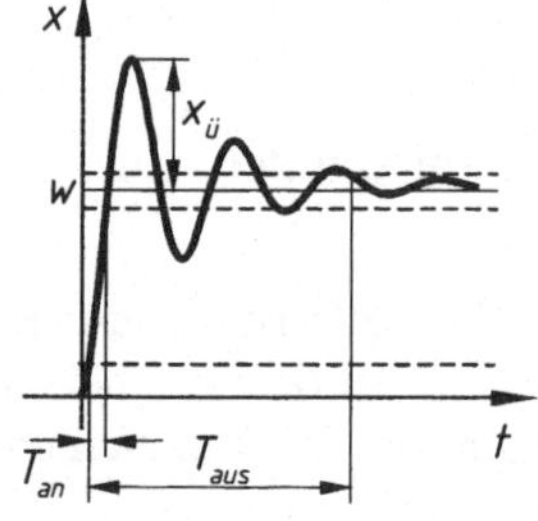

Bild 7-84
An- und Ausregelzeit, Überschwingweite

Beispiel für eine Berechnung an einer PT$_1$-Strecke

Gegeben ist eine PT$_1$-Strecke, für die der dimensionslose Proportionalbeiwert KPS und die Zeitkonstante T_1 durch Messungen bekannt sind: . K_{PS} = 2, T_1 = 0,2 s. Diese Strecke soll mit einem P-Regler, der auf K_{PS} = 2,5 eingestellt ist, geregelt werden. Der Sollwert soll 100 betragen. Es soll eine Aussage zur Stabilität gemacht werden.

Lösung

a) Untersuchung der Stabilität mithilfe des Bode-Diagramms (Bild 7-85)

Für die PT_1-Strecke gilt nach Formel (17):

$$\underline{G}_S = \frac{K_{PS}}{1 + j\omega T_1} = \frac{2}{1 + j\omega \cdot 0{,}2\,s}$$

sowie daraus

$$\left|\underline{G}_S\right| = \frac{2}{\sqrt{1 + \omega^2 \cdot 0{,}04\,s^2}}$$

und

$$\varphi = \arctan\left(-\frac{1}{0{,}2\,s \cdot \omega}\right).$$

Für den Regler gilt nach Formel (20):

$$\underline{G}_R = K_{PR} = 2{,}5$$

und damit $\left|\underline{G}_R\right| = 2{,}5$ und $\varphi = 0$.

Offensichtlich ist der Schwingkreis strukturstabil, da er Phasengang die ω-Achse nirgends schneidet.

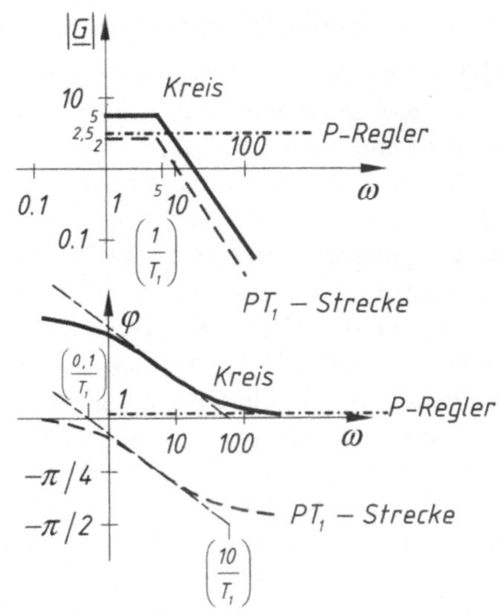

Bild 7-85 Bode-Diagramm

b) Untersuchung der Stabilität mithilfe des Nyquist-Kriteriums

Mit den Herleitungen von a) gilt nach Formel (42) für den Frequenzgang des Regelkreises:

$$\begin{aligned}\underline{G}_0 &= -\underline{G}_R\,\underline{G}_S \\ &= -2{,}5 \cdot \frac{2}{1 + j\omega \cdot 0{,}2\,s} \\ &= -\frac{5}{1 + j\omega \cdot 0{,}2\,s} \\ &= \frac{-5}{1 + \omega^2 \cdot 0{,}04\,s^2} + j\frac{\omega}{1 + \omega^2 \cdot 0{,}04\,s^2}\end{aligned}$$

Damit ergibt sich die Ortskurve in Bild 7-86, woraus ersichtlich wird, dass der Regelkreis strukturstabil ist, denn die Ortskurve schneidet die Re-Achse links von +1.

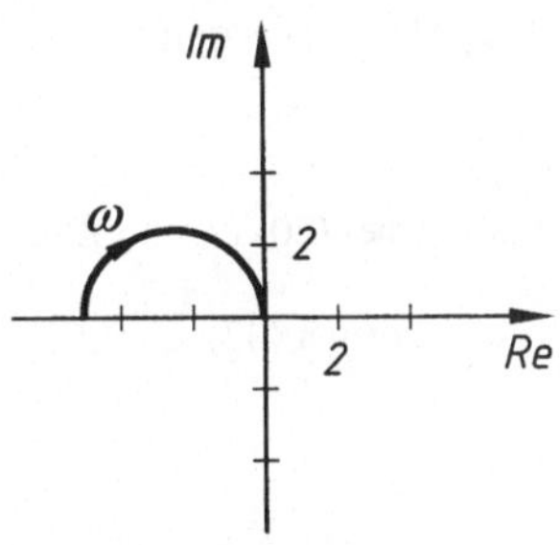

Bild 7-86 Ortskurve

Kriterien für die Reglerauswahl

Nachdem nun in den vorhergehenden Kapiteln die Komponenten eines Regelkreises vorgestellt und die Beurteilungskriterien für die Güte und die Stabilität angesprochen wurden, ist es nun möglich, die zu einzelnen Strecken geeigneten Regler zu suchen und Richtlinien für deren Einstellung zu finden. Dabei sollen die Vor- und Nachteile der einzelnen Kombinationen deutlich werden. Der Prozess der Reglerauswahl geschieht meist nach dem Schema in Bild 7-87. Aus den regelungstechnischen Anforderungen des technologischen Prozesses und den – zu ermittelnden – Kenndaten der Strecke wird der für diese Aufgabe geeignete Regler ausgewählt. Die Parameter dieses Reglers werden dann zunächst grob und in der Optimierungsphase fein eingestellt.

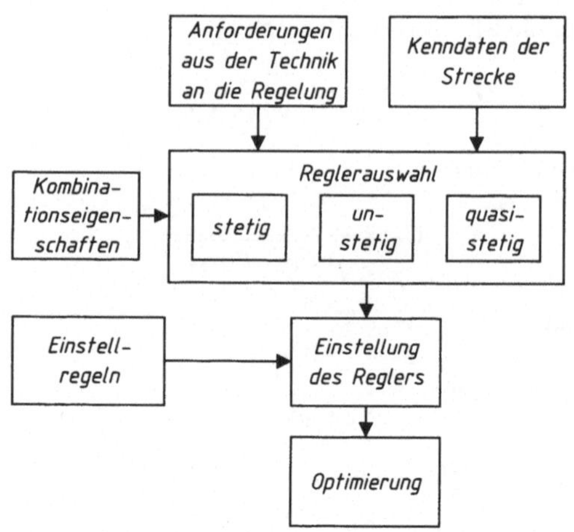

Bild 7-87 Auswahl und Einstellung eines Reglers

Im ersten Schritt muss also ermittelt werden, welcher Regler zu welcher Strecke passt und welche Eigenschaften diese Kombination hat. Eine Übersicht zeigt die Tabelle 7-1.

I-Strecke und P-Regler

Für eine Kombination aus I-Strecke und P-Regler (Bild 7-88) aus Tabelle 7-1 soll hier exemplarisch ihr Inhalt hergeleitet werden.

Lösung

In diesem Falle gilt mit Formel (20) ($\underline{G}_R = K_{PR}$) und (15) ($\underline{G}_S = \frac{K_{IS}}{j\omega}$) und Formel (37)

also

$$x = \frac{K_{PR} K_{IS}}{j\omega\left(1+\frac{K_{PR} K_{IS}}{j\omega}\right)} \cdot w + \frac{K_{IS}}{j\omega\left(1+\frac{K_{PR} K_{IS}}{j\omega}\right)} \cdot z$$

$$= \frac{1}{1+j\omega\frac{1}{K_{PR} K_{IS}}} \cdot w + \frac{\frac{1}{K_{PR}}}{1+j\omega\frac{1}{K_{PR} K_{IS}}} \cdot z$$

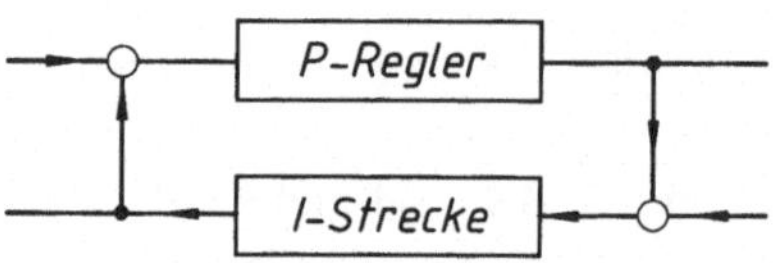

Bild 7-88 I-Strecke und P-Regler

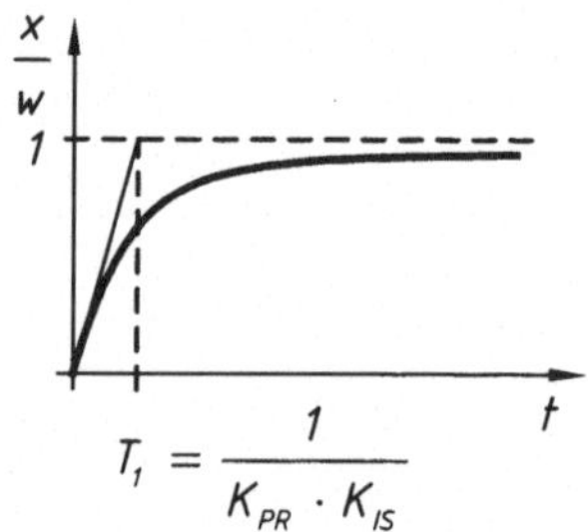

Bild 7-89 Führungsverhalten

Das Führungsverhalten (Bild 7-90) zeigt T_1-Verhalten (vgl. Formel (35))

$$\frac{x}{w} = \frac{1}{1 + j\omega \dfrac{1}{K_{PR} K_{IS}}} \quad \text{mit } T_1 = \frac{1}{K_{PR} K_{IS}}.$$

Es strebt mit einer abklingenden e-Funktion $\left(1 - e^{-\frac{T_1}{2}}\right)$ der Führungsgröße zu. T_1 kann verkleinert werden, wenn K_{PR} größer gewählt wird. Eine bleibende Regelabweichung tritt nicht auf.

Für das Störverhalten (Bild 7-90) gilt nach Formel (36)

$$\frac{x}{z} = \frac{\dfrac{1}{K_{PR}}}{1 + j\omega \dfrac{1}{K_{PR} K_{IS}}}.$$

Auch hier liegt wieder T_1-Verhalten vor, wobei der Einfluss der Störgröße mit $1/K_{PR}$ reduziert wird, d. h. mit ausreichend großem K_{PR} kann man den Einfluss der Störung beliebig klein halten, aber nicht ganz ausregeln.

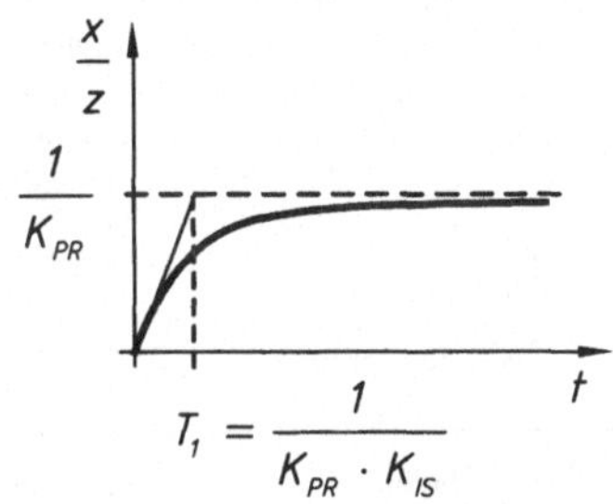

Bild 7-90 Störverhalten

Stabilität

Da

$$\underline{G}_0 = -\underline{G}_R \underline{G}_S = -K_{PR} \cdot \frac{K_{IS}}{j\omega} = j \cdot \frac{K_{PR} \cdot K_{IS}}{\omega}$$

gilt, die Ortskurve (Bild 7-91) sich also auf der imaginären Achse befindet, ist das System strukturstabil. Also kann man die oben gestellte Forderung, dass K_{PR} groß gewählt werden muss, ohne Stabilitätsprobleme erfüllen.

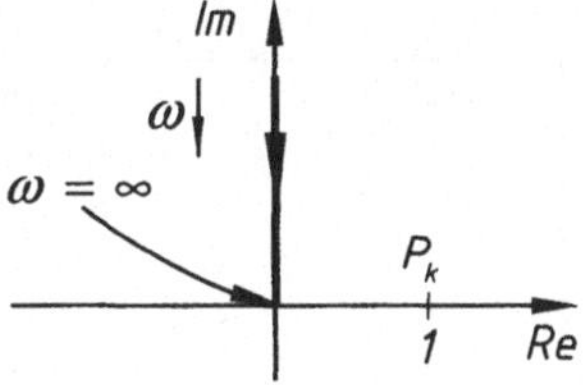

Bild 7-91 Ortskurve

Zur Regelung eines Antriebs vgl. Kap. 3.3.5.

In Tabelle 7-1 sind die Eigenschaften einiger wichtiger Kombinationen aufgeführt. Die Angaben in den Zeilen sind von links nach rechts zu lesen, da man in den meisten Fällen versuchen wird, einen möglichst einfachen Regler zu finden. Erst wenn dieser die Regelaufgabe nicht befriedigend löst, wird man einen anderen Regler wählen.

Tabelle 7-1 Kombination von Regler und Strecke

		Auf-treten	Regler: P	I	PI	PD	PID
Strecke	I		Gut, wenn K_{PR} hoch genug ist	Ungeeignet	Sehr gut geeignet	Keine Verbesserung	Keine Verbesserung
	PT_0		+ Immer stabil; bedingt geeignet, falls Regelstrecke unbegrenzten Proportionalbereich besitzt	– Große kurzzeitige Regelabweichung möglich bei einer Störung - Ausregelzeit groß + Immer stabil + $\Delta x_b = 0$	+ Mögliche große kurze Regelabweichung fällt weg – Ausregelzeit noch größer	Keine Verbesserung	Keine Verbesserung
	PT_1	Drehzahl	+ Immer stabil; gut, wenn K_{PR} hoch genug ist	– Macht Regelkreis instabil	Gut, falls K_{PR} und K_{IR} richtig gewählt sind	Keine Verbesserung	Keine Verbesserung
	PT_2	Temperatur	– Δx_b wählt man K_{PR} größer, würde Δx_b kleiner; gleichzeitig aber auch die Dämpfung und damit die Schwinggefahr	+ $\Delta x_b = 0$ – Neigt zur Instabilität – Starkes Überschwingen möglich – Lange Regelzeit; wenig geeignet	+ $\Delta x_b = 0$ + Schneller als I-Regler – Überschwingweite und Regelzeit schlechter als P – Kann instabil werden	– Δx_b + Keine Stabilitätsprobleme	+ Optimal – Kompliziert einzustellen
	PT_n		+ Schnell – Δx_b	– Sehr langsam + $\Delta x_b = 0$	+ $\Delta x_b = 0$ + Schneller als I + Einfach einzustellen	+ Große K_{PR} möglich ohne Instabilität – Δx_b ; aber kleiner als beim P-Regler + Bei langsamer Änderung regelt er schneller als P	+ Schneller als PI + D-Anteil erlaubt größeres K_I ohne Stabilitätsprobleme; daher schneller + I-Anteil erlaubt größeres K_D, daher reagiert er bei langsamer Anderung schneller – Optimale Einstellung schwierig
	T_t					Keine Verbesserung	Keine Verbesserung

Einstellregeln

Sind die Kenngrößen der Strecke unbekannt oder ist der mathematische Aufwand für die exakte Betrachtung zu groß, gibt es ein **experimentelles Näherungsverfahren von Ziegler und Nichols,** das es gestattet, die Reglereinstellung zu ermitteln.

Voraussetzung ist, dass der Kreis zu Schwingungen angeregt werden kann. Dann verfährt man nach dem im Bild 7-92 beschrieben Verfahren in Verbindung mit der Tabelle 7-2.

Tabelle 7-2 Einstellregeln

Regler	Kenngrößen
P-Regler	$K_{PR} = 0{,}5\, K_{PR_{krit}}$
PD-Regler	$K_{PR} = 0{,}8\, K_{PR_{krit}}$ $T_v = 0{,}12\, T_{krit}$
PI-Regler	$K_{PR} = 0{,}45\, K_{PR_{krit}}$ $T_n = 0{,}83\, T_{krit}$
PID-Regler	$K_{PR} = 0{,}6\, K_{PR_{krit}}$ $T_n = 0{,}5\, T_{krit}$ $T_v = 0{,}125\, T_{krit}$

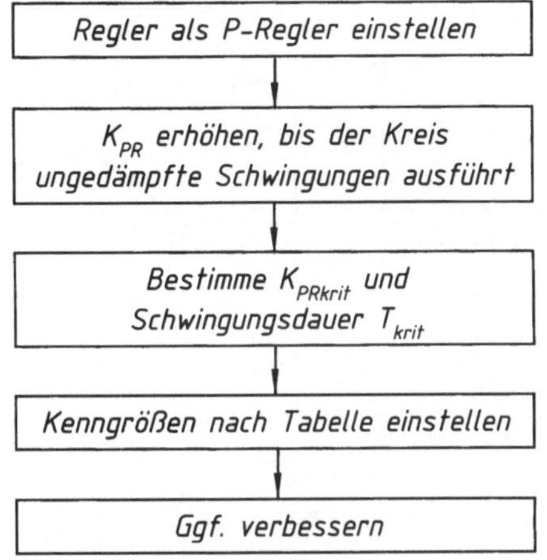

Bild 7-92 Verfahren nach Ziegler und Nichols

Der Vorteil dieses Verfahrens ist leicht einzusehen, der mathematische Aufwand ist sehr gering. Jedoch sind die erzielten Ergebnisse nur als Näherungswerte zu verstehen. Die Reglereinstellung ist den Anforderungen der Aufgabe entsprechend noch zu verbessern.

7.5.3 Regelung mit Zweipunktreglern

Two step control of a closed loop

Die Auslegung von Zweipunktreglern erfolgt prinzipiell nach den gleichen Gesichtspunkten. Der Zweipunktregler ist mit einem P- Regler vergleichbar. Um den Verlauf der Regelgröße zu bestimmen, kann man jedoch in einfachen Fällen ein grafisches Verfahren anwenden. Aus der Kurve können dann auch die Kenngrößen abgelesen werden.

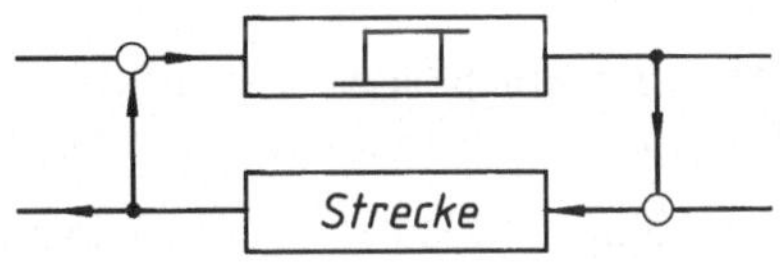

Bild 7-93 Regelung mit Zweipunktregler

Ausgangspunkt ist die – experimentell aufgenommene – Sprungantwort der Strecke. Links daneben zeichnet man, um –90° gedreht, die Kennlinie des Reglers. Unter die Sprungantwort zeichnet man ein Koordinatensystem für die Stellgröße. Dann lässt sich der Verlauf der Regelgröße konstruieren, indem man die Kennlinie mit der Sprungantwort kombiniert.

Beispiel für die Ermittlung des Verlaufs der Regelgröße für einen Zweipunktregler an einer PT_1-Strecke mit Totzeit (Bild 7-94)

PT_1-Strecke mit Totzeit T_t; Zweipunktregler mit Schaltdifferenz x_{sd}.

Lösung

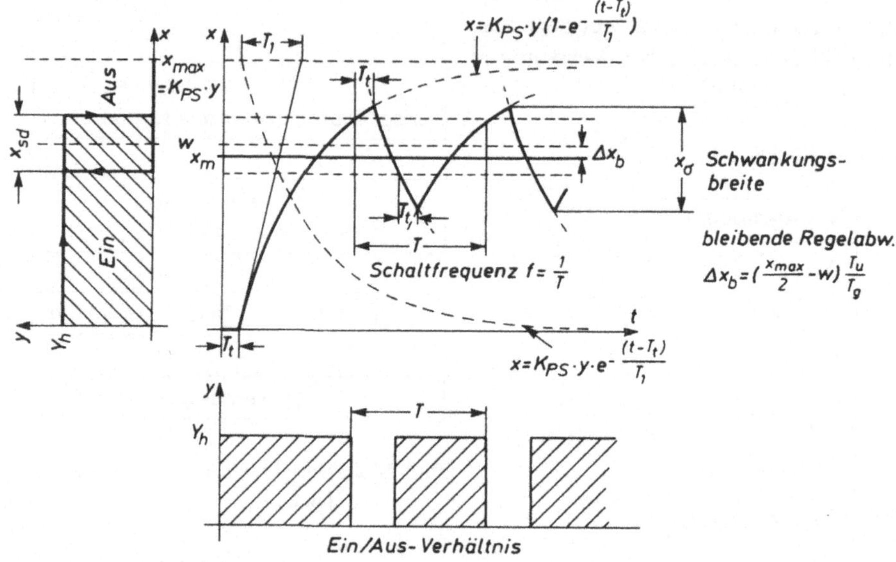

Bild 7-94 Ermittlung des Regelgrößenverlaufs

Ohne Regler würde die Regelgröße x nach dem Einschalten verzögert nach einer e-Funktion mit der Zeitkonstanten T_1 auf den Endwert x_{max} ansteigen. Wird der Sollwert auf w eingestellt, so ist nach dem Einschalten zunächst $x = 0$ und $e = w - x = w$. Daher schaltet der Zweipunktregler ein, und die Regelgröße steigt gemäß der Einschaltkurve an.

Infolge der Schalthysterese schaltet der Zweipunktregler bei Erreichen von w noch nicht ab, sondern erst bei $x = x_{ob}$. Wegen der Totzeit reagiert die Strecke nicht sofort, sondern erst nach Verlauf von T_t. Nach dieser Zeit fällt die Regelgröße entsprechend der Ausschaltkurve (die übrigens nicht die gleiche Zeitkonstante haben muss wie die Einschaltkurve, hier wird aber davon ausgegangen) bis auf $x = x_u$. Dann wird der Regler wieder eingeschaltet. Wiederum reagiert die Strecke erst nach T_t.

Aus dem sich ergebenden Verlauf der Regelgröße lassen sich einige allgemeine Hinweise für den Einsatz von Zweipunktreglern ableiten:

- Eine Verkleinerung der Schaltdifferenz x_{sd} erzeugt auch eine kleinere Schwankungsbreite, was häufig erwünscht ist. Damit wird aber eine höhere Schaltfrequenz in Kauf genommen und damit eine kürzere Lebensdauer des Reglers.
- Eine Verkleinerung der Zeitkonstante T_1 bringt nur eine Verringerung der Periodendauer und damit der Frequenz.
- Die Verkleinerung der Totzeit hat ebenfalls direkten Einfluss auf die Schwingungsweite und die Schaltfrequenz.

Die Lage des Sollwerts – und das ist neu hier – hat ebenfalls Einfluss auf die Schaltfrequenz. In Bild 7-95 ist der Verlauf der Regelgröße für verschiedene Sollwerte w eingezeichnet. Man sieht, dass für $w = 0{,}5x_{max}$ die höchste Schaltfrequenz auftritt. Wird w vergrößert oder verkleinert, wird die Schaltfrequenz jeweils kleiner. Zu sehen ist auch, dass die Anfahrphase bei großem w wesentlich länger dauert als bei kleinem. Aber etwas anderes ist entscheidender. Wenn w 50 % von x_{max} beträgt, ist keine bleibende Regelabweichung vorhanden. Das ist der große Vorteil dieser speziellen Lage. Diese lässt sich durch Einführung einer sog. Grundlast erreichen. Soll w bei 70 % von x_{max} liegen und die Schwankungsbreite ± 10 % von x_{max} betragen, so wird man eine Grundlast so auslegen, dass der ungeregelte Teil des Kreises 40 % von x_{max} beträgt.

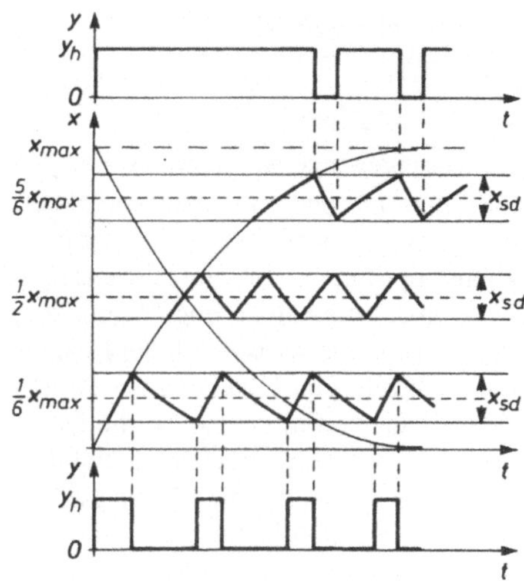

Bild 7-95 Lage des Sollwertes

Dann liegt nämlich der Sollwert in der Mitte des geregelten Bereichs. Dadurch wird erreicht, dass sich neben anderen Vorteilen keine bleibende Regelabweichung einstellt und die stoßweise Belastung des Kreises merklich kleiner wird. Großer Nachteil ist aber das ungünstige Störverhalten. Die Grundlast schränkt den Wirkungsbereich des Reglers ein. Sie muss auch bei jeder Änderung der Führungsgröße neu eingestellt werden.

Auch die Rückführung verbessert das Verhalten des Zweipunktreglers. Die Idee dabei ist, dass man den Regler bereits vor Erreichen des Sollwertes abschaltet bzw. wieder einschaltet. Durch geeignete Bemessung der Rückführung wird die Schwankungsbreite oft erheblich reduziert.

7.5.4 Regelung mit einer SPS

Using SPS to control closed loops

Als Sonderfall der digitalen Regelung kann man eine SPS als Regler einsetzen. Die Regelgröße wird auch hier in bestimmten Zeitabständen T_A abgetastet und in Form eines Zahlenwertes bis zur nächsten Abtastung gespeichert. Als Konsequenz ergibt sich hier, dass auch die vom Regler ermittelte Stellgröße y für die Dauer der Abtastzeit auf dem gleichen Wert bleiben muss. Soll- und Istwerte können über eine Analogbaugruppe abgefragt werden.

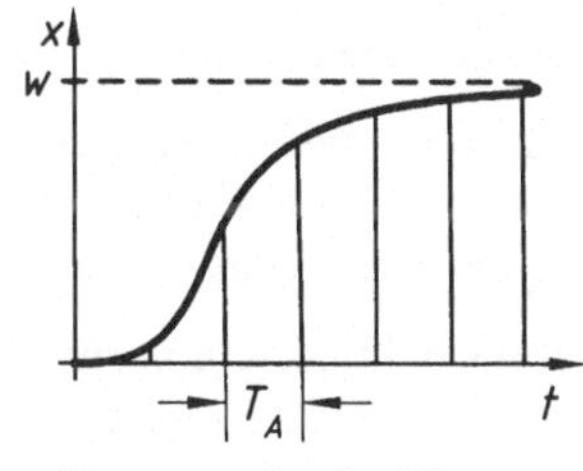

Abtastung des Ist-Wertes

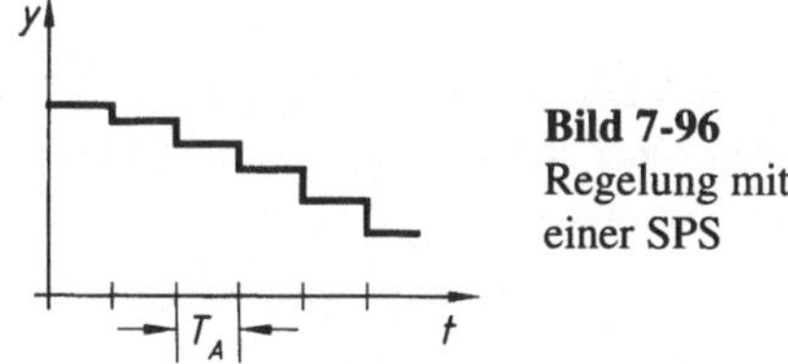

Bild 7-96 Regelung mit einer SPS

Mit einer SPS können sowohl stetige Regler als auch unstetige Regler realisiert werden. Für unstetige Regler stehen die bekannten binären Signalausgänge und für stetige Regelungen entsprechende Analogausgänge zur Verfügung.

8 Systemsynthese

System synthesis

In den vorangegangenen Kapiteln 2 bis 7 wurden Teilsysteme, Baugruppen und Bauelemente von mechatronischen Systemen vorgestellt und erläutert. Um eine betriebliche Aufgabenstellung wie die Konstruktion, die Reparatur oder die Änderung eines mechatronischen Systems möglichst optimal zu planen und auszuführen, müssen die Teilsysteme technologisch möglichst optimal aufeinander abgestimmt sein. Ein weiterer wesentlicher Punkt bei der Synthese des Systems ist die wirtschaftliche Realisierbarkeit. Da bei der Auswahl der Teilsysteme häufig eine Vielzahl von Lösungen zur Realisierung der Teilfunktionen möglich sind, soll an dieser Stelle ein Verfahren zur methodischen Synthese mechatronischer Systeme beschrieben werden, welches sich an der VDI-Richtlinie 2221 „Methodik zum Entwickeln und Konstruieren technischer Systeme und Produkte", 2222 „Konzipieren technischer Produkte" und 2225 „Technisch-wirtschaftliches Konstruieren" orientiert.

8.1 Methodische Synthese eines mechatronischen Systems

Methodical synthesis of a mechatronic system

Zielsetzung der methodischen Systemsynthese ist ein Optimierungsprozess, der von einer Analyse der Aufgabenstellung unter Berücksichtigung der gegebenen Randbedingungen ausgeht. Über eine Anzahl von aufeinander folgenden, bewertbaren Arbeitsschritten erhält man als Ergebnis technisch und wirtschaftlich optimierte Planungsunterlagen. Mit der methodischen Planung mechatronischer Systeme verbindet man folgende Vorteile.

- Vermeiden technischer Fehlerquellen um eine einwandfreie Funktion des Systems zu gewährleisten. Erfüllen möglichst vieler technischer Anforderungen durch das System. Informationsgrundlage ist dabei der Stand der Technik der verwendeten Teil- bzw. Gesamtsysteme.
- Reduzieren von Kosten durch kürzere Planungsphasen durch methodisches Vorgehen. Schaffung von wieder verwertbaren Lösungsunterlagen. Keine Kosten durch Änderungen am System in der Fertigungs- bzw. Montagephase.
- Berücksichtigung von nationalen (DIN) und internationalen Normen (ISO) und Vorschriften, die den Einsatz des Produktes im Einsatzland ermöglichen.
- Berücksichtigung von Urheberrechten, Patenten und anderer Schutzansprüchen.

In der VDI-Richtlinie 2222, Blatt 1 (siehe Bild 8-1) gliedert sich der Arbeitsplan zum Erstellen eines mechatronischen Systems in die vier Phasen Analysieren, Konzipieren, Entwerfen und Ausarbeiten.

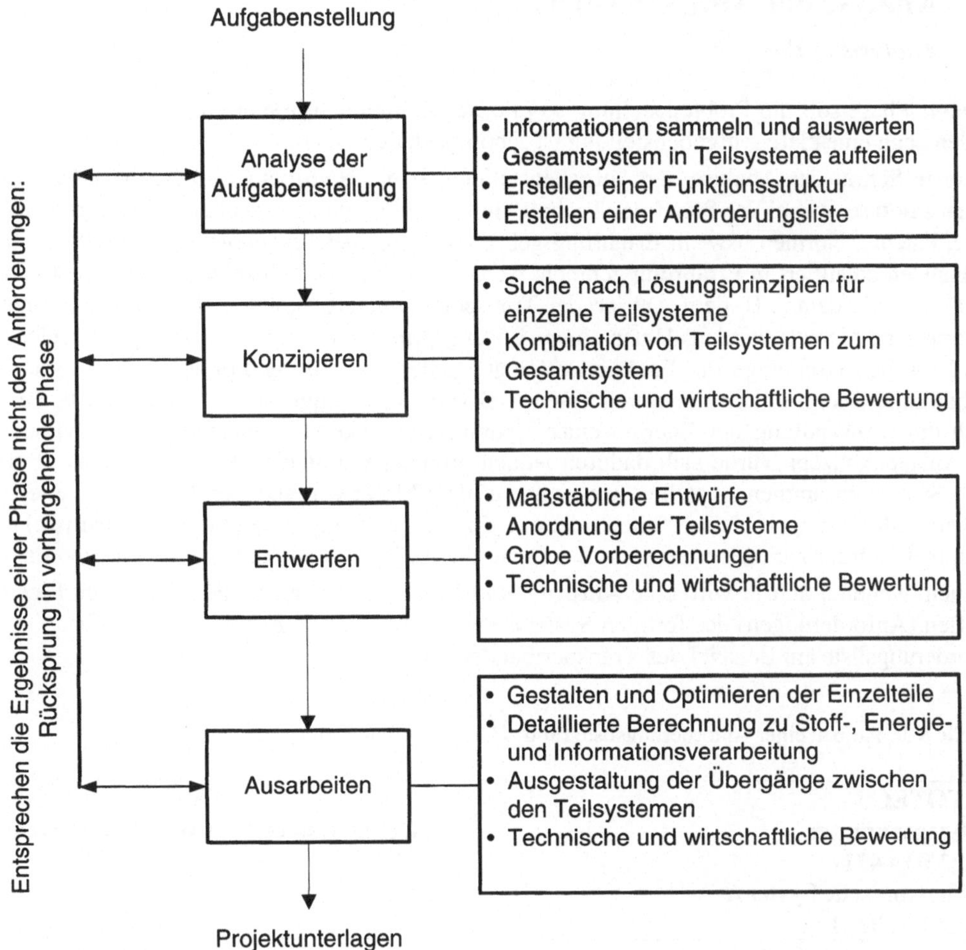

Bild 8-1 Arbeitsschritte der methodischen Systemsynthese in Anlehnung an VDI 2222, Blatt 1

Ein mechatronisches System

Um die Arbeitsschritte der Systemsynthese besser zu veranschaulichen, soll die Förderbandanlage aus Kapitel 1 als Beispiel dienen. Dabei sollen die Teil- und Gesamtfunktion der Anlage unverändert bleiben. Mit welchen Maschinen die Teilfunktionen realisiert werden sollen, ist jedoch zu Beginn der Systemsynthese offen. Im Folgenden wird jeder Schritt der Systemsynthese theoretisch behandelt und auf das Beispiel der Förderbandanlage bezogen.

8.2 Analyse der Aufgabenstellung

Analysis of the task

In dieser Phase soll die Problemstellung so präzise wie möglich beschrieben und eingegrenzt werden denn eine klare Aufgabenstellung ist schon die halbe Lösung.

Der erste Schritt der Analyse der Aufgabenstellung ist das **Sammeln und Aufbereiten von Informationen,** wobei der Stand der Technik durch Fachliteratur, Prospekte, Konkurrenzprodukte, Patente, Normen usw. in Erfahrung gebracht wird. Über Fragebögen können Wünsche des Kunden detailliert in Erfahrung gebracht werden. Auch zu den einzelnen technischen Teilfunktionen wie dem z. B. dem Antrieb der Transportbandanlage können alternative Lösungsprinzipien gesammelt werden. Unter einem Lösungsprinzip versteht man dabei, auf welcher physikalischen Grundlage die Funktion erreicht werden soll. In der Förderbandanlage kann mechanische Energie nicht nur durch einen Elektromotor erzeugt werde, sondern z. B. auch durch die Umwandlung der Energie einer Hydraulikflüssigkeit in einem Hydraulikzylinder. Das Anlagenkonzept würde sich dadurch jedoch grundlegend ändern. Es ist nur sinnvoll ein neues System zusammen zu stellen, wenn die auf dem Markt vorhandenen Produkte, die technischen Anforderungen nicht erfüllen oder ein Kosteneinsparungspotential vorhanden ist. Die gesammelten Informationen werden in Bezug auf die Aufgabenstellung bewertet und geordnet.

In einem weiteren Schritt wird eine **Anforderungsliste** erstellt, welche die wichtigsten Eigenschaften (Anforderungen) des fertigen Systems beschreibt. Tabelle 8-1 zeigt den Aufbau einer Anforderungsliste am Beispiel des Transportbandsystems.

Tabelle 8-1 Aufbau einer Anforderungsliste für das Gesamtsystem Transportbandanlage

AUTOTEC **Auftragsnummer** **A0.32.03 - 4711** **Mechatronische Systeme** **Blatt: 1 Seite: 1**					**Anforderungsliste** **Gesamtsystem Transportbandsystem**
Datum	Anforderungen	F	W	U	Verantwortlich
30.01. 20...	Max. Transportkapazität 15 Pakete/ Minute	X			Hr. Flott
	Max. Paketabmessungen H x B x T = 500 x 500 x 700	X			
	Max. Paketgewicht m = 45 kg	X			
	Max. Aufstellfläche 3 x 4 m	X			
05.02.20...	Anlauf und Bremsung des Bandes mit reduzierter Transportgeschwindigkeit		X		Dr. Seidel
	Vorhandenen elektrischen Anschluss 3 x 400 V nutzen			X	
07.02.20...	Max. 2 Personen als Bedienpersonal		X		Hr. Flott
	Abschlusstermin der Entwicklung 23.7.20...	X			
	Möglichkeiten für spätere Automatisierung prüfen			X	
	Max. Herstellungskosten 32 000 Euro/ Stk.	X			
15.02.20...	....				Hr. Flott
31.02.20...	....				

Die erste Spalte gibt das Datum der aufgestellten Anforderung an. In der zweiten Spalte werden die Anforderungen beschrieben. Dabei ist es von großer Bedeutung die Anforderungen verbal und durch physikalische Größen genau zu beschreiben. So wäre z. B. die Angabe der benötigten Aufstellfläche mit der Angabe „großer Platzbedarf" völlig unzureichend beschrieben. Die Angabe „Aufstellfläche 3 m x 4 m" ist dagegen eindeutig. Lösungen wie der Einsatz eines Elektromotors gehören nicht in die Anforderungsliste, wenn der Einsatz nicht zwingend nötig ist oder vom Kunden gewünscht wird. Die Auswahl von Lösungsprinzipien für die einzelnen Teilfunktionen wird in der Phase 8.3 ‚Konzipieren' behandelt. Die Anforderungen sind nach den Kategorien Forderung F (müssen erfüllt werden), Wunsch W (Anforderung geringerer Priorität) und Ungeklärt U (bedürfen vor der Einstufung weiterer Informationen) eingeteilt. In der letzten Spalte wird angegeben, wer für die festgelegte Anforderung verantwortlich zeichnet. Die Anforderungsliste ist über den gesamten Syntheseprozess zu aktualisieren, da sich Anforderungen während des Syntheseprozesses ändern oder Kompromisse bei gegensätzlichen Anforderungen wie „höchste Genauigkeit des Rundlaufs" und „besonders kostengünstig" gefunden werden müssen. Es ist besonders zu empfehlen für jedes der Teilsysteme eine zusätzliche separate Anforderungsliste anzulegen, wodurch die Anforderungen besonders übersichtlich sind. Jede neue Version der Anforderungsliste/-n ist allen Beteiligten (Kunde, beteiligte Abteilungen, usw.) zur Kontrolle zu verteilen, um sich gegen spätere Kritik und Reklamationen abzusichern.

Das Erstellen einer **Funktionsstruktur** ist in Kapitel 1 Systemanalyse bereits erläutert worden. Dabei wird die Gesamtfunktion in ihre Teilfunktionen aufgeteilt und der Stoff-, Energie- und Informationsstrom durch das System graphisch dargestellt. Für jede der Teilfunktionen können nun Lösungsprinzipien erarbeitet werden, für die auch separate Anforderungslisten sinnvoll sind. Bild 8.2 zeigt das Transportbandsystem ähnlich Bild 1.5 im Kapitel 1.1 Systemanalyse ohne die Festlegung auf bestimmte Teillösungen, die im Kapitel 8.3 Konzipieren ermittelt werden sollen.

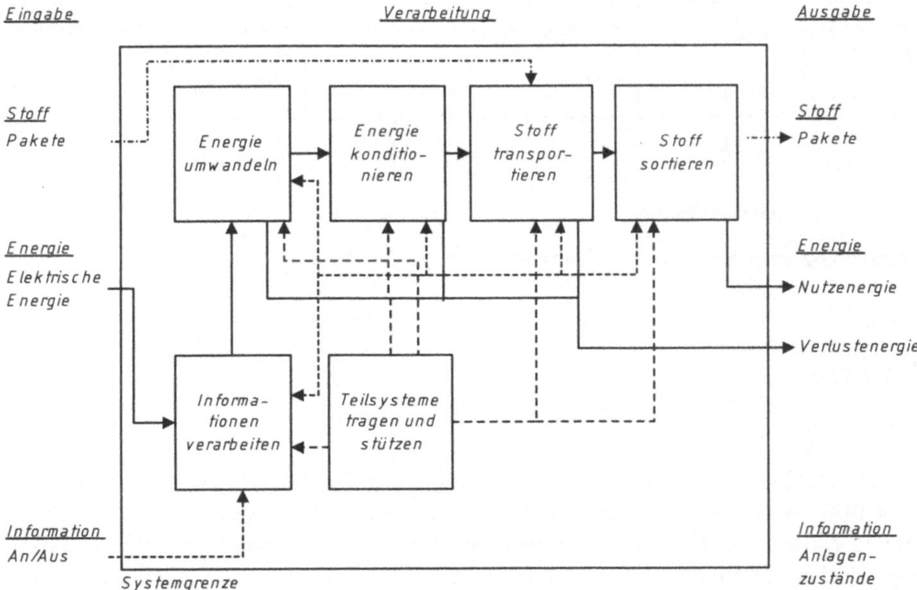

Bild 8-2 Funktionsstruktur der Transportbandanlage ohne die Festlegung auf Teillösungen

8.3 Konzipieren

Conception

Beim Konzipieren werden in einem ersten Schritt für die einzelnen Teilfunktionen möglichst viele Lösungsprinzipien gesucht. Dabei nutzt man verschiedene Methoden der Lösungsfindung, die entweder auf intuitive (= Eingebung, gefühlsgesteuert, Geistesblitz) oder auf diskursive Verfahren (rezepthaftes Vollziehen von Einzelschritten) basieren. Als eine besonders effiziente diskursive Methode zum Erstellen von Gesamtlösungen soll hier der morphologische Kasten erläutert werden. Dabei ermittelt man für jedes in der Funktionsstruktur aufgestelltes Teilsystem schon bekannte Teillösungen. Dabei sind Informationsquellen wie Literatur, Zeitschriften, Internet, Konstruktionskataloge usw. hilfreich. In der ersten Spalte des morphologischen Kastens werden alle n Teilsysteme aufgelistet. In der ersten Zeile werden zu jedem Teilsystem mögliche m Lösungsprinzipien aufgeführt. Die entstehende Matrix ermöglicht durch die Kombination der verschiedenen Teillösungen m^n Gesamtlösungen.

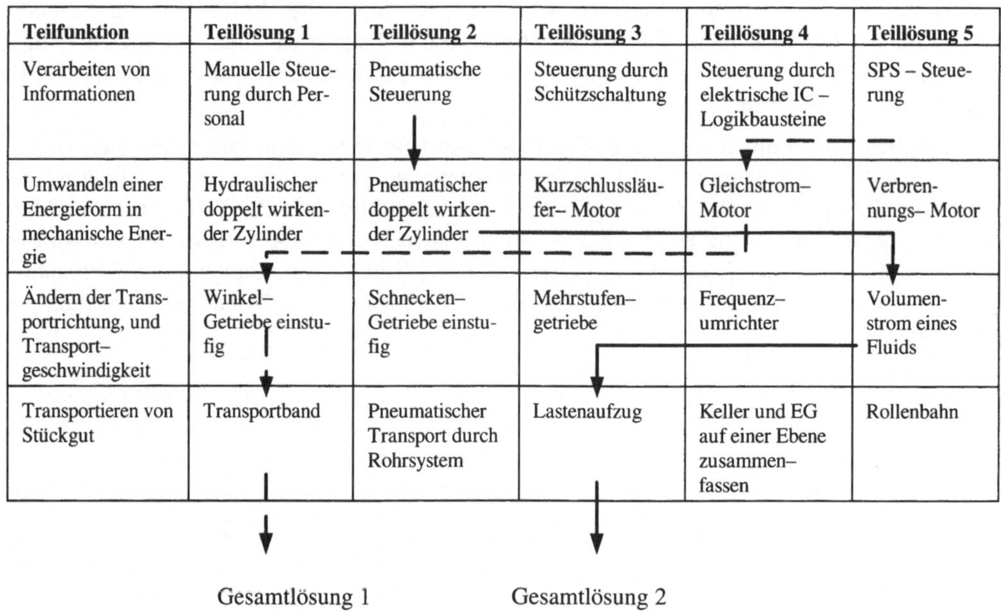

Teilfunktion	Teillösung 1	Teillösung 2	Teillösung 3	Teillösung 4	Teillösung 5
Verarbeiten von Informationen	Manuelle Steuerung durch Personal	Pneumatische Steuerung	Steuerung durch Schützschaltung	Steuerung durch elektrische IC – Logikbausteine	SPS – Steuerung
Umwandeln einer Energieform in mechanische Energie	Hydraulischer doppelt wirkender Zylinder	Pneumatischer doppelt wirkender Zylinder	Kurzschlussläufer– Motor	Gleichstrom–Motor	Verbrennungs– Motor
Ändern der Transportrichtung, und Transport–geschwindigkeit	Winkel–Getriebe einstufig	Schnecken–Getriebe einstufig	Mehrstufen–getriebe	Frequenz–umrichter	Volumenstrom eines Fluids
Transportieren von Stückgut	Transportband	Pneumatischer Transport durch Rohrsystem	Lastenaufzug	Keller und EG auf einer Ebene zusammen–fassen	Rollenbahn

Bild 8-3 Morphologischer Kasten für ein Transportsystem für Stückgut

8.4 Bewerten

Evaluation

Hat man eine Anzahl von sinnvollen Gesamtlösung ermittelt, müssen diese Lösungen einer **technischen und wirtschaftlichen Bewertung** unterzogen werden. Die Beuteilungskriterien zur Bewertung entsprechen den Anforderungen aus der Anforderungsliste. Für die **technische Bewertung** werden die Eigenschaften der gefundenen Lösung mit einer Ideallösung verglichen. Die Ideallösung ist in der Anforderungsliste formuliert. Alle Anforderungen der Anforderungsliste erhalten die maximal erreichbare Punktzahl p_{max}. Die Punktbewertungsskala orientiert sich häufig nach Kesselring:

Grad der Annäherung	Punktzahl
sehr gut (ideal)	4
gut	3
ausreichend	2
gerade noch tragbar	1
unbefriedigend	0

Bild 8-4
Punktbewertung nach Kesselring

Je nachdem wie gut die Anforderung n durch die Gesamtlösung erreicht worden ist, werden 0 bis p_{max} Punkte erreicht. Der Quotient aus erreichten Punkten p_n und den maximal zu erreichenden Punkten p_{max} bezeichnet man als technische Wertigkeit wt_n.

$$wt_n = p_n / p_{max}$$

Für alle n Anforderungen der Anforderungsliste wird die technische Wertigkeit wt_n bestimmt, addiert und durch die Anzahl der Anforderungen dividiert. Die so ermittelten Wertigkeiten wt_g von Gesamtlösungen, können somit verglichen werden.

$$wt_g = \frac{p_1 + p_2 + p_3 + \ldots + p_n}{p_{1_{max}} + p_{2_{max}} + p_{3_{max}} + \ldots + p_{n_{max}}} = \frac{\sum p_i}{\sum p_{i_{max}}}$$

Die Gesamtlösung mit der größten technischen Wertigkeit wt_g stellt die beste technische Lösung dar und sollte realisiert werden, wenn die Wertigkeit mindestens 0,6 beträgt.

Die bisherigen Berechnung der technischen Wertigkeit setzt voraus, dass alle Anforderungen die gleiche Bedeutung (= Gewichtung) haben. In der Praxis ist das nicht der Fall, und die einzelnen Anforderungen werden durch einen Faktor m von 0 (unwichtig) bis 4 (sehr wichtig) gewichtet.

$$wt_{gm} = \frac{p_1 \cdot m_1 + p_2 \cdot m_2 + p_3 \cdot m_3 + \ldots + p_n \cdot m_n}{p_{1_{max}} \cdot m_1 + p_{2_{max}} \cdot m_2 + p_{3_{max}} \cdot m_3 + \ldots + p_{n_{max}} \cdot m_n} = \frac{\sum (p_i \cdot m_i)}{\sum \left(p_{i_{max}} \cdot m_i\right)}$$

Die wirtschaftliche Bewertung soll an dieser Stelle nicht behandelt werden.

8.5 Mögliches Konzept

Possible concept

Nach der technischen und wirtschaftlichen Bewertung wird das Konzept festgelegt. Im Folgenden soll die Auswahl von **Lösungen für die einzelnen Teilfunktionen der Transportanlage** begründet werden:

8.5.1 Umwandeln einer Energieform in mechanische Energie

Transformation of a form of energy in mechanical energy

Bei der Vielzahl von verschiedenen Bewegungsabläufen scheint kein Antriebsfall dem anderen zu gleichen. In Wirklichkeit lassen sich jedoch die Antriebsfälle auf drei Standardlösungen zurückführen:

- lineare Bewegung in der Horizontalen
- lineare Bewegung in der Vertikalen
- Drehbewegung

Zunächst werden Lastdaten wie Massen, Massenträgheitsmomente, Geschwindigkeiten, Kräfte, Schalthäufigkeiten, Betriebszeiten, Geometrie der Räder und Wellen notiert. Mit diesen Daten wird der Leistungsbedarf unter Berücksichtigung der Wirkungsgrade errechnet und die Abtriebsdrehzahl (Drehzahl der Arbeitsmaschine) bestimmt. Nach diesen Ergebnissen kann der Getriebemotor unter Beachtung der individuellen Einsatzbedingungen aus den jeweiligen Katalogen ermittelt werden. Welche Getriebemotorenart dabei gewählt wird, ergibt sich aus den folgenden Auswahlkriterien. Da die Betriebseigenschaften der Getriebemotoren voneinander abweichen, müssen diese Eigenschaften getrennt betrachtet werden.

Im Allgemeinen wird folgende Unterteilung vorgenommen:

- Drehstromantriebe mit einer oder mehreren festen Drehzahlen
- Drehstromantriebe mit Frequenzumrichter
- Servoantriebe
- Drehstromantriebe mit mechanischen Verstellgetrieben
- Getriebearten

Bemessungsleistung und Bemessungsstrom

Bei den meisten elektrischen Antrieben setzt sich ganz allgemein die erforderliche Gesamtleistung nach erfolgtem Hochlauf aus zwei Hauptanteilen nach Bild 8-5 zusammen.

Hubleistung $$P_H = \frac{m \cdot g \cdot v_{vert}}{\eta \cdot 1000}$$

Reibungsleistung $$P_R = \frac{F_R \cdot v}{1000}$$

$$F_{R1} = \mu \cdot m \cdot g$$

$$F_R = F_{R1} + F_{R2} + F_{R3}$$

P Leistung in kW

F_R Reibwiderstand in N

m Masse (Gewicht) in kg

g Fallbeschleunigung (9,81) in m/s²

v Geschwindigkeit in m/s

η Wirkungsgrad der äußeren Übertragung als Dezimalbruch

μ Reibungszahl

Index H: Hub

Index R: Reibung

Index vert: in senkrechter Richtung

Die dynamisch erforderlichen Drehmomente (Anlauf bzw. Beschleunigung) sind getrennt zu berücksichtigen.

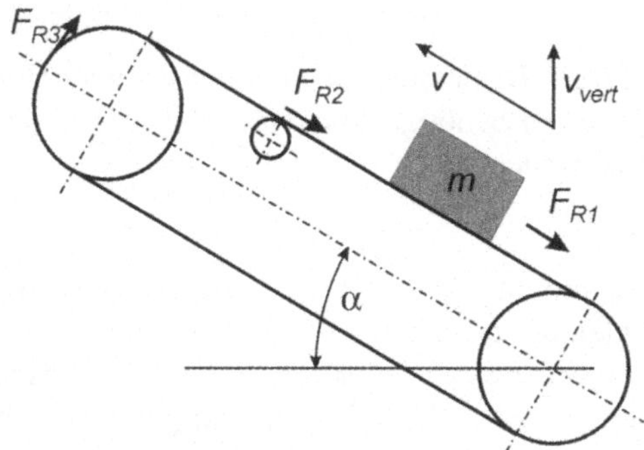

Bild 8-5 Schema zur Ermittlung der Leistung des elektrischen Antriebes

Bei geringer Schalthäufigkeit und normaler Hochlaufzeit kann die Beschleunigungsleistung bei der Bestimmung der Nennleistung eines Antriebes unberücksichtigt bleiben, da fast alle Elektromotoren im Hochlauf etwa das zweifache Nennmoment entwickeln und somit in der Anlaufperiode kurzzeitig über die Nennleistung (= Beharrungsleistung) hinaus mit dem Beschleunigungsmoment überlastet werden können.

Nennleistung des Antriebes $P = P_H + P_R$

Bestimmung der Nennleistung

Wenn irgend möglich, wird man sich bei der Festlegung einer Nennleistung nicht nur auf die Rechnung stützen, sondern vergleichbare, ausgeführte Anlagen berücksichtigen oder an fertigen Anlagen Messungen durchführen.

Ist der tatsächliche Leistungsbedarf wesentlich kleiner als die Nennleistung des Motors, so führt das zur Verfügung stehende, überschüssige Beschleunigungsmoment zu einem sehr raschen und möglicherweise stoßartigen Anlauf. Im Betrieb arbeitet der schlecht ausgenützte Motor mit geringerem Leistungsfaktor und Wirkungsgrad.

Ist hingegen der Leistungsbedarf größer als die Nennleistung des Motors, so ergibt sich mit dem zu kleinen restlichen Beschleunigungsmoment ein schleppender oder sogar ganz verhinderter Hochlauf.

Die tatsächliche Leistungsabgabe bei einem Drehstrom-Asynchron-Motor berechnet man mit folgender Gleichung:

$$P_{ab} = \frac{\sqrt{3} \cdot U \cdot I \cdot \cos\varphi \cdot \eta}{1000}$$

P_{ab} mechanische Leistungsabgabe in kW

U Netzspannung zwischen zwei Außenleitern in V

I Stromaufnahme in einem Außenleiter unter Last in A

$\cos\varphi$ Leistungsfaktor gemäß Hersteller

η Wirkungsgrad gemäß Hersteller

Ist der Leistungsbedarf vorwiegend durch Reibung oder Hub bestimmt, so führt eine Drehmomentmessung mit der Federwaage zum Ziel. Hier ist auf gleichförmige Bewegung zu achten, damit Beschleunigungsanteile nicht mit gemessen werden.

Richtwerte für den Nennstrom

Häufig werden schon im Projektstadium (z. B. für die Bemessung der Leitungsquerschnitte) Richtwerte für die Nennströme von Drehstrom-Motoren benötigt. Für Normalauslegung sind die Nennströme in den entsprechenden Katalogen zu finden.

Wirkungsgrad und Energieeinsparung

Die große Zahl der in Betrieb befindlichen Elektromotoren – in der Industrie meist Drehstrom-Käfigläufermotoren – verbrauchen einen hohen Anteil der erzeugten elektrischen Energie.
Somit stellt sich die Frage nach speziellen energiesparenden Elektromotoren, nach Möglichkeiten zur Verbesserung des Wirkungsgrades. Auch zusätzliche Einsparungspotenziale bei Übertragungsmitteln und durch Verwendung verbesserter Antriebssysteme gilt es zu prüfen.

Elektromotoren als Energieumsetzer

Für eine Verbesserung des Wirkungsgrades ist unter anderem ein erhöhter Materialaufwand notwendig. Für jeden Prozentpunkt an Wirkungsgrad-Gewinn müssen etwa 3 ... 6 % mehr Material eingesetzt werden. Da dieses Material teilweise höherwertig ist (z. B. verlustarme Bleche) und ein erhöhter Fertigungsaufwand notwendig ist, liegen die Preise von Sondermotoren mit deutlich verbessertem Wirkungsgrad um etwa 15 ... 25 % höher als die Grundausführung gleicher Bemessungsleistung.
Die erhöhten Anschaffungskosten werden jedoch bei längeren Laufzeiten im Betrieb durch die geringeren Stromkosten schnell amortisiert. Zusätzliche Energieeinsparungen lassen sich durch den Einsatz von Frequenzumrichter erzielen.

Getriebemotoren

Motoren mit direkt angebautem Untersetzungsgetriebe stellen einen wachsenden Anteil der produzierten Elektromotoren.
Werden Normmotoren mit eigenem Leistungsschild an ein getrennt beschildertes Untersetzungsgetriebe angebaut sowie bei allen Getriebemotoren ohne klare Aussage auf dem Leistungsschild oder im Katalog muss die Frage geklärt werden, ob die Bemessungsleistung auf die Rotorwelle oder auf die langsam laufende Arbeitswelle bezogen ist.

Bemessungsdrehmoment

Bei elektrischen Antrieben mit relativ langsamen Drehzahlen oder Geschwindigkeiten vermittelt oft das Nenndrehmoment anstelle der Nennleistung ein leichter vorzustellendes und abzuschätzendes Bild über die Größe des erforderlichen Antriebes.

Berechnung der Nennleistung aus dem Bemessungsdrehmoment

$$M = F \cdot r \qquad P = \frac{M \cdot n}{9550}$$

M Drehmoment in Nm
F Kraft in N
r Hebelarm (Radius) in m

P Leistung in kW
n Drehzahl in 1/min

Leistungsbedarf bei verschiedenen Geschwindigkeiten

Der Drehmomentbedarf vieler Arbeitsmaschinen setzt sich im Wesentlichen aus Hubmoment und Reibungsmoment zusammen und ist bei allen Geschwindigkeiten nahezu konstant. Der Leistungsbedarf steigt oder fällt also mit der Transportgeschwindigkeit.

Drehzahl aus der Geschwindigkeit

$$n = \frac{60 \cdot v}{\pi \cdot d}$$

n Drehzahl an der Antriebsstation in r/min

v Transportgeschwindigkeit in m/s

d Durchmesser am Kraftangriff des Antriebselementes in m (z. B. Trommeldurchmesser)

Bemessungsdrehzahl

- Asynchron-Motoren mit Käfigläufer

  Ausgehend von der Leerlaufdrehzahl n_o (praktisch die synchrone Drehzahl) fällt die tatsächliche Drehzahl n eines Asynchronmotors mit zunehmender Belastung. Die Differenz wird als Schlupf bezeichnet.

  Drehstrom-Asynchronmotoren üblicher Auslegung haben unter Belastung mit Nenndrehmoment M_N einen Nennschlupf s_N, der bei kleinen Motoren (etwa 0,11 kW) etwa um 12 % und bei großen Motoren (etwa 75 kW) um 2 % liegt. Die Drehmoment/Drehzahl-Charakteristik von Drehstrom-Asynchronmotoren zeigt ein sog. Nebenschlussverhalten.

  Neben der durch Bauart, Auslegung und Bemessungsleistung bedingten Größe der Nenndrehzahl bei den verschiedenen Typen ist für die Abweichung innerhalb gleicher Bemessungsdaten nach DIN EN 60 034-1/VDE 0530 Teil 1 eine Toleranz von ±20 % auf den Nennschlupf zulässig. Obwohl die Norm-Toleranz vom Hersteller im Allgemeinen nicht voll in Anspruch genommen wird, sollte bei hohen Anforderungen an Konstanz und Gleichlauf der Drehzahl schon im Projektstadium die Beratung des Herstellers eingeholt werden.

- Asynchron-Motoren mit Schlupfläufer

  Für Sonderfälle wird ein besonders „weiches“ Drehzahlverhalten, also ein großer Schlupf gewünscht. Solche Antriebe haben sich seit vielen Jahren vor allem als Kran- und Katzfahrantriebe bewährt. Für Frequenzsteuerung (Umrichterbetrieb) sind solche Motoren nicht geeignet.

- Synchron-Motoren mit Reluktanzläufer

  Höchste Anforderungen an die Drehzahlkonstanz werden von Reluktanz-Motoren erfüllt. Beim Anlauf sind Strom und Moment wesentlich höher als bei einem Asynchron-Motor gleicher Bemessungsleistung. Das einfache Prinzip und die mit dem Asynchron-Motor vergleichbare robuste Bauweise sichern dem Reluktanz-Motor im Leistungsbereich bis etwa 10 kW einige Vorteile gegenüber Synchron-Motoren mit Erregerwicklung. Die Nennleistung als Reluktanz-Motor erreicht maximal 50 % der Typenleistung eines Asynchron-Motors. Polumschaltung für zwei Drehzahlen ist nicht möglich. Für Frequenzsteuerung (Umrichterbetrieb) sind Reluktanz-Motoren bei entsprechender Auslegung geeignet.

Zahlreiche Hersteller stellen Projektierungssoftware zur schnellen und effektiven Ermittlung von Antrieben mit allen für die Beurteilung des Einsatzes notwendigen Daten zur Verfügung. Der Benutzer kann zwischen ungeregeltem und geregeltem Drehstrom-Antrieb und Servoantrieb wählen. Für die Wahl eines Untersetzungsgetriebes stehen zahlreiche Getriebe, u. a. Stirnrad-, Kegelrad-, Schnecken- und Planetengetriebe zur Verfügung. Ergänzend können auch die entsprechenden Frequenzumrichter und deren Zubehör bestimmt werden.

8.5.2 Transportieren von Stückgütern

Transport of packaged goods

Die Transportboxen sollen aus dem Untergeschoss in das Erdgeschoss transportiert und der Größe nachsortiert werden. Da die Boxen bei dem Transport über eine große Höhe angehoben werden scheidet eine Rollenbahn aus, die mit ihren Antriebsrollen zu wartungsintensiv wäre. Da ein Lastenaufzug kann nicht ohne weiteres die Funktion des Sortierens übernehmen. Es bietet sich daher ein Transportband an, dass über eine Antriebswelle und über mehrere Stützachsen gehalten und gespannt wird. Das Band übernimmt die Antriebs- und die Stützfunktion der Transportboxen. Zerreißt das Band, so muss eine Rücklaufsicherung an den Achsen ein herabstürzen der Boxen erhindern.

8.5.3 Ändern der Transportrichtung und der Transportgeschwindigkeit

Change of transport direction and speed

Um das Transportband mit einer gemäßigten Geschwindigkeit in Bewegung setzten zu können, muss entweder eine Umsetzung der hohen Drehgeschwindigkeit des Motors, in die gewünschte Drehzahl des Antriebrades des Transportbandes stattfinden, oder der Motor muss so geregelt werden, dass über einen Frequenzumrichter die Drehzahl des Motors gedrosselt wird. Da die Transportboxen ein hohes Gewicht haben können, benötigt man am Transportband ein großes Drehmoment. Die Forderung des sanften Anlaufs und die Variabilität der Fahrgeschwindigkeiten schränken die möglichen Getriebearten weiter ein (siehe Kapitel 2.4.2). Für das erreichen verschiedener Geschwindigkeiten wird ein schaltbares Mehrstufengetriebe oder ein Frequenzumrichter benötigt. Da das schaltbare Getriebe einen Sanftanlauf nicht ohne großen technischen Aufwand realisieren kann, bietet sich an dieser Anlage die Ansteuerung mit einem Frequenzumrichter in Kombination mit einem Winkelgetriebe an. Um einen eventuellen Lageversatz auszugleichen, und um den Kraftfluss im Reparaturfall zwischen Motor und Winkelgetriebe unterbrechen zu können, wird zwischen den Motor und dem Winkelgetriebe eine Klauenkupplung eingebaut. (Siehe Kapitel 2.4.1)

8.5.4 Verarbeiten von Informationen

Processing of information

In dem System Transportband müssen die eingehenden Informationen aufgenommen und im nächsten Schritt verarbeitet werden. Dabei verhält sich der Ablauf der Informationsverarbeitung nach dem EVA Prinzip (**E**ingabe **V**erarbeitung **A**usgabe).

Aus der Kundenanforderung für das Bandsystem entnehmen wir, dass das Band automatisch und sanft anlaufen soll, wenn Material auf das Band gelegt wird. Dabei soll die Geschwindigkeit in Abhängigkeit von dem Gewicht geregelt werden.

Die Regelung des Antriebes stellt ein komplexes Problem dar, dass am besten mit einem Antrieb, der über einen Frequenzumrichter angesteuert wird, gelöst werden kann. Da zum Zeitpunkt der Entwicklung des Bandsystems die genauen Umgebungsbedingungen nicht eindeutig bekannt sind, muss die Anlage nachträglich parametriert werden können. Die Ansteuerung eines Frequenzumrichters mit einer konventionellen Elektronik ist sehr aufwendig. Es bietet sich daher an, diese Aufgabe einer SPS zu übertragen. Damit sind wir in der Lage auch zukünftige Erweiterungen in die Anlage ohne weitere Hardwaresteuerungen zu integrieren, sowie die Forderung der nachträglichen Parametrierung zu erfüllen.

9 Inbetriebnahme

Start-up operation

9.1 Einleitung

Introduction

Die Inbetriebnahme eines mechatronischen Systems gliedert sich in mehrere Phasen.

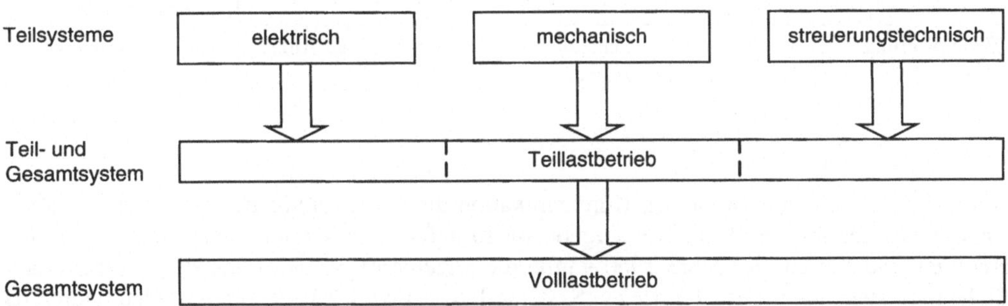

Bild 9-1 Inbetriebnahme eines mechatronischen Systems

Zunächst wird in den Teilsystemen alles das geprüft, was von den anderen Teilsystemen unabhängig ist. Im Teillastbetrieb wird ein erstes Zusammenwirken realisiert. Hier werden auch mögliche Störfälle simuliert. Im Volllastbetrieb wird dann – ggf. unter Einbeziehung eines Sicherheitszuschlages – der reale Einsatz simuliert.

9.2 Grundlagen der Mess- und Prüftechnik

Fundamentals of measurement and testing technology

Wichtigste Aufgabe der Mess- und Prüftechnik ist es, im Produktentstehungsprozess, der sich von der Entwicklung und Konstruktion bis zur Auslieferung an den Kunden erstreckt, Informationen über die Qualitätslage von Produkten und Prozessen in Form von Mess- und Prüfergebnissen zu liefern, welche die Grundlage für die Qualitätssicherung bilden. Dabei beschränkt sich der Begriff der Messtechnik nicht nur auf technische Verfahren zur Ermittlung der Messwerte, sondern erstreckt sich auch auf organisatorische Aspekte, die mit der Mess- und Prüftechnik in der Fertigung verknüpft sind. Im Bereich der Fehleranalyse bietet die Mess- und Prüftechnik die Möglichkeit, durch einen Soll-Ist-Vergleich an definierten Messpunkten die Fehlerequelle möglichst schnell einzugrenzen.

Man unterteilt die Messtechnik in drei Bereiche: die konventionelle, elektrische und optische Messtechnik (Tabelle 9-1).

Tabelle 9-1 Unterteilung der Messtechnik

	Mechanische Messtechnik	**Elektrische Messtechnik**	**Optische Messtechnik**
Messgrößenumformung	in ablesbare Größe	In elektrische Größe (Spannung, Strom, Widerstand, Ladung etc.)	In optische Größe (Strichcode, Raster, etc.)
Messwertaufbereitung		Verstärker, Filter, Interpolatoren	Fotodetektor, Kamera
Signalverarbeitung		Korellationen, Messfelder etc.	Mustererkennung, Spektren etc.
Visualisierung	Analoge Darstellung an einer Anzeige	Digitale/analoge Anzeige, Vergleiche	Vergleich, Anzeige

SI Einheitensystem

Um in Sinne einer internationalen Kommunikation die Messtechnik zu betrachten, ist es notwendig, eine Definition für die Messergebnisse zu liefern, die in allen Ländern gleich zu interpretieren sind. Bereits im Jahre 1960 wurde die allgemeine Verwendung des Internationalen Einheitensystems oder des *SI-Systems* (Système International d'Unités) empfohlen. Durch das „Gesetz über Einheiten im Messwesen" vom 2.7.1969 in der Fassung vom 6.7.1973 wurde es in der Bundesrepublik Deutschland gesetzlich eingeführt. Es basiert auf eine Definition von sieben Basisgrößen mit den dazugehörigen Basiseinheiten. Diese Basisgrößen sind physikalisch unabhängig voneinander.

Tabelle 9-2 Basisgrößen und Basiseinheiten

Basisgröße	**Formelzeichen**	**Basiseinheit**	**Einheitenzeichen**
Länge	l, s, r	Meter	1 m
Zeit	T	Sekunde	1 s
Masse	M	Kilogramm	1 kg
Elektrische Stromstärke	I	Ampere	1 A
Thermodynamische Temperatur	ϑ	Kelvin	1 K
Lichtstärke	I_K	Candela	1 cd
Stoffmenge	ν	Mol	1 mol

Meistens wird in technologischen Bereich auf abgeleitete Größen zurückgegriffen, die sich aus den Basisgrößen entwickeln lassen.

Vorteil einer strengen Normung der Basisgrößen liegt in der Tatsache, dass man aus mehreren unterschiedlichen Messergebnissen neue definierte Größen ermitteln kann, die sich alle auf die selben Grunddefinitionen beziehen. So ist es z. B. möglich die erzeugte technische Energie bei unterschiedlichen Herstellungsverfahren und unterschiedlicher Nutzung vergleichbar zu machen. Das einsetzen und umstellen von technischen bzw. physikalischen Formeln wird durch das genormte Einheitensystem wesentlich vereinfacht, da keine Umrechnungsfaktoren (z. B. bei der Umrechnung von PS in kW der Faktor 1,36) benötigt werden.

Grundsätzlich gilt:

Physikalische Größen können uneingeschränkt multipliziert oder dividiert werden; das Ergebnis ist stets wieder eine physikalische Größe. (Tabelle 9-4)

Physikalische Größen könne nur dann addiert oder subtrahiert werden, wenn es sich um Größen mit den gleichen Einheiten handelt.

Physikalische und technische Größen bestehen immer aus einem Zahlenwert und einer Einheit.

Weil das Arbeiten mit den Standard-SI-Einheiten für den normalen Einsatz häufig nicht passend sind, dürfen von ihnen dezimale Vielfache und Teile durch besondere Vorsätze gebildet werden.

Tabelle 9-3 Vorsätze für SI Einheiten

Zehnerpotenz	Vorsatz	Kurzzeichen	Zehnerpotenz	Vorsatz	Kurzzeichen
10^{12}	Tera	T	10^{-1}	Dezi	d
10^{9}	Giga	G	10^{-2}	Zenti	c
10^{6}	Mega	M	10^{-3}	Milli	m
10^{3}	Kilo	k	10^{-6}	Mikro	m
10^{2}	Hekto	h	10^{-9}	Nano	n

Für den praktischen Einsatz genügen die sieben Basisgrößen nicht. Es gibt eine Vielzahl von abgeleiteten Größen, die den jeweiligen Anforderungen angepasst werden können. In Tabelle 9-4 ist eine Auswahl von abgeleiteten Größen dargestellt, die hauptsächlich im Bereich Maschinenbau und Elektrotechnik eingesetzt werden.

Tabelle 9-4 Abgeleitete physikalischen Größen

Physikalische Größe	**Formelzeichen**	**Maßeinheit**
Frequenz	*F*	Hz (Hertz) = s^{-1}
Kreisfrequenz	ω (= 2 π *f*)	Hz = s^{-1}
Geschwindigkeit	*V*	M s^{-1}
Beschleunigung	*A*	M s^{-2}
Kraft	*F*	N (Newton) = kg m s^{-2}
Druck	*P*	Pa (Pascal) = N m^{-2} = kg m_{-1} s^{-2}
Arbeit, Energie	*W*, *E*	J (Joule) = N m = kg m_2 s^{-2}
Leistung	*P*	W (Watt) = kg m^2 s^{-3}
Wärme	*Q*	J (Joule) = N m = kg m^2 s^{-2}
Elektrische Ladung	*Q*	C (Coulomb) = A s
Elektrische Spannung	*U*	V (Volt) = W A^{-1} = kg m^2 A s^{-3}
Elektrische Leistung	*P*	W (Watt) = V A = kg m^2 A^2 s^{-3}
Elektrischer Widerstand	*R*	Ω (Ohm) = V A^{-1} = kg m^2 A^{-2} s^{-3}
Kapazität	*C*	F (Farad) = C V^{-1} = s^4 A^2 kg^{-1} m^{-2}
Magnetische Induktion	*B*	T (Tesla) = kg AP^{-1} s^{-2}
Induktivität	*L*	H (Henry) = kg m^2 s^{-2} A^{-2}
Lichtstärke	*L*	cd (Candela)

Die Formelzeichen sind individuell festgesetzt worden. Problematisch ist jedoch, dass die Formelkennzeichen nicht eindeutig sind. So ist z. B. die elektrische Ladung und die Wärme mit dem gleichen Formelzeichen gekennzeichnet. Man kann lediglich aus dem Zusammenhang erkennen, was das Formelzeichen *Q* bedeuten soll.

Anzeigearten

Grundsätzlich werden die Messergebnisse in den Messgeräten zu Messwerten umgewandelt. Dabei gibt es zwei unterschiedliche Darstellungsformen.

Die **analoge Darstellung**, erfolgt die Messwertdarstellung des Messwertes durch einen Zeiger, oder durch eine andersartige kontinuierliche Skala. Ein wesentlicher Vorteil dieser Darstellungsform, ist die schnelle größenmäßige Erfassung der Messwerte sowie die Möglichkeit der Erfassung von veränderlichen Messwerten (z. B. Einschwingvorgänge, Beschleunigungen, Belastungen). Problematisch ist der Eigenverbrauch des Anzeigengerätes, die vorgeschriebene Einbaulage und der potentielle Parallaxenfehler bei unsachgemäßer Ablesung.

Bei der **digitalen Darstellung** werden die beschriebenen Probleme weitestgehend aufgehoben. Es werden die Messwerte diskret als numerischer Zahlenwert dargestellt. Damit dies realisiert werden kann erfolgt in dem Messgerät eine Wandlung des analogen Messergebnisses in einen der geplanten Messgenauigkeit gerundeten digitalen Wert. Die Ablesegenauigkeit digitaler Messsysteme liegt meist wesentlich höher als bei analogen Systemen. Bei ungeübten Benutzern werden jedoch schnell Messwerte in einer Genauigkeit angegeben, die technologisch nicht sinnvoll sind (z. B. 9,99 V).

Messfehler

Jeder Messwert stimmt aus verschiedenen Gründen mit der Messgröße **nicht** überein. Dazu unterscheidet man zwei Fehlerquellen:

Tabelle 9-5 Fehlerquellen

Systematische Fehler	**Zufällige Fehler**
• Gerätefehler	• Ablesefehler
• Verfahrensfehler	• nicht erfassbare Umwelteinflüsse (sind nach Größe und Vorzeichen verschieden, sie lassen sich nicht korrigieren)
• Erfassbare Umwelteinflüsse (lassen sich durch Korrektur beseitigen)	

Die verschiedenen Fehlerquellen werden in zwei Fehlergrößen zusammengefasst. Unter dem absoluten Messfehler versteht man die Differenz aus dem (angezeigtem Wert A) Messwert und dem wahren Wert W. Der wahre Wert wird z. B. durch Rechnung oder einer Präzisionsvergleichsmessung ermittelt.

$$F = A - W \qquad F\text{: absoluter Fehler}$$

Der relative Fehler f berechnet sich aus dem Verhältnis von absolutem Fehler und einem Bezugswert. Er werden zwei unterschiedliche Bezugswerte angegeben: Wahrer Wert W, Messbereichsendwert MB.

$$f_{\mathrm{DIN}} = \frac{F}{W} = \frac{A-W}{W} \qquad f_{\mathrm{VDE}} = \frac{F}{MB} = \frac{A-W}{MB}$$

Daher muss bei dem relativen Fehler immer der Bezugswert mit angegeben werden.

9.3 Elektrische Messtechnik

Electric measurement techniques

Exemplarisch für weitere Bereiche der Messtechnik soll hier für die elektrischen Messungen die wichtigsten der dort eingesetzten Messgeräte und Messverfahren vorgestellt werden.

9.3.1 Spannungsmessung

Voltage measurement

Soll die Größe der elektrischen Spannung zwischen zwei Punkten mit unterschiedlichem Potential festgestellt werden, so muss ein Spannungsmesser (Voltmeter) an diesen beiden Punkten angeschlossen werden.

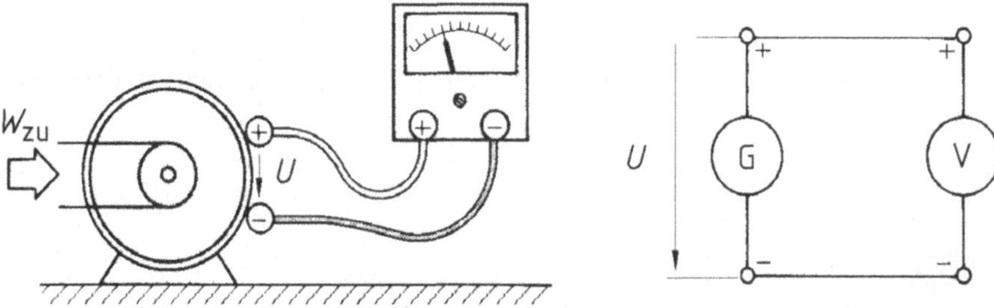

Bild 9-2 Anschluss eines Spannungsmessers

Ein Spannungsmesser wird immer an den beiden Punkten angeschlossen, zwischen denen die Spannung gemessen werden soll.

In der Praxis werden für solche Messungen meist Vielfachmessinstrumente (Multimeter) verwendet, mit denen Gleich- und Wechselspannung in jeweils verschiedenen Messbereichen gemessen werden können.

Bild 9-3 Multimeter

Beim Anschluss dieser Messinstrumente ist darauf zu achten, dass:

- die richtige Spannungsart eingestellt ist (AC/DC)
- der erforderliche Messbereich eingestellt ist und
- die Polarität von Generator und Messinstrument übereinstimmt (bei Gleichspannung).

9.3.2 Strommessung

Current measurement

Um z. B. die Stromstärke einer Lampe zu messen, muss ein Strommesser (Amperemeter), so in den Stromkreis geschaltet werden, dass er von dem zu messenden Lampenstrom durchflossen wird. Da die Stromstärke im ganzen Stromkreis überall gleich groß ist, kann der Strommesser also an jede beliebige Stelle des Stromkreises geschaltet werden.

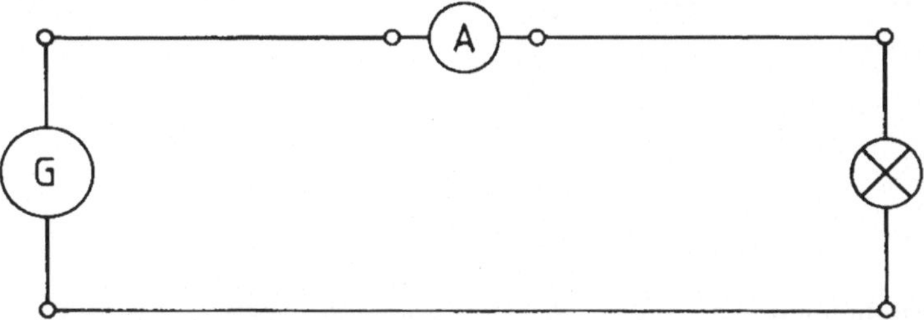

Bild 9-4 Anschluss eines Strommessers

Ein Strommesser wird so angeschlossen, dass er von dem zu messenden Strom durchflossen wird.

Meist werden zur Strommessung Vielfachmessinstrumente benutzt (wie bei der Spannungsmessung), mit denen Gleich- und Wechselströme in verschiedenen Messbereichen gemessen werden können. Beim Gebrauch solcher Messgeräte ist darauf zu achten, dass

- die richtige Stromart eingestellt ist,
- der erforderliche Messbereich eingestellt ist und
- die Polarität des Messinstrumentes berücksichtigt ist.

9.3.3 Widerstandsmessung

Resistance measurement

Ist kein spezielles Widerstandsmessgerät vorhanden, kann man den elektrischen Widerstand indirekt durch eine gleichzeitige Strom- und Spannungsmessung ermitteln. Da jedes Messgerät einen Innenwiderstand besitzt, unterscheidet man zwischen einer Strom- und Spannungsfehlerschaltung. Je nach Schaltung müssen die jeweiligen Innenwiderstände der Messgeräte bei der Berechnung des Widerstandes berücksichtigt werden.

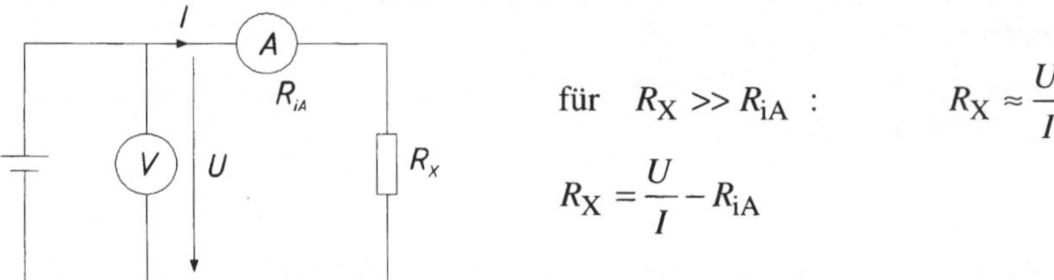

Bild 9-5 Spannungsfehlerschaltung

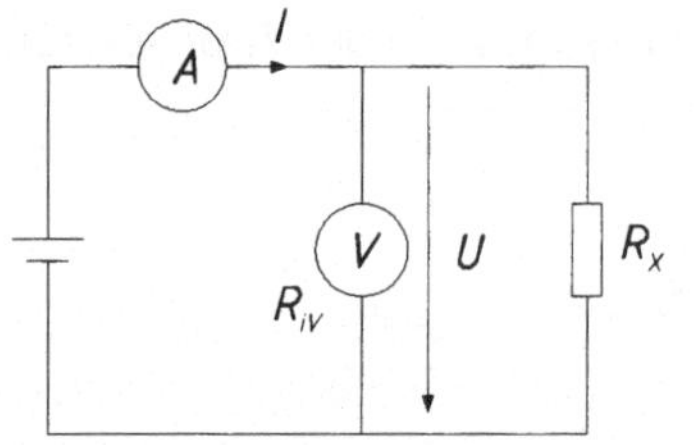

für $R_X \ll R_{iV}$: $R_X \approx \frac{U}{I}$

$$R_X = \frac{U}{I - \frac{U}{R_{iV}}}$$

Bild 9-6 Stromfehlerschaltung

Bei der Verwendung eines Digitalmultimeters, kann der Widerstand direkt gemessen und angezeigt werden. Hierbei wird die Messung des elektrischen Widerstandes durch verwenden einer Konstantstromquelle auf eine Spannungsmessung zurückgeführt. Durch umschaltbare Konstantströme können verschiedene Widerstandsmessbereiche realisiert werden.

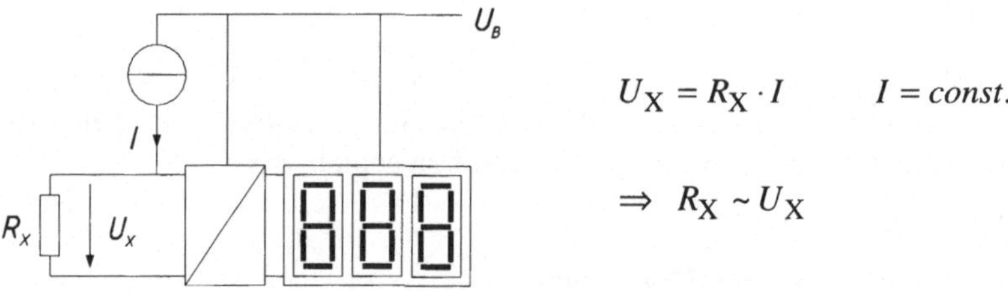

Bild 9-7 Widerstandsmessung mit einem Digitalmultimeter

9.3.4 Messen mit dem Oszilloskop

Oscilloscope measurement

Grundlagen

Das Elektronenstrahl-Oszilloskop gehört zu den vielseitigsten Messgeräten. Der Name Oszilloskop bedeutet „Schwingungsseher" (lat. oscillare schwingen, griech. scopein = sehen). Das Gerät wird vor allem zum Messen und zur Darstellung von schnellen, periodisch ablaufenden Vorgängen (z. B. Wechselspannungen) und zur Darstellung von Kennlinien nichtlinearer Bauteile (z. B. U-I-Kennlinien von Dioden) eingesetzt.

Zur Darstellung nichtperiodischer Vorgänge, z. B. des Stromverlaufs einer Blitzentladung, eignen sich so genannte Speicheroszilloskope.

Aufbau

Ein Elektronenstrahl-Oszilloskop besteht im Wesentlichen aus vier Baugruppen:

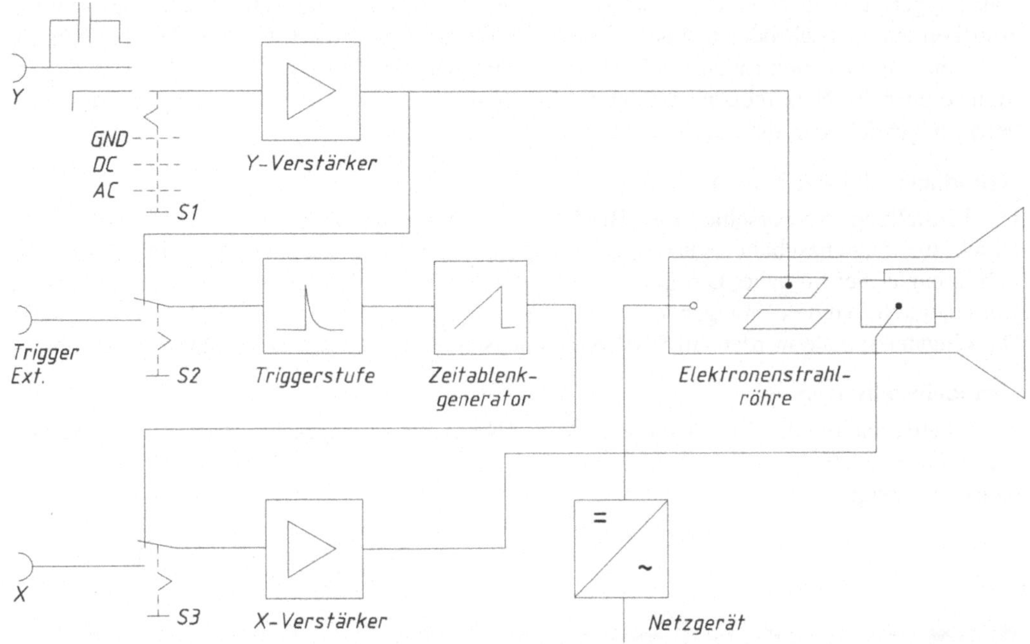

Bild 9-8 Übersichtsplan eines Elektronenstrahl-Oszilloskops

1. Elektronenstrahlröhre (Bildröhre):

Sie erzeugt mit Hilfe einer Glühkatode, mehrerer Beschleunigungselektroden und einer Fokussiereinrichtung einen scharf gebündelten Elektronenstrahl. Beim Aufprall der Elektronen auf der Leuchtschicht des Bildschirms wird Licht erzeugt.

2. Zeitablenkgenerator mit Verstärker (X-Verstärker):

Er erzeugt eine Sägezahnspannung mit langsam ansteigender und schnell abfallender Flanke. Damit wird der Elektronenstrahl periodisch von links nach rechts über den Bildschirm geführt.

3. Vertikalablenkverstärker (Y-Verstärker):

Er verstärkt das zuvor abgeschwächte Messsignal und liefert die Ablenkspannung für die Y-Platten. Der Verstärker muss eine sehr große Bandbreite haben.

4. Netzteil:

Es liefert die Versorgungsspannung für die elektronischen Schaltungen, die Heizspannung für die Glühkatode sowie die Anodenspannung für die Beschleunigung der Elektronen. Die Anodenspannung beträgt je nach Oszilloskop zwischen 5 kV und 15 kV.

Zeitablenkung und Synchronisation

Durch das Zusammenwirken der X- und Y-Ablenkung kann der Elektronenstrahl auf dem Bildschirm einen Linienzug „schreiben". Ein ruhig stehendes Bild ist aber nur dann möglich, wenn X- und Y-Ablenkung zeitlich aufeinander abgestimmt (synchronisiert) sind. In der Praxis erreicht man die Synchronisation durch gezieltes Triggern (Auslösen) der Zeitablenkspannung.

Das Triggern erfolgt meist durch die zu messende Signalspannung selbst. Dabei kann am Oszilloskop automatisch oder manuell ein Triggerniveau (Level) bestimmt werden, bei dem die X-Ablenkung des Elektronenstrahls gestartet wird. Die Triggerung kann auch durch externe Signale oder die Netzfrequenz erfolgen. Mit der +/– Taste wird bestimmt, ob die Triggerung bei ansteigender oder abfallender Flanke erfolgt.

Grundlagen der Bedienung

Die Einstellung der verschiedenen Betriebszustände erfolgt beim Oszilloskop durch Dreh-, Druck- und Schiebeschalter. Die Beschriftung der Bedienungselemente erfolgt fast ausschließlich in englischer Sprache. Die Betriebszustände gedrückt / nicht gedrückt bei Druckschaltern werden durch Symbole angegeben.
Die Eingangssignale werden auf BNC-Steckbuchsen geführt (BNC-Binary Nut Connector).

Grundeinstellungen

Zur Inbetriebnahme des Oszilloskops muss der Netzschalter eingeschaltet werden, er trägt die englische Bezeichnung POWER (Leistung), der EIN-Zustand wird meist durch eine Signallampe angezeigt.

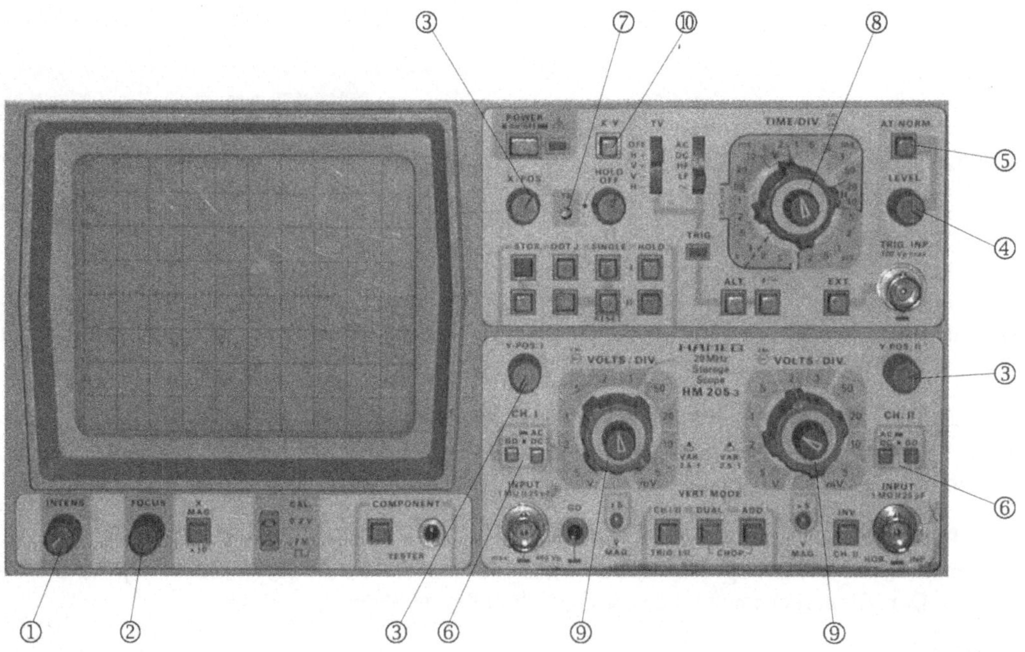

Bild 9-9 Speicheroszilloskop

Vor der eigentlichen Messung müssen eventuell folgende Bedienelemente eingestellt werden:

INTENS ①: (Intensity = Helligkeit), dient zur Einstellung der Strahl-Helligkeit.

FOCUS ②: (Brennpunkt, Schärfe), dient zur Einstellung der Strahl-Schärfe.

POS ③: (Position), dient zur vertikalen (Y-Pos.) bzw. horizontalen (X-Pos.) Verschiebung des Strahls.

LEVEL ④: (Pegel), dient zur Einstellung des Trigger-Pegels; der Taster AT/NORM. ⑤ sollte in der Stellung AT (Automatik) sein, nicht in der Stellung NORM. (manuell).

GD-AC-DC ⑥: dient zur Auswahl der Signalankopplung; der Grundstrahl (Nulllinie) wird mit der Einstellung GD (Ground Masse) eingestellt.

TR ⑦: (Trace rotation = Strahldrehung), dient zur Korrektur eines nicht waagerecht verlaufenden Grundstrahls bei Eingangskopplung GD infolge magnetischer Störfelder; wird mit Schraubendreher eingestellt.

Zeitbasis und Signalverstärkung

Zur Signalmessung dienen folgende Einstellungen:

TIME/DIV ⑧: (Time/Division = Zeit/Skalenteilung), dient zur Einstellung der Zeitskala in s/cm, ms/cm, µs/cm. Die Einteilung ist nur exakt, wenn der Drehknopf zur Zeitbasis-Dehnung in der Stellung CAL (kalibriert) einrastet. Durch Verstellen des Knopfes kann die dargestellte Kurve in X-Richtung gedehnt werden.

VOLTS/DIV⑨: (Spannung pro Skalenteilung), dient zur Einstellung der Spannungsskala in V/cm und mV/cm. Wie bei der Zeitskala ist die Einstellung nur exakt, wenn der Drehknopf zur Maßstabsdehnung in der Stellung CAL einrastet. Bei Mehrkanal-Geräten kann der Spannungsmaßstab für jeden Kanal separat eingestellt werden.

Y-t-Betrieb

Das Oszilloskop wird hauptsächlich zur Darstellung zeitabhängiger Spannungen genutzt. Das Linienbild entsteht dabei durch das Zusammenwirken des periodisch von links nach rechts wandernden Elektronenstrahls (X-Ablenkung) und dem Messsignal (Y-Ablenkung). Diese Betriebsart heißt y-t-Betrieb. Ein stehendes Bild auf dem Bildschirm kann aber nur erreicht werden, wenn die Sägezahnspannung zur X-Ablenkung des Strahls bei jedem Durchlauf korrekt gestartet wird, d. h. wenn die Zeitbasis synchron zum Messsignal getriggert wird. Für die unterschiedlichen Messprobleme kann zwischen verschiedenen Triggerarten gewählt werden.

Als Grundeinstellung wird am Einstellknopf für den und Triggerpegel (LEVEL A) die Stellung AT (Automatik), für den Triggerwahlschalter (TRIG) die Stellung AC (Wechselspannung) gewählt. Diese Einstellung ergibt für die meisten Messsignale ein stehendes Bild. Bei komplexen Signalgemischen muss der Triggerpegel meist manuell (NORM) eingestellt werden (Kontrolle durch LED) und das Triggersignal eventuell gefiltert werden (LF, HF). Entsteht auch bei gefühlvoller Einstellung des Triggerpegels kein stehendes Bild, so kann eine Verlängerung der Sperrzeit bis zum nächsten Triggervorgang durch den HOLD-OFF-Drehknopf hilfreich sein. Eine erhöhte Sperrzeit verringert aber die Helligkeit des Strahls.

Grundeinstellung des Oszilloskops

Nach dem Einschalten des Gerätes muss nach Ablauf der Röhrenheizzeit (ca. 1 min) zunächst der Elektronenstrahl gefunden und richtig eingestellt werden. Dazu geht man folgendermaßen vor:

1. Der Drehknopf für die Intensität wird zunächst auf 2/3 der maximalen Helligkeit eingestellt.
2. Über den Wahlschalter AC-DC-GD bleibt der vertikale Eingang auf Masse, wodurch sichergestellt ist, dass die Nulllinie in der Mitte des Schirms geschrieben wird.
3. Die Horizontalablenkung soll auf intern geschaltet werden, wodurch die Verbindung zwischen Sägezahngenerator und X-Verstärker hergestellt ist.

4. Der Time-Base-Schalter kann zunächst auf den Bereich 1ms/DIV eingestellt werden. Der Drehknopf für die Feineinstellung sollte in Vorbereitung auf eine Frequenzmessung in Stellung Cal eingerastet sein (nur dann gelten die mit dem Time-Base-Schalter eingestellten Zeiten).
5. Der Einsteller für den Triggerpegel (Level) soll auf AT (Automatic) stehen, damit der Zeitablenkgenerator auch ohne Messsignal eine periodische Sägezahnspannung an den X-Verstärker liefert und eine waagerechte Linie auf dem Leuchtschirm erscheint.
6. Das Oszilloskop ist messbereit, wenn der Wahlschalter AC-DC-GD auf AC oder DC und die Zeitlinie mit dem Drehknopf Y-Position in Position (z. B. Mittellinie des Rasters) gebracht wird.

X-Y-Betrieb

Wird den waagrechten Ablenkplatten keine zeitabhängige Sägezahnspannung sondern eine externe Signalspannung zugeführt, so spricht man vom X-Y-Betrieb. Dieser Betrieb eignet sich besonders zur Darstellung von Kennlinien.

Der X-Y-Betrieb ⑩ erfordert ein Zwei- oder Mehrkanaloszilloskop, bei dem einer der Y-Kanäle als X-Kanal (HOR. INP.) verwendet werden kann. Für den X-Y-Betrieb muss die X-Y-Taste gedrückt sein.

Mehrkanalbetrieb

Moderne Oszilloskope sind üblicherweise für 2-Kanal-Betrieb ausgelegt, siehe Bild 9-10, d. h. am Bildschirm können zwei Signale gleichzeitig sichtbar gemacht werden. Im Normalfall wird dabei alternierend (abwechselnd) der eine und der andere Strahl dargestellt. Durch die Trägheit des Auges entsteht der Eindruck einer gleichzeitigen Darstellung beider Signale. Der ALT-Betrieb eignet sich für die meisten Messaufgaben. Bei sehr kleinen Signalfrequenzen eignet sich auch der CHOP-Betrieb.

Mit Hilfe der INV-Taste kann das Signal eines Kanals umgekehrt (invertiert) werden, mit der ADD-Taste lässt sich die Summe bzw. Differenz (bei gedrückter INV-Taste) zweier Signale bilden.

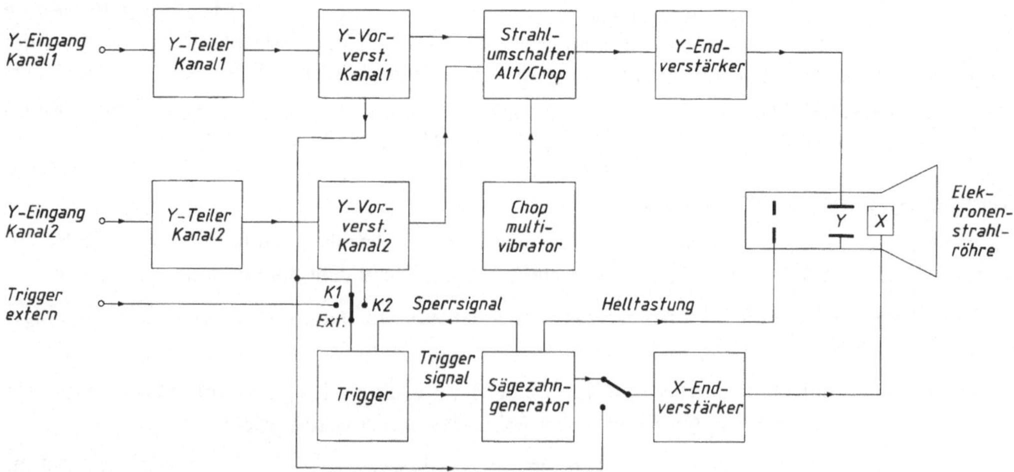

Bild 9-10 Blockschaltbild eines Zweikanal-Oszilloskops

Einzelablenkung

Einmalige Vorgänge, z. B. Ein- und Ausschaltvorgänge oder abklingende Schwingungen eines Resonanzkreises nach einer Stoßerregung, können mit einer einmaligen Zeitablenkung dargestellt werden. Zur Aktivierung der einmaligen Zeitablenkung muss die Taste SINGLE betätigt sein. Mit der Taste RESET wird dann die Zeitablenkung in Wartestellung gebracht. Die Reset-LED (Leuchtdiode) leuchtet nun so lange, bis ein Triggersignal kommt und einen einmaligen Strahl-Ablenkvorgang auslöst. Ein weiterer Ablenkvorgang muss durch erneutes Drücken der RESET-Taste wieder neu vorbereitet werden.

Die beschriebene Einzelablenkung eignet sich nur zur Beobachtung relativ langsamer Vorgänge; schnellere Vorgänge können z. B. durch eine dem Bildschirm vorgesetzte Kamera fotografiert werden. Für höhere Ansprüche ist ein Speicheroszilloskop vorzuziehen.

Kalibrierung

Zum Zubehör von den Oszilloskopsystemen gehören Tastköpfe. Damit diese Tastköpfe alle Signale unverzerrt übertragen, müssen sie an die Impedanz des Vertikalverstärkers angepasst werden. Die Anpassung erfolgt mit Hilfe des im Oszilloskop eingebauten Generators, der sehr exakte Rechteckspannungen von 0,2 V für Tastköpfe 10:1 und 2 V für Tastköpfe 100:1 liefert. Der Abgleich ist optimal, wenn die Rechteckspannungen als exakte Rechtecke auf dem Bildschirm gemessen werden.

9.4 Inbetriebnahme des Bandlaufwerks aus Kapitel 1

Installation of the magnetic tape drive of chapter 1

Im Folgenden sollen einige wichtige Inbetriebnahmeaspekte für das im Eingangsbeispiel vorgestellte Bandlaufwerk erwähnt werden. Die Aufstellung ist nicht vollständig, da sie stark situations- und konstruktionsabhängig ist.

9.4.1 Teilkomponenten

Parts

Mechanisch

- Prüfen auf Fluchten der Lager und Wellen
- Prüfen auf Maßhaltigkeit der angegebenen Kontrollpunkte
- Prüfen auf Teilfunktionen (z. B. Drehbarkeit der Antriebswelle zwischen Motor und Band)

Elektrisch

- Sichtprüfung elektrischer Betriebsmittel nach VDE
- Prüfen auf richtige Motorauswahl
- Überprüfen der mechanischen Funktionen
- Schleifenimpedanz
- Isolationsmessung

Für darüber hinaus gehende elektrische Vorschriften, Richtlinien und EN-Normen wird auf Kapitel 3.3.11 verwiesen.

Steuerungstechnisch, informationstechnisch

- Prüfen der Funktionsfähigkeit der Sensoren

9.4.2 Teillastbetrieb

Testing under partial load conditions

Hier wird insbesondere das Zusammenwirken der Komponenten geprüft.

- Hörprobe
- Sichtprüfung
- Prüfung der Steuerungsfunktionen
- Einstellen der Sensoren
- Funktionen im Ablauf überprüfen
- Funktionen im Störfall überprüfen
- Sicherheitsüberprüfung (z. B. Not-Aus)

9.4.3 Volllastbetrieb

Testing under full load conditions

- Hörprobe
- Sichtprüfung
- Überprüfen der Gesamtfunktionen
- Maximallast und Sicherheitsaufschlag auflegen
- Endabnahme,
- Protokoll, Dokumentation fertig stellen

9.5 Inbetriebnahmeunterlagen

Installation instructions

Je nach Industriezweig und Branche sind unterschiedliche Dokumentationsarten üblich. Im Falle der Bandanlage würde man sicherlich ein Prüfprotokoll anfertigen. Eine mögliche Struktur wird in der folgenden Abbildung gezeigt.

Inbetriebnahmeprotokoll

Anlagenbezeichnung	Bandförderanlage
Hersteller	Heinrich& Co
Elektrischer Anschluss	230 V AC / 1~ / N / PE / 50 Hz
Steuerspannung	24V DC

	Antriebsmotor	i.O.	N.i.O.	Kommentar
1.1	Sind Klemm-, Quetsch- und Scherstellen geschützt?			
1.2	Sind Schutzeinrichtungen stabil?			
1.3	Ist bei Störung Ingangsetzen der Anlage verhindert?			
1.4	Wird die Farbe ROT an Meldeleuchten ausschließlich für Gefahrenfunktionen eingesetzt?			
1.5	Besteht bei NOT-AUS kein Nachlauf?			

Bild 9-11 Auszug aus einem Inbetriebnahmeprotokoll.

Glossar

Englisch	Deutsch
A	
AC converter	Wechselstromumrichter
accuracy	Genauigkeit
additives	Hilfsstoffe
alternating current (AC)	Wechselstrom
amplifier	Verstärker
amplifier circuit	Verstärkerschaltung
analog amplifier	Analogverstärker
analog circuit	Darstellung, analoge
analog output	Analogausgang
analog representation	Darstellung, analoge
analog signal	Signal, analog
analog technique	Analogtechnik
analog-digital converter	Analog-Digital-Umsetzer
angular frequency	Kreisfrequenz
anti-twist device	Verdrehsicherung
armature current	Ankerstrom
assembly	Montage
asynchronous motor	Asynchronmotor
automation engineering	Automatisierungstechnik
auxiliary materials	Hilfsstoffe
auxiliary protective switch	Hilfsschütz
axial separation of distance between the axes	Achsabstand
B	
base bias	Basisvorspannung
base potential divider	Basisspannungsteiler
basic function	Grundfunktion
basic power generating machines	Kraftmaschinen
basic power generators	Kraftmaschinen
bearing	Lager
bearing arrangement	Lageranordnung
bearing material	Lagerwerkstoffe
bearing order	Lageranordnung
belt drive	Riementrieb
bending	Biegung
bevel gear drive	Kegelradgetriebe
bhp (brake horse power) of shaft	Wellenleistung
binary signal	Signal, binär

bridge circuit	Brückenschaltung
buckling	Knickung
bushing	Lagerbuchse

C

calibrating	Kalibrierung
carbon brushes	Kohlebürsten
case	Gehäuse
cathode ray oscilloscope	Elektronenstrahl-Oszilloskop
cathode ray tube	Elektronenstrahlröhre
center	Zentrieren
centrifugal clutch	Kupplung, Fliehkraft-
chain drive	Getriebe, Ketten-
characteristic curves	Kennlinien
characteristics	Kenndaten
circuit diagram	Schaltplan
circuit diagram	Stromlaufplan
circuit hysteresis	Schalthysterese
circuit symbol	Schaltzeichen
circumferential load	Umfangslast
clamping force	Kraft, Klemm-
closed-loop control circuit	Regelkreis
common collector circuit	Kollektorschaltung
common-emitter connection	Emitterschaltung
compensating clutch	Kupplung, Ausgleichs-
compressive load	Flächenpressung
connecting technique	Verbindungstechnik
constancy	Beharrungsvermögen
construction	Konstruktion
contact switch	Kontaktschalter
contact voltage	Berührungsspannung
continuous process	Dauerbetrieb
continuous processing	Dauerbetrieb
continuously variable speed drive	Getriebe, stufenloses
control circuit	Steuerstromkreis
control signal	Steuersignal
control variable	Stellgröße
controlled magnitude	Regelgröße
controlled system	Regelstrecke
controlled variable	Regelgröße
controller setting	Reglereinstellung
controlling range	Stellbereich
coordinate system	Koordinatensystem
correcting range	Stellbereich
correction time	Ausregelzeit

corrosion	Korrosion
costs	Kosten
crank mechanism	Kurbelgetriebe
cross current	Querstrom
current error circuit	Stromfehlerschaltung
current meter	Amperemeter
current path	Stromweg
cycle	Kreisprozess
cycloidal teeth	Zykloidenverzahnung
cylinder stroke	Zylinderhub
cylindrical shaft	Spindel

D

data sheet	Datenblatt
DC motor	Gleichstrommotor
dead time element	Totzeitglied
decay time	Abfallzeit
deformation	Verformung
degree of freedom	Freiheitsgrad
delay time	Verzögerungszeit
depletion layer	Sperrschicht
detachable connection	Verbindung, lösbare
detached representation	Darstellung, aufgelöste
device failure	Gerätefehler
diagram	Diagramm
digital circuit	Darstellung, digitale
digital controller	Regler, digitaler
digital representation	Darstellung, digitale
digital signal	Signal, digitales
digital technique	Digitaltechnik
direct current	Gleichstrom
direction	Richtung
direction of orientation	Orientierungsrichtung
dismantlement	Demontage
dissipation power	Verlustleistung
disturbance variable	Störgröße
drive	Antrieb
drive power	Antriebsleistung
drive system	Antriebstechnik
drive unit	Antriebseinheit
dry clutch	Trockenkupplung
dry friction	Trockenreibung

E

earth connection	Masseanschluss

earthing point	Masseanschluss
effector	Effektor
efficiency	Wirkungsgrad
elastic clutch	Kupplung, elastische
electromagnetic compatibility	elektromagnetische Verträglichkeit
electronic control system	Steuerelektronik
emergency	Notfall
emergency switch	Not–Aus–Schalter
emission	Emission
emmission	Immission
energy	Energie
energy converter	Energiewandler
energy flow	Energiestrom
energy flux	Energiestrom
engine	Arbeitsmaschine
engine-speed advance	Drehzahlverstellung
environment	Umwelt
environmental protection device	Umweltschutzeinheit
erosion	Verschleiß
error source	Fehlerquelle
excitation winding	Erregerwicklung
expenses	Kosten

F

fall time	Abfallzeit
field current	Erregerstrom
field effect transistor	Feld-Effekt-Transistor
field winding	Erregerwicklung
fit	Passung
flection	Biegung
floating bearing	Lagerung, schwimmende
fluid friction	Flüssigkeitsreibung
force	Kraft
free-wheeling diode	Freilaufdiode
frequency control	Frequenzsteuerung
frequency converter	Frequenzumrichter
frequency response	Frequenzantwort
friction	Reibung
frictional force	Reibkraft
functional block	Funktionsblock
functional structure	Funktionsstruktur
functional unit	Funktionseinheit
fuse	Schmelzsicherung

G

gear box	Zahnradgetriebe
gear drive	Zahnradgetriebe
gear ratio	Übersetzungsverhältnis
generator	Generator
geometric data	Positionsdaten
gripper	Greifer
gripper kinematics	Greiferkinematik
gripping force	Greifkraft
groove	Nut
ground connection	Masseanschluss
grub screw	Gewindestift

H

heat	Wärme
heat sink	Kühlkörper
helical teeth	Schrägverzahnung
helical-gear drive	Schraubenradgetriebe
hexagonal nut	Sechskantschraube
housing	Gehäuse
hydraulic drive	Getriebe, hydraulisches
hydrodynamic lubrication	Schmierung, hydrodynamische
hydrostatic lubrication	Schmierung, hydrostatische
hysteresis	Hysterese

I

ideal solution	Ideallösung
impact	Stoß
impedance transformer	Impedanzwandler
induction machine	Induktionsmaschine
induction motor	Asynchronmotor
induction voltage	Induktionsspannung
industrial roboter	Industrieroboter
inertia	Beharrungsvermögen
inertia	Beharrungszustand
information	Information
input	Eingabe
input characteristic	Eingangskennlinie
input quantity	Eingangsgröße
installation	Inbetriebnahme
installation	Montage
instantaneous braking power	Bremsleistung
integrated circuit	integrierte Schaltung
interconnection	Vernetzung

interference characteristics	Störverhalten
interference performance	Störverhalten
interference source	Störquelle
interpolation	Interpolation
inverter	Wechselrichter
involute gearing	Evolventenverzahnung

J

joining	Fügen
joint coordinates	Gelenkkoordinaten
joint interpolation	Gelenkinterpolation

K

kinematics	Kinematik
Kirchhoff's network law	Maschenregel

L

lead	Steigung
level control	Niveauregelung
line filter	Netzfilter
linear guides	Linearführung
load angle	Lastwinkel
load concentrated at a point	Punktlast
locking device	Verdrehsicherung
locking devices for screws	Schraubensicherung
locus diagram	Ortskurve
lubricant	Schmiermittel
lubrication	Schmierung

M

machine	Arbeitsmaschine
machine base	Maschinengestell
machine frame	Maschinengestell
machine housing	Maschinengestell
machine shaft	Welle
magnetic flux	Kraftfluss
magnetic reluctance motor	Reluktanzmotor
magnetic value	Magnetventil
main circuit breaker	Hauptschütz
main function	Hauptfunktion
main programme	Hauptprogramm
main protective switch	Hauptschütz
main switch	Hauptschalter
mains filter	Netzfilter
maintenance	Wartung

manipulator	Manipulator
master switch	Hauptschalter
material	Stoff
material transfer	Stofftransport
maximum overshoot	Überschwingweite
measurement procedure	Messtechnik
measuring error	Messfehler
mechanical governor	Fliehkraftregler
method	Methode
misalignment	Fluchtungsfehler
mixed friction	Mischreibung
mode of operation	Betriebsart
module	Modul
motor output	Motorleistung
motor power	Motorleistung
multichannel operation	Mehrkanalbetrieb
multiline representation	Darstellung, mehrpolige
multimeter	Multimeter
multimeter	Vielfachmessinstrumente
multiplate clutch	Lamellenkupplung
multipolar representation	Darstellung, mehrpolige

N

networking	Vernetzung
nominal point	Sollwert
nominal power	Nennleistung
nominal speed	Nenndrehzahl
normal force	Normalkraft
number of teeth	Zähnezahl
nut	Mutter

O

online programming	Onlineprogrammierung
open-circuit voltage gain	Leerlaufverstärkung
operating response	Betriebsverhalten
operating supplies	Betriebsmittel
operational amplifier	Operationsverstärker
optimizing phase	Optimierungsphase
orientation	Orientierungsrichtung
oscillations	Schwingungen
oscillator circuit	Schwingkreis
output	Ausgabe
output quantity	Ausgangsgröße
overload cut out	Leistungsschütz

P

parallel operation	Parallelbetrieb
parametrization	Parametrierung
parts list	Stückliste
performance	Leistung
peripheral load	Umfangslast
permanent magnet	Permanentmagnet
permantent connection	Verbindung, nicht lösbare
phase angle	Phasenanschnittwinkel
phase angle	Phasenwinkel
phase breakdown	Phasenausfall
phase failure	Phasenausfall
phase response	Phasengang
phase shift	Phasenverschiebung
pin	Stift
pitch circle diameter	Teilkreisdurchmesser
plan of action	Wirkungsplan
planning phase	Planungsphase
pointer	Zeiger
pole pairs	Polpaare
pole-changing motor	Motor, polumschaltbarer
portal robot	Portalroboter
positioning	Positionieren
positioning accuracy	Positioniergenauigkeit
potential difference	Potenzialunterschied
potentiometer	Potenziometer
power	Leistung
power components	Leistungskomponenten
power factor	Leistungsfaktor
power protection switch	Leistungsschütz
power supplies	Betriebsmittel
power switch	Leistungsschalter
power transmission	Kraftübertragung
preloading force	Vorspannkraft
pressure	Druck
pressure angle	Druckwinkel
prime movers	Kraftmaschinen
procedural error	Verfahrensfehler
processing	Verarbeitung
processing mode	Betriebsart
product	Produkt
program data	Programmdaten
programming language	Programmiersprache
proportional range	Proportionalbereich

proportional region	Proportionalbereich
proportionality factor	Proportionalitätsfaktor
protected area	Schutzbereich
protection devices	Schutzvorrichtungen
protective conductor system	Schutzleitersystem
PTC thermistor	Kaltleiter
pulse frequency	Pulsfrequenz
pulse operation	Impulsbetrieb
pulse response	Impulsantwort
pulse width modulation	Pulsweitenmodulation

R

rack-and-pinion mechanism	Zahnstangengetriebe
radius	Radius
ratio of the speeds of rotation	Übersetzungsverhältnis
rectifier	Gleichrichter
redundant system	System, redundantes
reference magnitude	Führungsgröße
relation	Relation
relay	Relais
repair	Reparatur
repeatability	Wiederholgenauigkeit
resistance meter	Widerstandsmessgerät
resistor tolerance	Widerstandstoleranz
retention force	Haltekraft
reverse saturation current	Sperrstrom
rippled dc voltage	Mischspannung
rise time	Anregelzeit
risk	Risiko
risk to health	Gesundheitsgefahr
robotics	Robotertechnik
roller bearing	Wälzlager
rolling element	Wälzkörper
rolling friction	Rollreibung
root mean square value	Mittelwert, quadratischer
rotary/rotatory frequency?	Drehfrequenz
rotary/rotatory motion	Drehbewegung
rotational speed	Drehzahl
rotatory movement	Bewegung, rotatorische
rotor	Läufer
rotor speed	Läuferdrehzahl
rotor winding	Läuferwicklung
rule algorithm	Regelalgorithmus

S

sawtooth voltage	Sägezahnspannung
screw, bolt	Schraube
self-locking	Selbsthemmung
sense of rotation	Drehrichtung
sequence of operations	Wirkungsablauf
series-wound motor	Reihenschlussmotor
serrations	Kerbverzahnung
servo drive	Servoantrieb
servo mechanism	Servoantrieb
set point	Sollwert
setting rule	Einstellregel
settling time	Ausregelzeit
shaft output power	Wellenleistung
shaft R.P.M.	Wellendrehzahl
shaft rotating speed	Wellendrehzahl
shear	Abscherung
shell bearing	Lagerbuchse
short-circuit current	Kurzschlussstrom
short-circuit proof	kurzschlusssicher
shunt-wound motor	Nebenschlussmotor
SI unit system	SI Einheitensystem
signal output	Signalausgang
single step	Einzelschritt
sizing	Kalibrierung
sliding friction	Gleitreibung
slip	Schlupf
slip ring	Schleifring
slip RMP	Schlupfdrehzahl
slip rotational speed	Schlupfdrehzahl
solenoid valve	Magnetventil
solution principle	Lösungsprinzip
source program	Quelltext
spindle	Spindel
spline shaft	Zahnwelle
splines	Kerbverzahnung
spring	Feder
spur gearing	Geradverzahnung
spur gears	Geradverzahnung
spur-gear drive	Stirnradgetriebe
squirrel-cage rotor motor	Kurzschlussläufermotor
stability criterion	Stabilitätsbedingung
stability limit	Stabilitätsgrenze
standard	Norm

star-delta circuit	Stern-Dreieck-Schaltung
starter current	Anlassstrom
static force	Kraft, statische
stator winding	Ständerwicklung
steady state	Beharrungszustand
steady-state value	Beharrungswert
stepped variable speed drive	Stufengetriebe
storage time	Speicherzeit
strength	Festigkeit
strength class	Festigkeitsklasse
subprogram	Unterprogramm
supply voltage	Versorgungsspannung
swivel arm robot	Schwenkarmroboter
synchronization	Synchronisation
synchronous machine	Synchronmaschine
synchronous motor	Synchronmotor
system	System
system layout	Systemdarstellung
system limit	Systemgrenze
system representation	Systemdarstellung

T

temperature	Temperatur
temperature coefficient	Temperaturkoeffizient
tensile strength	Zugfestigkeit
terminal diagram	Anschlussplan
terminal voltage	Klemmspannung
test technology	Prüftechnik
thread	Gewinde
threading pin	Gewindestift
three-phase actuator	Drehstromsteller
three-phase network	Drehstromnetz
three-phase rectifier	Drehstromgleichrichter
three-phase switch	Drehstromsteller
tilting moment	Kippmoment
tolerance	Toleranz
tooth lock washer	Zahnscheibe
toothed belt drive	Getriebe, Zahnriemen-
torque	Drehmoment
torque rating	Nennmoment
torque wrench	Drehmomentschlüssel
transient build-up	Einschwingungvorgang
transient response	Führungsverhalten
transient response	Übergangsverhalten
transistor	Transistor

transistor switch	Transistorschalter
transition function	Übergangsfunktion
translatory movement	Bewegung, translatorische
transport	Transport
two-step controller	Zweipunktregler
type of protection	Schutzart
type of robot	Robotertyp

U

unipolar representation	Darstellung, einpolige
unit wiring diagram	Geräteverdrahtungsplan

V

variation of amplitude with frequency	Amplitudengang
velocity	Geschwindigkeit
vibrations	Schwingungen
viscosity	Viskosität
voltage source	Spannungsquelle
voltage-divider	Spannungsteiler

W

wear	Verschleiß
wiring diagram	Verdrahtungsplan
workplace safety device	Arbeitssicherheitseinheit
worm gear drive	Schneckengetriebe

Y

yield point	Streckgrenze

Literaturverzeichnis

Übergreifende Literatur

[1] *Böge, A.* (Hrsg.): Das Techniker Handbuch. Braunschweig/Wiesbaden: Vieweg Verlag, 2000

[2] *Heinrich, B.* (Hrsg.): Messen – Steuern – Regeln. Wiesbaden: Vieweg Verlag, 2003

Zu Kapitel 2 Funktionseinheiten in der Mechanik

[3] *Muhs, D., Wittel, H., Becker, M., Jannasch, D., Voßiek, J.*: *Roloff/Matek*: Maschinenelemente. Wiesbaden: Vieweg Verlag, 2003

[4] *Beitz,W., K.H Grote*: Dubbel: Taschenbuch für den Maschinenbau. Berlin: Springer, 2001

[5] *Decker, K.*: Maschinenelemente. Funktion, Gestaltung u. Berechnung. Leipzig: Fachbuchverlag Leipzig, 2000

[6] *Konold, P., Reger, H.:*: Praxis der Montagetechnik. Wiesbaden: Vieweg Verlag, 2003

[7] *Fischer, U.:* Tabellenbuch Metall. Wuppertal: Europa Verlag, 2002

Zu Kapitel 3 Funktionseinheiten in der Elektronik

[8] *Böge, W., Plaßmann, W.* (Hrsg.): Vieweg Handbuch Elektrotechnik. Wiesbaden: Vieweg Verlag, 2004

[9] *Fuest, K., Döring, P.*: Elektrische Maschinen und Antriebe. Wiesbaden: Vieweg Verlag, 2000

[10] *Giersch, H.-U., Harthus, H., Vogelsang, N.*: Elektrische Maschinen. Wiesbaden: Teubner, 2003

[11] *Riefenstahl, U.*: Elektrische Antriebstechnik. Stuttgart/Leipzig: Teubner, 2000

[12] *Zastrow, D.*: Elektronik. Braunschweig/Wiesbaden: Vieweg, 2002

Zu Kapitel 4 SPS

[13] *Braun, W.*: Speicherprogrammierbare Steuerungen in der Praxis. Braunschweig/Wiesbaden: Vieweg Verlag, 2000

[14] *Wellenreuther, G., Zastrow, D.*: Automatisieren mit SPS. Braunschweig/Wiesbaden: Vieweg Verlag, 2002

Zu Kapitel 5 Bussysteme

[15] *Olbrich, A.*: Netze – Protokolle – Spezifikationen. Wiesbaden: Vieweg, 2003

[16] *Schnell, G.* (Hrsg): Bussysteme in der Automatisierungs- und Prozesstechnik. Wiesbaden: Vieweg Verlag, 2003

Zu Kapitel 6 Robotik

[17] *Hesse, S., Seitz, G.*: Robotik. Braunschweig/Wiesbaden: Vieweg Verlag, 1996

Zu Kapitel 7 Regelung

[18] *Reuter, M., Zacher, S.:* Regelungstechnik für Ingenieure. Wiesbaden: Vieweg Verlag, 2004

[19] *Samal, E.*: Grundriss der praktischen Regelungstechnik. München: Oldenbourg Verlag, 1996

[20] *Schneider, W.*: Regelungstechnik im Maschinenbau. Braunschweig/Wiesbaden: Vieweg Verlag, 1994

Sachwortverzeichnis

A

Abfallzeit 96
Ablauf, sequentieller 192
Ablaufdiagramm 194
Ablaufsteuerung 184
Abschirmung 173
Abstrahlung 175
Achsabstand 45
Achse 25, 216
A-D Wandlung 203
Addierer 107
Aktion 194
Aktuatorebene 207
Amperemeter 288
Amplitudengang 237
Analogverstärker 98
Analogwertverarbeitung 201
Analyse 273
Anfahrverhalten 260
Anforderungsliste 274
Anlassstrom 132
Anpresskraft 51
Anregelzeit 264
Anschlussplan 132
Anstiegsantwort 235
Antrieb 70, 72
Antriebseinheit 15, 70
Antriebsleistung 64, 71
Antriebstechnik 70
Anweisungsliste (AWL) 187
Anwendungsschicht 209
Anzahl 8
– je Zeiteinheit 9
Anzeigeart 286
Anziehen von Hand 61
Anziehmoment 62
Anzugsmoment 118
Arbeit 10
Arbeitsmaschine 71
Arbeitsschutzeinheit 75
Arbeitssicherheitseinheit 16
Arbeitssicherheitseinrichtung 73
AS-Interface 211
Asynchronmaschine 116
Asynchronmotor 112, 115, 123, 138, 146
Ausarbeiten 273
Ausgabe 2
Ausgangsgröße 232 f., 246, 259
Ausgleichskupplung 37
Ausregelzeit 264
Ausschaltverzögerung 191
Axiallager 25
Axialrillenkugellager 29

B

Basisschaltung 100
Basisspannungsteiler 99
Basisvorspannung 101
Bauform 160
Baugruppe 186
Baumusterprüfung 181
Baustein 184
Beanspruchung 51
Befestigungsschraube 53
Beharrungszustand 233
Berührungsspannung 171
Betriebsart 162
Betriebsmittel 295
Bewegung, rotatorische 215
–, translatorische 215
Bewegungsschraube 62
Bewerten 276
Bewertung, technische 276
–, wirtschaftliche 276
Bezeichnung von Schrauben und Muttern 58
Bilanzierungsraum 3
Bitübertragungsschicht 208
black-box 3
Blocksymbol 125, 248, 251
Bode-Diagramm 109, 237 ff., 242, 244, 249, 251, 253, 255, 264 f.
Bohrungskennzahl 29
Bolzenkupplung, elastische 38
Bussystem 206

C

CAN-Feldbus 211

D
Darstellung, analoge 286
–, digitale 286
–, einpolige 130
–, mehrpolige 129
Darstellungsschicht 209
Datentyp 203
Dehnschraube 55
Dehnungsmessstreifen 87
Demontage 27, 33
Dichte 8
Differenziator 110
Differenzverstärker 101
D-Regler 252
Drehfeld 113
Drehfelddrehzahl 113
Drehfrequenz 42
Drehgeber, absoluter 86
Drehmoment 42, 63
Drehmomentschlüssel 61
Drehrichtung 41, 63, 65, 72
Drehstromgleichrichter 124
Drehstromsteller 136
Drehwinkelverfahren 61
Dreileiter-Brückenschaltung 80
Dreipunktregler, unstetiger 246
Druck 232, 242, 256
Druckwinkel 26

E
Echtzeitfähigkeit 207
Effektor 217 f., 223
Einbaumaß 29
Eingabe 2
Eingangskennlinie 93, 99
Eingangssignal, sinusförmiges 235
Eingangsverzögerung 183
Einsatzstoff 73
Einschaltverzögerung 191
Einstellregel 269
Einzelablenkung 295
Einzelschritt 231
Elektrische Messtechnik 283
Elektromagnetische Verträglichkeit 168
Elektronenstrahlröhre 291
Element 4
– zum Verbinden von Wellen und Naben 65
Emission 73
Emitterschaltung 100
Energie 2, 10
Energieerhaltungssatz 11
Energieübertragungseinheit 15, 35
Energiewandler 70, 92
Entwerfen 273
Erkennen der Streckgrenze 61
Erregerstrom 120
Erregerwicklung 73, 120 f.
Ersatzschaltbild 102
Evolventenverzahnung 45

F
Farbsensor 91
Feder-Nut-Verbindung 65
Fehler, absoluter 287
–, systematischer 287
–, zufälliger 287
Fehleranalyse 176
Fehlerquelle 188
Feldbus 155
Feldbussystem 207
Feldebene 207
Feld-Effekt-Transistor 94
Festigkeitsklasse 56
Festigkeitswert 54
Fest-Loslagerung 31
Flachführung 34
Flachkopfschraube 56
Flachriemen 43
Fliehkraftkupplung 40
Fluchtungsfehler 28
Flüssigkeitsreibung 19
Flussregelung 149
Formschluss 41
Formwelle 66
Freiheitsgrad 221
Freilaufdiode 96
Frequenzantwort 235
Frequenzgang 236, 238, 240, 242, 244, 249, 251, 253, 255 ff.
Frequenzsteuerung 142
Frequenzumrichter 112, 138, 145, 149, 167, 173
Führungseinheit 14, 18
Führungsgröße 232
Führungsverhalten 261 f., 266
Funktion 2, 192
Funktionsbaustein 193

Funktionseinheit 4
Funktionsplan (FUP) 187
Funktionsstruktur 6

G
Gefahrstoffverordnung 75
Gegenkopplung 103
Gehäuse, selbsttragendes 17
Gelenkinterpolation 223
Gelenkkoordinate 222
Generator 113, 118, 121, 145
Geradverzahnung 47
Gerätefehler 287
Geräteverdrahtungsplan 131
Getriebe 41
–, hydraulisches 41
–, stufenlos verstellbares mechanisches 50
Gewichtung 277
Gewinde 63
Gewindestift 56
Gleichrichter 137, 144, 150, 174
Gleichstrom 98, 112
Gleichstrommotor 72
Gleitführung 34
Gleitlager 18
Gleitreibung 25
Greifer 218
Greiferform 219
Greiferkinematik 220
Greifkraft 219
Greifkraftsicherung 220
Greifprinzip 218
Grenztaster 89
Grenzwert 93
Grundfunktion 4

H
Halbleitertemperatursensor 82
Handhabungssystem 214
Hardwarekonfiguration 186
Hauptprogramm 189
Hauptschalter 124, 176
Heißleiter-NTC 80
Heyland-Kreis 150
Hilfsschütz 127
Hilfsstoff 73
Hubarbeit 9
Hysterese 247, 270
Hysteresefehler 79

I
IGBT-Transistor 141
Immission 73
Impedanzwandler 105
Impulsantwort 235
Impulsbetrieb 97
Inbetriebnahme 283, 292, 295
Induktionsmaschine 113
Induktionsspannung 96
Industrieroboter 214, 217
Information 2
Informationsstrom 12
Innensechskant 56
Integrator 109
Integrierte Schaltung 97
Interbus 210
Interpolation, lineare 223
I-Regler 251, 268
–, stetiger 246
ISO/OSI Schichtenmodell 208
I-Strecke 266

K
Kalibrierung 295
Kaltleiter-PTC 81
Kasten, morphologischer 276
Kegelpressverband 69
Kegelradgetriebe 48
Kegelrollenlager 28
Kegelspannelement 69
Keilriemen 43
Keilverbindung 70
Keilwellenprofil 67
Kenndaten 93
Kenngröße, geometrische 45
Kennlinie 233
– eines Zweipunktreglers 247
Kennlinienfeld 233
Kennzeichnung von Betriebsmitteln 127
Kettengetriebe 44
Kinematik 215
Kippgrenze 152
Kippmoment 118
Klauenkupplung 37
Klemmkraft 58, 61 f.
Kollektorschaltung 100
Kontaktplan (KOP) 187

Konzipieren 273
Korrosion 20, 61
Kraft, statische 219
Kraftfluss 36, 59
Kraftmaschine 11 f.
Kraftschluss 41
Kraftschlüssige Verbindung 52
Kraftübertragung 26
Kreisinterpolation 223
Kreuzscheibenkupplung 37
Kühlkörper 93
Kühlungsart 163
Kupplung 36
–, elastische 37
–, schaltbare 38
–, starre nichtschaltbare 36
Kupplungsgetriebe 50
Kurbelgetriebe 41
Kurvengetriebe 41
Kurzbezeichnung von Wälzlagern 30
Kurzschlussläufer 117

L

Lager 14, 18 ff., 22, 26, 30
Lageranordnung 30
Lagerbauart 27
Lagerbuchse 19
Lagereinheit 14, 18
Lagerung, angestellte 31
–, schwimmende 31
Lagerwerkstoff 23
Lamellenkupplung 40
Lastmoment 72
Lastwinkel 26
Läufer 113, 122, 155, 160
Läuferdrehzahl 113
Läuferwicklung 115, 121, 155
Leerlaufverstärkung 102, 104, 110
Leistung 11
Leistungsfaktor 160
Leistungsschalter 126
Leistungsschütz 127
Leitebene 207
Linearführung 34
Linearitätsfehler 79
Linearwälzführung 34
Losbrechmoment 157
Lösungsprinzip 276

M

Magnetventil 246
Manipulator 215
Maschenregel 239
Maschinengestell 16
Masse 8, 173
Masseanschluss 173
Massenstrom 9
Maßreihe 29
Mehrkanalbetrieb 294
Merker 188
Messbrücke 108
Messfehler 287
Messgenauigkeit 78
Messtechnik, elektrische 283
–, mechanische 283 f.
–, optische 283
Mischreibung 19
Mischspannung 98
Mittelwert, quadratischer 136
Modul 45
Molstrom 9
Montage 27, 32, 59
Morphologischer Kasten 276
Motormoment 72
Motorschutzrelais 165
Motortemperatur 158
Move-Befehl 201
Movemaster 224
Multimeter 288
Mutternausführung 57

N

Nachstellzeit 254
Nadellager 28
Näherungssensor 88 f.
Näherungssensor, optischer 90
Nebenschlussmotor 73
Nenndrehzahl 72
Nennleistung 117, 132, 155, 159
Nennmoment 118
Netzfilter 174
Niveauregelung 249
Normierung 205
Normalkraft 44
Normung und Bezeichnung 29
NOT-AUS-Konzept 75
– -Einrichtung 179
– -Schalter 177, 230

Nullpunktfehler 79
Nyquist-Kriterium 263, 265

O
O-Anordnung 31
Offset-Spannung 105
Öl-Umlaufschmierung 22
Onlineprogrammierung 225
Operationsverstärker 101 f., 107, 127
Optimierungsphase 282
Optimierungsprozess 272
Optische Messtechnik 283
Organisationsbausteine 189
Ortskurve 237, 239 f., 242, 244, 249, 253, 255, 265, 267
Oszilloskop 290

P
Parametrierung 188, 204
Passfeder 66
Passung 33
PD-Regler 268 f.
Pendelkugellager 28
Permanentmagnet 112, 122
Phasenanschnittsteuerung 135
Phasenanschnittswinkel 133, 144
Phasenausfall 162
Phasengang 237
Phasenverschiebung 249, 251, 253, 255, 257, 264
Phasenwinkel 146
PID-Algorithmus 258
- -Regelalgorithmus 258
- -Regler 253, 256, 258, 268 f.
- -Regler, stetiger 246
PI-Regler 268 f.
- -Regler, stetiger 246
Planungsebene 207
Planungsphase 272
Plattformrahmen 17
Polpaar 113, 131
Portalroboter 216
Positionieren 217, 222
Positioniergenauigkeit 228, 231
Positionsdaten 228
Potenzialunterschied 171
Potenziometer 99, 107 f., 151
P-Regler 248, 266, 268 f.
–, stetiger 246
Pressverband 68
Produkt-Norm 176
Profibus 211
- -DP 212
- -FMS 212
- -PA 213
Profilwelle 66
Programmdaten 207, 228
Programmiersprache 187, 195, 204, 214, 224
Programmierung, lineare 189
Programmstruktur 189
Proportionalbereich 249 f.
Proportionalitätsfaktor 238, 248
PT_0-Regler 268
PT_1-Regler 268
PT_1-Strecke 270
PT_2-Regler 268
PT_n-Regler 268
Pulsverfahren 144
Pulsweitenmodulation 144
Punktlast 26

Q
Quasistetige Regler 257
Quelltext 225
Querstrom 99

R
Radiallager 25, 29
Regelabweichung 268
–, bleibende 250, 262, 267, 270 f.
Regelalgorithmus 258
Regeldifferenz 245, 250
Regeleinrichtung 232
Regelfaktor 262
Regelglied 245
Regelgröße 232, 270
Regelkreis 232
Regeln 232
Regelstrecke 232, 237, 268
- mit Ausgleich (P-Strecken) 238
- mit Totzeit (T_t-Strecken) 244
- mit Verzögerung 242
- ohne Ausgleich (I-Strecke) 240
Regelung mit einer SPS 271
–, feldorientierte 149
Regelverhalten 260
Regler 245 f., 259, 268

–, digitaler 113
– mit D-Verhalten 252
– – I-Verhalten 251
– – PID-Verhalten 253
– – P-Verhalten 248
–, quasistetiger 246
Reglerauswahl 266
Reglereinstellung 287
Reibkraft 52
Reibrädergetriebe 50
Reibung 14, 18, 20, 22, 25, 33, 38, 43, 47
Reihenschlussmotor 73
Relais 96, 112, 127, 162
Reluktanzmotor 124
Reparatur 272, 282
Riementrieb 43
Rillenkugellager 28
Risikobetrachtung 75
Roboter 215
Robotertechnik 214
Robotertyp 215 f.
Rollreibung 25

S
Sägezahnspannung 291, 293
Sattelmoment 118
SCARA-Roboter 216
Schaftschraube 55
Schalenkupplung 37
Schaltdifferenz 270
Schaltfrequenz 270
Schalthysterese 288
Schaltung, integrierte 97
Schaltzeichen 125
Scheibenfeder 66
Scheibenkupplung 37
Schieberadgetriebe 49
Schlangenfederkupplung 38
Schlupf 43
Schlupfdrehzahl 116
Schmiereinrichtung 21
Schmiermittel 20
Schmierstoff 33
Schmierung, hydrodynamische 19
–, hydrostatische 20
Schneckengetriebe 49
Schrägkugellager 28
Schrägverzahnung 47
Schraubenanziehverfahren 61
Schraubenausführung 55
Schraubenradgetriebe 48
Schraubensicherung 58
Schrittkettenprogrammierung 192
Schutzart 126
Schutzeinrichtung 164
Schutzleitersystem 177
Schutzvorrichtung 175
Schwankungsbreite 270
Schwenkarmroboter 216, 222
Schwenkradgetriebe 50
Schwingkreis 90
Schwingung 14, 16, 36 f., 43
Sechskantschraube 56
Seebeck-Effekt 82
Selbsthemmung 49, 59, 64
Sensor 76
–, aktiver 77
–, analoger 76
–, binärer 76
–, digitaler 76, 86
–, passiver 77
–, pieozelektrischer 88
Sensorebene 207
Sensorsystem 76
Service-Roboter 214
Servoantrieb 112
SI Einheitensystem 284
Sicherungsschicht 208
Signal, analoges 12, 202
–, binäres 12
–, digitales 12
Simulation 259
Sitzungsschicht 209
Softstarter 135
Sollwert 271
Spannungsfehlerschaltung 289
Spannungsmesser 287
Spannungsquelle 101, 107
Spannungsteiler 83, 104
Speicheroszilloskop 292
Speicherprogrammierbare Steuerung (SPS) 183
Speicherzeit 96
Sperrschicht 94
Sperrstrom 92, 144
Sprungantwort 234, 238 ff., 242, 244, 249, 252 f.
SPS 271

SR-Flip-Flop 198
Stabilität 261, 264, 267
Stabilitätsbedingung 276
Stabilitätsgrenze 263
Stabilitätsuntersuchung 263
– mit dem Bode-Diagramm 264
Ständerwicklung 120 f., 132, 148
Statisches Verhalten 233
Steigungsfehler 79
Stellbereich 249 f.
Stellgröße 232, 250
Stern-Dreieck-Anlassschaltung 134
Steuerelektronik 97
Steuersignal 95
Steuerstromkreis 128, 175
Steuerung, verteilte 210
–, zentrale 210
Steuerungstechnik 112
Stiftschraube 56
Stirnradgetriebe 47
Stoff 2
–, gesundheitsgefährdender 75
Stoffmenge 8
Stoffstrom 9
Stofftransport 9
Stoffumsetzung 8
STOPP-Funktion 178
Störaussendung 171
Störempfindlichkeit 171
Störgröße 232
Störquelle 169
Störverhalten 261 f., 267
Strecke 259, 268
Streckgrenze, maschinelles Erkennen 61
Stribeck-Kurve 20
Stromfehlerschaltung 290
Stromlaufplan 130
Strommessung 288
Stufengetriebe 15
Stützeinheit 14
Subtrahierer 108
Symboltabelle 188
Synchronmaschine 121
Synchronmotor 121
Synthese, methodische 272
System 1, 4
–, redundantes 222
Systemanalyse 1
Systemdarstellung 3
Systemgrenze 3
Systemsynthese 272

T
Teachen 230
Teilfunktion 4
Teilkreisdurchmesser 45
Teilsystem 4
Teilung 45
Temperaturerfassung 79
Temperaturkoeffizient 99
Thermoelement 82
Toleranzbereich 264
Totzeit 270
Totzeitglied 244
Trageinheit 14
Traggerüst 17
Transistor 92
–, bipolarer 92
–, unipolarer 92
Transistorschalter 92
Transition 194
Transport 2
Transportschicht 209
Trockenkupplung 39
Trockenreibung 18
T_t-Regler 268
Typenschild 160

U
Übergangsfunktion 239, 256
Übergangsverhalten 234 f.
Überschwingweite 264
Übersetzung, mehrfache 42
Übersetzungsverhältnis 42
Übersichtsschaltplan 130
Übertragungsbeiwert 233 f., 238, 240, 248, 252
Ultraschall-Wegsensor 90
Umfangskraft 51
Umfangslast 26
Umschlingungsgetriebe 51
Umwelt 73
Umweltschutzeinheit 16, 73
Umweltschutzeinrichtung 73
Unterprogramm 227
Unterprogrammtechnik 193

V
Verbindung, formschlüssige 52
–, kraftschlüssige 52, 68
–, lösbare 52
–, nicht vorgespannte 60
–, stoffschlüssige 52
–, vorgespannte 60
Verbindungseinheit 16
Verbindungselement 51
Verbindungstechnik 53, 61
Verdrahtungsplan 130
Verdrehsicherung 66
Verfahren, diskursives 276
–, intuitives 276
Vergleichsglied 245
Verhalten, statisches 233
Verlagerung von Wellenenden 36
Verlängerung einer Schraube 61
Verlustleistung 94, 154
Vermittlungsschicht 209
Versorgungsspannung 133, 135
Verstärker, invertierender 103
–, nichtinvertierender 104
Vertikalablenkverstärker 291
Vertikal-Knickarmroboter 217
Vierquadranten-Kennlinienfeld 92
Viskosität 19, 22
Voltmeter 287
Volumen 8
Volumenstrom 9
Vorhaltezeit 254
Vorspannkraft 60

W
Wälzlager, Kurzbezeichnung 30
Wälzkörper 25
Wartung 246
Wechselspannungsverstärker 112
Wechselstromumrichter 138
Wegaufnehmer, induktiver 84
–, kapazitiver 85
Weggeber, inkrementaler 86
Wegmessung 83
Welle 25
Wellendrehzahl 26
Wellenleistung 72
Wellenzapfen 19
Widerstandsmessung 289
Wiederholgenauigkeit 220
Winkelmessung 83
Wirkungsablauf 232
Wirkungsgrad 11, 43, 160
Wirkungsplan 238, 240, 242, 248, 251, 253, 255, 262
Wulstkupplung 38

X
X-Anordnung 31
X-Y-Betrieb 294

Y
Y-t-Betrieb 293

Z
Zähnezahl 45
Zahnflanke 45
Zahnkupplung 37
Zahnradgeometrie 45
Zahnradgetriebe 41
Zahnradstufengetriebe 49
Zahnriementrieb 44
Zahnscheibe 58 f.
Zahnstangengetriebe 49
Zahnwellenverbindung 67
Zehnerpotenz 285
Zeichnungsnorm 125
Zeiger 237
Zeitablenkgenerator 291
Zeitrelais 127
Zeitsteuerung 190
Zeitverhalten 234
Zellenebene 207
Ziegler und Nichols 269
Ziehkeilgetriebe 50
Zufallssteuerung 209
Zugmittelgetriebe 41
Zustandsdiagramm 184
Zuweisung 188, 190
Zweiflächenkupplung 39
Zweileiter-Brückenschaltung 80
Zweipunktregler 269
–, unstetiger 246
Zwischenkreis 141
Zykloidenverzahnung 46
Zylinderkopfschraube 56
Zylinderrollenlager 28